雷达海杂波：
建模与目标检测

Radar Sea Clutter
Modelling and Target Detection

[澳] Luke Rosenberg　　[英] Simon Watts　著

许述文　水鹏朗　施赛楠　颜学颖　译

U0256463

電子工業出版社
Publishing House of Electronics Industry
北京·BEIJING

内 容 简 介

本书共 8 章，主要介绍了海杂波建模和海面目标检测的相关内容。第 1 章为绪论；第 2 章研究了海杂波的特性，如平均后向散射、幅度统计特性、海尖峰特性、多普勒特性和纹理相关性，以及不同的海杂波建模方法；第 3 章重点研究了有源双基地雷达和无源双基地雷达的海杂波特性；第 4 章介绍了能够用于海杂波建模和性能预测的参数化模型；第 5 章重点介绍了海杂波仿真技术；第 6 章介绍了如何利用海杂波模型进行雷达性能预测；第 7 章对当前的目标检测方法进行了概述，并详细介绍了海杂波特性对检测性能的影响；第 8 章介绍了一些新的信号处理技术在海上目标检测中的应用。

版权贸易合同登记号　图字：01-2022-7110

图书在版编目（CIP）数据

雷达海杂波 ：建模与目标检测 / （澳）卢克·罗森伯格（Luke Rosenberg），（英）西蒙·瓦茨（Simon Watts）著 ；许述文等译. -- 北京 ：电子工业出版社，2024. 8. -- ISBN 978-7-121-48531-2

Ⅰ. TN951

中国国家版本馆 CIP 数据核字第 2024E1A551 号

责任编辑：李　敏（limin@phei.com.cn）
印　　刷：天津千鹤文化传播有限公司
装　　订：天津千鹤文化传播有限公司
出版发行：电子工业出版社
　　　　　北京市海淀区万寿路 173 信箱　邮编：100036
开　　本：787×1 092　1/16　印张：17.5　字数：486 千字　彩插：10
版　　次：2024 年 8 月第 1 版
印　　次：2024 年 8 月第 1 次印刷
定　　价：119.00 元

原著作者

Luke Rosenberg，澳大利亚国防科技集团研究专家，阿德莱德大学兼职副教授，研究方向主要为机载雷达相关的诸多领域。Rosenberg 博士凭借其"表征雷达海杂波的基础试验和理论工作"，于 2016 年获得澳大利亚国防科技成就之科学与工程卓越奖，并于 2018 年获得 IEEE AESS Fred Nathanson 奖。

Simon Watts，大英帝国最杰出成就勋章获得者，英国皇家工程院院士，2013 年之前任英国泰雷兹集团副科学主任和技术研究员，现任伦敦大学学院电子与电气工程系客座教授，从事机载海事雷达系统设计和雷达海杂波建模研究 40 余年。

原著致谢

过去 10 年来，本书的大部分工作得到了澳大利亚国防科技集团的支持。SET-185 大擦地角海杂波建模课题组也发挥了重要作用，在海杂波建模方面取得了许多重大进展。

正是许多人的帮助才促成了这本书，特别感谢我们的家人在我们奋笔疾书的许多个周末、清晨和深夜给予我们的耐心，还要感谢为本书所介绍的知识体系作出贡献的许多相关领域的专家、学者。

译者序

海杂波背景下的目标检测问题是典型的复杂强杂波背景下的弱目标检测问题，一直是雷达界研究的难点和热点问题。雷达在探测海上各种类型隐身舰船、潜望镜、低速小目标、掠海低速飞行器等军用目标，以及浮冰、航道浮标、小渔船或快艇等民用目标时，均会不可避免地受到复杂海面回波即海杂波的影响。低速小目标的回波与海杂波在时域因能量差异不大而不可分，在频域因目标速度和海杂波速度接近而不可分，在时频域低速小目标的回波同样与海杂波很难区分，同时受具有"类目标特性"海尖峰的影响，海杂波背景下的低速小目标检测问题始终是一个困扰雷达界的难点问题，严重制约着星载雷达、机载雷达、岸基雷达及舰载雷达的目标探测性能。如何有效抑制海杂波，最大限度地累积目标回波能量，从而削弱海杂波的不利影响，改善海上目标探测性能，是一个探索性强且难度很大的理论和技术的瓶颈问题，也是雷达应用领域需要不断突破的重难点问题。各种平台的雷达设备对海面低速小目标的有效探测具有很重要的社会价值，亟须通过系统、深入的理论研究来支撑相关工作。

近些年来，国内外相关学者针对不同平台下的海杂波特性感知及对应的检测器设计进行了大量研究，获得了大量的研究成果。本书的两位作者分别来自澳大利亚国防科技集团和英国泰雷兹集团，其中，Luke Rosenberg 为 IEEE Senior Member，Simon Watts 为 IEEE Fellow，均是相关领域的顶级专家，长期从事雷达对海信号处理的研究工作，具有深厚的理论功底和丰富的工程经验。本书首先介绍了海杂波的单基地特性和不同的建模方法，阐述了有源和无源双基地雷达的海杂波特性；其次系统介绍了海杂波的一些参数化模型，全面描述了单基地和双基地情况下的平均反射系数、幅度统计、多普勒谱和纹理相关性的预期特性；最后介绍了海杂波仿真技术，以及利用海杂波模型进行雷达性能预测。本书还概述了当前的目标检测方法，并详细介绍了海杂波特性对检测性能的影响。另外，本书对新技术进行了展望，这对未来的雷达对海探测工作具有重要的指导意义。

为了全面阐述海杂波特性及检测的基本理论，本书含有大量数学推导并建立了各种关系，涉及概率论与数理统计、高等数学、随机过程、矩阵论及数字信号处理等内容，读者在阅读和理解过程中可能会存在一定的难度，但是通过系统、深入的学习，读者肯定会受益匪浅。本书可以作为高年级本科生、研究生的教材或参考书，也可以作为科研院所相关研究人员的参考书籍。

本书译者来自西安电子科技大学雷达信号处理全国重点实验室，长期从事不同平台对海雷达的系统设计及目标检测识别算法的研究工作，曾参与了我国多型对海雷达的系统开发工作。

本书译者结合在对海雷达领域的研究经验，认真阅读和理解了本书的英文原著，力争专业、完整、原汁原味地翻译全书内容。全书共 8 章，由许述文主译，水鹏朗、施赛楠和颜学颖等参加翻译，许述文对翻译稿进行了整理。本书的研究和翻译过程得到了国家自然科学基金（62371382、61871303）等项目的支持。本书的翻译工作得到了课题组方锦滨、白晓惠、周昊、李强、郝禹程、牛小情、张甜、胡灿钰、邢宇龙、毋璐璠、黄炫程等的帮助，并得到了西安电子科技大学雷达信号处理全国重点实验室多位专家和电子工业出版社的大力支持。

本书涉及专业面广、内容深入、语言风格多样，虽然我们已经竭尽所能地通过专业的语言来还原原著，但对原著内容的理解难免存在不到之处，敬请各位同行和专家批评指正。

许述文

于古都长安

2023 年 9 月

目　录

符号列表

α	双峰多普勒谱模型中的 Bragg 加权因子
α_{bp}	非矩形天线波束形状导致的损耗因子
α_{mf}	脉冲压缩失配导致的损耗因子
α_s	能量比检验统计量
$\tilde{a}$、$\tilde{\boldsymbol{a}}$	3MD 分布离散纹理参数
$a_{az}(\cdot)$	时域方位维双向天线波束方向图
a_{cont}、$\tilde{a}_{cont}$	DSTG 连续模型参数
a_D	Domville 双基地参数化模型中使用的参数
a_{gen}	通用模型参数
a_{ext}	演化多普勒谱模型系数
a_{GIT}	GIT 平均后向散射模型参数
$a_{GO\text{-}SSA}(\cdot)$	扩展 GO-SSA 模型中使用的方位角项
a_h	相对湿度
a_{hyb}	混合平均后向散射模型参数
a_{IRSG}	IRSG 平均后向散射模型参数
a_{Mas}	Masuko 平均后向散射模型系数
a_{NRL}	NRL 平均后向散射模型系数
a_O	氧因子
a_r	Briggs 雨模型系数
a_{RRE}	英国皇家雷达研究院平均后向散射模型系数
a_{Sit}	Sittrop 平均后向散射模型系数
a_{Sitv}	Sittrop RMS 速度模型系数
a_{temp}	时间去相关模型系数
a_{tex}	纹理加权分量
a_{TSC}	TSC 平均后向散射模型参数
a_w	含水量（单位：g/m^3）
a_{WW}	Watts 和 Wicks 形状模型系数
a_v	水吸收因子
A	目标幅度
$A_{az}(\cdot)$	频域方位维双向天线波束方向图
A_{Br}	平均多普勒谱模型中使用的 Bragg 幅度

A_c	多普勒谱模型中使用的参数
A_{cl}	杂波单元面积（单位：m^2）
$A_{mp}(\cdot)$	扩展 GO-SSA 模型中使用的多径效应项
A_q	小波近似子带，q 级
$\tilde{A}_q$	重构近似小波子带，q 级
A_0	杂波单元面积参考（单位：m^2）
A_S	平均多普勒谱模型中使用的海尖峰幅度
A_{TSC}	TSC 平均后向散射模型参数
A_W	平均多普勒谱模型中使用的白冠幅度
β	双基地夹角（单位：rad）
$\tilde{\beta}$	角度/多普勒空间的斜率
$\beta_0(\cdot)$	Beta 函数
$\beta_{inc}(\cdot)$	不完全 Beta 函数
β_{TSC}	TSC 平均后向散射模型参数
b	K 分布尺度参数
$\tilde{b}(\cdot)$	伯努利 TBD 中使用的目标生成 PDF
b_{Br}	G2 模型中 Bragg 散射尺度参数
b_{cont}、$\tilde{b}_{cont}$	DSTG 连续模型参数
b_{ext}	演化多普勒谱模型系数
b_F	G2 模型中的快散射尺度参数
b_{gen}	通用模型参数
b_{GIT}	GIT 平均后向散射模型参数
$b_{GO-SSA}(\cdot)$	扩展 GO-SSA 模型中使用的方位角项
b_{hyb}	混合平均后向散射模型参数
b_{IRSG}	IRSG 平均后向散射模型参数
b_K	KA 分布尺度参数
b_{Mas}	Masuko 平均后向散射系数
b_{NRL}	NRL 平均后向散射系数
b_p	Pareto 分布尺度参数
b_r	Briggs 雨模型系数
b_{RRE}	英国皇家雷达研究院平均后向散射模型系数
b_{Sit}	Sittrop 平均后向散射模型系数
b_{Sitv}	Sittrop RMS 速度模型系数
b_t	Gamma 分布尺度参数
b_{temp}	时间去相关模型系数
b_{TSC}	TSC 平均后向散射模型参数
b_w	韦布尔分布尺度参数
b_{WW}	Watts 和 Wicks 形状模型系数

B	雷达带宽（单位：Hz）
B_a	频率捷变带宽（单位：Hz）
B_c	多普勒谱模型中使用的参数
$\chi(\cdot)$	延迟／多普勒双基地雷达信号
χ_c	拉普拉斯域中等高线的曲率
$\boldsymbol{c}$	杂波向量
$\tilde{c}$、$\tilde{\boldsymbol{c}}$	3MD 分布离散纹理权重
c_0	光速（单位：m/s）
c_B	Domville 双基地参数化模型中使用的常数
$\boldsymbol{c}_{Br}$	Bragg 分量向量
c_{cont}、$\tilde{c}_{cont}$	DSTG 连续模型参数
c_{ext}	演化多普勒谱模型系数
$\boldsymbol{c}_F$	快散射向量
c_{gen}	通用模型参数
c_{GIT}	GIT 平均后向散射模型参数
$c_{GO-SSA}(\cdot)$	扩展 GO-SSA 模型中使用的方位角项
c_{hyb}	混合平均后向散射模型参数
c_{IRSG}	IRSG 平均后向散射模型参数
c_{Mas}	Masuko 平均后向散射系数
c_{NRL}	NRL 平均后向散射系数
c_{RRE}	英国皇家雷达研究院平均后向散射模型系数
c_{Sit}	Sittrop 平均后向散射模型系数
c_{Sitv}	Sittrop RMS 速度模型系数
c_{temp}	时间去相关模型系数
c_{TSC}	TSC 平均后向散射模型参数
c_{WW}	Watts 和 Wicks 形状模型系数
$\mathcal{C}$	杂噪比
$\mathbb{C}$	等高线
$C(\cdot)$	杂波谱
C_r	杂波功率与噪声加瑞利分量功率之和的比
$\mathcal{CN}(\cdot)$	复正态随机变量
$\mathcal{C}_{av}$	平均杂噪比
$\delta(\cdot)$	Delta 函数
δ_B	目标二等分角（单位：rad）
δ_{cont}	DSTG 连续形状模型参数
ΔR	斜距分辨率（单位：m）
ΔR_B	双基地距离分辨率（单位：m）
ΔR_{BG}	双基地距离分辨率对地投影（单位：m）
$\Delta\theta$	角度分辨率（单位：rad）

Δ_z	PDF 样本之间的强度间距
d	两个空间天线通道之间的距离（单位：m）
d_{cont}	DSTG 连续模型系数
d_{ext}	演化多普勒谱模型系数
d_{gen}	通用模型参数
d_{hyb}	混合平均后向散射模型参数
d_{IRSG}	IRSG 平均后向散射模型参数
d_{Mas}	Masuko 平均后向散射系数
d_{NRL}	NRL 平均后向散射系数
d_p	Pareto 矩估计器方法中使用的常数
d_r	K+瑞利 $z\lg z$ 估计器方法中使用的常数
d_{Sit}	Sittrop 平均后向散射模型系数
d_{Sitv}	Sittrop RMS 速度模型系数
d_{TSC}	TSC 平均后向散射模型参数
d_{sp}	尖峰平均持续时间（单位：s）
d_z	$z\lg z$ 估计器中使用的常数
D	3MD 分布中分量个数
D_{BD}	Bhattacharyya 距离度量
D_{CS}	卡方度量
D_{KS}	Kolmogorov-Smirnov 距离度量
D_{max}	用于 3MD 矩估计器方法的最大阶数
D_{MBD}	修正 Bhattacharyya 距离度量
D_{MCS}	修正卡方度量
D_{MKS}	修正 Kolmogorov-Smirnov 距离度量
D_q	小波细节子带，q 级
$\tilde{D}_q$	重构细节小波子带，q 级
D_{TE}	阈值误差度量
ε	伯努利 TBD 中使用的描述目标存在性的二进制随机变量
ε_{dev}	稀疏信号分离中使用的模型偏差
ε_{GIP}	用于可变尺度混合检测器的置信水平
ε_{lim}	多通道杂波仿真中使用的幅度限制
ε_{rec}	字典学习重建中使用的阈值
η	阈值乘子
η_{cont}	DSTG 连续形状模型参数
η_{DL}	对角加载
$\eta_p(\cdot)$	用于定义 Pareto CDF 的函数
η_s	稀疏信号分离中使用的惩罚参数乘子
e_{cont}	DSTG 连续形状模型系数

e_{ext}	演化多普勒谱模型系数
e_{gen}	通用模型参数
e_{IRSG}	IGSR 平均后向散射模型系数
e_{NRL}	NRL 平均后向散射模型系数
e_p	Pareto 矩估计器方法中使用的常数
$E(\cdot)$	SWT 检测器中使用的熵度量
$E_v(\cdot)$	广义指数积分函数
f	多普勒频率（单位：Hz）
f_0	目标多普勒频率（单位：Hz）
f_B	目标双基地多普勒频率（单位：Hz）
f_{bi}	围绕中心多普勒频率的起伏（双峰模型）（单位：Hz）
f_{Br}	Bragg 多普勒频率（单位：Hz）
$\overline{f}_{Br}$	平均 Bragg 多普勒频率（单位：Hz）
f_{cont}	DSTG 连续模型系数
f_F	快散射频率（单位：Hz）
f_{gen}	通用模型系数
f_{IRSG}	IRSG 平均后向散射模型系数
f_{lin}	围绕中心多普勒频率的起伏（线性模型）（单位：Hz）
f_r	脉冲重复频率（单位：Hz）
f_{RF}	雷达载频（单位：Hz）
f_s	空间目标频率（单位：Hz）
$f_\theta(\cdot)$	每个 Bragg 现象的中心方位角频率（单位：Hz）
$\overline{f}_W$	平均白冠多普勒频率（单位：Hz）
$F(\cdot)$、$F_-(\cdot)$	累积分布函数
$\overline{F}(\cdot)$、$F_+(\cdot)$	互补累积分布函数
$_1F_1(\cdot)$	汇合型超几何函数
F_a	协方差分析的归一化因子
F_{dat}	数据 CDF
F_e	不匹配条件下的归一化因子
F_m	匹配条件下的归一化因子
F_n	接收器噪声系数
F_{mod}	模型 CDF
F_p	传播因子
$\overline{F}_{\varsigma_0}$	ς_0 点的互补累积分布函数
γ	检测阈值
γ_{cont}	DSTG 连续模型参数
γ_t	伯努利 TBD 中使用的报告的阈值
γ_X	重构子带 X 的最大熵

$\Gamma(\cdot)$	Gamma 函数
g	重力加速度（单位：m/s^2）
$\tilde{\boldsymbol{g}}$	SDS 算法中使用的接收雷达信号向量
$g_a(\cdot)$	分析高通滤波器
$g_{az}(\cdot)$	经方位维波束方向图缩放的杂波脉冲响应
g_{gen}	通用模型系数
$g_s(\cdot)$	合成高通滤波器
$G(\cdot)$	多普勒谱模型
$G_2(\cdot)$	G2 多普勒谱模型
$G_a(\cdot)$	分析高通滤波器响应
$G_{av}(\cdot)$	平均多普勒谱模型
$G_{Br}(\cdot)$	Bragg 多普勒谱模型
G_r	单向天线接收增益
$G_s(\cdot)$	合成高通滤波器响应
G_t	单向天线发射增益
$G_{uni}(\cdot)$	均匀多普勒谱模型
h、$\boldsymbol{h}$	接收雷达信号
$\bar{\boldsymbol{h}}$	SDS 算法中使用的接收雷达信号向量
$h_a(\cdot)$	分析低通滤波器
$h_d(\cdot)$	接收直达信号
h_{gen}	通用模型系数
$\boldsymbol{h}_{G2}$	复合 G2 雷达信号向量
h_n	归一化因子
h_r	接收监控信号
$h_s(\cdot)$	合成低通滤波器
$\boldsymbol{h}_{STLC}$	空时有限的杂波雷达信号向量
$H(\cdot)$	接收雷达功率谱
H_0	零假设
H_1	备择假设
$H_{1/3}$	有效浪高（单位：m）
$H_a(\cdot)$	分析低通滤波器响应
H_{avg}	平均浪高（单位：m）
$H_e(\cdot)$	熵
H_{noise}	噪声功率谱
$H_p(\cdot)$	Hermite 多项式
H_{rms}	均方根浪高（单位：m）
$H_s(\cdot)$	合成低通滤波器响应
I	一个杂波块中建模的小块数
$\boldsymbol{I}_N$	$N \times N$ 的单位矩阵

J	用于估计 OS-CFAR 中杂波均值的距离单元
J_0	TQWT 中使用的连续两通道滤波器组的数量
k_B	玻尔兹曼常数
k_c	平面外双基地模型中使用的参数
k_{ζ_0}	对应于强度阈值 ζ_0 的强度单元
k_e	地球半径比例因子
k_r	K+瑞利分布中瑞利分量与杂波的功率比
k_{rat}	KK 分布加权因子
k_s	涌浪波数
k_{sr}	平行于雷达波束的涌浪波数
k_{WW}	Watts 和 Wicks 形状模型极化系数
$\mathcal{K}(\cdot)$	第二类修正 Bessel 函数
K	距离单元数
K_a	SWT 中的最大子带数
K_{atom}	字典中的原子数
K_{cont}	连续平均后向散射模型参数
K_{int}	用于形成离散 PDF 的单元数
K_s	用于平均杂波反向散射的距离单元数
K_t	目标起伏参数
K_T	用于 SDS 算法的 CUT 中的快拍数
K_{T_t}	用于 SDS 算法的 CUT 中的时间快拍数
K_{T_s}	用于 SDS 算法的 CUT 中的空间快拍数
$K_{\mathcal{T}}$	训练数据中的行数
λ	雷达波长（单位：m）
λ_0	稀疏信号分离中使用的惩罚参数偏移
λ_G	重力波长（单位：m）
λ_n	第 n 个特征值
λ_s	稀疏信号分离中使用的惩罚参数
$\varLambda$	奇异值分解中的参数
ℓ_n	n 范数向量范数
l_c	每千米纯空气衰减
l_f	每千米雾衰减
l_r	每千米雨衰减
l_s	每千米雪衰减
$\mathcal{L}(\cdot)$	似然函数
L	空间通道数
L_0	用于杂波仿真的滤波器阶数
L_a	大气损耗
L_q	干扰 STFT 字典的重叠因子

L_{RF}	雷达中的射频硬件和天线罩损耗
L_s	目标 STFT 字典的重叠因子
L_{sp}	雷达信号处理损耗
L_t	雷达总损耗
μ	归一化接收信号
μ_0	目标模糊函数中使用的常数
μ_c	脉冲压缩增益
μ_k	k 阶样本矩
μ_{sim}	相似度均值
μ_{TSC}	TSC 平均后向散射模型参数
$m_f(\cdot)$	多普勒谱模型中心频率
m_{LN}	对数正态分布均值
m_w	多普勒谱宽均值
$\mathcal{M}$	矩母函数
M	杂波距离像中使用的距离单元数
$\bar{M}$	KA 分布单个距离单元中的尖峰数
M_a	SWT 中使用的滤波器长度
M_b	用于二值积累器的扫描次数
υ	K 分布形状参数
$\tilde{\upsilon}$	K 分布有效形状参数
υ_B	双基地 K 分布形状参数
υ_{Br}	G2 模型中 Bragg 散射分量的形状参数
υ_{CS}	Watts 和 Wicks 侧涌浪形状模型参数
υ_{diff}	Watts 和 Wicks 形状模型参数
υ_F	G2 模型中快速散射分量的形状参数
υ_K	KA 分布形状参数
υ_{occ}	STLC 模型中发生概率的形状参数
υ_p	Pareto 分布形状参数
$\tilde{\upsilon}_p$	Pareto 分布有效形状参数
υ_r	K+瑞利分布形状参数
υ_{sum}	Watts 和 Wicks 形状模型参数
υ_t	Gamma 分布形状参数
υ_{US}	Watts 和 Wicks 形状模型参数
υ_w	韦布尔分布形状参数
n_c	平面外双基地模型中使用的参数
$\mathcal{N}(\cdot)$	正态随机分布变量
N	脉冲数
N_b	用于二值积累器的扫描次数
N_{eff}、$\tilde{N}_{eff}$	独立脉冲的有效个数

N_{Mas}	Masuko 平均后向散射模型参数
N_{p}	单次扫描脉冲数
N_{P}	PDF $P(\cdot)$ 中的样本数
N_{q}	干扰 STFT 字典的脉冲数
N_{Q}	PDF $Q(\cdot)$ 中的样本数
N_{s}	目标 STFT 字典的脉冲数
N_{sc}	散射子个数
N_{t}	伯努利 TBD 中使用的粒子数
N_{targ}	目标处于雷达波束中时的脉冲数
N_{tex}	单次雷达扫描生成的纹理实现个数
N_{σ}	包含在 STLC 模型中的 Bragg 谱宽的个数
N_{wave}	在多普勒和方位角之间映射的 STLC 点数
ω_i、ω_s	伯努利 TBD 中使用的过程噪声强度
$\boldsymbol{\Omega}$、$\boldsymbol{\omega}$	伯努利 TBD 中使用的过程噪声矩阵
$\boldsymbol{\Omega}_k$	第 k 个矩阵单元的杂波距离像
$\boldsymbol{\Omega}_{\mathrm{p}}$	用于仿真的参数集
$\boldsymbol{\Pi}$	伯努利 TBD 中使用的转移概率矩阵
ϕ	擦地角（单位：rad）
$\tilde{\phi}$	散斑相位（单位：rad）
ϕ_0	擦地角参考（单位：rad）
ϕ_1、ϕ_{21}	Domville 参数化模型中的入射角和反射角（单位：rad）
$\phi_{3\mathrm{dB}}$	仰角 3dB 波束宽度（单位：rad）
ϕ_{b}、ϕ_{d}	Domville 双基地参数化模型中使用的角度（单位：rad）
ϕ_{p}	Pareto P_{fa} 模型中使用的参数
ϕ_{n}、ϕ_{s}	Domville 双基地参数化模型中使用的角度（单位：rad）
ϕ_t	过渡擦地角（单位：rad）
φ	空间相移（单位：rad）
$\Phi(\cdot)$	用于评估曲线积分的相位函数
$\boldsymbol{\Phi}_{\mathrm{c}}$	杂波字典
$\boldsymbol{\Phi}_{\mathrm{q}}$	干扰字典
$\boldsymbol{\Phi}_{\mathrm{s}}$	目标字典
ψ	双基地几何中使用的目标角度
ψ_{B}	双基地雷达的方位角散射角（单位：rad）
p_{c}	杂波平均功率
$\bar{p}_{\mathrm{c}}$	归一化杂波平均功率
p_{mf}	匹配滤波后的接收功率
p_{n}	噪声平均功率
$\bar{p}_{\mathrm{n}}$	归一化噪声平均功率

p_r	瑞利平均功率
p_{rec}	接收机前端的接收功率
p_s	目标平均功率
p_t	发射平均功率
$P(\cdot)$	概率密度函数
P_0	不存在目标的概率
P_1	存在目标的概率
P_{AR}	自回归阶数
P_b	伯努利 TBD 中使用的目标诞生概率
P_{Br}	STLC 模型单个距离单元的 Bragg 现象数
P_d	检测概率
P_{dat}	数据 PDF
P_{dist}	MNLT 中的期望分布
P_{fa}	虚警概率
$P_{fa,ideal}$	理想虚警概率
P_{GIP}	广义内积统计量
P_{in}	输入概率
P_m	漏警概率
P_{mod}	模型 PDF
P_{occ}	STLC 模型中发生快速散射事件的概率
P_{out}	输出概率
P_s	伯努利 TBD 中使用的目标存活概率
P_{sp}	海尖峰百分比
P_T	SDS 算法中使用的时间微元的数量
P_{wave}	GO-SSA 模型中大波浪的 PDF
$\tilde{q}$	伯努利 TBD 中目标存在的后验概率密度
$\boldsymbol{q}_I$	干扰信号
q_{sim}	两个向量之间的相似度
$\boldsymbol{Q}$	SDS 算法中使用的协方差矩阵估计
$Q(\cdot)$	适配滤波输出
Q_0	TQWT 的 Q 因子
$Q_c(\cdot)$	互补分位点函数
Q_e	失配条件下的白化滤波器输出
Q_m	匹配条件下的白化滤波器输出
$Q_N(\cdot)$	Marcum Q 函数
Q_T	SDS 算法中使用的空间微元的数量
$Q_w(\cdot)$	窗函数
Q_{wave}	GO-SSA 模型中被破碎波覆盖的表面分数
$\rho(\cdot)$	相关函数

$\bar{\rho}(\cdot)$	归一化相关函数
$\tilde{\rho}$	相关值
ρ_G	归一化高斯自相关函数
ρ_L	短距离（单元）的空间去相关长度
ρ_r	降雨量（单位：mm/h）
$\rho_{spat}(\cdot)$	空间自相关函数
$\rho_{temp}(\cdot)$	时间自相关函数
r、$\boldsymbol{r}$	幅度
r_0	TQWT 的冗余系数
r_e	地球半径（单位：m）
r_{eff}	有效地球半径（单位：m）
$\boldsymbol{r}_s$	稀疏信号分离中使用的残差分量
R	斜距（单位：m）
$\boldsymbol{R}$	散斑协方差矩阵
R_0	目标距离（单位：m）
$\boldsymbol{R}_{av}$	协方差矩阵长时间平均
$\boldsymbol{R}_{Br}$	Bragg 协方差矩阵
R_e	距离范围（单位：m）
$\boldsymbol{R}_F$	快散射协方差矩阵
R_G	与重力波相关的空间去相关长度（单位：m）
R_L	短距离空间去相关长度（单位：m）
$\boldsymbol{R}_m$	杂波、目标和噪声的协方差矩阵
R_{max}	最大检测范围（单位：m）
R_{res}	使用鞍点近似后的残差分量
R_{Rx}	接收机和地面块之间的斜距（单位：m）
$\boldsymbol{R}_s$	目标协方差矩阵
$\boldsymbol{R}_{SCM}$	样本协方差矩阵
$\boldsymbol{R}_{NSCM}$	归一化样本协方差矩阵
$\boldsymbol{R}_\theta$	协方差矩阵的空间分量
$\boldsymbol{R}_t$	Bragg 协方差矩阵的时间分量
$\boldsymbol{R}_T$	快散射协方差矩阵的时间分量
R_{Tx}	发射机和地面块之间的斜距（单位：m）
ς	对数幅度
σ	雷达散射截面
$\tilde{\sigma}$	散斑雷达散射截面
σ^0	单基地平均后向散射
σ_B^0	双基地平均后向散射
σ_c^0	侧风平均后向散射
σ_d^0	顺风平均后向散射

σ_{GIT}^0	GIT 平均后向散射
σ_{HH}^0	水平极化平均后向散射
σ_{Mas}^0	Masuko 模型平均后向散射
σ_{med}^0	连续平均后向散射模型分量
σ_{quasi}^0	单基地准镜面平均后向散射
σ_u^0	逆风平均后向散射
σ_{VV}^0	垂直极化平均后向散射
σ_0	参考平均后向散射
σ_1、σ_2	Domville 参数化模型的归一化后向散射
σ_c	杂波雷达散射截面
σ_{CPI}	CPI 长度多普勒谱标准差（单位：Hz）
$\sigma_{f_{Br}}$	多普勒谱均值的 Bragg 标准差（单位：Hz）
σ_{GIT}	GIT 平均后向散射模型参数
σ_h	海表面高度标准差（单位：m）
σ_L	GO-SSA 模型中的均方根大尺度浪高
σ_{LN}	对数正态分布的标准差
σ_{plat}	平台运动多普勒谱标准差（单位：Hz）
σ_s、$\tilde{\sigma}_s$	后向散射标准差和平均标准差
σ_S	GO-SSA 模型中的均方根小尺度浪高
σ_{scan}	扫描运动多普勒谱标准差（单位：Hz）
σ_{sp}	KA 分布海尖峰强度
σ_{TSC}	TSC 平均后向散射模型参数
σ_w	多普勒谱宽的标准差（单位：m）
σ_{wave}	单个破碎波 RCS
σ_z	强度标准差
$\boldsymbol{\Sigma}$	复合杂波协方差矩阵
$\tilde{\boldsymbol{\Sigma}}$	缩放的复合杂波协方差矩阵
$\boldsymbol{\Sigma}_{FS}$	固定尺度协方差矩阵
$\boldsymbol{\Sigma}_{TN}$	纹理估计和归一化协方差矩阵
$\boldsymbol{\Sigma}_{VS}$	可变尺度协方差矩阵
s	拉普拉斯变换中使用的复频率
$\boldsymbol{s}$	目标信号向量
$\tilde{s}(\cdot)$	伯努利 TBD 中使用的后验空间 PDF
s_0	标准化目标起伏的随机变量
$s_0^{\pm}$	鞍点位置
$\boldsymbol{s}_\theta(\cdot)$	空间导向向量
$\boldsymbol{s}_t(\cdot)$	时间导向向量
$\mathcal{S}$	信干比

$\mathcal{S}_0$	局部信干比
$S(\cdot)$、$S_{\mathrm{I}}(\cdot)$	幅度/强度中的目标点扩散函数
S_{SS}	海况
$S_{\mathrm{t}}(\cdot)$	目标慢时间点扩散函数
$S_{\mathrm{R}}(\cdot)$	目标距离点扩散函数
θ	相对于逆风的方位角（单位：rad）
θ_0	目标方位角（单位：m）
θ_{3dB}	双向方位维 3dB 天线波束宽度（单位：rad）
$\theta_{\mathrm{3dB,Rx}}$	单向方位维 3dB 天线波束宽度–接收机（单位：rad）
$\theta_{\mathrm{3dB,Tx}}$	单向方位维 3dB 天线波束宽度–发射机（单位：rad）
$\dot{\theta}_{\mathrm{az}}$	方位角扫描速率（单位：rad/s）
θ_{plat}	雷达平台和雷达观察方向之间的相对方位角（单位：rad）
θ_{sw}	相对于上升浪的方位浪涌角（单位：rad）
θ_{t}	目标转向角（单位：rad）
ϑ	伯努利 TBD 中使用的转移概率
ϑ_{L}、ϑ_{U}	可变尺度混合检测器的下限和上限
$\boldsymbol{\Theta}$、$\boldsymbol{\vartheta}$	伯努利 TBD 中使用的转移矩阵
τ	平均散斑功率
$\overline{\tau}$	归一化平均散斑功率
τ_{bi}	双峰多普勒谱模型中使用的阈值
τ_{Br}	Bragg 分量的平均功率
$\overline{\tau}_{\mathrm{Br}}$	Bragg 分量的归一化平均功率
τ_{F}	快散射分量的平均功率
τ_{r}	用于 K+瑞利分布的平均散斑功率
t	慢时间
t_0	目标时间偏移（单位：s）
t_{D}	无源雷达互相关的时滞
t_{e}	时间范围（单位：m）
t_{f}	快时间
T	脉冲宽度（单位：s）
T_0	接收机温度（单位：K）
T_1、T_2	在 TM-CFAR 中修剪的单位数量
$T_{\mathrm{a,C}}$	大气温度（单位：K）
T_{d}	纹理的时间去相关时间（单位：s）
T_{I}	相干处理时间（单位：s）
T_{p}	压缩脉冲宽度（单位：s）
T_{r}	脉冲响应间隔（单位：s）
T_{s}	涌浪周期（单位：s）
T_{sc}	扫描时间（单位：s）

T_{sp}	尖峰之间的平均时间间隔（单位：s）
T_{targ}	目标在雷达波束内时的时间间隔
T_{temp}	散斑的时间去相关时间（单位：s）
$\mathcal{T}$	训练数据集
$\boldsymbol{u}$	伯努利 TBD 中使用的状态向量
u_{Br}	Bragg 分量均匀多普勒谱标准差（单位：Hz）
u_F	快分量均匀多普勒谱标准差（单位：Hz）
U	风速（单位：m/s）
$\boldsymbol{U}$	奇异值分解的参数
U_0	参考风速（单位：m/s）
v_0	目标径向速度（单位：m/s）
v_{HH}	水平极化散射子的速度
v_{max}	最大目标速度（单位：m/s）
v_p	雷达平台速度（单位：m/s）
v_{RMS}	均方根速度（单位：m/s）
v_{Rx}	雷达接收机速度（单位：m/s）
v_{Tx}	雷达发射机速度（单位：m/s）
v_{VV}	垂直极化散射子的速度
$\boldsymbol{V}$	奇异值分解的参数
V_f	雾中能见度（单位：m）
w	多普勒谱宽（单位：Hz）
$\tilde{w}$	伯努利 TBD 中使用的加权因子
w_{bi}	双峰多普勒谱宽（单位：Hz）
w_{RMS}	均方根谱宽（单位：Hz）
w_{av}	平均多普勒谱宽（单位：Hz）
w_{Br}	Bragg 分量多普勒谱宽（单位：Hz）
$\overline{w}_{Br}$	平均 Bragg 分量多普勒谱宽（单位：Hz）
$\boldsymbol{w}_c$	用于稀疏信号分离的杂波权重
$w_D(\cdot)$	窗函数
w_F	快分量多普勒谱宽（单位：Hz）
w_{HP}	半功率谱宽（单位：Hz）
$\boldsymbol{w}_q$	用于稀疏信号分离的干扰权重
$\boldsymbol{w}_s$	用于稀疏信号分离的目标权重
$\boldsymbol{w}_{sp}$	包含展宽的多普勒谱宽
$\overline{w}_S$	平均海尖峰谱宽（单位：Hz）
$\overline{w}_W$	平均白冠谱宽（单位：Hz）
w_x、w_y	距离维 / 方位维目标点扩散函数的标准差
W	目标的谱

$W_{af}(\cdot)$	扩展 GO-SSA 模型中使用的风向角缩放项
$\boldsymbol{W}_c$	用于稀疏信号分离的杂波权重矩阵
W_{ext}	演化多普勒谱模型分量
x	几何方向
x、$\boldsymbol{x}$	散斑分量
x_c、$\boldsymbol{x}_c$	相关散斑分量
$\boldsymbol{x}_F$	用于模拟快散射分量的复高斯实现
$X(\cdot)$	通用参数模型
$X_{ext}(\cdot)$	扩展多普勒谱模型
$\boldsymbol{\xi}$	杂波向量
y	几何方向
y、$\boldsymbol{y}$	复合高斯模型
y_s	鞍点近似中使用的变量
Y	全局检测阈值
Y_0	归一化检测阈值
Y_{cont}	用于连续模型的参数
ζ	检测统计量
ζ_0	用于定义分布拖尾区域的强度阈值
ζ_{TN}	用于 TN 混合检测器的归一化项目
z	几何方向
z_p	雷达平台海拔高度
z_t	目标海拔高度
z、$\boldsymbol{z}$	强度
$\overline{z}$	Pareto 尺度参数的强度偏置
Z	多视强度

首字母缩略词列表

3MD	三模态分布
ACF	自相关函数
AMF	自适应匹配滤波器
AR	自回归
AREPS	高级折射效应预测系统
ARPDD	自动雷达潜望镜检测和辨别
BD	Bhattacharyya 距离
BPD	基追踪去噪
CA	单元平均
CAMP	复杂的近似消息传递
CFAR	恒虚警概率
CCDF	互补累积分布函数
CDF	累积分布函数
CM	截尾均值
CNR	杂噪比
CPI	相干处理间隔
CRP	杂波距离像
CS	卡方
CSW	侧涌浪
CSIR	英国科学和工业研究部
CUT	待检测单元
CW	连续波
CWT	连续小波变换
DL	字典学习
DOMINODL	小批量在线字典学习
DSTG	澳大利亚国防科技集团
DWT	离散小波变换
EM	电磁
FFT	快速傅里叶变换
FISTA	快速迭代收缩阈值化算法
FRF	实地研究设施
GLRT	广义似然比检验

GO	几何光学/较大者
GPU	图形处理单元
GM	几何平均
KS	Kolmogorov-Smirnov
HF	高频
HH	水平发射、水平接收
HP	半功率
H-PMHT	直方图概率多假设跟踪器
HV	水平发射、垂直接收
IEEE	电气与电子工程师协会
ISTA	迭代收缩阈值算法
IRSG	成像雷达系统群组
KSVD	K-Means 奇异值分解
GIT	佐治亚理工学院
GO-SSA	几何光学-小斜率近似
LASSO	最小绝对收缩和选择算子
LARS	最小角度回归
LN	对数正态
LSD	对数-正态标准差
MCA	形态成分分析
MCS	修正卡方
MGF	矩母函数
MKS	修正 KS
MNLT	无记忆非线性变换
NAAWS	北约防空作战系统
NAMF	归一化自适应匹配滤波
NATO	北约
NetRAD	组网雷达
NM	海里
NRL	美国海军研究实验室
NSCM	归一化样本协方差矩阵
ODL	在线字典学习
OMP	正交匹配追踪
OS	序贯统计量
OSPA	最优子模式分配
PDF	概率密度函数
PSD	功率谱密度
PSF	点扩散函数
RCS	雷达散射截面积
RFI	射频干扰

RMS	均方根
RRE	英国皇家雷达研究院
SALSA	分裂增广拉格朗日收缩算法
SAR	合成孔径雷达
SCM	样本协方差矩阵
SDS	单个数据集
SIRP	球不变随机过程
SIRV	球不变随机向量
SIR	信干比
SNR	信噪比
SO	较小者
SS	海况
STAP	空时自适应处理
STFT	短时傅里叶变换
STLC	空时有限的杂波
SWT	平稳小波变换
TBD	检测前跟踪
TE	阈值误差
TN	纹理估计与归一化
TM	修剪均值
TQWT	调谐 Q 小波变换
TSC	科技服务公司
UCL	伦敦大学学院
USW	逆涌浪
VH	垂直发射、水平接收
VV	垂直发射、垂直接收
WT	小波变化
WTW	Ward, Tough and Watts

第 1 章

绪 论

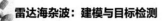

1.1　前言

自 20 世纪 30 年代人们开展雷达研制工作以来，海上监视已经成为雷达的基本应用。雷达的早期发展是为了满足军事应用的需求，但是今天雷达已经广泛应用于许多重要的军事和民用领域。在第二次世界大战中，第一部海上监视雷达很快发现了来自海面的回波（后来被称为海杂波）。海杂波是检测小目标同时控制虚警的重要影响因素，对于现代雷达来说仍然如此。特别是对于目标检测来说，粗糙海表面的低速小目标检测性能提升仍然是海用雷达设计的主要技术驱动因素之一。

对于海上监视雷达来说，其信号处理的设计、开发和测试需要对雷达海杂波和含目标回波具有深入的认知。本书以 Ward、Tough 和 Watts 的早期著作[1]为基础，对关于雷达海杂波和海杂波中目标检测方法的最新研究进行了全新、全面的回顾。本书的重点是帮助读者理解不同雷达体制、观测几何条件和环境条件下雷达海杂波的特性，以及在雷达设计过程中通过使用数学模型进一步加深读者对海杂波特性的理解。

本书所介绍的工作主要基于空中的海上侦察要求，但书中许多想法和模型同样适用于陆基雷达和舰载雷达。自文献［1］出版以来，学者们对架设在较高高度的雷达的兴趣越来越浓厚，这种高空架设使得照射海面的擦地角比传统机载监视平台和陆基系统的更大。同时，学者们对包括使用外辐射源的无源雷达在内的双基地系统进行了深入的研究。另外，学者们对海用雷达中相干和多孔径系统的使用也越来越感兴趣。本书同样对这些新应用领域进行了介绍。

1.2　海上监视雷达

海上监视雷达可以是陆基、空基或天基雷达。对于陆基雷达系统，最常见的是监视海岸线的导航雷达和在海军舰艇上提供态势感知的雷达。军舰上的雷达通常更先进，有导航、防空等多种用途。这些雷达通常工作于 S 波段或 X 波段，通过机械扫描或电子扫描来实现360°全方位的覆盖。另外，这些雷达通常位于海面上空 20～30m 的高度，因而监视大部分海面时的擦地角较小。与更大的擦地角相比，小擦地角会使后向散射更小，同时海尖峰更多，导致对于低速小目标的检测变得更加困难。

机载海上监视雷达主要用于检测海面上的目标。这些雷达可用于军事领域，如反潜作战和海面舰船监视；也可用于军事辅助或民用领域，如寻找走私者或难民船。它们通常是能实现 360° 扫描的 X 波段雷达，但也可能包括装载于快速喷气式飞机上的带有前视天线的雷达，或者适用于雷达成像的固定侧视雷达。当检测海面上的静止和低速小目标时，机载海上监视雷达通常在低空运行，高度一般低于 3000 英尺（约 914m），这是因为在小擦地角下运行能够实现更高的信杂比。然而，新的需求推动着包括无人机系统（UAS）在内的当前和未来的机载平台向更高的空中运行。这能够拓展雷达视野，从而实现更广区域的监视，但同时会导致擦地角增大，特别是会导致在近距离情况下海杂波强度增大，增加了小目标检测的难度。如图 1.1 和图 1.2 所示为两个对海平台的例子，分别是 P-8A Poseidon 飞机和 MQ-4C Triton 无人机系统。

图 1.1　P-8A Poseidon 飞机 © Australian Department of Defence 2021

图 1.2　MQ-4C Triton 无人机系统 © Northrop Grumman 2021

继 1978 年 Seasat 卫星首次发射运行[2]之后，雷达长期以来用于在太空中进行海洋学测绘。通过使用雷达散射计，海洋学卫星能够根据感知平均后向散射功率随观测方向的变化来估计风速和风向。高分辨率成像雷达能够绘制洋流、海冰运动等信息的图像，但由于这些卫星的运行轨道低且重访时间长，因此很难依靠它们来实现连续的海上监视。然而，RADARSAT 星座[3]是一个例外，该星座由三颗卫星组成，主要用于船舶监视。

1.3　海表面

在海杂波特性认知过程中，十分重要的一点认识是，海表面并不是一个随机的粗糙表面，而是具有由风和水流决定的特定结构。当风吹拂时，海面出现小波纹，海面变得粗糙。当波纹增大时，能量便转移到波长更长的波浪[1]。当波浪无法维持自身形状时就会发生破碎，其能量又进一步重新分配，直到从风中输入的能量和消散于波浪中的能量达到平衡。风速增大，达到平衡所需的时间也随之增长，海面波浪的波长也会增大（频率减小），这就形成了波浪在海洋中传播的谱。当风停止时，由于重力波而可能形成的涌浪会继续传播，也会叠加到海

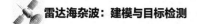

浪的波谱中。

下面给出一些用来描述海表面特性的术语[4]。

（1）**风浪**：由风作用于水面而产生的波浪。

（2）**重力波**：传播速度由重力支配的波浪，通常波长大于 5cm。

（3）**毛细波（涟波）**：传播速度主要取决于波传播媒介液体的表面张力的波浪。波长小于 2.5cm 的水波可以认为是毛细波。

（4）**风区**：由方向和速度恒定的风产生海浪的海面区域。风区长度是在生成海浪的风向上测量的。

（5）**作用时间**：风在风区沿大致同一个方向吹拂的时间。

（6）**充分发展的海浪**：在不考虑持续时间的条件下，给定风力吹过足够宽阔水面所能产生海浪的最大高度。这种现象是波谱中所有可能的波分量都以最大谱能量存在产生的结果。

（7）**海况**：对海表面粗糙程度的数值或书面描述。海况可以更精确地定义为有效浪高，即在观测到的一连串波浪中浪高排在前 1/3 高的那部分波峰到波谷落差的平均值。

在雷达系统的性能规范中，海况通常采用道格拉斯海况。表 1.1 给出了道格拉斯海况在产生不同浪高的大致风速下的定义，这里假设海浪充分发展。这种大致风速要求风在风区吹拂持续至少某一最小作用时间，将风速和海况联系起来的风区长度和最小作用时间如表 1.1 所示。注意，道格拉斯海况的一般定义与文献 [5] 及其他旧教材中给出的并不完全一致。除了道格拉斯海况标准，还有世界气象组织海况和蒲福风级量表，它们之间也是略有不同的。因此，用这些标准来定义雷达性能时必须十分注意。同时，海况的定义涉及一系列环境条件，因而在实际应用中很难界定从一种海况到另一种海况的边界。此外，由于局部区域的环境条件可能多变，因此通过观测仪得到有效浪高的精确估计值是非常困难的。

表 1.1 道格拉斯海况和充分发展的海浪对应的风速及它们之间的联系

海况	描述	有效浪高（m）	风速（m/s）	风区长度（NM）	最小作用时间（h）
0	无浪	无浪	0		
1	微浪	0~0.1	0~3		
2	小浪	0.1~0.5	3~6	50	5
3	轻浪	0.5~1.25	6~7.5	120	20
4	中浪	1.25~2.5	7.5~10	150	23
5	大浪	2.5~4.0	10~12.5	200	25
6	巨浪	4.0~6.0	12.5~17	300	27
7	狂浪	6.0~9.0	17~25	500	30
8	狂涛	9.0~14.0	>25		
9	怒涛	14.0+	≫25		

注：1NM=1.852km。

1.4 海杂波特性

海杂波是指来自海表面的后向散射雷达信号回波。为了刻画影响雷达性能的海杂波特性，学者们提出了许多描述海杂波典型行为的模型。现代雷达设计师通常对以下几个方面的海杂波特性感兴趣：

（1）海面上给定点处回波的平均幅度（平均后向散射）；

（2）在局部平均后向散射水平附近的幅度起伏；

（3）在局部平均后向散射水平附近的幅度起伏的时间特性；

（4）大区域平均后向散射的空间变化。

这些特性都依赖海洋和气象条件、雷达观测几何条件、频率和极化方式等雷达参数。用于描述海杂波回波的主要特性和特征包括：

（1）反射系数（归一化平均后向散射）；

（2）幅度分布；

（3）杂波尖峰；

（4）多普勒谱；

（5）时间和空间相关性。

接收到的雷达信号由海杂波、目标回波和噪声组成。其中，噪声通常由接收机内部产生的热噪声主导；海杂波的强度由雷达发射机功率、天线增益、雷达脉冲照射面积、海表面局部反射系数共同决定。雷达照射范围内许多散射体的组合导致海杂波的幅度会发生起伏，这种起伏由幅度分布或幅度概率密度函数（PDF）描述。在低距离分辨率下，相干海杂波的 PDF 可能服从复高斯分布[1]。然而，随着距离分辨率的提高，海表面变化的分辨效果得到了提高，破碎波和其他离散事件（海尖峰）的影响更加明显，于是回波中包含相对于整体平均水平更大的幅度的概率变大，因而幅度或强度的 PDF 就具有了更重的"拖尾"。

在慢时间（脉冲）维，海杂波幅度起伏不是完全随机的，而是相关的。这种相关性通常在频域用功率谱密度或多普勒谱来描述。除了幅度起伏，有时也能观测到海尖峰这类相对较大的回波，它们要么只短暂存在几十毫秒，要么持续数秒。所以，海尖峰同时影响幅度分布和多普勒谱，给目标检测带来更大挑战，因此研究海尖峰的特性对于理解其对雷达检测性能的影响至关重要。正如回波的幅度可能是脉间相关的，海杂波强度起伏在距离维或长时间尺度下同样也可能是相关的，这可能反映了海浪和涌浪的物理结构，并表现为海杂波强度的空间或时间相关性。

1.5　海杂波建模

1.4 节所介绍的海杂波特性需要用模型来描述，这些模型后续还可用于预测和评估雷达性能。海杂波模型贯穿于雷达的整个设计寿命周期，其包含以下几个阶段[1]。

（1）**性能需求的指定**：指定雷达性能需要掌握雷达在不同工作环境下可能的表现，而模型能够把性能需求和环境变化联系起来，因此利用模型能够辅助指定雷达性能。

（2）**潜在性能的建模**：最初的建模是基于雷达距离方程进行的，海杂波的检测性能还需要了解海杂波特性和雷达信号处理相关知识。

（3）**系统和算法设计**：随着雷达设计的精细化，海杂波检测性能通过建模来重新评估。新的检测算法应该以理想的性能模型为基准。

（4）**性能评估和验收试验**：一旦雷达建成并集成到工作系统中，就需要评估其整体性能。最好的评估方法是对试验环境进行测量，然后将试验结果与模型性能进行比较。

（5）**服役期间的策略和训练**：通常需要许多雷达操作员进行控制并调整优化相关设置，从而在不同环境下实现最优检测性能。雷达操作员不仅需要经过装备实训，还需要在能反映真实表现的雷达模拟器上进行练习。对环境建模也能辅助雷达操作员，例如，模型检测结果可用来定义在特定模式和海况下检测特定大小目标的最优水平。

（6）**服役期间的升级**：随着用户需求的改变，以及雷达随新兴技术的不断改进，雷达建模可以用来定义检测性能的预期改善。

雷达建模可以大致分为建立物理模型和建立经验模型，其中，物理模型是基于对海表面建模描述的电磁（EM）散射计算而建立的，而经验模型是基于不同环境条件下对海杂波的观测而建立的。建立基于电磁散射的物理建模仍然是一个难题，尤其是在小擦地角情况下，因此大多数雷达模型的发展仍依托经验模型。

1.5.1 基于电磁散射的物理建模

多年来，海洋学的进步已经促成了许多海浪模型的建立，而这些海浪模型又能够用于发展不同条件下的真实海表面模型。理论上，这些海表面模型能为电磁散射计算提供基础，并且减少对于经验模型的需求。

海水的介电常数很高，因此吸收雷达辐射的能量很少。此外，射频能量很少能够穿透海洋表面。在风平浪静时，海表面是平坦的，雷达能量的反射近似镜面反射。在这种情况下，雷达发射机发射的大部分能量被散射出去，测量得到的后向散射水平很低。然而，随着风力增强，海表面变得更加粗糙，后向散射变得更加发散，因而测量得到的后向散射水平增大。定性的海表面粗糙程度取决于在同一海洋表面上产生的高频段镜面反射和微波段漫反射的雷达波长。

电磁散射的微扰理论是由 Rice[6]开创的，后来被 Peake[7]应用于计算陆地的 RCS。然后，Wright[8]将这一理论延伸到海洋中，并将其归类为"轻微粗糙"的表面。他指出，在小擦地角情况下，最重要的散射来自毛细波或短重力波。海面 Bragg 散射指的是当海浪波长在入射电磁波方向的投影等于电磁波半波长的整数倍时产生的谐振（相干）散射。在这种情况下，反射同相相加，并产生谐振，从而产生强烈的后向散射。Ulaby 等人[9]基于 Bragg 散射理论提出了一种理论的后向散射模型。然而，他们也注意到，由于该模型仅使用了一阶散射理论，于是交叉极化通道的幅值被预测为零，而这是不切实际的。

尽管 Bragg 散射理论并不能总是与实测后向散射数据很好匹配，但它确实为理解实测后向散射数据的性质提供了一些帮助。例如，通常可以观察到垂直极化下测得的后向散射要比水平极化下的大。Bragg 散射理论解释了这种差异是由菲涅尔反射系数[9]造成的，并给出了一种海洋后向散射随方位角的变化而呈现近似正弦变化的原因。

为了扩展 Bragg 一阶散射理论，学者们提出了双尺度复合散射理论，将粗糙海表面划分为大尺度和小尺度分量[10-14]。该模型的物理基础是海表面包括了由几何或物理光学建模的大尺度分量及现有微扰理论描述的小尺度分量。

简单的 Bragg 散射模型或双尺度复合散射模型都不能完美解释所观察到的现象，特别是在小擦地角情况下。最近的许多研究引入了经验项来解释破碎波、多径反射和在小擦地角下存在的遮蔽效应，且这些结果与实测数据[15]及已有的反射系数经验模型（见第 4 章）具有很好的一致性。在双尺度复合散射模型的扩展基础上，大量文献也介绍了其相关应用，即通过合成孔径雷达和空中风散射计测量来反演海况和风。Kudryavtsev 等人[16]阐述了基于 Bragg 散射理论的多尺度复合散射模型的应用，并延伸至考虑破碎波的影响。Kudryavtsev 等人还推导了波浪对雷达调制的传递函数[17]，该传递函数将长波的形状与波浪引起的雷达回波变化联系了起来。替代小斜率近似的另一种方法是用"前后向"法数值求解 Stratton-Chu 方程，这能够模拟多径和小擦地角下的遮蔽效应的影响，而无须借助经验修正因子，尽管破碎波仍然必须以统计方式来处理[1,18,19]。

目前，学者们利用 EM 模型对海洋后向散射的平均多普勒特性做了一些研究[18-21]，这需要用到海表面的时间演化模型。这些研究仍未完全成功，尤其是在第 2 章讨论的随时间和距离变化的特性方面。然而，Johnson 等人[19]已经用 EM 模型阐明了杂波强度和平均多普勒偏移之间的近似线性关系。除多普勒谱建模的困难外，发展预测海杂波幅度统计特性的物理建模方法目前还没有可能，特别是在小擦地角情况下。

1.5.2　基于海杂波观测的经验建模

为了在雷达设计过程中能够进行数值运算，需要对建模的不同杂波特性进行赋值。在缺乏可靠的物理模型的情况下，通常根据观测结果来建立模型，例如，描述海杂波幅度统计特性的复合高斯模型的最初思想就源于对海杂波特性的观测[22]。

最成熟的经验模型是海杂波反射系数经验模型（见第 4 章），其是从成千上万次的测量中得出的。然而，即使使用了非常多的观测数据来建模，但这些经验模型仍各不相同。这种多样性反映了采集数据地理区域的不同、当前测量条件（风速和风向、浪高和浪的方向、浪涌等）的量化困难、海杂波特性的总体多变性，以及校准雷达系统对后向散射功率进行绝对测量的困难。由大气折射率变化引发的传播条件变化也会对海杂波测量产生显著影响[4,5,23]。想要有效地使用模型，就必须了解模型中的这种显著的多变性。英国统计学家 George E. P. Box 曾说过："所有模型都是错误的，但有些模型是有用的。"海杂波模型尤其如此。如果在某一天进行雷达试验，并仔细测量海洋和天气状况、观测几何条件、雷达参数等，观测到的海杂波与任何模型的预测结果完全一致也几乎是不可能的。建立这些模型的目的不是准确预测给定试验中海杂波特性的值；相反，这些模型是从在不同时段和不同地点进行的多次测量结果中发展而来的，因此利用这些模型有利于预测海杂波的平均特性和不同条件下海杂波特性的可能分布。通过这种方式，无论是在雷达设计方面，还是在帮助我们了解雷达可能遇到的海杂波信号范围方面，这些模型都是极有用的。此外，当进行目标检测和虚警控制时，本书描述的幅度统计模型和多普勒谱模型等这类更复杂的模型，都可以在不同信号处理策略（如脉间积累、频率捷变、多普勒处理）的性能方面为雷达设计者提供指导。

1.6　数据集

高质量的数据集对于海杂波的认知和经验模型的发展有重要意义。近年来，一些高质量的数据集已经开源给科研界，一个早期的例子是 McMaster IPIX 雷达采集的相干 X 波段数据集[24]，此数据集已经得到了广泛使用和分析。本书提到的一些较新的模型则采用了另两组不同的数据集，采集这两组数据集的组织分别为澳大利亚国防科技集团（DSTG）、南非科学与工业研究委员会（CSIR）。本节将更详细地介绍这两组数据集。

1.6.1　Ingara X 波段数据集

本书的许多例子都采用了 Ingara X 波段中擦地角海杂波数据集[25]。该数据集是由澳大利亚国防科技集团在 2004 年和 2006 年采集的，采集的目的是覆盖尽可能大的参数空间。采集数据的机载雷达带宽为 20MHz（距离分辨率为 0.75m），中心频率为 10.1GHz，标称脉冲重复频率（PRF）为 600Hz。在斜距为 3.4km 时，当双向方位 3dB（半功率）波束宽度为 1° 时，方位分辨率大约为 63m。在 12 天里，DSTG 采集了从无浪到非常粗糙的不同海况下的海杂波数据。如图 1.3 所示，雷达平台以圆形聚光采集模式飞行，绕着同一片海域至少有 6 个完整的轨道，从而覆盖 15°～45° 的大部分擦地角，采集了双极化和全极化下的数据，后者的信号发射形式是水平极化和垂直极化交替发射。需要注意的是，由于 Ingara X 波段数据是在一个移动平台的侧视采集几何条件下采集的，因此观测到的多普勒谱会比从固定的雷达观测到的多普勒谱更宽。

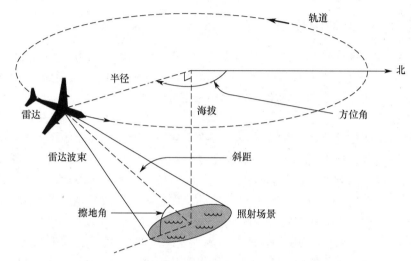

图 1.3　Ingara 圆形聚光采集角度[26] © Commonwealth of Australia 2014

1.6.2　CSIR X 波段数据集

南非科学与工业研究委员会（CSIR）开源了一组极有用的数据集，该数据集由 Fynmeet 雷达[27]采集，其完整描述可参见文献［28］。本书采用的相关雷达数据中，雷达的极化方式为垂直极化，频率为 9GHz，PRF 为 5kHz，带宽为 10MHz（距离分辨率为 15m），天线的方位波束宽度为 1.8°。该雷达架设于 67m 高的悬崖顶部，俯瞰大海，通常在 3～7km 范围内采集数据。在每次运行期间，雷达天线指向是固定的，每个距离门的数据记录构成了在 30～60s 的时间间隔内采集的复时间序列数据。

1.7　本书结构

本书旨在通过总结过去 5～10 年的相关新成果来对文献［1,5,29］中的内容加以补充。

第 2 章主要研究了海杂波的单基地特性和不同的建模方法，这些特性包括平均后向散射、幅度统计特性、海尖峰、多普勒谱和纹理相关性。

第 3 章重点研究了有源双基地雷达和无源双基地雷达的海杂波特性。近年来，双基地雷达的关注度相当高，具有提取目标信息的额外自由度和接收节点隐蔽的特点。然而，由于采集和认知海杂波统计特性的复杂性增大，双基地雷达测量比单基地雷达测量要困难得多。

第 4 章介绍了一些参数化模型，它们为海杂波模型提供输入值，保证海杂波模型能够用于仿真和性能预测建模。这些参数化模型包括用于中等擦地角区域的新模型，其目的是满足更高高度的机载平台进行海上监视的需要。与传统的低空飞行的雷达平台采集的雷达数据相比，高空机载平台采集的雷达数据具有不同的统计特性，且海杂波平均功率更高。这些模型描述了在单基地和双基地情况下的平均反射系数、幅度统计、多普勒谱和纹理相关性的预期特性。

第 5 章重点介绍了海杂波仿真技术。这些技术可为雷达处理器开发和测试期间提供激励输入，在雷达训练器中产生逼真的响应并显示出来，从而协助评估雷达检测算法。仿真技术的复杂性各不相同，涵盖了侧视雷达和扫描雷达情况下海杂波的仿真。

第 6 章介绍了如何利用海杂波模型进行雷达性能预测，这是雷达系统设计、开发、评估和营销的重要部分。由于许多海用雷达都开始利用相干处理技术，因此第 6 章对非相干和相干检测方法都进行了介绍，并对它们的端到端性能进行了评估。

第 7 章概述了当前的目标检测方法，并详细介绍了海杂波特性对雷达检测性能的影响，包括传统的非相干恒虚警率检测方法和近年来假设特定幅度分布的检测方法。相干方法包括传统的方法和自适应的"白化"方法，这些方法在多通道机载雷达中的应用正越来越广泛。

第 8 章介绍了一些较新的技术，这些新技术基于不同信号处理技术在海上目标检测中的应用，旨在克服传统检测器使用中遇到的一些问题。

参考文献

[1] Ward K, Tough R, Watts S. Sea clutter: Scattering, the K distribution and radar performance[M]. 2nd Edition. London: The Institution of Engineering and Technology, 2013.

[2] Raney R K. Radar handbook[M]. 3rd Edition. New York: McGraw-Hill Education, 2008.

[3] Iris S, Kroupnik G, Lisle D D, et al. Radarsat Constellation Mission[C]//IGARSS 2019-IEEE International Geoscience and Remote Sensing Symposium, 2019.

[4] Skolnik M I. Radar handbook[M]. 3rd Edition. New York: McGraw-Hill Education, 2008.

[5] Nathanson F E, Reilly J P, Cohen M N. Radar design principles[M]. New York: McGraw-Hill Education, 1991.

[6] Rice S O. Reflection of electromagnetic waves from slightly rough surfaces[J]. Communications on Pure and Applied Maths, 1951, 4(2-3): 351-378.

[7] PEAKE W H. Theory of radar return from terrain[C]//IRE National Convention Record, 1959, 7: 27-41.

[8] Wright J W. Backscattering from capillary waves with application to sea clutter[J]. IEEE Transactions on Antennas and Propagation, 1966, 14(6): 749-754.

[9] Ulaby F T, Moore R K, Fung A K. Microwave Remote Sensing Active and Passive, Volume Ⅱ: Radar Remote Sensing and Surface Scattering and Enission Theory[M]. Boston: Addison-Wesley, 1982.

[10] Wright J W. A new model for sea clutter[J]. IEEE Transactions on Antennas and Propagation, 1968, 16(2): 217-223.

[11] Guinard N W, Daley J C. An experimental study of a sea clutter model[J]. Proceedings of the IEEE, 1970, 58(4): 543-550.

[12] Valenzuela G R. Ocean Spectra for the High Frequency Waves as Determind from Airborne Radar Measurements[J]. Journal of Marine Research, 1971, 29: 69-84.

[13] Bass F, Fuks I, Kalmykov A, et al. Very high frequency radiowave scattering by a disturbed sea surface, Part Ⅱ: Scattering from an actual sea surface[J]. IEEE Transactions on Antennas and Propagation, 1968, 16(5): 560-568.

[14] Hasselmann K, Schieler M. Radar backscatter from the sea surface[C]//Eighth Symposium on Naval Hydrodynamics, edited by MS Plessett, TYT Wu, and SW Doroff, 1970: 361-388.

[15] Angelliaume S, Fabbro V, Soriano G, et al. The GO-SSA extended model for all-incidence sea clutter

modeling[C]//IEEE Geoscience and Remote Sensing Symposium, 2014, 5017-5020.

[16] Kudryavtsev V, Hauser D, Caudal G, et al. A semi-empirical model of the normalized radar cross-section of the sea surface, part I : The Background model[J]. Journal of Geophysical Research: Oceans, 2003, 108(C3): 2-1-2-24.

[17] Kudryavtsev V, Hauser D, Caudal G, et al. A semi-empirical model of the normalized radar cross section of the sea surface, part II : Radar modulation transfer function[J]. Journal of Geophysical Research: Oceans, 2003, 108(C3): 3-1-3-16.

[18] Caponi E A, Lake B M, Yuen H C. Hydrodynamic effects in low-grazing angle backscattering from the ocean[J]. IEEE Transactions on Antennas and Propagation, 1999, 47(2): 354-363.

[19] Johnson J T, Burkholder R J, Toporkov J V, et al. A Numerical Study of the Retrieval of Sea Surface Height Profiles from Low Grazing Angle Radar Data[J]. IEEE Transactions on Geoscience and Remote Sensing, 2009, 47(6): 1641-1650.

[20] Houssay J, Pinel N, Hellouvry Y H, et al. A physical radar simulation tool of the sea clutter[C]//International Radar Conference, 2014: 1-6.

[21] Louvigne J C, Cochin C. Maritime scene design tools for realistic radar performance predictions[C]//IEEE International Geoscience and Remote Sensing Symposium (IGARSS), 2015: 3123-3126.

[22] Ward K D. Compound representation of high resolution sea clutter[J]. Electronics Letters, 1981, 17(16): 561-563.

[23] Skolnik M I. Introduction to Radar Systems[M]. 3rd Edition. New York: McGraw-Hill, 2001.

[24] McMaster University. McMaster IPIX Radar Data [Online].

[25] Rosenberg L, Watts S. High grazing angle sea-clutter literature review[R]. Defence Science Technology Organisation, General Document DSTO-GD-0736, 2013.

[26] Rosenberg L. Characterization of high grazing angle X-band sea-clutter Doppler spectra[J]. IEEE Transactions on Aerospace and Electronic Systems, 2014, 50(1): 406-417.

[27] Herselman P L, Baker C J. Analysis of calibrated sea clutter and boat reflectivity data at C- and X-band in South African coastal waters[C]. IET International Radar Conference, 2007:1-5.

[28] Herselman P L R. CSIR Fynmeet Sea Clutter Measurement Trial: Datasets [Online].

[29] Long M W. Radar Reflectivity of Land and Sea[M]. 3rd Edition. Northwood: Artech House, 2001.

第 2 章

单基地海杂波

2.1 概述

本章回顾了单基地海杂波的主要特性及其在数学模型中的表示。在评估雷达性能时，需要考虑的后向散射的主要特性包括：

（1）归一化平均后向散射；

（2）幅度分布；

（3）多普勒谱；

（4）空间和时间变化；

（5）海尖峰。

这些特性取决于雷达的观测几何条件和当前环境条件，包括风速、海浪和涌浪高度。同时，这些特性会受到雷达参数的影响，如雷达频率、带宽和极化方式。第 4 章讨论了模型的参数及其与当前环境条件、观测几何条件和雷达参数之间的关系。另外，需要注意的是，雷达观测到的任何海杂波回波都会包含加性热噪声，且当海杂波的幅度较低时，热噪声可能会占据回波的主导地位。

雷达接收的回波信号是海杂波、噪声和目标回波的组合。通过雷达距离方程（见第 6 章），可以估计得到一组特定条件下海杂波的预测平均强度，其中，距离方程中的海杂波雷达截面积采用归一化平均后向散射来建模。2.2 节将讨论如何对平均后向散射进行描述。

当雷达从不同的方向或长时间观测海表面时，随着海表面的不断变化，雷达照射海域的海杂波幅度也会随之起伏。这块海域上许多独立的散射体随机组合是海杂波幅度起伏的原因，而这种起伏可以用一个幅度分布或概率密度函数（PDF）来描述。在较低的距离分辨率下，相邻海杂波单元（雷达可分辨的区域）具有相同的幅度分布，并且总体的海杂波平均强度不变，因而海杂波同相和正交分量的 PDF 的合理模型是高斯分布[1]，这是中心极限定理应用于海杂波单元的散射场所得到的结果。然而，随着距离分辨率的提高，雷达能够分辨海浪和涌浪的波纹，此时，一个海杂波单元到另一个杂波单元平均后向散射强度的变化，主要来源于海表面斜率的局部变化、海浪的遮蔽，以及由风和破碎波引发的海表面粗糙程度变化。单独一个杂波单元的后向散射仍具有高斯统计特性，但当考虑到多个海杂波单元的回波时，各个海杂波单元平均强度的差异就会造成回波的非高斯统计特性。一个局部海杂波单元上的平均强度水平仍由归一化后向散射系数确定。相对于这个平均强度，海杂波回波具有强幅度的概率比具有高斯统计特性的回波的概率要大。这一现象促使了具有"尖峰"的海杂波 PDF 模型的发展，其特点是分布的拖尾较重。海杂波 PDF 最常见的模型之一是复合高斯模型，该模型包括具有高斯统计特性的散斑分量和慢变的纹理分量所调制的平均幅度。散斑分量用于对大尺度波的波峰上小尺度波的后向散射进行建模[1]，而纹理分量描述由波浪和涌浪结构变化引发的局部平均幅度水平的缓慢变化。2.3 节对海杂波 PDF 模型进行了总结。

由于海浪和涌浪相对于雷达运动，因此海杂波单元的回波幅度会随着时间的推移而起伏。尽管实际上海杂波单元回波的功率谱随距离和时间不断变化，故而其是非平稳的，但是其幅度起伏仍可近似地由回波幅度的短时自相关函数描述。这种起伏可从雷达慢时间（脉冲）维中观测到，通常在频域中以功率谱密度或多普勒谱的方式来描述。2.5 节研究了多普勒谱的平均特性，并建模描述其随时间和距离变化的性质。

除了局部海表面斜率和粗糙程度的变化会造成幅度的非高斯统计特性，还有一种散射现象也会影响海杂波的幅度统计特性和多普勒谱，这种散射现象被称为海尖峰。海尖峰的生命周期可能只有几十毫秒，也可能持续 1s 或几秒。这些离散现象往往导致回波信号的 PDF 和多普勒谱与标准模型不相符，同时在雷达信号处理中表现出与目标类似的特性，导致虚警控制更加困难。因此，研究海尖峰的特性对于了解如何将其与目标区分开来至关重要。2.4 节详细描述了海尖峰及对海尖峰进行建模的方法。

为了描述海杂波的统计特性，检测方法需要考虑在一定距离内和/或长时间内采集多个样本。出于这个原因，了解样本沿距离维和时间维的相关性也十分重要。局部海杂波平均水平（纹理）可能表现为一个结构化的自相关系数，即关于距离的函数（通常由周期性的海浪或涌浪主导），或表现为在秒级时间段内关于时间的函数。2.6 节对上述相关性进行了研究。

2.2　平均后向散射

平均后向散射取决于雷达频率和极化方式、观测几何条件、海表面粗糙程度，以及雷达相对于风、海浪和涌浪方向的视线方向。平均后向散射可以通过归一化后向散射系数来描述，即平均雷达散射截面积（RCS）与雷达照射海表面的面积之比。通常，归一化后向散射系数是一个无量纲的值，即 σ^0，单位为 dBm^2/m^2（RCS 的单位和雷达照射海表面的面积的单位均为 m^2，故 σ^0 的单位为 dB）。

如第 4 章所述，研究人员现已对各种条件和雷达参数下的平均后向散射开展了许多测量。在给定的雷达频率和极化方式下，影响平均后向散射的关键因素包括擦地角（定义为雷达波束指向的中心与局部平均海平面的切平面之间的夹角）、海表面粗糙程度，以及雷达相对于风、海浪、涌浪方向的视线方向。

虽然海况是衡量海表面状况的标准，但它可能受局部风速和风向的影响更大，故海况不一定总是描述海杂波后向散射的最佳参数。当风速一定时，海浪高度的上升需要一定的时间，但局部海表面可能仍然非常粗糙。随着海浪高度继续上升，更多的破碎波出现，这些破碎波可能产生较强的后向散射。海况是根据浪高定义的，对海况的估计也可能因涌浪的存在而混淆。在局部无风情况下，一个大涌浪会有较小的后向散射；然而，局部强风伴随未完全形成的海浪也可能会引发非常大的后向散射。

此外，传播效应也会影响雷达观测到的平均后向散射。例如，表面波导可能实质性地改变擦地角，从而引发比预期更大的后向散射。通常，传播效应通过将平均后向散射表示为 $\sigma^0 F_\text{p}^4$ 来刻画，其中，F_p 是以 V 为单位的单向传播系数，代表由于异常传播（大气波导现象）和多径散射而产生的变化。多径散射在小擦地角和低海况下可能显著改变平均后向散射，但随着擦地角的增大和海况的增大，它的影响会减小。另外，雷达测量的是综合的 $\sigma^0 F_\text{p}^4$，因此很难区分异常传播和多径散射的影响。2.2.1 节详细描述了异常传播，2.2.2 节介绍了多径散射。

Nathanson[2] 给出的表格是研究海杂波平均后向散射的一个好的开始。这些表格中记录的平均后向散射涵盖了各种海况、擦地角、雷达频率，但在风向上取了平均。图 2.1 说明了平均后向散射随擦地角变化的一般趋势，展示了 X 波段雷达在 7.7m/s（15 节）的风速下观测到的 σ^0 的典型值。可以看出，在擦地角不超过 50° 时，HH 极化的平均后向散射一般小于 VV 极化的平均后向散射。在擦地角不超过 10° 时，即在小擦地角情况下或者说在干涉区，后向散射受到多径散射和海浪遮蔽的影响严重；在擦地角为 10°～45° 时，平均后向散射随擦地

角的变化近似是线性的，这一范围也被称为中擦地角区或平稳区。图 2.1 还展示了交叉极化
（VH 极化或 HV 极化）下的平均后向散射随擦地角的变化情况，可见其值明显小于垂直极化
和水平极化下的值，并且在平稳区没有随擦地角的变化而出现较大变化。

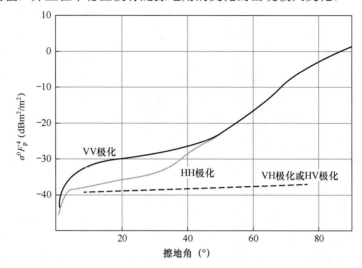

图 2.1　在风速为 7.7m/s 的情况下，海杂波平均后向散射随擦地角的典型变化（改编自文献［1］）

图 2.2 展示了在 X 波段小、中擦地角下平均后向散射随风向变化的情况。在小擦地角（<10°）
下，逆风方向的平均后向散射最大，只有一个单峰；而在中擦地角下，顺风方向存在第二个
峰，这意味着在逆风方向目标探测性能最差，在顺风方向或侧风方向目标探测性能最好（取
决于擦地角）。

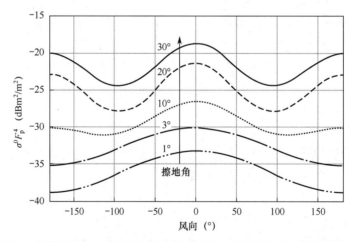

图 2.2　在 X 波段，垂直极化和 4 级海况下海杂波平均后向散射随风向的典型变化（0° 为逆风）

图 2.3 给出了在垂直极化下平均后向散射随风速的变化情况。充分发展海浪海域的风速
和海况之间的近似关系通常用幂律模型来建模，即 $U \approx 3.18 S_{ss}^{0.8}$。其中，$U$ 是风速，单位是 m/s；
S_{ss} 为海况。图 2.4 展示了后向散射随雷达载频和擦地角的变化情况，而这是根据 NRL[3] 基于
Nathanson 的表格建立的模型得到的。可以看出，在小擦地角下，后向散射对雷达载频有很
强的依赖性，雷达载频越小，后向散射也越小；对于 10° 及以上的擦地角，后向散射对雷达
载频的依赖性大大降低。

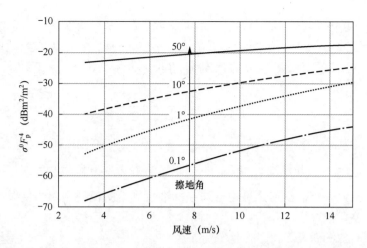

图 2.3　在 X 波段和垂直极化下，不同擦地角下的海杂波平均后向散射随风速的典型变化

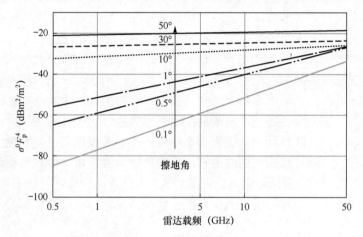

图 2.4　不同雷达载频和擦地角下海杂波平均后向散射的典型变化

如第 4 章所述，研究人员现已发展出大量平均后向散射模型。这些模型是基于大量在各种条件下采集的数据发展得到的，主要是经验模型。因此，这些经验模型只能描述特定条件下后向散射的平均值。然而，这里讨论的变化趋势与基于海表面物理模型的电磁（EM）模型得到的变化趋势非常吻合。几何光学-小斜率近似（GO-SSA）模型[4-6]是平均后向散射模型的研究成果之一，将在 2.2.3 节进一步讨论。

2.2.1　异常传播

在自由空间中，电磁波沿直线传播。然而，空气的折射率随大气压、水蒸气压强和温度的变化而变化。随着海拔上升，空气的折射率近似线性地缓慢减小，导致电磁波的传播路径向下弯曲。这可能会产生很明显的俯仰波达方向和测距误差，有时也会导致异常的波导传播，进而造成无法预测的海杂波水平和目标检测距离。对这一复杂课题的相关介绍可参见文献［2,7-9］。

在其他条件不变的情况下，海杂波特性取决于入射雷达信号的局部擦地角。为了估计弧形地球上的实际擦地角，必须考虑折射的影响。如果空气折射率随高度的变化是线性且恒定的，那么电磁波可被建模为在弧形地球表面附近沿直线传播。这可以通过有效地球半径

$r_{\text{eff}} = k_e r_e$ 来实现。其中，r_e 是实际地球半径，$k_e = 4/3$ 对应空气折射率随高度的变化的平均水平（称为标准大气）。实际上，k_e 的测量值在 $1.24 \sim 1.90$ 变化[7]。根据有效地球半径，当高度 z_p 的雷达照射距离 R 处的海表面时，局部擦地角 ϕ 表示为

$$\phi \equiv \arcsin\left(\frac{z_p}{R} + \frac{z_p^2}{2r_{\text{eff}}} - \frac{R}{2r_{\text{eff}}}\right) \tag{2.1}$$

当 $\phi = 0°$ 时，定义为雷达视距，即 $R \equiv \sqrt{2r_{\text{eff}} z_p}$。对于一个高度在 z_t 的目标，雷达视距定义为 $R \equiv \sqrt{2r_{\text{eff}}}(\sqrt{z_p} + \sqrt{z_t})$。在非标准大气下，不同距离的雷达视距和擦地角都与在标准大气下的模型假设不同，且海杂波的反射系数也会与在标准大气下的模型预测的反射系数不同。空气折射率的极端梯度可能会引起超折射，从而增大探测距离；而如果梯度变成正数，就会出现欠折射，从而减小探测距离[9]。

海面上异常传播的一种常见形式是由大气蒸发波导引起的。如果海面上的空气中的水蒸气达到饱和，那么空气折射率会随着高度的增加而迅速减小，直到达到正常的大气条件（此时空气折射率随高度的变化也恢复正常）。波导效应就是这样形成的，波导高度的变化范围可能为从北大西洋的 5m 左右到热带地区的 16m 左右。若雷达天线位于波导内，则沿波导发射的雷达信号可能受波导的限制，进而可能导致来自海表面的信号（目标和海杂波）的接收雷达视距超出预期。此外，在小擦地角下，海杂波反射率随擦地角减小而减小的速度可能不会像预期（在标准大气下）那样迅速。对于高度远高于波导的机载雷达来说，其信号受限于波导的可能性较小，海杂波和目标信号受到的影响也较小。若海面几百米高度上的空气与地面空气相比非常温暖、干燥，那么不同温度和压力的气流混合，可能会导致出现抬升波导。如果目标和雷达都在波导内，则探测距离就可能增大。地面或海面目标一般不会在上升波导内，但当雷达在波导上方时，与在标准大气下可能出现的情况相比，雷达在波导下方的覆盖范围也有可能缩小。

要理解陆基和舰载雷达的海杂波回波，需要对大气条件有所了解。对于机载雷达，了解是否存在抬升波导可能更有帮助，特别是对于低空飞机装载的雷达。在某些情况下，也有可能从观测到的海杂波回波中反推出传播条件，这种技术就是所谓的"根据海杂波反演折射率"[10,11]。

2.2.2 多径散射

雷达在接收到来自海面和目标的直接反射信号时，会发生多径散射。在粗糙的海表面上，多径散射也可能发生在海表面的相邻部分之间，并影响海杂波回波。直达波和反射路径接收到的信号具有不同的幅度和相位，并可能存在极化差异。当这些信号在雷达接收机上叠加时，就会出现多径干涉。略粗糙海表面上的点目标，可用简单的模型来评估多径散射。但若目标在高度或距离上是分布式的，并且/或者海浪或涌浪产生的反射海表面是不断变化的，那么传播环境的建模就会复杂得多。文献[9]对点目标和分布式目标多径散射的建模方法进行了讨论。一般来说，"多径因子"可分三个区域讨论，包括在短距离处的干涉区、过渡区，以及在雷达视距上的衍射区。干涉区的接收信号为直达波和反射路径的信号的总和，可能产生相长或相消的干涉；在衍射区，电磁信号在物体周围发生衍射并重新辐射能量，因而探测范围可能还会超出雷达视距。

目前，许多不同的方法可以计算传播因子，包括求解抛物线方程模型、波导模型和几何光学模型。折射效应先进预测系统（AREPS）软件[12]提供了一种基于指定区域的混合解决方案，具体案例如下。考虑一架飞行在 1000 英尺（约 305m）高度的机载雷达，该雷达以 0.2° 的俯角俯视海面。点目标的单向传播因子与高度和距离的关系如图 2.5 所示。当固定高度为 5m 时，在两种极化方式下单向传播因子随距离的变化情况如图 2.6 所示，这展示了干涉区及其向衍射区的过渡，衍射区起始于雷达视距或者 72km 处。在这个案例中，两种极化方式下单向传播因子之间的差别很小。

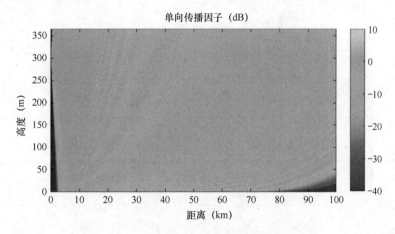

图 2.5　单向传播因子与高度和距离的关系

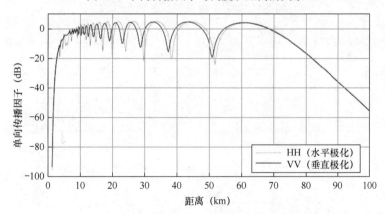

图 2.6　高度为 5m 时单向传播因子随距离的变化

此外，需要考察单向传播因子随擦地角和海况的变化而变化的情况。在 1 级海况和 3 级海况（风速分别为 3.27m/s 和 7.31m/s）与局部擦地角为 1°、5° 和 10° 的条件下，分别对点目标进行观测。图 2.7 展示了在水平极化和垂直极化下单向传播因子与高度的关系。随着擦地角的增大，传播因子的起伏变小，在 5° 和 10° 擦地角下单向传播因子的起伏增强不明显。另外，随着海况的升高，单向传播因子的起伏减小。为了确定有效多径因子，从海表面到目标高度进行非相干积累来得到单向传播因子。

图 2.8 展示了当目标在高度上均匀分布时有效多径因子的变化情况，显然只在 1 级海况、水平极化和 1° 擦地角的条件下才会观察到多径散射的增强效果。

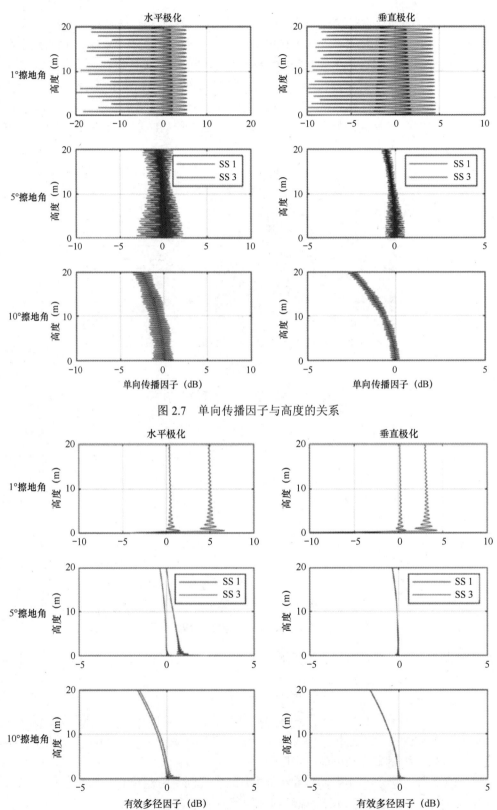

图 2.7　单向传播因子与高度的关系

图 2.8　有效多径因子与高度的关系

2.2.3 GO-SSA 平均后向散射模型

GO-SSA 平均后向散射模型[4-6]是基于海表面物理模型的电磁散射模型。与经验模型相比，物理模型更具有普遍性，因为它们对海况和散射环境定义了明确的有效区间[13]。然而，后向散射信号的物理模型中仍然存在一些问题，特别是在强风条件下，会面临破碎波等复杂现象。

最初的 GO-SSA 模型[4]是基于海表面的谱表示的，是对经典的双尺度复合散射模型的改进。GO-SSA 模型和双尺度复合散射模型都将海洋视为两个分别描述小尺度分量和大尺度分量的独立过程的叠加。传统的双尺度复合散射模型是几何光学（GO）和一阶微扰模型的综合，而 GO-SSA 模型采用一个函数来确保分量的平滑过渡，从而将 GO 与一阶小斜率近似（SSA）结合起来，此时平均后向散射可以表示为

$$\sigma^0_{\text{GO-SSA}} = \sigma_{\text{GO}} \exp(-|\boldsymbol{K}_{\text{bs}} - \boldsymbol{K}_{\text{inc}}|^2 \sigma_S^2)(1 - \exp(-((\boldsymbol{K}_{\text{bs}} - \boldsymbol{K}_{\text{inc}})\hat{z})^2 \sigma_L^2)) + \sigma_{\text{SSA}} P_{\text{wave}} \tag{2.2}$$

其中，σ_S 和 σ_L 分别为小尺度分量和大尺度分量浪高的均方根，$\boldsymbol{K}_{\text{inc}}$ 和 $\boldsymbol{K}_{\text{bs}}$ 分别为入射波和后向散射波的波向量，$\hat{z}$ 为垂直方向上的单位向量，P_{wave} 为大尺度波斜率的 PDF。

为了考虑破碎波的影响，Spiga[5]在 Kudryavtsev 等人[14,15]工作的基础上，为 GO-SSA 模型增加了一个具有各向同性的修正项，这个经验修正项在小擦地角下对模型有明显的修正效果。由此，包含破碎波的 GO-SSA 模型可以表示为

$$\sigma^0_{\text{GO-SSA,wave}} = \sigma^0_{\text{GO-SSA}}(1 - Q_{\text{wave}}) + \sigma_{\text{wave}} Q_{\text{wave}} \tag{2.3}$$

其中，Q_{wave} 代表破碎波覆盖海表面的比例，而 σ_{wave} 为破碎波的 RCS。GO-SSA 模型的主要创新之处在于，它对于定义小尺度和大尺度的任意截止频率具有鲁棒性。然而，式（2.3）没有考虑两个关键现象，即多径散射（在小擦地角下可能有很大的影响）和反射系数随风向的变化。为了将这两种情况也考虑在内，研究人员提出了扩展 GO-SSA 模型[6]。

考虑多径散射的影响，一个常见方法是用一个经验多径效应项 $A_{\text{mp}}(\phi)$ 来对平均后向散射进行缩放[16,17]。图 2.9 展示了在 X 波段下多径效应项的一个例子，可见其最大影响是在 2 级海况且擦地角小于 2°，以及 4 级海况且擦地角小于 0.3° 时出现的。

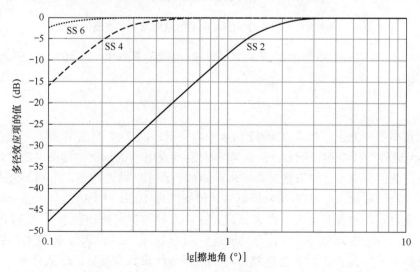

图 2.9 不同道格拉斯海况下的 GO-SSA 多径效应项（改编自文献 [6]）

大量学者对海杂波特性在方位角上的变化情况做了研究[18,19]。在小擦地角下，最大反射系数总是出现在逆风方向上，而最小反射系数出现在顺风方向上；在中擦地角下，最小反射系数出现在侧风方向上[20]。为了把这种影响考虑在内，可以引入风向因子作为 GO-SSA 模型的一个缩放函数，即

$$W_{\mathrm{af}}(\theta,\phi) = a_{\mathrm{GO\text{-}SSA}}(\phi) + b_{\mathrm{GO\text{-}SSA}}(\phi)\cos\theta + c_{\mathrm{GO\text{-}SSA}}(\phi)\cos(2\theta) \tag{2.4}$$

其中，θ 是相对于逆风方向的方位角，$a_{\mathrm{GO\text{-}SSA}}(\phi)$、$b_{\mathrm{GO\text{-}SSA}}(\phi)$ 和 $c_{\mathrm{GO\text{-}SSA}}(\phi)$ 是擦地角 ϕ 的多项式函数。对于扩展 GO-SSA 模型，上述参量都是根据澳大利亚国防科技集团（DSTG）Ingara X 波段海杂波数据集的测量结果确定的（见第 1 章）。在 HH 极化下，在 15°、30° 和 45° 三个不同的擦地角下，图 2.10 给出了缩放函数 $W_{\mathrm{af}}(\theta,\phi)$ 的曲线。

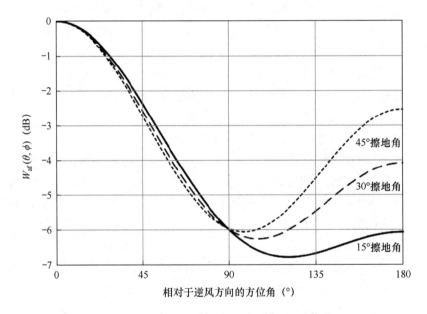

图 2.10　不同擦地角下扩展 GO-SSA 模型的风向因子（改编自文献［6］）

那么，扩展 GO-SSA 模型的最终表达式可以由带有两个修正项的 GO-SSA 破碎波模型给出[6]，即

$$\sigma^0 = \sigma^0_{\mathrm{GO\text{-}SSA,wave}} A_{\mathrm{mp}}(\phi) W_{\mathrm{af}}(\theta,\phi) \tag{2.5}$$

在 2 级道格拉斯海况，以及 X 波段和水平极化下，图 2.11 给出了分别使用 GO-SSA 模型、GO-SSA 破碎波模型和扩展 GO-SSA 模型得到的反射系数结果。结果表明，即使在中擦地角下，破碎波也会导致反射系数显著增大。例如，在 10° 擦地角下，用 GO-SSA 破碎波模型估计得到的反射系数比用 GO-SSA 模型估计得到的高 10dB 以上。另外，多径效应项在小擦地角下对反射系数的影响最大，如 X 波段雷达在 2 级海况且擦地角小于 2° 时。Johnsen[21] 的研究表明，在擦地角为 5°～55°，并且风速分别为 2m/s 和 12m/s 时，扩展 GO-SSA 模型估计得到的反射系数与 X 波段机载雷达测量的反射系数结果具有良好的一致性。

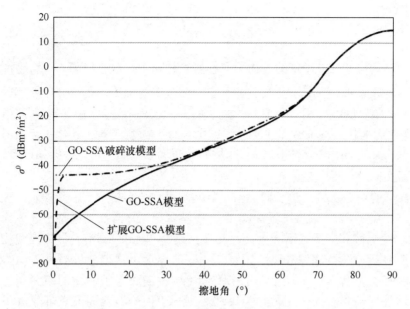

图 2.11　在 X 波段、水平极化和 2 级海况下的反射系数（改编自文献 [6]）

2.3　幅度分布

通常，海杂波幅度分布模型是根据实测数据建立起来的经验模型，因为目前不可能通过海表面的物理模型和电磁散射分析来准确预测海杂波 PDF。用来拟合真实孔径雷达和合成孔径雷达数据的海杂波 PDF 模型已经有很长的发展历史[22]。早期的模型包括瑞利分布、对数正态（LN）分布、韦布尔（Weibull）分布，其中后两种分布用于拟合非高斯后向散射中观测到的重拖尾[23,24]。文献中最常用的模型是 K 分布，它由 Jakeman 和 Pusey[25]首次提出，并由 Ward[26]应用于海杂波。此后，又有许多其他模型被用来描述包含较多"海尖峰"的海杂波，如本章所述的 Pareto 分布、KA 分布等。

在最简单的海面后向散射模型中，假定多个散射体均匀地分布在海表面上，回波为复序列 x，它可以被建模为 N_{sc} 个单独的具有随机幅度 $\tilde{\sigma}$ 和相位 $\tilde{\phi}$ 的散射体的相干积累，即

$$x = \sum_{n=1}^{N_{sc}} \sqrt{\tilde{\sigma}_n} \exp(\mathrm{j}\tilde{\phi}_n) \tag{2.6}$$

若散射体的数量足够多，此时中心极限定理适用，后向散射的同相分量和正交分量都将具有高斯统计特性。大多数雷达的信号处理都利用了雷达回波的幅度（线性检波）或功率（平方律检波）。

对于幅度分布，幅度 $r = |x|$ 服从瑞利分布：

$$P_r(r) = \frac{2r}{\tau} \exp\left(-\frac{r^2}{\tau}\right) \tag{2.7}$$

其中，$\langle r \rangle = \sqrt{\pi\tau}/2$，$\langle r^2 \rangle = \tau$。

对于功率分布，功率 $z = r^2$ 和散斑服从负指数分布：

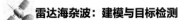

$$P_z(z) = \frac{1}{\tau}\exp\left(-\frac{z}{\tau}\right) \tag{2.8}$$

其中，$\langle z \rangle = \tau$，这与 2.2 节讨论的平均后向散射直接相关。这个模型只适合空间分辨率较低的雷达，其距离分辨率大于海浪波长。随着空间分辨率的提高，雷达开始能够分辨海表面的结构，观测到大幅度回波（相对均值）的概率更大，这是由海表面上调制所产生的海杂波强度 τ 的变化所引起的。Jakeman 和 Pusey[25]对式（2.6）进行了修正，修正后散射体的数量被视为随机变量，最终的幅度分布根据 N_{sc} 服从的分布采取不同的形式。例如，如果 N_{sc} 服从负二项分布，那么幅度 r 服从 K 分布。

回顾统计学的相关文献，学者们提出了复椭圆对称分布族[27,28]，其能表示大量的分布，包括复正态、复数 t、广义高斯模型和复合高斯模型等。复合高斯模型已经成为发展海杂波 PDF 模型的一个热门和广泛使用的框架，其最初是由 Ward[26]对海杂波幅度建模而提出的。复合高斯模型包括一个被称为散斑的短时或快变的分量，这个分量与风驱动的毛细波产生的 Bragg 散射有关（见第 1 章），具有高斯统计特性，其平均功率 τ 随距离变化，并随时间缓慢变化。这种局部强度的变化被称为纹理，刻画了由海浪或涌浪对可分辨海表面结构造成的影响。

对于一阶复合高斯模型，纹理被定义为散斑的平均功率，其是服从分布 $P_\tau(\tau)$ 的随机变量，而海杂波回波幅度总体由 $y = \sqrt{\tau}x$ 表示。对散斑和纹理分量分开处理，保证了它们可以使用不同的空间和时间相关性进行建模。例如，在一个给定的海杂波单元中，散斑分量的脉间起伏可用其自相关函数或功率谱来建模，而纹理在这段短时间内被假定为常量；平均强度在距离上的调制可通过纹理的空间相关性来描述，而散斑分量的时间去相关（通常在几毫秒内）可通过其功率谱或自相关函数来描述。由于海杂波单元中的多个散射体或多或少地在距离上服从均匀分布，因此有可能通过脉间频率捷变来实现散斑的去相关。在这种情况下，频率步长必须不小于发射脉冲的带宽，从而实现散斑的完全去相关。然而，由于各个距离单元的纹理存在潜在的变化，因此散射体在距离上不可能完全均匀分布，这也就阻碍了回波的完全去相关[29]。

脉间频率捷变并不影响纹理的相关性。图 2.12 突出强调了这一点，展示了架设于崖顶 X 波段雷达接收的海面回波的距离/时间强度图，其中，距离分辨率为 4.2m，脉冲重复频率（PRF）为 1kHz。图 2.12（a）给出了雷达在固定频率下发射时接收到的 125 个连续回波，其中，沿距离维的结构清晰可见，在给定距离上的回波在大约 10ms（10 个脉冲间隔）内去相关。在图 2.12（b）中，雷达发射的每 10 个脉冲为一组，具有相同的频率捷变方式，组内相邻的脉冲频率相差 50MHz（总带宽为 500MHz），可以看出，沿距离维的空间结构仍然存在，但此时的散斑分量在脉冲间去相关。

通常，雷达检测处理过程可能包括 N 个连续脉冲的非相干积累，这种积累的效果将取决于海杂波散斑和纹理的脉间相关性。当使用了脉间频率捷变或脉冲间隔足够大时，可以假设散斑分量是脉间相互独立的，而纹理是保持不变的。考虑 N 个相互独立的服从均值为 τ 的指数分布的随机变量的累加，即

$$Z = \sum_{n=1}^{N} z_n \tag{2.9}$$

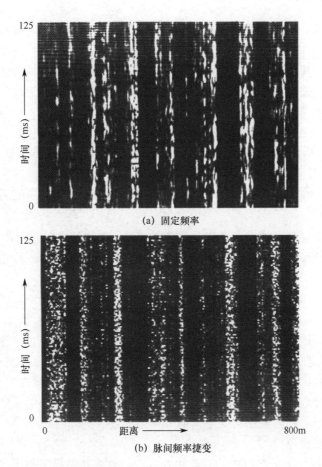

（a）固定频率

（b）脉间频率捷变

图 2.12　海杂波的距离/时间强度图（数据采集条件：X 波段，PRF 为 1kHz，距离分辨率为 4.2m[1]）

那么 N 个独立散斑样本非相干积累后的 PDF 被称为多视（Multi-Look）分布，而式（2.8）中散斑的指数分布 PDF 被 Gamma 分布所取代，因此有

$$P_{Z|\tau}(Z|\tau) = \frac{Z^{N-1}}{\tau^N \Gamma(N)} \exp\left(-\frac{Z}{\tau}\right) \tag{2.10}$$

N 个具有独立散斑的脉冲积累后，在所有可能的 τ 上对式（2.10）给出的散斑 PDF 取平均，可以得到总体强度 Z 的复合高斯模型。如果纹理的 PDF 为 $P_\tau(\tau)$，那么复合高斯模型的 PDF 为

$$P_Z(Z) = \int_0^\infty P_{Z|\tau}(Z|\tau) P_\tau(\tau) \mathrm{d}\tau \tag{2.11}$$

复合高斯模型的一个常见扩展是将噪声平均功率 p_{n} 考虑在内[30]。由于噪声具有与散斑分量相同的 PDF，因此散斑加噪声平均功率为 $\tau + p_{\mathrm{n}}$，故其 PDF 为

$$P_{Z|\tau}(Z|\tau, p_{\mathrm{n}}) = \frac{Z^{N-1}}{(\tau + p_{\mathrm{n}})^N \Gamma(N)} \exp\left(-\frac{Z}{\tau + p_{\mathrm{n}}}\right) \tag{2.12}$$

海杂波加噪声总体强度的 PDF，同样需要通过在所有可能的 τ 上对式（2.12）给出的 PDF 取平均来得到，正如得到式（2.11）那样。当对连续脉冲的回波进行积累时，需要注意，尽管噪声样本具有与海杂波散斑分量相同的 PDF，但它们是脉间独立的，而对散斑分量来说可

能并不总是这样。第 6 章将讨论散斑在脉间不完全去相关的情况下的处理。

2.3.1 节介绍了一些分布模型，其中许多模型都是基于式（2.11）的复合高斯模型，只是纹理服从不同分布。其他在文献中仍然常用的模型，如韦布尔分布、对数正态分布也包括在内，然而难以用它们来对多普勒谱和不同的相关特性进行建模，也无法将热噪声考虑在内进行建模。为了描述不同分布的特点，有必要对它们的参数进行估计。文献中概述了许多估计方法，包括：基于最大似然估计的方法[31]，将样本的矩与解析的理论矩相匹配（矩估计）的方法[1,31]，基于 $z\lg z$ 均值表达式的方法[31,32]，以及其他诸如对模型和数据的 PDF 或互补累积分布函数（CCDF）进行最小二乘拟合的方法[33]。最后一种方法是通用的，因为它能用来估计任何分布的参数，通常优先在 $\lg$ CCDF 域中实现最小二乘估计，以便更好地关注分布拖尾的匹配情况。

检测方法的确定有时可能没有考虑热噪声的影响，在这种情况下可能会使用一个"有效"形状参数来实现与海杂波加噪声相似的分布。关于在 K 分布和 Pareto 分布上实现有效形状参数的细节可参见 2.3.3 节。

2.3.1　分布模型

本节将介绍一些常用的分布模型，前三种模型为对数正态分布[23]、韦布尔分布[24,34]和 K 分布[26]；而后面的模型都是为了解释海尖峰，或者对具有重拖尾的海杂波进行建模而提出的，包括 K+瑞利分布[35]、Pareto 分布[36]、KK 分布[37]、KA 分布[38]和三模态离散（3MD）模型[39]。许多分布最初是针对小擦地角下的海杂波而提出的，但它们同样适用于中擦地角的采集几何条件。除此之外，海杂波建模也用到了其他分布，如复合高斯纹理模型，包括对数正态纹理模型[40]和逆高斯纹理模型[41,42]。

每种模型都给出了对应的 PDF、CDF 和强度矩。复合高斯模型属于多视分布，并且假设进行相干积累的 N 个回波具有恒定的局部纹理和相互独立的散斑样本。强度矩通常用于将数据拟合为一个分布模型。在这种情况下，常规做法是采用单视数据，除非使用频率捷变实现了散斑的完全去相关。2.3.2 节给出了每种分布模型与实测数据的拟合案例。

1．对数正态分布

对数正态分布是一个典型的描述功率的单视分布。假设 z 的对数服从正态分布，且其均值为 m_{LN}，标准差为 σ_{LN}，那么 z 服从对数正态分布。它的 PDF 为 [23]

$$P_z(z) = \frac{1}{z\sqrt{2\pi\sigma_{LN}^2}}\exp\left(-\frac{(\ln z - m_{LN})^2}{2\sigma_{LN}^2}\right) \tag{2.13}$$

它的 CDF 为

$$F(z) = \frac{1}{2}\left(1 + \mathrm{erf}\left(\frac{\ln z - m_{LN}}{\sigma_{LN}\sqrt{2}}\right)\right) \tag{2.14}$$

其中，$\mathrm{erf}(\cdot)$ 为误差函数。

k 阶矩公式为

$$\langle z^k \rangle = \exp\left(km_{LN} + \frac{k^2\sigma_{LN}^2}{2}\right) \tag{2.15}$$

为了拟合实测数据，必须对分布模型的参数进行估计。一种方法是从实测数据中获得样

本矩,并将其应用到理论矩中。对于对数正态分布来说,均值和标准差的估计公式为

$$\hat{m}_{LN} = \ln\langle z\rangle - 0.5\left(1 + \frac{\langle z^2\rangle}{\langle z\rangle^2}\right)$$

$$\hat{\sigma}_{LN}^2 = \ln\left(1 + \frac{\langle z^2\rangle}{\langle z\rangle^2}\right)$$

(2.16)

2. 韦布尔分布

韦布尔分布已被广泛应用于对地杂波[34]和海杂波[24]的建模,它通常表示为一个单视的幅度分布,即

$$P_r(r) = \frac{v_w r^{v_w-1}}{b_w^{v_w}} \exp\left(-\left(\frac{r}{b_w}\right)^{v_w}\right), \quad v_w, b_w > 0$$

(2.17)

其中,v_w 和 b_w 分别是形状参数和尺度参数。当 $v_w = 1$ 时或当 $v_w = 2$ 时,韦布尔分布可以分别退化为指数分布或瑞利分布,较小的 v_w 意味着分布具有更重的拖尾。另外,在某些特定参数下,韦布尔分布等价于 K 分布[43]。

韦布尔分布的 CDF 为

$$F(r) = 1 - \exp\left(-\left(\frac{r}{b_w}\right)^{v_w}\right)$$

(2.18)

k 阶矩定义为

$$\langle r^k\rangle = b_w^k \Gamma\left(1 + \frac{k}{v_w}\right)$$

(2.19)

其中,$\Gamma(\cdot)$ 是 Gamma 函数。通过矩匹配的方法将数据拟合为韦布尔分布,需要数值求解式(2.20)来得到 $\hat{v}_w$:

$$\frac{\langle r^2\rangle}{\langle r\rangle^2} = \frac{\Gamma(1 + 2/\hat{v}_w)}{\Gamma^2(1 + 1/\hat{v}_w)}$$

(2.20)

而尺度参数可以通过式(2.21)确定:

$$\hat{b}_w = \frac{\langle r\rangle}{\Gamma(1 + 1/\hat{v}_w)}$$

(2.21)

3. K 分布

在实际孔径雷达和合成孔径雷达中,最常用的海杂波 PDF 模型是 K 分布。K 分布最初是基于大量记录数据提出的,这些记录数据表明散斑具有高斯统计特性,而纹理能很好地被拟合为 Gamma 分布[44]。Gamma 分布的 PDF 为

$$P_\tau(\tau) = \frac{b^v}{\Gamma(v)} \tau^{v-1} \exp(-b\tau), \quad v, b > 0$$

(2.22)

其中,v 为形状参数,$b = v/\langle\tau\rangle$ 为尺度参数,$\langle\tau\rangle$ 与杂波平均功率 p_c 有关。如果存在热噪声,那么该分布通常被称为 K+噪声分布,但没有闭式解;如果不存在热噪声($p_n = 0$),多视分布 PDF 的解析式为

$$P_Z(Z) = \frac{2}{Z}(bZ)^{(N+v)/2} \frac{1}{\Gamma(N)\Gamma(v)} \mathcal{K}_{v-N}(2\sqrt{bZ})$$

(2.23)

其中，$\mathcal{K}_{\nu-N}(\cdot)$ 为 $\nu-N$ 阶第二类修正 Bessel 函数。

其 CDF 表达式为

$$F(Z) = 1 - \frac{2}{\Gamma(\nu)} \sum_{n=0}^{N-1} \frac{(bZ)^{(n+\nu)/2}}{n!} \mathcal{K}_{\nu-n}(2\sqrt{bZ}) \tag{2.24}$$

K 分布的 k 阶矩为

$$\langle Z^k \rangle = \frac{\Gamma(N+k)\Gamma(\nu+k)}{b^k \Gamma(N)\Gamma(\nu)} \tag{2.25}$$

若假设热噪声功率是已知的，那么基于矩估计的形状参数估计值为

$$\langle \hat{\nu} \rangle = \frac{(N+1)(\langle Z \rangle - Np_n)^2}{N\langle Z^2 \rangle - (N+1)\langle Z \rangle^2} \tag{2.26}$$

若噪声平均功率是未知的，需要用到三阶矩，那么通过单视的海杂波加噪声的矩估计，可以推导出

$$\hat{\nu} = \frac{18(\langle z^2 \rangle - 2\langle z \rangle^2)^3}{(12\langle z \rangle^3 - 9\langle z \rangle \langle z^2 \rangle + \langle z^3 \rangle)^2} \tag{2.27}$$

$$\hat{p}_n = \langle z \rangle - \left(\frac{\hat{\nu}}{2} (\langle z^2 \rangle - 2\langle z \rangle^2) \right)^{1/2} \tag{2.28}$$

另一种有效的估计方法是基于 $z \lg z$ 的均值，其是由 Blacknell 和 Tough[32]首次提出的，适用于不存在热噪声的单视情况，即 $p_n = 0$。更一般地说，形状参数估计就是数值求解式（2.29），即[31]

$$\frac{\langle Z \ln Z \rangle}{\langle Z \rangle} - \langle \ln Z \rangle - \frac{1}{N} = d_z \tag{2.29}$$

其中，d_z 的表达式为

$$d_z = \frac{1}{1 + (1/\mathcal{C})} \exp\left(\frac{\hat{\nu}}{\mathcal{C}} \right) E_{\hat{\nu}+1}\left(\frac{\hat{\nu}}{\mathcal{C}} \right) \tag{2.30}$$

其中，$\mathcal{C}$ 为杂噪比（CNR），$E_{\hat{\nu}}(\cdot)$ 为广义指数积分函数。在 $p_n = 0$ 的情况下，$d_z = 1/\hat{\nu}$。对于海杂波加噪声（K+噪声）分布，不同的参数估计方法的比较可参见文献［45］。

4. K+瑞利分布

传统来说，接收到的后向散射的主要瑞利分量归因于散斑和热噪声。在 Sletten[46]和 Lamont-Smith[47]发现回波中存在瑞利分量后，K+瑞利分布在文献［35］中被提出。它以 K+噪声分布为基础，将散斑均值分为两个部分，即 $\tau = \tau_r + p_r$。

K+瑞利分布的纹理采用 Gamma 分布描述，即

$$P_\tau(\tau_r | \nu_r, b_r) = \frac{b_r^{\nu_r}}{\Gamma(\nu_r)} \tau_r^{\nu_r - 1} \exp(-b_r \tau_r), \quad \nu_r, b_r > 0 \tag{2.31}$$

其中，ν_r 为形状参数，$b_r = \nu_r / \langle \tau \rangle$ 为尺度参数。为了计算式（2.11）中的复合积分，此处用修正后的散斑平均水平 τ_r 进行积分，而不是用整体散斑的平均水平 τ 来积分。若噪声平均功率是已知的，那么附加瑞利分量产生的影响可以通过瑞利分量的均值与服从 Gamma 分布的杂波分量的均值之比来测量，即 $k_r = p_r / \langle \tau \rangle$。

K+瑞利分布的参数估计以 K 分布的参数估计方法为基础，形状参数估计值 $\hat{\nu} \rightarrow \hat{\nu}_r$，噪声平均功率 $p_n \rightarrow p_n + p_r$。由于瑞利分量的平均功率始终是未知的，因此式（2.27）中的矩估计

法必须用于形状参数估计，而噪声平均功率加瑞利分量的平均功率的估计为

$$\widehat{p_n + p_r} = \langle z \rangle - \left(\frac{\hat{v}}{2} (\langle z^2 \rangle - 2\langle z \rangle^2) \right)^{1/2} \tag{2.32}$$

那么，若噪声平均功率 p_n 是已知的，瑞利分量的平均功率就可以通过 $\hat{p}_r = \widehat{p_n + p_r} - p_n$ 确定。对于 $z\lg z$ 估计器，式（2.30）中 d_z 的表达式为 [31]

$$d_z = \frac{1}{1 + 1/\mathcal{C}_r} \exp\left(\frac{\hat{v}_r}{\mathcal{C}_r} \right) E_{\hat{v}_r + 1}\left(\frac{\hat{v}_r}{\mathcal{C}_r} \right) \tag{2.33}$$

其中，海杂波与噪声加瑞利分量的功率比为

$$\mathcal{C}_r = \frac{p_c}{p_n + p_r} = \frac{1}{1/\sqrt{\hat{v}_r d_r} + 1} \tag{2.34}$$

$$d_r = \frac{N}{N+1} \frac{\langle z^2 \rangle}{\langle z \rangle^2} - 1 \tag{2.35}$$

5. Pareto 分布

Pareto 分布最先由 Balleri 等人[36]、Fayard 和 Field[48]用于海杂波建模，后来被美国海军研究实验室（NRL）[49]和 DSTG[50,51]的学者们使用。在海杂波纹理建模中，Pareto 分布也被称为 G^0 分布[22]。在 Pareto 分布中，纹理分量服从逆 Gamma 分布，即

$$P_\tau(\tau) = \frac{b_p^{v_p}}{\Gamma(v_p)} \tau^{-v_p - 1} \exp(-b_p / \tau), \quad v_p > 1, \ b_p > 0 \tag{2.36}$$

其中，v_p 为形状参数，$b_p = \langle \tau \rangle (v_p - 1)$ 为尺度参数。

在没有热噪声（$p_n = 0$）时，该分布为

$$P_Z(Z) = \frac{Z^{N-1} b_p^{v_p} \Gamma(N + v_p)}{(b_p + Z)^{N + v_p} \Gamma(N) \Gamma(v_p)}, \quad v_p > 1, \ b_p > 0 \tag{2.37}$$

当 $N = 1$ 时，Pareto 分布退化为广义 Pareto Ⅱ 型分布（也称 Lomax 分布）。其 CDF 表达式为

$$F(Z) = \frac{\beta_{inc}(\eta_p(Z, v_p))}{\beta_0(N, v_p)} \tag{2.38}$$

其中，$\beta_{inc}(\cdot)$ 为不完全 Beta 函数，$\beta_0(\cdot)$ 为 Beta 函数，函数 $\eta_p(\cdot)$ 为

$$\eta_p(Z, v_p) = \frac{NZ}{NZ + b_p} \tag{2.39}$$

k 阶矩定义为

$$\langle Z^k \rangle = \frac{b_p^k \Gamma(N + k) \Gamma(v_p - k)}{\Gamma(N) \Gamma(v_p)}, \quad k < v_p \tag{2.40}$$

式（2.40）存在限制条件，即当 $k \geqslant v_p$ 时矩不存在。因此，当 $v_p \leqslant 1$ 时，均值没有定义；当 $v_p \leqslant 2$ 时，二阶矩没有定义。

如果噪声平均功率是已知的，那么用单视矩估计法得到的形状参数估计为

$$\hat{v}_p = \frac{2\langle z \rangle^2 - 2\langle z^2 \rangle + 4\langle z \rangle p_n - 2p_n^2}{2\langle z \rangle^2 - \langle z^2 \rangle} \tag{2.41}$$

而如果噪声平均功率是未知的，则需要用到三阶矩[31]进行形状参数估计，即

$$\hat{v}_p = 3 + \frac{6d_p(6d_p^2 + e_p)}{(12\langle z\rangle^3 - 9\langle z\rangle\langle z^2\rangle + \langle z^3\rangle)^2}$$

$$d_p = \langle z^2\rangle - 2\langle z\rangle^2 \tag{2.42}$$

$$e_p = \sqrt{2d_p(\langle z^3\rangle^2 - 18\langle z\rangle\langle z^2\rangle\langle z^3\rangle + 24\langle z\rangle^3\langle z^3\rangle + 18\langle z^2\rangle^3 - 27\langle z\rangle^2\langle z^2\rangle^2)}$$

该估计只有在杂波分布具有有限的三阶矩，即 $v_p > 3$ 时才有效。对于 $z\lg z$ 估计器，形状参数通过对式（2.29）中的等式进行数值求解得到，且 d_z 的计算公式为[31]

$$d_z = \frac{1}{1 + (1/\mathcal{C})}\left(\frac{1}{\hat{v}_p - 1} - \exp((\hat{v}_p - 1)\mathcal{C})E_{\hat{v}_p+1}((\hat{v}_p - 1)\mathcal{C})\right) \tag{2.43}$$

其中，通过将 $d_z = 1/(\hat{v}_p - 1)$ 代入式（2.29）可以得到无噪声时的估计结果。

6. *KK* 分布

KK 分布表示两个 *K* 分布的混合，其中，第二个分量用于对海尖峰造成的重拖尾进行建模[33,37]。为了实现 *KK* 分布，纹理被定义为两个 Gamma 分量的叠加，形状参数分别为 $v_{k,1}$ 和 $v_{k,2}$，尺度参数分别为 $b_{k,1}$ 和 $b_{k,2}$，两个分量的比例为 k_{rat}，则

$$P_\tau(\tau) = (1 - k_{rat})P_\tau(\tau|v_{k,1}, b_{k,1}) + k_{rat}P_\tau(\tau|v_{k,2}, b_{k,2}) \tag{2.44}$$

那么，整体的 PDF 为

$$P_Z(Z) = (1 - k_{rat})P_Z(Z|v_{k,1}, b_{k,1}) + k_{rat}P_Z(Z|v_{k,2}, b_{k,2}) \tag{2.45}$$

这个模型可以通过两个形状参数相等，以及固定第一个 Gamma 分量的均值来简化。文献［37］分析发现，两个 Gamma 分量的均值之比决定了拖尾的分离程度，而两个 Gamma 分量之比决定了拖尾从何处开始发散。*KK* 分布的参数估计可通过 $\lg$ CCDF 域的最小二乘估计来实现。

7. KA 分布

KA 分布最初是在文献［52］中提出的，随后由 Ward 等人[1,38,53]应用于海杂波领域。KA 分布表示 *K* 分布与离散尖峰分量的混合。混合模型的每个分量在功能上与之前讨论的 *K*+瑞利分布相同，其中，瑞利分量的功率被认为是一个或多个服从瑞利分布的尖峰的存在而产生的。一个尖峰出现的概率由泊松统计量来建模，它为每个混合分量提供了一个权重或先验概率。单视 KA 分布可以写成一个复合分布，其散斑分量为

$$P_{Z|\tau}(Z|\tau) = \sum_{n=0}^{\infty} \frac{1}{\tau + p_n + n\sigma_{sp}}\exp\left(-\frac{z}{\tau + p_n + n\sigma_{sp}}\right)P_n(n) \tag{2.46}$$

其中，σ_{sp} 为平均海尖峰强度。需要注意的是，求和对应的是混合分量概率之和，这个概率之和通常较小，并且可以在 $n = 1$ 截断。

泊松分量可描述为

$$P_n(n) = \exp(-\bar{N})\frac{\bar{N}^n}{n!} \tag{2.47}$$

其中，$\bar{N} \ll 1$ 为每个距离单元的平均海尖峰数。那么，最终的 PDF 模型为

$$P_z(z) = \frac{\exp(-\overline{N})}{\Gamma(\nu_k)} \sum_{n=0}^{\infty} \frac{\overline{N}^n}{n!} \int_0^{\infty} \frac{\tau^{\nu_k-1}}{\tau + p_n + n\sigma_{sp}} \exp\left(-b_k\tau - \frac{z}{\tau + p_n + n\sigma_{sp}}\right) \mathrm{d}\tau \qquad (2.48)$$

其中，ν_k 和 b_k 分别为 KA 分布的形状参数和尺度参数。对于 KA 分布，可以用 lg CCDF 域的最小二乘估计来获得形状参数和尺度参数。

8. 三模态离散（3MD）模型

文献中的复合高斯纹理模型都假设了一个连续的纹理分布，这表明纹理值趋于无穷大的概率很小。但是，这在物理上是不合理的，因为纹理不能被任何实际雷达系统测量。3MD 模型[39,54,55]使用离散的纹理模型，假设海杂波由 D 个有限的不同模式或散射体类型组成。这意味着观测场景中的散射体是具有不同纹理值的同质海杂波随机变量的实现。在最初的研究中，学者们发现 3 个模式足以对星载雷达图像的分布进行建模，因此命名为"三模态"。然而，后续分析发现，需要采用多达 5 个模式才能准确仿真双基地海杂波[56]。这种离散化的坏处之一是空间相关性和长时相关性无法作为纹理的一部分进行建模，因此该模型不太适合海杂波仿真。纹理 PDF 为

$$P_\tau(\tau) = \sum_{m=1}^{D} \tilde{c}_m \delta(\tau - \tilde{a}_m), \quad \sum_{m=1}^{D} \tilde{c}_m = 1, \quad \tilde{a}_m, \tilde{c}_m > 0 \qquad (2.49)$$

其中，$\delta(\cdot)$ 表示 Delta 函数，$\tilde{a} = [\tilde{a}_1, \cdots, \tilde{a}_D]$ 为离散的纹理强度，$\tilde{c} = [\tilde{c}_1, \cdots, \tilde{c}_D]$ 是对应的权重。那么，连续分布为

$$P_Z(Z) = \frac{N^N}{\Gamma(N)} Z^{N-1} \sum_{m=1}^{D} \tilde{c}_m \frac{\exp\left(-\dfrac{NZ}{\overline{p}_c \tilde{a}_m^2 + \overline{p}_n}\right)}{(\overline{p}_c \tilde{a}_m^2 + \overline{p}_n)^N} \qquad (2.50)$$

其中，$\overline{p}_c + \overline{p}_n = \dfrac{p_c^2}{p_c^2 + p_n^2} + \dfrac{p_n^2}{p_c^2 + p_n^2} = 1$。

纹理 CDF 计算公式为

$$F(Z) = 1 - \frac{1}{\Gamma(N)} \sum_{m=1}^{D} \Gamma\left(N, \frac{NZ}{\overline{p}_c \tilde{a}_m^2 + \overline{p}_n}\right) \qquad (2.51)$$

k 阶矩为

$$\langle Z^k \rangle = \frac{\Gamma(N+k)}{N^k \Gamma(N)} \sum_{m=1}^{D} \tilde{c}_m (\overline{p}_c \tilde{a}_m^2 + \overline{p}_n)^k \qquad (2.52)$$

通过最小化理论矩和样本矩的差值，估计二维模型的参数

$$\underset{\hat{a}, \hat{c}}{\arg\min} \sum_{k=1}^{D_{\max}} (\langle Z^k \rangle - \mu_k)^2 \qquad (2.53)$$

其中，$\mu_k = (1/N) \sum_{n=1}^{N} z_n^k$ 为样本矩，选择模型阶数 $D_{\max} \geq 2D$ 可以平衡模型精度和数值复杂度[39]。文献 [57] 提出了一些备选的估计器，包括针对当 $D \leq 3$ 时矩求解的解析方法、最大似然解和 lg CCDF 域的最小二乘估计。为了确定最小模型阶数 D，文献 [58] 提出了一种方法，首先假设单一模式（$D=1$）；若阈值误差超过 0.5dB，则估计双模式拟合（$D=2$）的参数；

只有当阈值误差超过 0.5dB 时，才估计全部 3MD 模型（$D=3$）的参数。文献［56］也采取了类似的方法，其中 Bhattacharyya 距离的可接受阈值为−30dB。关于拟合优度指标的更多细节可参见附录 A。

2.3.2 拟合案例

为了验证分布模型，图 2.13 和图 2.14 展示了来自 Ingara X 波段数据集（见第 1 章）中一个数据块的单视拟合。采集条件是逆风方向、水平极化、擦地角为 30°。在这些案例中，首先，将数据归一化，使海杂波直方图具有单位均值；然后，由于海杂波的动态范围很大，因此强度在分贝域中等间隔取值。图 2.13 和图 2.14 分别展示了 PDF 和 lgCCDF，CCDF 能更好地评估分布拖尾拟合的准确性。图 2.13 中拟合的模型包括对数正态（LN）分布、韦布尔分布、K 分布和 K+瑞利（K+R）分布，可以看出对数正态分布的 PDF 与实测数据存在很大的失配，然而 CCDF 拟合的结果显示只有 K+R 分布与数据的 CCDF 准确匹配。图 2.14 展示了 Pareto 分布、KK 分布、KA 分布和 3MD 模型的拟合效果，它们与实测数据都有良好的拟合效果。

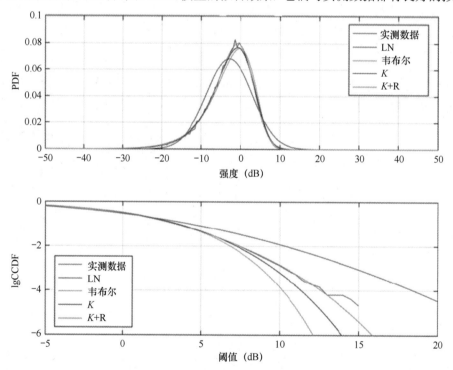

图 2.13　水平极化下 Ingara X 波段数据集的 PDF 和 lgCCDF 拟合案例 1（逆风方向，擦地角为 30°）

为了评估分布模型和直方图数据之间的拟合度，通常采用统计检验。附录 A 给出了一些修正的指标，以便更好地评估分布拖尾的拟合程度，这些指标包括卡方（CS）检验、Kolmogorov-Smirnov（KS）检验、Bhattacharyya 距离（BD）和阈值误差（TE）。CS 检验和 KS 检验分别用来评估 PDF 和 CDF 的准确性，产生一个概率（p）来确定是否应接受零假设（如果 $p>0.05$，则模型与实测数据匹配）。BD 是一个评估 PDF 拟合程度的指标，TE 则用于衡量 CCDF 拟合的精确性。若认为 BD < −20dB，TE < 1dB 是可以接受的，则使用这些检验指标中的任何一个都可以"良好拟合"[59]。

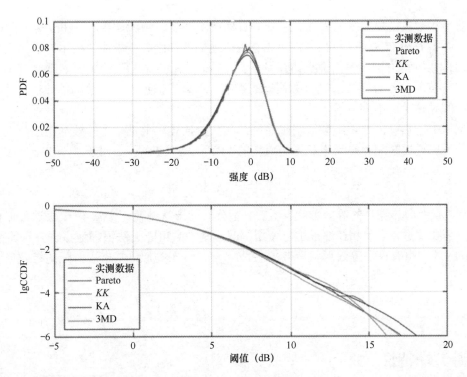

图 2.14　水平极化下 Ingara X 波段数据集的 PDF 和 lgCCDF 拟合案例 2（逆风方向，擦地角为 30°）

如表 2.1 所示为图 2.13 和图 2.14 中展示案例的拟合度指标。前 4 行展示了 CS 检验和 KS 检验的 p 值，其中，修正卡方（MCS）检验和修正 Kolmogorov-Smirnov（MKS）检验仅考虑了强度高于 3.5dB 的情况，这对应于 CCDF 为 0.1 的情况，可以更好地说明分布拖尾拟合的准确性。结果表明，K+R 分布和 Pareto 分布在 4 个检验指标下均与实测数据匹配；而 MKS 检验的结果表明，除对数正态分布外，所有分布都很好地与实测数据拟合。BD 指标聚焦于 PDF 的拟合，其结果表明，除对数正态分布外，所有分布都很好地与实测数据拟合；在 $\lg\text{CCDF} = -4$ 时测量 TE，结果表明只有 K+R 分布、Pareto 分布、KK 分布、KA 分布和 3MD 模型可以准确地拟合分布的拖尾。

表 2.1　图 2.13 和图 2.14 中展示案例的拟合度指标

	LN 分布	韦布尔分布	K 分布	K+R 分布	Pareto 分布	KK 分布	KA 分布	3MD 模型
CS 检验 p 值	0	0	0	0.67	0.45	0	0	0
KS 检验 p 值	0	0	0.02	1.0	0.83	0	0	0
MCS 检验 p 值	0	0	0	0.9	0.9	0	0	0
MKS 检验 p 值	0	1	1	1	1	1	1	1
BD（dB）	−18.5	−27.1	−32.2	−34.1	−34.0	−32.0	−30.5	−32.3
MBD（dB）	−14.3	−22.1	−28.9	−33.0	−32.9	−29.6	−30.7	−29.4
TE（dB）	5.7	2.6	1.4	0.1	0.09	0.8	0.3	0.4

2.3.3　等效形状参数关系

许多学者就热噪声对 K 分布模型的影响进行了研究。Watts[30]首先从目标检测的角度研究了热噪声，他提出了一个修正分布，并表明通过估计包括热噪声在内的 K 分布的参数可以得到等效形状参数，并可用于实现可接受的目标检测性能的预测。然后，Gini 等人的研究[60]进一步扩展了 K 分布模型，将相关性考虑在内。他们的详细分析表明，模型考虑热噪声能得到更好的目标检测结果，但代价是计算量增大。Lombardo 等人[61]的关注点则略有不同，他们研究了热噪声对 K 分布海杂波参数估计的影响，推导了修正形状参数的估计值，结果发现这个估计值对热噪声不太敏感。

在文献中，热噪声通常不会被明确建模，形状参数实际上是一个等效形状参数。两者的重要关系可以通过匹配含热噪声和无热噪声的 PDF 的矩来推导[1]。对于 K 分布，该关系为

$$\tilde{\nu} = \nu \left(1 + \frac{1}{C} \right)^2 \tag{2.54}$$

其中，$\tilde{\nu}$ 是不考虑热噪声的等效形状参数，ν 是分布的形状参数。文献 [1] 对这种近似进行了研究，需要注意，若 ν 和 C 都很小，使用等效形状参数可能无法很好地拟合分布的拖尾。

Pareto 分布也有许多等效形状参数关系[51]，与 K 分布类似，基于矩匹配的等效形状参数关系为

$$\tilde{\nu}_{\mathrm{p}} = (\nu_{\mathrm{p}} - 2) \left(1 + \frac{1}{C} \right)^2 + 2 \tag{2.55}$$

2.4 海尖峰特性

海尖峰是相对罕见的现象，可导致雷达后向散射与周围的海杂波相比具有较大的振幅和明显的多普勒偏移。海表面的持续演化及破碎波等瞬时效应，意味着一些散射现象的持续时间虽然相当短暂，但其可能会与真正的目标回波相混淆，从而引起虚警。

海杂波的主要散射机制被称为 Bragg 散射，其主要与由风引起的毛细波的谐振散射有关。如第 1 章所述，Bragg 散射分量的局部平均功率会在距离和时间上受到风和时变海浪斜率作用的调制。这就引起了海杂波的所谓尖峰特性，其幅度特性是非高斯统计的。幅度的局部偏移通常称为海尖峰[1]，它们都已完全被纳入 PDF 和多普勒谱的标准模型中。

与连续的 Bragg 散射相比，还存在一些相对罕见的幅度较大的散射事件。这些"快速"散射事件会导致检测器虚警，并且由于其瞬态特性，更难对其进行统计建模。破碎波或白冠是这种海尖峰的一个重要来源。破碎波是风浪发展过程中的一个固有阶段，随着风力能量的增加，浪高不断上升，直到不再维持。然后浪破碎将能量分散到波长更长的新生浪中。破碎波可被看作飞沫的局部，它也可能被风吹起。白冠的雷达回波具有较大的幅度，观察到的海尖峰通常持续 1~2s，且在垂直极化和水平极化下具有相似的幅度特性。在水平极化下，更常观测到短时的海尖峰，这是因为初始破碎波的波峰产生了镜面反射。这种镜面反射或者"突发"的海尖峰可能持续约 200ms，且其速度与波峰的速度一致。与白冠相比，这种短时海尖峰是相对罕见的。

图 2.15 中展示了在水平极化下短时海尖峰的案例。该海尖峰持续了约 30ms，其峰值功率比周围海杂波的平均水平高约 16dB。图 2.16 展示了该数据的 PDF 与 K+噪声分布的拟合情况，其中，$\nu = 2.8$，CNR=16dB，海尖峰对分布拖尾的影响清晰可见。图 2.16 还展示了去除海尖峰后的经验 PDF，可见此时与 K+噪声分布拟合得很好。

为了更好地理解海尖峰分量的特性，可以将它们从主海杂波回波中分离出来进行分析。目前，主要有三种方法来描述海杂波中的海尖峰分量。前两种方法是适用于海尖峰的 PDF 和

平均多普勒谱的相关模型[33,37,62-64]；第三种方法不假定任何潜在的统计模型，但涉及对数据幅度的阈值处理，以便区分 Bragg 散射和海尖峰[65-69]。在这个阶段，往往需要一些考虑了海尖峰宽度和/或海尖峰间隔等的次要标准。

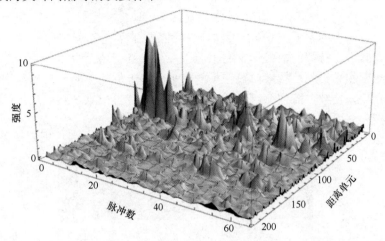

图 2.15　Ingara X 波段数据集中的短时海尖峰案例，该海尖峰的强度比局部平均强度高 16dB

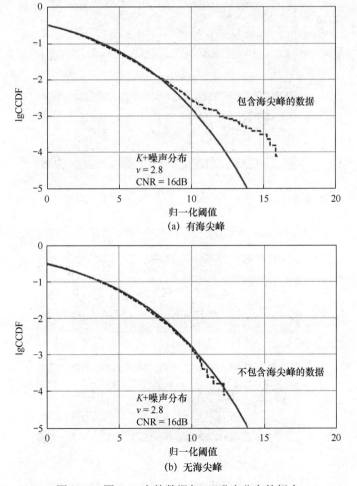

图 2.16　图 2.15 中的数据与 K+噪声分布的拟合

文献［70］给出了采用第三种方法对 Ingara X 波段海杂波数据进行描述的案例。该方法在距离/时间域将原始后向散射数据的幅度阈值设置为高于整体幅度均值 3 倍标准差，然后测量海杂波数据中海尖峰所占的百分比。结果表明：在水平（HH）极化下，大部分海尖峰出现在小擦地角区域；在交叉（HV、VH）极化和垂直（VV）极化下，海尖峰在侧风方向下的强度略高于在其他方向下的强度。另外，可以采用图像处理算法来分离短时（离散）和长时（持续）的散射体。其中，持续的散射体主要来源于白冠，且持续至少 1s。图 2.17 和图 2.18 中的结果表明：对于水平极化，持续白冠在不同擦地角和方位角下的分布相对均匀；但对于交叉极化和垂直极化，持续白冠在侧风方向的分布明显占优。根据这些信息，可以测量白冠的波速、持续时间和海尖峰的去相关时间，结果如图 2.19 所示。

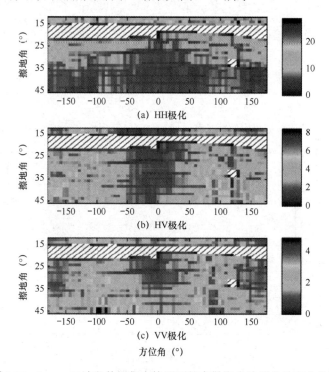

图 2.17　Ingara X 波段数据集中检测到的离散海尖峰所占的百分比[70]

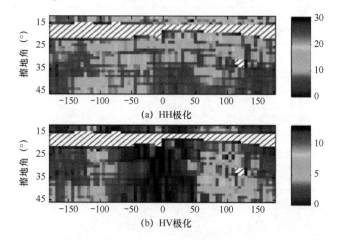

图 2.18　Ingara X 波段数据集中检测到的白冠所占的百分比[70]

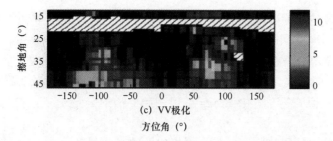

图 2.18 Ingara X 波段数据集中检测到的白冠所占的百分比[70]（续）

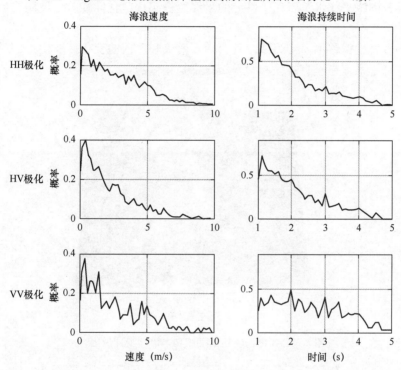

图 2.19 Ingara X 波段数据集中的海尖峰特性（波速和持续时间）的 PDF[70]

2.5 多普勒特性

由于风、洋流和潮汐的作用，海面运动对连续脉冲的雷达回波相位产生调制。在相干雷达中，这种调制可以通过估计脉冲串的自相关函数或多普勒谱来描述。海杂波的平均多普勒谱通常以最简单的形式（高斯形状）进行描述，这样其速度谱的宽度通常为 0～1m/s，其中，1m/s 相当于 X 波段的多普勒谱标准差约为 65Hz[2,71]。平均多普勒偏移是由风浪中水粒子的轨道速度决定的，当逆风观测时，这个轨道速度通常为风速的 1/6～1/4（见第 4 章）。

学者们发现，这种简单的多普勒谱模型更多是一种数学上的便利，而不是对观测现象的准确描述。来自海面的雷达回波通常具有随时间和距离变化的特性，并且相对于平均功率谱具有明显的起伏。此外，这种起伏会导致整个平均功率谱不对称，故不再具有高斯形状。图 2.20 展示了 CSIR X 波段数据集（见第 1 章）的一个案例，并揭示了海杂波多普勒谱随时间的变化。这里的功率谱密度是通过对 64 个连续脉冲进行快速傅里叶变换（FFT）估计得到的，而在 FFT 之前使用−55dB 的 Dolph-Chebyshev 窗对脉冲串进行了加权。在这个案例中，雷达从崖顶上以约 1.3° 的擦地角观测 3km 范围。从图 2.20 中可以清楚地看到，由海浪波纹的变化引发的强度调制周期约为 10s，形状参数和平均多普勒偏移也随之变化。如图 2.21 所示，平均功率谱（功率谱在如图 2.20 所示的时间段内取平均）是关于多普勒频率的函数，并表达为平均 CNR 的形式。其中，平均功率谱的不对称性可以根据 2.4 节讨论的不同海杂波和海尖峰分量的贡献来评估。由 Bragg 散射引起的散射分量是多普勒谱存在的主要原因，其中：

（1）在垂直极化下的平均强度比在水平极化下的平均强度大；

（2）标准差围绕平均水平以几十赫兹的量级随机起伏，且标准差与预期的毛细波的相速度一致；

（3）平均多普勒偏移不一定为零，其会随着海浪和风向的变化而变化；

（4）平均功率谱宽在垂直极化和水平极化下是相似的。

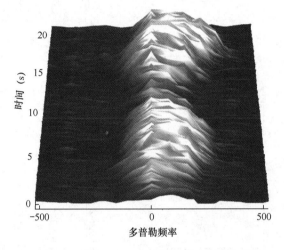

图 2.20 X 波段雷达的连续功率谱（垂直极化）

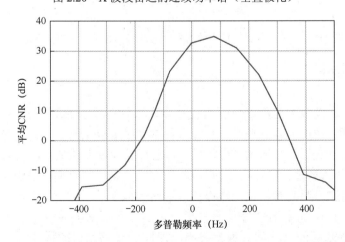

图 2.21 如图 2.20 所示的功率谱的平均 CNR 与多普勒频率的关系（原始时域数据的 CNR 为 20dB）

白冠尖峰的多普勒谱宽比 Bragg 散射分量的多普勒谱宽更宽，且平均多普勒偏移可能更大，从而有可能在海尖峰的持续时间内出现明显的不对称谱展宽；白冠尖峰的幅度和多普勒谱在水平极化和垂直极化下是相似的。另外，镜面反射或突发海尖峰在水平极化下更为突出，并可能具有较大的幅度、相对较窄的功率谱宽，以及与波峰的速度一致的多普勒偏移。

图 2.22 展示了 Ingara X 波段数据集的两个功率谱案例，该数据集在水平极化下采集，且擦地角约为 37°，两个功率谱的平均 CNR 分别为 12dB 和 16dB。这两个功率谱是在不同距离处利用 64 个脉冲估计得来的。强度较小的功率谱应该是由 Bragg 散射造成的；而由于 Bragg 散射分量和快速散射分量的存在，强度较大的功率谱具有较大的平均多普勒偏移和较大的多普勒谱宽。

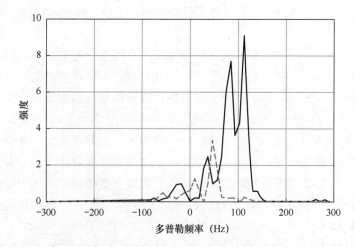

图 2.22　水平极化和 37° 擦地角下 Ingara X 波段数据集的两个功率谱案例

（灰色断线和黑色实线的平均 CNR 分别为 12dB 和 16dB）

2.5.1　相干幅度统计特性

功率谱的可变性显著影响在单个多普勒频率点（或者更准确地说在单个多普勒频率通道）沿距离维或时间维观测到的幅度统计特性。2.3 节讨论的描述幅度 PDF 的复合高斯模型可作为分析相干杂波的基础。对式（2.6）中散斑分量的相干模拟可以由圆复正态分布给出，即

$$P_x(x) = \frac{1}{(\pi)^N |M|} \exp(-x^H M^{-1} x) \tag{2.56}$$

其中，x 为 $N \times 1$ 维的复单视向量，$M = \langle xx^H \rangle$ 为 x 的协方差矩阵。式（2.56）给出的复正态分布现在可以用来表示相干复合高斯分布中的散斑。假设归一化协方差矩阵是恒定的，那么这个随机过程 x 称为球不变随机过程（SIRP），其总体杂波分布为

$$P_y(y) = \int_0^\infty \frac{1}{(\pi\tau)^N |G|} \exp\left(-\frac{y^H G^{-1} y}{\tau}\right) P_\tau(\tau) \mathrm{d}\tau \tag{2.57}$$

其中，散斑的协方差矩阵受纹理的调制，因此 $M = \tau G$。SIRP 的定义中隐含着这样一个假设：在所测向量的相干处理时间内，功率（或纹理）是恒定的。此外，假设归一化协方差矩阵 G 是恒定的，这意味着功率谱是固定的，其局部值按相同的功率因子 τ 进行缩放。这就意味着在没有接收机噪声的情况下，海杂波的所有谱分量都被等比例缩放，不同距离处的功率谱将与一个共同的标量相同。用统计学的语言来说，这意味着从不同频率通道抽取的海杂波样本的 PDF 具有相同的形状参数，而只是尺度参数有所不同。因此，SIRP 模型使得海杂波在每

个多普勒频率上具有与时域数据相同的 PDF。在有接收机噪声的情况下，由于 CNR 的变化，海杂波加噪声的联合 PDF 将随多普勒频率的变化而变化；而 SIRP 海杂波分量的统计特性在不同的多普勒频率上是保持不变的。这种海杂波统计特性对多普勒频率的平稳假设与实际观测是矛盾的。多年来，人们已经了解到海杂波分量的幅度统计特性随着多普勒频率的变化而显著变化[1]，且往往在功率谱的边缘具有非常多的尖峰。这是因为海杂波的多普勒谱往往是强时变的，且不能简单地建模为 SIRP 模型。此外，SIRP 模型假设纹理在所有多普勒频率上完全相关，从物理意义上来看这与独立的 Bragg 散射和快速散射机制的存在是不一致的。

用图 2.20 中的数据来说明这种特性。当沿时间维的回波作为多普勒频率 f 的函数进行分析时，可以发现回波明显具有非高斯统计特性（具有尖峰），而且这种尖峰特性随着多普勒频率的变化而变化。图 2.23 展示了海杂波加噪声的功率谱的平均强度矩 $\langle z'(f) \rangle$，以及归一化二阶强度矩 $\langle z'(f)^2 \rangle / \langle z'(f) \rangle^2$ 与多普勒频率的关系。对于高斯统计量，归一化二阶强度矩应该为 2，这可见于多普勒频率在-300Hz 以下的噪声有限的区域。非高斯统计特性最强的情况出现在 300Hz 附近。参照图 2.20 可以看出，功率谱在这个多普勒频率上较低，偶尔会受风和破碎波的影响而向高强度偏移。展示不同多普勒频率下的非高斯统计特性的方法还包括将数据拟合为 K+噪声分布。可以注意到，虽然时域数据与 K+噪声分布可以很好地匹配，但并没有从理论上给出多普勒频率通道的数据也可以用这种方法来建模的理由。然而，对实测数据的分析表明，这实际上是一个合理的方法。图 2.21 展示了该数据在每个多普勒单元的平均 CNR。使用图 2.23 中的平均强度矩和二阶强度矩，再结合热噪声的知识，数据可以被拟合为 K+噪声分布。得到的每个多普勒频率的 K+噪声分布的形状参数 $v'(f)$ 如图 2.24 所示，可以看出海杂波在功率谱边缘具有极多的尖峰（$v'(f) < 0.1$）。在平均 CNR 变得非常小的区域，其对海杂波加噪声的总体统计特性几乎没有影响；但如图 2.23 所示，峰值效应出现在 300Hz 左右的多普勒频率处，而该处海杂波的形状参数 $v'(f)$ 约为 0.05，平均 CNR 较大，$C'(f)$ 约为 10dB。

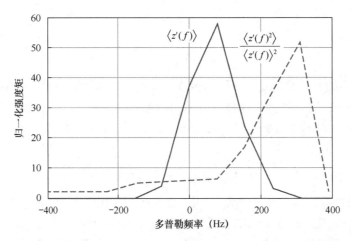

图 2.23　功率谱的平均强度矩和归一化二阶强度矩与多普勒频率的关系

相反，在-300Hz 多普勒频率处，海杂波分量又具有非常多的尖峰，而此时平均 CNR 很小，即 $C'(f)$ 约为-15dB，在图 2.23 中总体统计特性表现得像噪声。

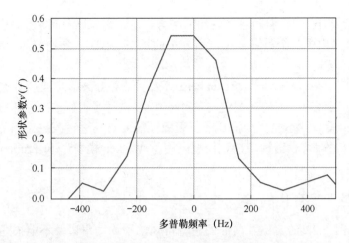

图 2.24　在图 2.20 的数据中，K+噪声分布的形状参数与多普勒频率的关系
（原始时域数据的平均 CNR 为 20dB，$\nu = 0.4$）

2.5.2　平均多普勒谱

不同散射分量具有不同的谱宽和多普勒偏移，并且它们具有瞬时或时变的特性，因此平均多普勒谱（沿距离或时间取平均）是不对称的。当前，业界已有大量方法来描述海杂波的平均多普勒谱。对于小擦地角的情况，Lee 等人[72]提出了一种双分量模型，对 Bragg 散射分量采用具有高斯形状的谱，而对快速散射分量采用具有 Lorentzian 形状或 Voigtian 形状的谱。图 2.25 展示了平均功率谱密度的例子，文献［72］在造波池中进行垂直极化测量，并明确标识了高斯分量和 Voigtian 分量。

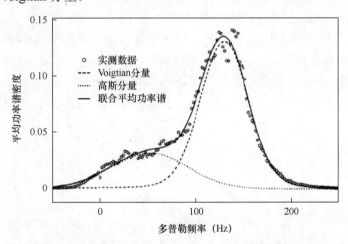

图 2.25　来自造波池的平均功率谱密度（数据采集于垂直极化和 7° 的擦地角下）[72]

在不同的擦地角下，Lamont-Smith[73]在造波池和崖顶都进行了测量。他用单个高斯分量表示垂直极化谱，认为 Bragg 散射分量占主导地位；而用两个描述 Bragg 散射分量和快速散射分量的高斯分量建模水平极化谱。Melville 等人[74]也进行了类似的观测，他们也注意到在垂直极化下数据中几乎不存在镜面反射。

正如所讨论的那样，在水平极化和垂直极化下，由破碎波引发的快速散射分量的强度和功率谱是相似的。Jessup 等人[65]的研究说明，在水平极化和垂直极化下快速散射分量的强度和功率谱的比率通常小于 1，但随着擦地角的增大，该比率会逐渐趋于 1。基于在造波池的测量结果，Walker[62]提出了一个具有 3 个高斯分量的模型，这 3 个高斯分量分别与 Bragg 散射、破碎波和镜面反射有关。

在中擦地角下，Stacy 等人[75]、Rosenberg 等人[63,64]对 Ingara X 波段数据集测量的多普勒谱进行了研究，他们将观测到的功率谱与 Walker 模型进行了很好的拟合。然而，进一步的研究[70]发现，Walker 模型并不能完全描述散射现象，需要对其进行改进。因此，文献［76］引入了一个新的双分量多普勒谱模型，该模型采用了 Walker 模型[62]和 Lamont-Smith[73]使用的高斯分量模型。

2.5.3 时变且随距离变化的谱

从图 2.20 和图 2.22 的案例及前面的讨论可知，平均功率谱并不能描述多普勒谱的动态特性。当评估相干检测方法的性能（如第 7 章所述）时，描述沿距离维和时间维的可能变化是至关重要的。例如，在给定距离处，在高斯杂波背景下最优相干检测器的设计需要具备杂波协方差矩阵（或功率谱）的知识。此外，通过对相邻单元的协方差矩阵取平均来估计局部协方差矩阵也可能无法准确地描述待检测单元。

正如针对平均功率谱所提出的各种模型，当沿距离维和时间维观测功率谱时，可以发现瞬时功率谱通常可以用一个满足高斯形状的起伏来描述。然而，归一化功率谱宽（由高斯功率谱的标准差给出）和平均多普勒偏移都随距离和时间的变化而变化。研究人员已提出很多方法，用于对这种随距离和时间变化的特性建模。Greco 等人描述了一个自回归模型[77]；Davidson 则提出了一种重建所测功率谱的方法[78]；Watts 又提出了一个描述功率谱随距离、时间演化的通用模型[79]，这将在本节进行讨论，而对该通用模型的应用和其他替代方案，如 McDonald 和 Cerutti-Maori 所提的方案，将在第 5 章介绍。

Watts 对时变多普勒谱模型的研究采用了 CSIR X 波段数据集中的数据（见第 1 章）[79]。图 2.26 展示了来自同一个距离门的两个功率谱案例，它们的时间间隔为几秒。采用高斯模型拟合这两个功率谱，其特性由平均多普勒偏移 m_f 和标准差 w 描述。

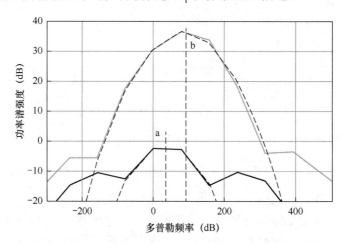

图 2.26 两个在同一个距离门但间隔几秒的功率谱案例［用高斯模型拟合（虚线）；
a：$m_f = 36\text{Hz}$，$w = 49\text{Hz}$；b：$m_f = 91\text{Hz}$，$w = 55\text{Hz}$］

可以注意到，尽管 w 的值相近，但 m_f 的值在较高强度的功率谱中更大。另外，适当缩放高斯形状仍然能良好地拟合该数据的功率谱，对其他数据集的分析也证实了这一模型的有效性。在某些情况下，当高强度的 Bragg 散射分量和快速散射分量同时存在时，可能产生额外的谱扩展，可以用包含两个高斯模型的双峰变化来描述这种现象。

在建立了归一化的功率谱形状后，对单个距离门中连续脉冲串测量功率谱、平均多普勒偏移（功率谱的中心）和功率谱的标准差，总时间间隔为 30～60s。通过使用 64 个脉冲及具有 −55dB 的 Dolph-Chebyshev 窗加权的 FFT，可以估计获得功率谱。图 2.27 展示了一个案例，在距离为 3km 处和 1.3° 擦地角下，对连续的 10 组脉冲串（总时间为 128ms）分别进行功率谱估计后取平均。可以清楚地看到，平均多普勒偏移 m_f 和功率谱强度有某种程度的相关性，并且较大的 m_f 对应较大的功率谱强度。m_f 的响应相对功率谱强度明显有几秒的滞后，但对 m_f 和功率谱强度之间的互相关函数的研究表明，这只发生在强度峰处。功率谱的谱宽随时间起伏，但似乎与局部强度无关。估计功率谱的谱宽峰值出现在第 29s 左右，这是由于此时的平均 CNR 非常小，热噪声的存在影响了估计结果。这也是估计单个功率谱均值和标准差的困难之一。文献［80］讨论了减小热噪声对上述参数估计影响的可行方法。图 2.28 进一步说明了平均多普勒偏移和局部功率谱强度之间的关系。尽管这种关系受到噪声影响，但可以看出 m_f 和归一化平均散斑功率谱强度 $\tau/\langle\tau\rangle$ 之间的线性拟合描述了总的趋势。这种相关性中的噪声可以部分解释为由 m_f 估计引入的误差，然而，这种关系可能比简单的线性关系更加复杂。研究发现，基于简单线性关系的模型可以重现实测杂波（影响目标检测算法性能）的很多特性，并有助于数据仿真和性能预测，这两点将分别在第 5 章、第 6 章进行讨论。

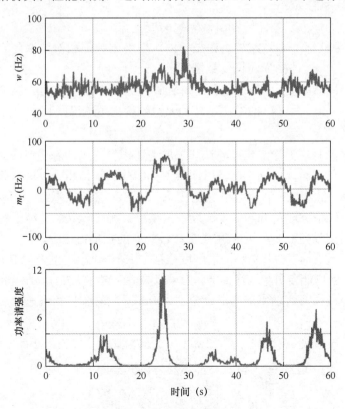

图 2.27 单个距离门的功率谱强度随时间的演化，以及其与功率谱的平均多普勒偏移 m_f、标准差 w 的关系

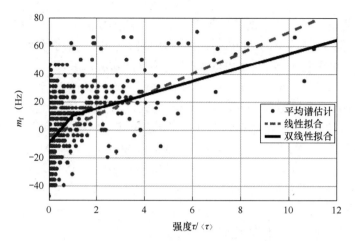

图 2.28　平均多普勒偏移 m_f 作为归一化功率谱强度的函数

演化多普勒谱模型的形式为[79]

$$G(f) = \frac{\tau}{\sqrt{2\pi w}} \exp\left(-\frac{(f - m_\mathrm{f}(\tau))^2}{2w^2}\right) \tag{2.58}$$

其中，$G(f)$ 是多普勒频率 f 的平均功率谱密度，τ 是局部杂波强度或纹理。若杂波服从 K 分布，则纹理具有 Gamma 分布的 PDF。平均多普勒偏移与归一化平均散斑功率谱强度（$\bar{\tau} = \tau/\langle\tau\rangle$）有关，具体为

$$m_\mathrm{f}(\tau) = A_\mathrm{c} + B_\mathrm{c}\bar{\tau} + f_\mathrm{lin} \tag{2.59}$$

其中，f_lin 是在文献［81］中被添加到模型中的，用来刻画围绕模型拟合的起伏，它由一个均值为零、标准差为 σ_lin 的高斯随机变量描述。

在式（2.58）中，最后一项是谱宽 w（高斯形状功率谱的标准差），其 PDF 为 $P_w(w)$，均值为 m_w，标准差为 σ_w。如图 2.27 所示，功率谱强度也可能沿距离维和时间维强相关，2.6 节将讨论这种相关性。

目前，业界已经开展大量工作以验证和扩展上述模型，包括对功率谱沿距离维演化的分析，分析结果与对单个距离门功率谱随时间维演化的分析结果相同。这些研究还涉及在多个数据集上的结果评估，包括单基地小擦地角下的 CSIR 数据集[82]、双基地小擦地角下的 NetRAD 数据集[83]、中擦地角 Ingara X 波段数据集[80]。另外，文献［84］将该模型扩展用于多个相位中心，而文献［85,86］将其用于多相位中心的扫描雷达中。

如前文所述，当平均多普勒偏移随着强度在某个水平上增大较慢时，Bragg 散射分量和快速散射分量的混合就可能会引起双峰现象。为了能够适应这种特性，文献［81］提出的双峰扩展模型，采用两个高斯形状功率谱的混合分别为 Bragg 散射分量和快速散射分量建模，即

$$G_\mathrm{bi}(f) = \frac{\alpha\tau}{\sqrt{2\pi w_1}} \exp\left(-\frac{(f - m_{\mathrm{f}_1}(\tau))^2}{2w_1^2}\right) + \frac{(1-\alpha)\tau}{\sqrt{2\pi w_2}} \exp\left(-\frac{(f - m_{\mathrm{f}_2}(\tau))^2}{2w_2^2}\right) \tag{2.60}$$

其中，α 为加权因子；w_1 和 w_2 为谱宽，都建模为随机变量。中心频率为

$$m_{\mathrm{f}_1}(\tau) = \begin{cases} A_\mathrm{c} + B_\mathrm{c}\bar{\tau} + f_\mathrm{bi}, & \bar{\tau} \leq \tau_\mathrm{bi} \\ A_\mathrm{c} + B_\mathrm{c}\tau_\mathrm{bi} + f_\mathrm{bi}, & \bar{\tau} > \tau_\mathrm{bi} \end{cases} \tag{2.61}$$

$$m_{\mathrm{f}_2}(\tau) = A_\mathrm{c} + B_\mathrm{c}\bar{\tau} + f_\mathrm{bi} \tag{2.62}$$

其中，f_{bi} 是一个零均值且标准差为 σ_{bi} 的高斯随机变量，σ_{bi} 描述了平均多普勒偏移和局部功率谱强度拟合中的偏离性。根据 α 的值，若 $\bar{\tau}$ 超过阈值 τ_{bi}，则该模型能够降低平均多普勒偏移随功率谱强度的增加速率，并拓宽谱宽。另外，为了能够囊括单个高斯模型，当 $\bar{\tau} \leqslant \tau_{bi}$ 时，令加权系数 $\alpha = 0$。图 2.28 给出的一个案例，通过双线性拟合对平均多普勒偏移进行双峰拟合。总功率谱的均值和标准差分别可以表示为

$$m_f(\tau) = \alpha m_{f_1}(\tau) + (1-\alpha)m_{f_2}(\tau)$$
$$w^2(\tau) = \alpha w_1^2 + (1-\alpha)w_2^2 + \alpha(1-\alpha)(m_{f_1}^2(\tau) + m_{f_2}^2(\tau) - 2m_{f_1}(\tau)m_{f_2}(\tau)) \tag{2.63}$$

当 $\alpha = 0$ 时，模型退化为单模的情况；当 $\alpha > 0$ 时，模型表明存在附加的快速散射分量的影响（见图 2.22）。第 4 章讨论了在不同条件下观测到的模型参数值。

为了估计式（2.63）中的参数，可以使用多普勒谱 $H(n,k)$ 的前二阶矩，其中，n 和 k 分别为多普勒单元和距离单元[87]，参数的估计值为

$$\hat{m}_f(k) = \frac{1}{h_n}\sum_{n=1}^{N}\left(\frac{nf_r}{N} - \frac{f_r}{2}\right)H(n,k)$$
$$\hat{w}_{sp}^2(k) = \frac{1}{h_n}\left(\sum_{n=1}^{N}\left(\frac{nf_r}{N} - \frac{f_r}{2} - \hat{m}_f(k)\right)^2 H(n,k) - H_{noise}\frac{f_r^3}{12}\right) \tag{2.64}$$

其中，w_{sp} 为总多普勒谱的谱宽，N 为 CPI 长度，f_r 为 PRF，H_{noise} 为噪声功率谱密度，$h_n = \sum_{n=1}^{N}H(n,k) - H_{noise}f_r$ 为归一化系数，式（2.64）最后一项为热噪声对谱宽影响的修正。为了准确测量杂波功率谱宽，需要考虑由平台运动和 CPI 长度所引起的谱展宽。如果把展宽因子建模为高斯函数，那么其标准差为

$$\sigma_{plat} = \frac{v_p \theta_{3dB}|\sin\theta_{plat}|}{\sqrt{2\ln 2}\lambda} \tag{2.65}$$

其中，θ_{plat} 为雷达相对于平台航向的观测方向，v_p 为平台速度，λ 为雷达波长，θ_{3dB} 为天线的双向 3dB 方位波束宽度。若时域使用窗函数，则定义 $Q_w(\cdot)$ 为窗函数的功率谱密度，那么，通过计算归一化二阶矩来确定由 CPI 长度产生的影响，即

$$\sigma_{CPI} = \left[\frac{\int_{-f_r/2}^{f_r/2} Q_w(f)f^2 df}{\int_{-f_r/2}^{f_r/2} Q_w(f)df}\right]^{1/2} \tag{2.66}$$

因此，杂波的功率谱宽为

$$\hat{w}^2(k) = \hat{w}_{sp}^2(k) - \sigma_{plat}^2 - \sigma_{CPI}^2 \tag{2.67}$$

2.6　纹理相关性

纹理相关性可以由两个不同的分量来描述：第一个分量是在秒级时间周期的相关性；第二个分量是沿着距离维的相关性，通常被称为空间相关性。通常，假设这两个分量独立，这是因为对纹理的二维描述较为困难，且在短时间内或短距离范围内其可能是非必要的，除非雷达固定在地面上，否则很难描述机载平台下的时间维分量。

对于第 n 个脉冲和第 k 个距离单元，其空间相关性为

$$\rho_{\text{spat}}(n,k) = \sum_{l=1}^{K-k-1} (Z(n,l+k) - \langle \boldsymbol{Z}(n) \rangle)(Z^*(n,l) - \langle \boldsymbol{Z}^*(n) \rangle) \tag{2.68}$$

其中，Z 是多视强度，K 是距离单元数。

类似地，时间相关性为

$$\rho_{\text{temp}}(n,k) = \sum_{m=1}^{N-n-1} (Z(n+m,k) - \langle \boldsymbol{Z}(k) \rangle)(Z^*(m,k) - \langle \boldsymbol{Z}^*(k) \rangle) \tag{2.69}$$

其中，N 是脉冲数。

图 2.29 给出了一个用 Ingara X 波段数据集中数据绘制的水平极化下的距离/时间强度图，涵盖的距离范围为 150m，时间间隔为 0.8s。另外，对 32 个脉冲串进行平均得到数据强度，这种做法可以平滑散斑分量。尽管注意到海浪的波长并不均匀，但可以观察到回波沿距离维的周期性。随着时间的推移，可以看到距离维上存在微弱走动（距离游走），这是由海浪的运动引起的，但也可能受到未补偿的平台运动的影响。

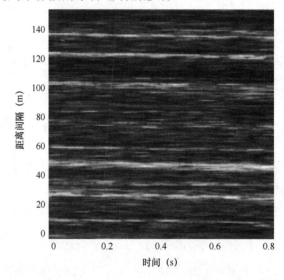

图 2.29　用 Ingara X 波段数据集中数据绘制的水平极化下的距离／时间强度图（对 32 组脉冲串取平均）

图 2.30 展示了杂波强度的空间相关性，其中，相关系数经过缩放使其最大值为 1。可以注意到，由于回波的周期性和非平稳性，平均相关系数在 75m 的距离间隔处仍不会减小到零。

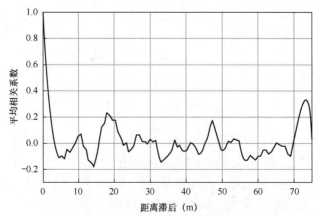

图 2.30　图 2.29 所用数据计算的杂波强度沿距离维的平均相关系数

另外，图 2.31 给出了在垂直极化下 IPIX 地基雷达[88]数据的双边空间相关性。其中，该数据对 128 个脉冲进行了平均，以消除散斑，并对 3m、9m 和 15m 三个不同距离分辨率下的数据进行了处理。结果表明：在更高的分辨率下处理数据，有可能分辨出不同的周期性。

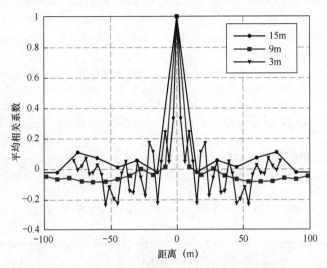

图 2.31　在垂直极化下不同距离分辨率的 IPIX 地基雷达数据的双边空间相关性[88]

参考文献

[1]　K. D. WARD, R. J. A. TOUGH, S. WATTS. Sea clutter: Scattering, the K-distribution and radar performance [M]. 2nd Edition. London: The Institute of Engineering Technology, 2013.

[2]　F. E. NATHANSON, J. P. REILLY, M.N. COHEN. Radar Design Principles[M]. 2nd Edition. New York: McGraw-Hill, 1991.

[3]　V. GREGERS-HANSEN, R. MITTAL. An improved empirical model for radar sea clutter reflectivity[J]. IEEE Transactions on Aerospace and Electronic Systems, 2012, 48 (4): 3512-3524.

[4]　G. SORIANO, C. GUERIN. A cutoff invariant two-scale model in electromagnetic scattering from sea surfaces[J]. IEEE Geoscience and Remote Sensing Letters, 2008, 5 (2): 199-203.

[5]　P. SPIGA. Diffraction des ondes électromagnétiques par des surfaces rugueuses en incidence rasante[D]. PhD dissertation, 2008.

[6]　S. ANGELLIAUME, V. FABBRO, G. SORIANO, C. A. GUERIN. The GO-SSA extended model for all-incidence sea clutter modelling[J]. IEEE Geoscience and Remote Sensing Symposium, 2014: 5017-5020.

[7]　M. I. SKOLNIK. Introduction to Radar Systems[M]. 3rd Edition. New York: McGraw-Hill, 2001.

[8]　M. I. SKOLNIK. Radar Handbook[M]. 3rd Edition. New York: McGraw-Hill, 2008.

[9]　J. N. BRIGGS. Target Detection by Marine Radar[M]. London: The Institution of Electrical Engineers, 2004.

[10]　L. ROGERS, C. P. HATTAN, J. L. KROLIK. Using radar sea echo to estimate surface layer refractivity profiles[J]. International Geoscience and Remote Sensing Symposium, 1999, 1: 658-662.

[11]　S. VASUDEVAN, R. ANDERSON, S. KRAUT, P. GERSTOFT, L. ROGERS, J. KROLIK. Recursive Bayesian electromagnetic refractivity estimation from radar sea clutter[J]. Radio Science, 2007, 42.

[12]　W. L. PATTERSON. Advanced refractive effects prediction system (AREPS)[R]. Space and Naval Warfare Systems Center, US Navy, Tech. Rep., 2021.

[13]　T. ELFOUHAILY, C. A. GUÉRIN. A critical survey of approximate scattering wave theories from random rough surfaces[J]. Waves in Random and Complex Media, 2004, 14 (4): 1-40.

[14]　V. KUDRYAVTSEV, D. HAUSER, G. CAUDAL, B. CHAPRON. A semi-empirical model of the normalized

radar cross-section of the sea surface, part Ⅰ: The background model[J]. Journal of Geophysical Research, 2003, 108: 2-1-2-24.

[15] V. KUDRYAVTSEV, D. HAUSER, G. CAUDAL, B. CHAPRON. A semi-empirical model of the normalized radar cross-section of the sea surface, part Ⅱ: Radar modulation transfer function[J]. Journal of Geophysical Research, 2003, 108: 3-1-3-16.

[16] D. E. BARRICK. Grazing behaviour of scatter and propagation above any rough surface[J]. IEEE Transactions on Antennas and Propagation, 1998, 46: 73-83.

[17] V. I. TATARSKII, M. I. CHARNOTSKII. On the universal behaviour of scattering from a rough surface for small grazing angles[J]. IEEE Transactions on Antennas and Propagation, 1998, 46: 67-72.

[18] C. BOURLIER. Azimuthal harmonic coefficients of the microwave backscattering from a non-Gaussian ocean surface with the first-order SSA model[J]. IEEE Transactions on Geoscience and Remote Sensing, 2004, 42(11): 2600-2611.

[19] Z. GUERRAOU, S. ANGELLIAUME, L. ROSENBERG, C. GURIN. Investigation of azimuthal variations from X-band medium-grazing-angle sea clutter[J]. IEEE Transactions on Geoscience and Remote Sensing, 2016, 54(10): 6110-6118.

[20] B. SPAULDING, D. HORTON, H. PHAM. Wind aspect factor in sea clutter modeling[C] // International Radar Conference, 2005: 89-92.

[21] T. JOHNSEN. Characterization of X-band radar sea-clutter in a limited fetch condition from low to high grazing angles[C] // IEEE Radar Conference, 2015: 109-114.

[22] X. DENG, C. LÓPEZ-MARTÍNEZ, J. CHEN, P. HAN. Statistical modeling of polarimetric SAR data: A survey and challenges[J]. Remote Sensing, 2017, 9: 1-34.

[23] G. V. TRUNK, S. F. GEORGE. Detection of targets in non-Gaussian sea clutter[J]. IEEE Transactions, 1978, AES-6: 620-628.

[24] F. A. FAY, J. CLARKE, R. S. PETERS. Weibull distribution applications to sea clutter[J]. IEEE Conference Publication, 1977, 155: 1012.

[25] E. JAKEMAN, P. N. PUSEY. A model for non-Rayleigh sea echo[J]. IEEE Transactions on Antennas and Propagation, 1976, AP-24: 806-814.

[26] K. D. WARD. Compound representation of high resolution sea clutter[J]. Electronic Letters, 1981, 17 (16): 561-563.

[27] P. R. KRISHNAIAH, L. LIN. Complex elliptically symmetric distributions[J]. Communications in Statistics-Theory and Methods, 1986, 15(12): 3693-3718.

[28] E. OLLILA, D. E. TYLER, V. KOIVUNEN, H. V. POOR. Complex elliptically symmetric distributions: Survey, new results and applications[J]. IEEE Transactions on Signal Processing, 2012, 60(11): 5597-5625.

[29] K. D. WARD, R. J. A. TOUGH, P. W. SHEPHERD. Modelling sea clutter: correlation, resolution and non-Gaussian statistics[C]//IEEE International Radar Conference, 1997: 95-99.

[30] S. WATTS. Radar detection prediction in K-distributed sea clutter and thermal noise[J]. IEEE Transactions on Aerospace and Electronic Systems, 1987, AES-23: 40-45.

[31] S. BOCQUET. Parameter estimation for Pareto and K distributed clutter with noise[J]. IET Radar Sonar and Navigation, 2015, 9(1): 104-113.

[32] D. BLACKNELL, R. J. A. TOUGH. Parameter estimation for the K-distribution based on $[z \lg(z)]$[J]. IEE Proceedings of Radar, Sonar and Navigation, 2001, 148(6): 309-312.

[33] L. ROSENBERG, D. J. CRISP, N. J. STACY. Analysis of the KK-distribution with medium grazing angle sea-clutter[J]. IET Proceedings of Radar Sonar and Navigation, 2010, 4(2): 209-222.

[34] M. SEKINE, Y. MAO. Weibull radar clutter[M]. IEE Radar, Sonar, Navigation and Avionics Series, Peter Peregrinus, London, 1990.

[35] L. ROSENBERG, S. WATTS, S. BOCQUET. Application of the K+Rayleigh distribution to high grazing angle sea-clutter[C]//International Radar Conference, 2014: 1-6.

[36] BALLERI, A. NEHORAI, J. WANG. Maximum likelihood estimation for compound-Gaussian clutter with inverse gamma texture[J]. IEEE Transactions on Aerospace and Electronic Systems, 2007, 43(2): 775-779.

[37] Y. DONG. Distribution of X-band high resolution and high grazing angle sea clutter[R]. Defence Science Technology Organisation, Research Report DSTORR-0316, 2006.

[38] K. D. WARD, R. J. A. TOUGH. Radar detection performance in sea clutter with discrete spikes[C]// International Radar Conference, 2002: 15-17.

[39] C. H. GIERULL, I. C. SIKANETA. A compound-plus-noise model for improved vessel detection in non-Gaussian SAR imagery[J]. IEEE Transactions on Geoscience and Remote Sensing, 2017: 1444-1453.

[40] J. CARRETERO-MOYA, J. GISMERO-MENOYO, Y. BLANCO-DEL-CAMPO, A. ASENSIO-LOPEZ. Statistical analysis of a high-resolution sea-clutter database[J]. IEEE Transactions on Geoscience and Remote Sensing, 2010, 48(4): 2024-2037.

[41] E. OLLILA, D. E. TYLER, V. KOIVUNEN, H. V. POOR. Compound-Gaussian clutter modeling with an inverse Gaussian texture distribution[J]. IEEE Signal Processing Letters, 2012, 19: 876-879.

[42] MEZACHE, F. SOLTANI, M. SAHED, I. CHALABI. Model for non-Rayleigh clutter amplitudes using compound inverse Gaussian distribution: An experimental analysis[J]. IEEE Transactions on Aerospace and Electronic Systems, 2015, 51 (1):142-153.

[43] T. LAMONT-SMITH. Power transforms for the Weibull and the K-distribution[J]. IET Radar Sonar and Navigation, 2019, 13: 522-529.

[44] K. D. WARD, C. J. BAKER, S. WATTS. Maritime surveillance radar. I. Radar scattering from the ocean surface[J]. Radar and Signal Processing, IEE Proceedings F, 1990, 137(2): 51-62.

[45] J. A. NORTHROP, A. PAPANDREOU-SUPPAPPOLA. Computationally efficient estimation of compound K-distribution sea clutter in thermal noise and its application to sea echo reflectivity observations[J]. IEEE Transactions on Aerospace and Electronic Systems, 2020, 56(3): 2340-2350.

[46] M. A. SLETTEN. Multipath scattering in ultrawide-band radar sea spikes[J]. IEEE Transactions on Antennas and Propagation, 1998, 46(1): 45-56.

[47] T. LAMONT-SMITH. Translation to the normal distribution for radar clutter[J]. IEE Proceedings of Radar, Sonar and Navigation, 2000, 147(1): 17-22.

[48] P. FAYARD, T. R. FIELD. Optimal inference of the inverse gamma texture for a compound-Gaussian clutter[C]//IEEE International Conference on Acoustics, Speech and Signal Processing, 2009: 2969-2972.

[49] M. FARSHCHIAN, F. L. POSNER. The Pareto distribution for low grazing angle and high resolution X-band sea clutter[C]//IEEE Radar Conference, 2010: 789-793.

[50] G. V. WEINBERG. Assessing Pareto fit to high-resolution high-grazing-angle sea clutter[J]. IET Electronic Letters, 2011, 47(8): 516-517.

[51] L. ROSENBERG, S. BOCQUET. Application of the Pareto plus noise distribution to medium grazing angle sea-clutter[J]. IEEE Journal of Selected Topics in Applied Earth Observations and Remote Sensing, 2015, 8(1): 255-261.

[52] D. MIDDLETON. New physical-statistical methods and model for clutter and reverberation: The KA-distribution and related probability structures[J]. IEEE Journal of Oceanic Engineering, 1999, 24(3): 261-284.

[53] S. WATTS, K. D. WARD, R. J. A. TOUGH. The physics and modelling of discrete spikes in radar sea clutter[C]//International Radar Conference, 2005: 72-77.

[54] D.W. J. STEIN. A robust exponential mixture detector applied to radar[J]. IEEE Transactions on Aerospace and Electronic Systems, 1999, 35(2): 519-532.

[55] C. H. GIERULL, I. C. SIKANETA. Improved SAR vessel detection based on discrete texture[C]//European SAR Conference, 2016: 523-526.

[56] S. ANGELLIAUME, L. ROSENBERG, M. RITCHIE. Modelling the amplitude distribution of radar sea clutter[J]. Remote Sensing, 2019, 11(319).

[57] S. BOCQUET, L. ROSENBERG, C. H. GIERULL. Parameter estimation for the trimodal discrete radar clutter model[J]. IEEE Transactions of Geoscience and Remote Sensing, 2020, 58(10): 7062-7073.

[58] L. ROSENBERG, S. ANGELLIAUME. Characterisation of the tri-modal discrete sea clutter model[C]// International Radar Conference, 2018: 1-6.

[59] L. ROSENBERG, V. DUK. Land clutter statistics from an airborne passive bistatic radar[J]. IEEE Transactions on Geoscience and Remote Sensing, 2021.

[60] F. GINI, M. S. GRECO, A. FARINA, P. LOMBARDO. Optimum and mismatched detection against K-distributed plus Gaussian clutter[J]. IEEE Transactions on Aerospace and Electronic Systems, 1998, 34(3): 860-876.

[61] P. LOMBARDO, C. J. OLIVER, R. J. A. TOUGH. Effect of noise on order parameter estimation for K-distributed clutter[J]. IEE Proceedings of Radar, Sonar and Navigation, 1995, 142(1): 33-40.

[62] D. WALKER. Doppler modelling of radar sea clutter[J]. IEE Proceedings of Radar, Sonar and Navigation, 148(2): 73-80.

[63] L. ROSENBERG, N. J. STACY. Analysis of medium angle X-band sea-clutter Doppler spectra[C]//IEEE Radar Conference, 2008: 1898-1903.

[64] L. ROSENBERG, D. J. CRISP, N. J. STACY. Characterisation of low-PRF X-band sea-clutter Doppler spectra[C]//International Radar Conference, 2008: 100-105.

[65] T. JESSUP, W. K. MELVILLE, W. C. KELLER. Breaking waves affecting microwave backscatter, 1. detection and verification[J]. Journal of Geophysical Research, 1991, 96(C11): 20547-20559.

[66] L. LIU, S. J. FRASIER. Measurement and classification of low-grazing-angle radar sea spikes[J]. IEEE Transactions on Antennas and Propagation, 1998, 46(1): 27-40.

[67] H. W. MELIEF, H. GREIDANUS, P. VAN GENDEREN, P. HOOGEBOOM. Analysis of sea spikes in radar sea clutter data[J]. IEEE Transactions on Geoscience and Remote Sensing, 2006, 44(4): 985-993.

[68] D.WALKER. Model and characterisation of radar sea clutter [D]. PhD dissertation, 2001.

[69] M. GRECO, P. STINCO, F. GINI. Identification and analysis of sea radar clutter spikes[J]. IET Journal of Radar, Sonar and Navigation, 2010, 4(2): 239-250.

[70] L. ROSENBERG. Sea-spike detection in high grazing angle X-band sea-clutter[J]. IEEE Transactions on Geoscience and Remote Sensing, 2013, 51(8): 4556-45623.

[71] L. B. WETZEL. Radar Handbook [M]. 3rd Edition. New York: McGraw-Hill, 2008.

[72] P. H. Y. LEE, J. D. BARTER, B. M. LAKE, H. R. THOMPSON. Line shape analysis of breaking-wave Doppler spectra[J]. IEE Proceedings of Radar, Sonar and Navigation, 1998, 145(2): 135-139.

[73] T. LAMONT-SMITH. Investigation of the variability of Doppler spectra with radar frequency and grazing angle[J]. IEE Proceedings of Radar, Sonar and Navigation, 2004, 151(5): 291-298.

[74] W. K. MELVILLE, A. D. ROZENBERG, D. C. QUIGLEY. Laboratory study of polarized microwave scattering at grazing incidence[J]. IEEE International Geoscience and Remote Sensing Symposium, 1995: 951-953.

[75] N. J. S. STACY, M. PREISS, D. CRISP. Polarimetric characteristics of X-band SAR sea clutter[J]. IEEE International Conference on Geoscience and Remote Sensing, 2006: 4017-4020.

[76] L. ROSENBERG. Characterisation of high grazing angle X-band sea-clutter Doppler spectra[J]. IEEE Transactions on Aerospace and Electronic Systems, 2014, 50(1): 406-417.

[77] M. GRECO, F. BORDONI, F. GINI. X-band sea-clutter nonstationary: Influence of long waves[J]. IEEE Journal of Oceanic Engineering, 2004, 29(2): 269-293.

[78] G. DAVIDSON. Simulation of coherent sea clutter[J]. IET Radar Sonar and Navigation, 2010, 4(2): 168-177.

[79] S. WATTS. Modeling and simulation of coherent sea clutter[J]. IEEE Transactions on Aerospace and Electronic Systems, 2012, 48(4): 3303-3317.

[80] S. WATTS, L. ROSENBERG, S. BOCQUET, M. RITCHIE. The Doppler spectra of medium grazing angle sea clutter, Part 1: Characterisation[J]. IET Radar Sonar and Navigation, 2016, 10(1): 24-31.

[81] S. WATTS, L. ROSENBERG, S. BOCQUET, M. RITCHIE. The Doppler spectra of medium grazing angle sea clutter, Part 2: Exploiting the models[J]. IET Radar Sonar and Navigation, 2016, 10(1): 32-42.

[82] M. RITCHIE, A. G. STOVE, S. WATTS, K. WOODBRIDGE, H. D. GRIFFITHS. Application of a new sea clutter Doppler model[C]//IEEE International Radar Conference, 2013: 560-565.

[83] M. RITCHIE, A. STOVE, A. WOODBRIDGE, H. GRIFFITHS. NetRAD: Monostatic and bistatic sea clutter texture and Doppler spectra characterization at S-band[J]. IEEE Transactions on Geoscience and Remote Sensing, 2016, 54(9): 5533-5543.

[84] S. KEMKEMIAN, L. LUPINSKI, J. DEGURSE, V. CORRETJA, R. COTTRON, S. WATTS. Performance assessment of multi-channel radars using simulated sea clutter[C]//International Radar Conference, Radar 2015, 2015: 1015-1020.

[85] L. ROSENBERG, S. WATTS. Coherent simulation of sea-clutter for a scanning radar[C]. NATO SET-239 Workshop on Maritime Radar Surveillance from Medium and High Grazing Angle Platforms, 2016: 1-10.

[86] L. ROSENBERG, S. WATTS, S. BOCQUET. Scanning radar simulation in the maritime environment [C]// IEEE Radar Conference, 2020: 1-6.

[87] S. WATTS, L. ROSENBERG, M. RITCHIE. Characterising the Doppler spectra of high grazing angle sea clutter[C]//International Radar Conference, 2014: 1-6.

[88] M. GRECO, F. GINI, M. RANGASWAMY. Statistical analysis of measured polarimetric clutter data at different range resolutions[J]. IET Proceedings on Radar, Sonar and Navigation, 2006, 153(6): 473-481.

第 3 章

双基地海杂波

3.1　概述

电气和电子工程师协会（IEEE）[1]将双基地雷达操作定义为："一种在相对目标的角度或距离相差很大的不同位置布置发射天线和接收天线的雷达。"在多个单基地雷达节点和双基地雷达节点共同使用的情况下，这种布站被称为多基地雷达。双基地雷达及其操作的详细描述可参见文献 [2,3]。使用两个或多个接收位置的雷达之所以具有吸引力，在于其利用不同观测方向（角度分集）带来的潜在增益，以及在微波波段对隐身目标检测性能的潜在提高。在军事应用中，双基地雷达还能够为不辐射雷达信号的接收机的位置提供某些保护。无源双基地雷达使用外辐射源，为隐蔽作战和频谱拥挤环境下的作战提供了潜力。一般来说，有源双基地雷达操作的潜在好处必须抵消发射机和接收机同步的困难。这在某些观测几何条件下更加复杂，因为覆盖区域内还可能存在"脉冲追踪"的问题[2]，这进一步增加了系统的复杂性。然而，只有在更好地理解双基地雷达性能的前提下，才能在复杂性和性能之间做出权衡。

为了评估双基地雷达在海杂波中的探测性能，必须对目标和海杂波的双基地特性进行深入理解。目前，与单基地雷达相比，双基地雷达采集的海杂波数据相对较少。因此，可用于双基地海杂波的模型仍然很少。本章着眼于海杂波的双基地特性，3.2 节描述了双基地几何结构，其中包括双基地距离分辨率和双基地多普勒偏移的定义；3.3 节描述了一些已见诸公开文献的有源双基地雷达测量行动，以及观测到的海杂波特性；3.4 节描述了两个无源双基地雷达试验，并对海杂波进行了分析。

3.2　双基地几何结构

图 3.1 显示了双基地雷达照射面海杂波块的观测几何结构[4]，其中，发射机和接收机到海杂波块中心的擦地角分别为 ϕ_1 和 ϕ_2，双基地到海杂波块中心的视线夹角（后文简记为双基地夹角）为 β，方位散射角为 ψ_B。当 $\psi_{B,deg} = 0°$ 或 $180°$ 时，散射几何称为"平面内"，否则称为"平面外"。对于单基地雷达，$\psi_{B,deg} = 180°$ 且 $\phi_1 = \phi_2$。对于前向散射，$\psi_{B,deg} = 0°$，其中，$\phi_1 = \phi_2$ 的情况对应于镜面反射。双基地到海杂波块中心的视线夹角为

$$\beta = \arccos(\sin\phi_1 \sin\phi_2 - \cos\phi_1 \cos\phi_2 \cos\psi_B) \tag{3.1}$$

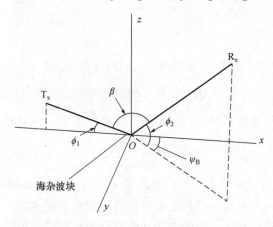

图 3.1　双基地几何条件

双基地到海杂波块距离之和为 $R_{Tx}+R_{Rx}$，在斜平面中点目标的最小可分辨距离差为 ΔR_B，有效双基地距离分辨率如图 3.2（a）所示。假设两个大小相等的点目标分别位于 A 点和 B 点，并位于与 β 的平分线成 ψ 的直线上，如果两个目标之间的距离为

$$\Delta R_B \approx \frac{c_0}{2B\cos(\beta/2)\cos\psi} \tag{3.2}$$

其中，B 为脉冲宽度，c_0 为光速。那么，它们在双基地雷达的接收机处是可分辨的。通常如图 3.2（b）所示，当 $\psi=0$，即待分辨目标位于 β 的平分线上时，双基地距离分辨率定义为

$$\Delta R_B \approx \frac{c_0}{2B\cos(\beta/2)} \tag{3.3}$$

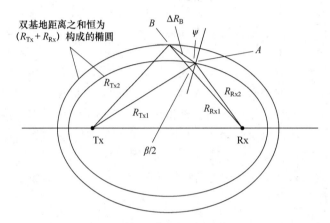

(a) $\psi=0$，目标 A、B 位于与 β 的平分线成 ψ 的直线上

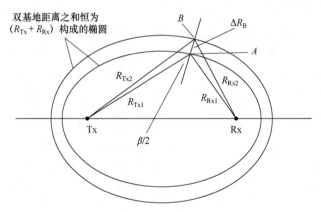

(b) 目标 A、B 位于 β 的平分线上

图 3.2 双基地距离分辨率

另一种常见的情况是待分辨目标位于发射机或接收机的径向视线上，此时 $\psi=\beta/2$ 且

$$\Delta R_B \approx \frac{c_0}{2B\cos^2(\beta/2)} \tag{3.4}$$

当 $\beta=0$ 且 $\psi=0$ 时，得到单基地雷达下的标准结果，即 $\Delta R_B = c_0/2B$。如果目标位于地面或海表面上，则沿表面测量的目标可分辨距离必须考虑到局部擦地角。总的来说，位于双基地夹角平分线上的目标，投影到表面上的双基地距离分辨率可以写为[5]

$$\Delta R_{\mathrm{BG}} = \frac{c_0}{B\sqrt{\cos^2\phi_1 + \cos^2\phi_2 + 2\cos\beta\cos\phi_1\cos\phi_2}} \tag{3.5}$$

其中，ϕ_1 和 ϕ_2 分别为发射擦地角和接收擦地角，如图 3.1 所示。如果 $\phi_1 = \phi_2 = \phi$，那么 $\Delta R_{\mathrm{BG}} \approx c_0/(2B\cos(\beta/2)\cos\phi)$。如果在此基础上 $\beta = 0$，那么得到在单基地雷达情况下的标准结果，即 $\Delta R_{\mathrm{BG}} \approx c_0/(2B\cos\phi)$。

标准雷达距离方程更适合双基地雷达的情况，其中，接收功率与 $1/(R_{\mathrm{Tx}}^2 R_{\mathrm{Rx}}^2)$ 成正比，等效单基地距离有时由 $\sqrt{R_{\mathrm{Tx}} R_{\mathrm{Rx}}}$ 给出。如图 3.2 所示，具有恒定双基地距离之和的点的轨迹是椭圆，而具有恒定双基地信号功率（$R_{\mathrm{Tx}} R_{\mathrm{Rx}}$ 为定值）的点的轨迹为卡西尼卵形线（Ovals of Cassini）[2]。

在评估海杂波回波时，海杂波块的尺寸由脉冲的带宽，以及发射天线和接收天线方向图的交叉部分决定。在理想的方形天线方向图的条件下，照射到的海杂波块的尺寸如图 3.3 所示。这个海杂波块的大小可能会受脉冲宽度，以及两个波束宽度中较小者（为距离有限单元时）或两个波束宽度（为波束有限单元时）的限制。结合有关天线波束形状、距离分辨率和观测几何条件的知识，数值积分可以更好地评估海杂波块的有效面积。在小擦地角且距离有限的情况下，文献 [3] 给出了有效面积的简单近似，即

$$A_{\mathrm{cl}} \approx R_{\mathrm{Tx}}\theta_{\mathrm{3dB,Tx}}\frac{c_0}{2B}\sec^2(\beta/2), \quad \theta_{\mathrm{3dB,Tx}} \leq \frac{R_{\mathrm{Rx}}\theta_{\mathrm{3dB,Rx}}}{R_{\mathrm{Tx}}} \ll 2\mathrm{rad} \tag{3.6}$$

或

$$A_{\mathrm{cl}} \approx R_{\mathrm{Rx}}\theta_{\mathrm{3dB,Rx}}\frac{c_0}{2B}\sec^2(\beta/2), \quad \theta_{\mathrm{3dB,Rx}} \leq \frac{R_{\mathrm{Tx}}\theta_{\mathrm{3dB,Tx}}}{R_{\mathrm{Rx}}} \ll 2\mathrm{rad} \tag{3.7}$$

其中，$\theta_{\mathrm{3dB,Tx}}$ 和 $\theta_{\mathrm{3dB,Rx}}$ 分别为发射和接收的 3dB 波束宽度。

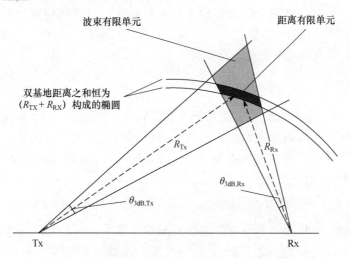

图 3.3 在给定双基地几何条件下的海杂波块尺寸

由目标和雷达平台运动所引起的双基地多普勒偏移也是双基地杂波研究的一个热点[2]。在图 3.4 中，双基地距离之和为 $R_{\mathrm{Tx}} + R_{\mathrm{Rx}}$ 的目标在偏离双基地夹角的平分线某个角度 δ_{B} 处以速度 v_0 运动。如果发射机和接收机都是静止的，那么接收机由目标运动引起的多普勒偏移为

$$f_{\mathrm{B}} = \frac{1}{\lambda} \frac{\mathrm{d}}{\mathrm{d}t}(R_{\mathrm{Tx}} + R_{\mathrm{Rx}})$$

$$（3.8）$$

其中，$\mathrm{d}R_{\mathrm{Tx}}/\mathrm{d}t$ 和 $\mathrm{d}R_{\mathrm{Rx}}/\mathrm{d}t$ 分别由目标速度沿发射机视线和接收机视线的分解分量确定，有

$$f_{\mathrm{B}} = \frac{v_0}{\lambda}\left[\cos\left(\delta_{\mathrm{B}} - \frac{\beta}{2}\right) + \cos\left(\delta_{\mathrm{B}} + \frac{\beta}{2}\right)\right] = \frac{2v_0}{\lambda}\cos\delta_{\mathrm{B}}\cos\left(\frac{\beta}{2}\right)$$

$$（3.9）$$

如果发射机和接收机也分别以速度 v_{Tx} 和 v_{Rx} 运动，则还必须考虑这两个速度在发射机和接收机到目标视线的分解分量的组合。这种情况的几何结构如图 3.4 所示，其中，发射机和（或）接收机运动的影响比单基地雷达的情况更复杂，并且海杂波块的多普勒谱展宽必须根据海杂波块内不同区域的多普勒偏移的最大值和最小值之差来确定[2]。在特定条件下的解将取决于：目标的距离和方位，双基地雷达的距离和角度分辨率，发射机和接收机的运动速度。

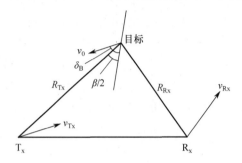

图 3.4　运动的目标、发射机和接收机的双基地几何条件

3.3　有源双基地雷达

本节概述了公开文献中报道的双基地雷达测量活动，以及已观测到的海杂波的关键特性，包括平面内和平面外的反射系数、幅度统计特性、相关性、多普勒谱和海尖峰。关于双基地雷达反射系数建模的详细资料见第 4 章。

3.3.1　海杂波测量

与单基地雷达相比，双基地雷达测量研究相对较少。文献［3］列出了截至 2007 年开展的双基地雷达海杂波测量研究。NetRAD 雷达系统也开展了大量测量，主要的测量行动如表 3.1 所示，其中，HH 是指水平发射且水平接收，VV 是指垂直发射且垂直接收，VH 是指垂直发射且水平接收，HV 是指水平发射且垂直接收。

1. 约翰霍普金斯大学应用物理实验室

1965 年，Pidgeon[6]使用陆基垂直极化的 C 波段连续波（CW）雷达来照射海洋。接收机位于飞机上，具有水平极化和垂直极化的接收通道。测量是在飞机上进行的，飞机从陆地飞到海上，接收天线指向飞机飞行方向，具有很广的仰角覆盖范围。海表面上感兴趣的区域是通过在接收海杂波谱中选择两个多普勒频率来定义的，它取决于飞机的高度、速度，以及发射波束方向图和接收波束方向图的重叠部分。在另一组试验中，Pidgeon[7]使用陆基的脉冲发射机在 X 波段进行测量，峰值功率为 40kW，脉冲宽度为 0.5μs，极化方式为水平极化，接收机位于一架在 1000 英尺（约 304m）高空飞行的飞机上，沿着照射区域的视线上靠近和远离发射机。发射机俯角变化范围为 1.2°～8°，而接收机俯角变化范围为 12°～55°。

表 3.1　双基地雷达海杂波测量研究

机　构	波　段	极化方式	海　况	$\psi_{B,deg}$	$\phi_{1,deg}$	$\phi_{2,deg}$	β_{deg}
约翰霍普金斯大学 （1966—1967 年）	C 波段 X 波段	VV、VH HH	1～3 5	180° 180°	0.2°～3° 1.2°～8°	10°～90° 12°～55°	10°～87° 11°～37°
通用电气公司 （GEC）Stanmore （1967 年）	X 波段	VV、HH	5	0°、165°、 180°	0°～90°	0～90°	0～180°
佐治亚理工学院 （1982—1984 年）	X 波段	VV、HH	3～4	95°～157°	<0.1°	<0.1°	23°～85°
麻省理工学院（MIT） 林肯实验室（1991 年）	X 波段	VV、VH	1	180°	0.3°	5°～40°	4.7°～39.7°
NetRAD 雷达系统 （UCL/UCT） （2010—2018 年）	S 波段	VV、VH、 HH、HV	3～4	180°、165°、 150°、120°、 90°	0.7°～4.0°	0.7°～4.0°	0°、15°、30°、 60°、90°

2. 通用电气公司（GEC）Stanmore

Domville[8-10]使用机载的 X 波段连续波发射机，接收机安装在同一架飞机上进行单基地雷达测量，而接收机安装在另一架飞机上进行双基地雷达测量。大部分海杂波测量是在第二架飞机向后飞行时获得的，天线指向飞机飞行路线方向，极化方式包括水平极化和垂直极化，测量平面内的散射。另外，在 180°（平面内）到大约 170° 的后向散射方位角情况下，他们进行了有限次的平面外测量。

3. 佐治亚理工学院

在 X 波段，Ewell 和 Zehner[11]既进行了单基地雷达测量，又同步在垂直极化和水平极化下，对 23°～85° 双基地夹角范围内的情况进行了平面外的双基地雷达测量。发射机和接收机分别位于海面以上 22.9m 和 8.2m 高度，双基地的基线长度为 3.5km。雷达的脉冲重复频率为 1kHz，脉冲宽度为 0.2μs。测量是在发射机指向相对基线 90° 或 150° 方向的条件下进行的。

4. 麻省理工学院（MIT）林肯实验室

Kochanski 等人[12]使用了与 Pidgeon[6]类似的采集几何条件。X 波段连续波发射机架设于 4.5m 高度，照射海杂波块的中心与发射机的夹角为 0.3°。接收机位于一架与发射机和海杂波块直接对准的飞机上，采集俯仰角变化范围为 7°～40°，该飞机在发射机和海杂波块之间沿直线飞行。

5. NetRAD 雷达系统（UCL/UCT）

伦敦大学学院（UCL）与开普敦大学（UCT）合作研发了一种工作频率为 2.4GHz 的全相干双基地（NetRAD）雷达系统[13,14]。该雷达系统拥有一个带有发射机和接收机的节点，以及两个较远的可以部署在长基线上，并且使用 GPS 和无线链路实现同步的节点。每个天线都可以配置为以水平极化或垂直极化方式运行，并以数字方式生成发射波。表 3.2 给出 NetRAD 雷达系统的参数，文献［15］中对用于同步节点的方法进行了全面的描述。

表 3.2　NetRAD 雷达系统的参数[15]

参　　数	值
频率	2.4GHz
带宽	50MHz
单基地距离分辨率	3m
噪声系数	约 5dB
脉冲宽度	0.1～10μs
发射功率	500W
天线增益	23dBi
天线单向 3dB 波束宽度	9°（方位角）/11°（仰角）
极化方式	垂直极化/水平极化

早期测量在英格兰南部的 Peacehaven 进行，随后又在南非进行，而后者提供了文献中报道的大部分海杂波测量。NetRAD 雷达系统在南非的海杂波测量试验的关键参数如表 3.3 所示。在所有情况下，发射机和接收机的高度十分接近，天线指向满足所需实现的双基地夹角，海杂波块位于相对基线的顶点处。因此，$R_{Tx} = R_{Rx}$ 且 $\phi = \phi_1 = \phi_2$，其值由基线和选定的 β 确定。在数据采集期间，雷达位于面向大西洋的沿海海湾，风向和浪向大致来自西北方向。

表 3.3　NetRAD 雷达系统在南非的海杂波测量试验的关键参数[15]

年　　份	月份和日期	地　　点	极化方式	基　　线	β_{deg}	Tx 和 Rx 高度	$\phi_{1,deg}$
2010 年	10 月 5 日	开普半岛	HH、VV、HV	416m	15°、30°、60°、90°	72m、65m	
2010 年	10 月 10 日	开普半岛	HH、VV	1827m	60°、90°、120°	80m、65m	
2011 年	6 月	Misty Cliffs	HH、VH、VV	1830m	65°、75°、85°、90°、95°、105°、120°		0.7°～1.12°

3.3.2　平面内反射系数测量

平面内反射系数测量解释起来更容易一些，因为方位角 $\psi_{B,deg} = 0°$ 或 $180°$。Pidgeon[6]在 C 波段和 1～3 级海况下报道的反射系数如图 3.5 所示。这些海域尚未完全开发，在 1 级、2 级、3 级海况下测得的风速分别为 2.6m/s（5kts）侧风、10.3～15.4m/s（20～30kts）侧风、5.2m/s（10kts）顺风。接收机擦地角范围为 $10° \leqslant \phi_{2,deg} \leqslant 90°$。研究发现，平面内反射系数由发射机擦地角 ϕ_1 决定，并且在 VV 极化下的值始终高于在 VH 极化下的值，但在较大的擦地角下两者的差异较小。Pidgeon 指出，在这些条件下，双基地雷达平面内反射系数与相同发射机擦地角的等效单基地雷达平面内反射系数处于同一数量级。

在另一组试验[7]中，Pidgeon 在 X 波段测量了对应于 4～5 级道格拉斯海况的风速。他获得约为 $-35\text{dBm}^2/\text{m}^2$ 的平面内反射系数，该系数的值不依赖发射机擦地角 $1.2° \leqslant \phi_{1,deg} \leqslant 5°$ 或接收机擦地角 $12° \leqslant \phi_{2,deg} \leqslant 55°$。Kochanski[12]使用与 Pidgeon 类似的连续波配置在 X 波段进行测量，在测量过程中，海面十分平静（1 级海况），观测到的双基地雷达平面内反射系数的范围为 $-65\text{dBm}^2/\text{m}^2 \leqslant \sigma^0_{B,deg} \leqslant -35\text{dBm}^2/\text{m}^2$，显然与发射机擦地角和接收机擦地角无关。他记录的平面内反射系数的平均值为 $-45\text{dBm}^2/\text{m}^2$。

Domville[8-10]在 X 波段对风速为 4～10m/s 的后向散射和前向散射都进行了平面内和平面外测量。他观察到，对于发射机擦地角非常小的后向散射几何条件，反射系数的值几乎不依赖接收机擦地角。Kochanski[12]报道的测量结果与 Domville 的测量结果是一致的。Domville 还建立了一个平面内双基地反射系数的经验模型，这将在第 4 章进行讨论。

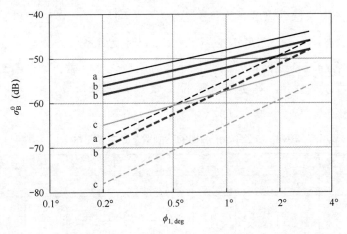

图 3.5　Pidgeon 报道的 C 波段平面内反射系数[6]，$10° \leqslant \phi_{2,\mathrm{deg}} \leqslant 90°$

（a：3 级海况；b：2 级海况；c：1 级海况。实线：VV 极化；虚线：VH 极化）

3.3.3　平面外反射系数测量

Domville 进行了少量的平面外反射系数测量，并得出结论：偏离 180° 或 0° 的微小变化会导致平面外反射系数减小。在 VV 极化下，当 $170° \leqslant \psi_{\mathrm{B,deg}} \leqslant 180°$ 时，每变化 1°，后向散射的平面外反射系数减小 1dB；在 VV 极化和 HH 极化下，当 $0° \leqslant \psi_{\mathrm{B,deg}} \leqslant 30°$ 时，前向散射的平面外反射系数分别减小 0.39dB 和 0.33dB；当 $\psi_{\mathrm{B,deg}} \geqslant 180°$ 或 $\psi_{\mathrm{B,deg}} \leqslant 0°$ 时，结果是对称的，具有相同的特性。

Ewell 和 Zehner[11]报道了三组同时测量单基地雷达和双基地雷达平面外反射系数的方法，其中，发射机和接收机的擦地角都非常小。当发射机指向与基线成 90° 时，部分双基地几何条件如表 3.4 所示。在第 1 天和第 2 天，目测浪高为 1.2~1.8m，第 3 天则为 0.9m。第 2 天的海面可以描述为"有些杂乱无章"，发射机指向偏离双基地基线 90° 或 150°，通过调整接收机指向来满足所需的双基地夹角。表 3.5 总结的结果表明，双基地反射系数的中位数与单基地反射系数之比可以看作双基地夹角的函数，且其总体趋势为双基地反射系数总是小于单基地反射系数，双基地反射系数随双基地夹角的增大而减小。

表 3.4　Ewell 和 Zehner 试验中的双基地几何条件[11]

β_{deg}	R_{Tx}	R_{Rx}	$\phi_{1,\mathrm{deg}}$	$\phi_{2,\mathrm{deg}}$
20°	9.6km	10.2km	0.1°	0.01°
60°	2.0km	4.0km	0.64°	0.09°

2010 年，NetRAD 雷达系统分别在 2 级和 4 级海况下进行了两组重要的标定双基地反射系数的测量[16-18]。表 3.6 展示了在 2 级海况下的双基地几何条件下测得的反射系数，其中，双基地基线为 416m；而表 3.7 展示了在 4 级海况下的结果，其中，双基地基线为 1827m。需要注意的是，表 3.6 和表 3.7 中仅包括那些具有显著杂噪比（CNR）来估计反射系数的结果。如表 3.6 所示，在 2 级海况下，当 $\beta_{\mathrm{deg}} \leqslant 60°$ 时，$\sigma_{\mathrm{B,dB}}^{0} - \sigma_{\mathrm{dB}}^{0}$ 实际上为 0dB；而当 $\beta_{\mathrm{deg}} = 90°$ 时，

在 VV 极化下 $\sigma_{B,dB}^0 - \sigma_{dB}^0 \approx 10dB$，在 HH 极化下 $\sigma_{B,dB}^0 - \sigma_{dB}^0 \approx -16dB$。另一个有趣的结果是：在 HV 极化下，当 $\beta_{deg} = 90°$ 时 $\sigma_{B,dB}^0 > \sigma_{dB}^0$，这可能源于在 90° 左右的双基地夹角获得的高极化"旋转"。同样的现象也可以解释为什么当 $\beta_{deg} = 90°$ 时，在 VV 极化和 HH 极化下，σ_B^0 都小得多。对于 4 级海况，表 3.7 展示了当 $\beta_{deg} \geqslant 60°$ 时反射系数的测量值。注意到，$\sigma_{B,dB}^0$ 总是小于 σ_B^0，但两者随双基地夹角 β 的变化而产生的变化非常微小。这两组测量都给出了数据采集的时间，可以注意到，在 2 级海况下，当 $\beta_{deg} = 90°$ 时，海杂波反射系数在 1 小时内发生了显著的变化。

表 3.5　Ewell 和 Zehner 测得的不同双基地夹角下的 $\sigma_{B,dB}^0 - \sigma_{dB}^0$ [11]

	天　数	VV 极化					HH 极化				
β_{deg}		22°	32°	36°	45°	60°	22°	32°	36°	45°	60°
$\sigma_{B,dB}^0 - \sigma_{dB}^0$（Tx.90°）	第 1 天	−5	−5	−14.5	−23	−26	−6	−5	−11	−17.5	−19.5
$\sigma_{B,dB}^0 - \sigma_{dB}^0$（Tx.90°）	第 3 天	0	−4.5	−7	−9	−9	−4	−6.5	−7	−10	−12
β_{deg}		24°	34°	51°	84°		24°	34°	51°	84°	
$\sigma_{B,dB}^0 - \sigma_{dB}^0$（Tx.150°）	第 2 天	−1.5	−5	−3	−6		−8	−8	−11	−11	

表 3.6　2010 年 10 月 5 日，在 2 级海况下 NetRAD 雷达系统测得的反射系数[17]

时　间	β_{deg}	极化方式	R_{Tx}	$\phi_{1,deg}$ 和 $\phi_{2,deg}$	$\sigma_{B,dB}^0$	σ_{dB}^0
14:46	30°		805m	1.42°	−59	−59
14:55	60°		418m	2.75°	−47.9	−47.1
15:09	90°	VV	296m	3.88°	−55	−44.5
16:08	90°		296m	3.88°	−47.8	−37.6
16:26	90°	HV	296m	3.00°	−55	−59.8
17:16	90°	HH	296m	3.88°	−61	−44.8

表 3.7　2010 年 10 月 10 日，在 4 级海况下 NetRAD 雷达系统测得的反射系数[17]

时　间	β_{deg}	极化方式	R_{Tx}	$\phi_{1,deg}$ 和 $\phi_{2,deg}$	$\sigma_{B,dB}^0$	σ_{dB}^0
15:51	60°		1826m	0.63°	−51.5	−38.4
16:03	90°	VV	1292m	0.89°	-52.6	−38.6
16:17	120°		1055m	1.09°	−51	−38.8
12.20	60°		1826m	0.63°	−58.1	−51.2
12:33	60°		1826m	0.63°	−58.2	−49.5
12:44	90°	HH	1292m	0.89°	−57.1	−44.3
12:53	120°		1055m	1.09°	−58.9	−49.8

3.3.4　幅度统计特性

Ewell 和 Zehner[11]的研究称，他们采集数据的幅度分布的形状与对数正态分布相近。他们提供了同步单基地测量和双基地测量的对数正态标准差（LSD）散点图。对于双基地测量数据，典型值范围为 4～18dB；对于单基地测量数据，典型值范围为 5～9dB。与双基地回波相比，单基地回波具有更大的 LSD（其幅度分布具有更重的拖尾，又或者说尖峰更多）。另外，HH 极化回波的 LSD 大于 VV 极化回波的 LSD。

Al-Ashwal 等人[14,18]对 2010 年使用 NetRAD 雷达系统测得的数据（见表 3.3）的幅度统计特性进行了全面分析，他用对数正态分布、韦布尔分布、Pareto 分布、K+噪声分布和 KA 分布对数据进行了拟合。在所有情况下，KA 分布都达到了最佳拟合效果。然而，使用 K+噪声分布拟合更容易与其他结果进行比较，其拟合效果在大多数情况下都很好。表 3.8 和表 3.9 分别显示了在 2 级海况和 4 级海况下同步采集的数据集的单基地形状参数 ν 和双基地形状参数 ν_B 的结果。

表 3.8　2010 年 10 月 5 日，在 2 级海况下 NetRAD 雷达系统测得数据与 K+噪声分布的拟合[18]

时　间	β_{deg}	极 化 方 式	R_{Tx}	$\phi_{1,deg}$ 和 $\phi_{2,deg}$	ν_B	ν
14:46	30°		805m	1.42°	3.0	1.2
14:55	60°		418m	2.75°	0.3	0.3
15:09	90°	VV	296m	3.88°	0.8	0.3
16:08	90°		296m	3.88°	0.4	0.2
16.26	90°	HV	296m	3.00°	0.5	0.1
17:16	90°	HH	296m	3.88°	0.1	0.04

表 3.9　2010 年 10 月 10 日，在 4 级海况下 NetRAD 雷达系统测得数据与 K+噪声分布的拟合[18]

时　间	β_{deg}	极 化 方 式	R_{Tx}	$\phi_{1,deg}$ 和 $\phi_{2,deg}$	ν_B	ν
15:51	60°		1826m	0.63°	0.5	0.6
16:03	90°	VV	1292m	0.89°	0.9	1.6
16:17	120°		1055m	1.09°	2.2	4.6
12.20	60°		1826m	0.63°	0.1	0.1
12:33	60°	HH	1826m	0.63°	0.2	0.2
12:44	90°		1292m	0.89°	0.3	0.1
12:53	120°		1055m	1.09°	1.2	0.5

Fioranelli 等人[19]分析了在 2011 年采集的另一组数据集，其中包括在 HH、VV、HV 和 VH 极化下的单基地数据和双基地数据。图 3.6 给出了作为双基地夹角函数的 K+噪声分布形状参数的拟合，其中，N1 和 N2 是两个双基地节点，N3 是单基地节点。除了 β_{deg} 为 90°左右的情况，在其他 β 情况下，在 HV、VV 极化下双基地回波的形状参数更大（尖峰较少），形状参数对双基地夹角 β 的依赖性似乎并不是很强。在 HH 极化下，单基地回波和双基地回波的尖峰较多，$\nu \approx 0.1$。在 VV、VH 极化下，ν_B 通常比 ν 更大（尖峰较少）。

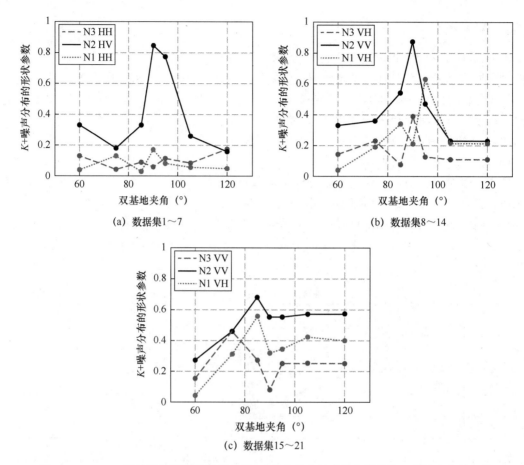

(a) 数据集1～7

(b) 数据集8～14

(c) 数据集15～21

图 3.6 NetRAD 雷达系统测得数据拟合为 K+噪声分布的形状参数作为双基地夹角的函数

（N1 和 N2 是两个双基地节点，N3 是单基地节点[19]）

3.3.5 相关性

纹理的相关性可以由两个不同的分量来表征：第一个分量是在秒级时间段内的相关性；第二个分量是沿着距离方向的相关性，通常称为空间相关性。相关性的计算与单基地海杂波的计算相同，这已在第 2 章进行了描述。

对于如图 3.7 所示的 NetRAD 雷达系统测量数据，Fioranelli 等人对其空间相关性进行了分析[19]。对于该特定数据集（4 级海况且 $\beta_{\mathrm{deg}} = 85°$），分析结果表明：随着时间推移，沿距离维存在周期性结构。可以观察到，对于这组特定的海况和观测几何条件，单基地测量数据的周期性结构的空间频率明显高于双基地测量数据周期性结构的空间频率。在 HH 极化和 HV 极化下，双基地的距离/时间强度图呈现相似的特征，但其相对强度不同。这在图 3.8 中得到了说明，它展示了纹理的空间相关性曲线。当沿距离维取平均时，单基地测量数据的相关系数几乎没有表现出周期性；然而，在 VV、VH 和 HV 极化下，双基地测量数据确实显示出相同的强周期性。Palamà 等人[20]研究了其他数据集，指出虽然一些数据集显示出非常显著的空间结构，但几天后同一区域的空间相关性完全没有了明显的结构。

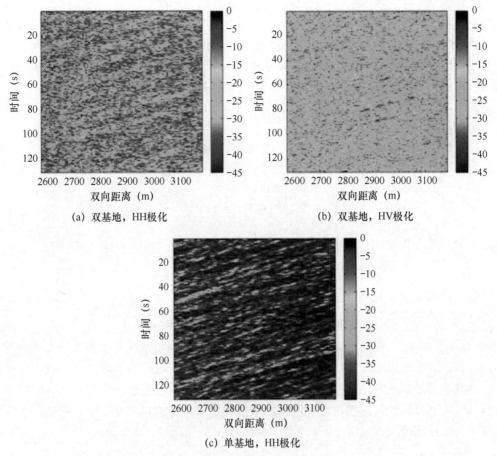

(a) 双基地，HH极化　　　　　　　　　(b) 双基地，HV极化

(c) 单基地，HH极化

图 3.7　当 $\beta_{\text{deg}} = 85°$ 时，NetRAD 雷达系统同步采集的数据的距离/时间强度图的案例[19]

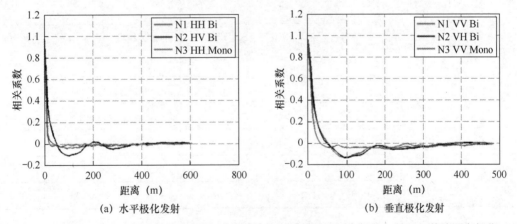

(a) 水平极化发射　　　　　　　　　　(b) 垂直极化发射

图 3.8　当 $\beta_{\text{deg}} = 85°$ 时，NetRAD 雷达系统测量数据的单基地同向极化，以及双基地同向极化

和交叉极化的海杂波强度的相关系数[19]

3.3.6　多普勒谱

　　研究人员已经对 NetRAD 雷达系统采集的数据进行了广泛分析，以评估双基地雷达的多普勒谱特性，并将其与单基地雷达的多普勒谱特性进行对比[21,22]。在这些文献中，Ritchie 等

人指出双基地雷达多普勒谱与单基地雷达多普勒谱具有许多相同的特性，例如，文献［23］和第 2 章中描述的随时间和距离变化的特性。他们的研究表明，海杂波幅度统计特性随多普勒频率而变化，在多普勒谱的边缘出现非常多的尖峰，这表明海杂波谱不能被建模为球不变随机过程。他们还注意到，风向和双基地几何结构不同，单基地雷达和双基地雷达的频谱具有不同的平均多普勒质心。选择最优海杂波条件的双基地组合可以检测特定的目标，在多基地系统中也可以利用这一点。

文献［24］中对 4 级海况下的多普勒谱进行了更详细的分析。在这项工作中，多普勒谱被拟合为第 2 章给出的扩展多普勒谱模型。该模型由高斯谱构成，即

$$G(f) = \frac{\tau}{\sqrt{2\pi}w} \exp\left(-\frac{(f - m_f(\tau))^2}{2w^2}\right) \tag{3.10}$$

其中，f 为多普勒频率，平均多普勒偏移与归一化平均散斑功率 $\bar{\tau} = \tau/\langle\tau\rangle$ 有关，即

$$m_f(x) = A_c + B_c\bar{\tau} \tag{3.11}$$

谱宽（高斯谱的标准差）由 w 给出，它本身随机起伏，且均值为 m_w，标准差为 σ_w。

对于 NetRAD 数据集，参数 m_w、A_c 和 B_c 的均值如表 3.10 所示。在这些结果中，除了在 VV 极化且 $\beta_{deg} = 90°$ 下双基地数据可能受到了污染[24]，在其余情况下平均多普勒谱宽都非常相近。对于观测几何条件和风向这种特定组合，单基地测量数据的平均多普勒质心 $A_c + B_c$ 为明显的负值，而双基地测量数据具有较小的、正的平均多普勒质心。实际的多普勒质心取决于风速、风向及观测几何条件，但单基地测量数据和双基地测量数据的多普勒质心之间的差异突出了其在目标检测方案中可利用的潜力。

表 3.10　在文献［24］中报道的 NetRAD 数据集的多普勒谱模型拟合结果

β_{deg}	极 化 方 式	双 基 地			单 基 地		
		m_w(Hz)	A_c(Hz)	B_c(Hz)	m_w(Hz)	A_c(Hz)	B_c(Hz)
60°	HH	13.5	1	6	14.0	−21	0.5
90°		12.7	2	4	14.0	−21	−1.5
120°		10.9	−2.5	3.5	13.9	−24	−4.5
60°	VV	12.3	−0.5	6	12.5	−12	2
90°		15.6	−0.5	3	11.7	−13	1
120°		10.9	0.5	2	11.9	−14	−2

Fioranelli 等人给出了双基地测量数据的多普勒谱的更多案例[19]。双基地夹角 $\beta_{deg} = 105°$ 情况下的时频图如图 3.9 所示，可以看出，在 HH 极化和 HV 极化下双基地测量数据具有相近的多普勒质心，但具有明显不同的时变特性。正如预期那样，在 HH 极化下的单基地测量数据具有不同的多普勒质心，还具有不同的时间结构。

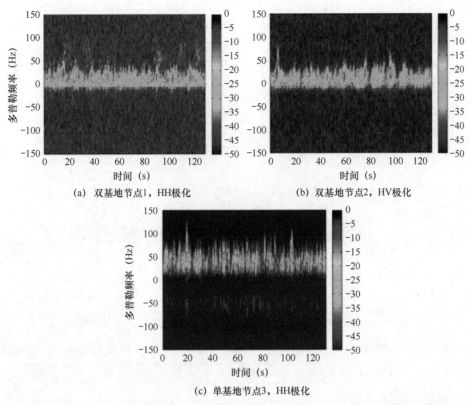

(a) 双基地节点1，HH极化   (b) 双基地节点2，HV极化

(c) 单基地节点3，HH极化

图 3.9 双基地夹角 $\beta_{\mathrm{deg}} = 105°$ 情况下，NetRAD 雷达系统同步采集的数据的时频图[19]

3.3.7 海尖峰

Palamà 等人[25,26]分析了 NetRAD 雷达系统测量数据以评估海尖峰的特性。离散海尖峰的存在可能解释了 Al-Ashwal 等人[18]为何可以实现对数据 KA 分布的良好拟合。在这项工作中，海尖峰是根据它们相较于背景平均功率的差异、持续时间及时间间隔来定义的。海尖峰的功率阈值设置为回波平均功率的 6 倍，最小尖峰寿命为 80ms。超过这些阈值的回波被视为海尖峰，其中，时间间隔小于 150ms 的最小海尖峰合并为一个海尖峰。图 3.10 显示了在 $\beta_{\mathrm{deg}} = 30°$ 和 VV 极化下同步采集的双基地回波和单基地回波的例子，其中，灰色标记为被识别出的海尖峰。可以看出，单基地回波和双基地回波中的海尖峰都很明显，且有定性证据表明双基地回波中的海尖峰可能持续时间更长、幅度更小。在单基地回波和双基地回波中，海尖峰之间似乎没有任何强相关性。

另外，Palamà 等人分析了数据中的海尖峰，以评估海尖峰占样本总数的百分比 P_{sp}、平均尖峰持续时间 d_{sp} 和海尖峰之间的平均时间间隔 T_{sp}[26]。除此之外，他们还分析了 β_{deg} 为30°、50°、60° 和90° 时的数据，其中，β_{deg} 为30° 和50° 的结果在另一天采集，与 β_{deg} 为60° 和90° 的结果相比，数据采集时具有相似的海况，但风向不同。β_{deg} 为30° 和90° 时的平均海尖峰特性如表 3.11 所示。在这些结果中，双基地回波在 VV 极化和大多数 HH 极化下比单基地回波具有持续时间更长的海尖峰。对于双基地回波，海尖峰之间的平均时间间隔也通常比单基地回波更长。

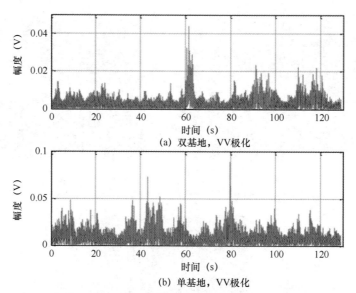

(a) 双基地，VV极化

(b) 单基地，VV极化

图 3.10　在 VV 极化且 $\beta_{\text{deg}} = 30°$ 情况下，NetRAD 海杂波样本幅度的时间记录，

识别为尖峰的现象标记为灰色（数据采集于 4 级海况和 3° 擦地角情况下[26]）

表 3.11　在 4 级海况及擦地角为 0.9°（$\beta_{\text{deg}} = 90°$）和 3.0°（$\beta_{\text{deg}} = 30°$）情况下的 NetRAD 海尖峰特性[26]

	β_{deg}	双基地，HH 极化	单基地，HH 极化	双基地，VV 极化	单基地，VV 极化
P_{sp}	30°	8.4%	13.3%	11.9%	12.2%
	90°	5.0%	5.3%	7.1%	3.4%
d_{sp}	30°	0.94s	0.75s	1.21s	1.00s
	90°	0.46s	0.37s	0.44s	0.32s
T_{sp}	30°	12.2s	6.5s	14.1s	8.62s
	90°	8.3s	6.1s	6.1s	9.4s

3.4　无源双基地雷达

在过去的 10 年间，大量研究聚焦于利用无源双基地雷达系统进行成像，以及对地面、海上和空中的目标进行检测和跟踪[27]。无源雷达的优势在于其隐蔽的操作、广阔的覆盖范围和较低的成本。本节介绍了使用 S 波段的 Sirius-XM 和 Ku 波段的 Optus-D3 通信卫星进行无源照射得到的海杂波统计特性。研究海杂波统计特性，可以发展目标检测的方案，对预期的雷达性能进行建模，并对无源雷达环境下的双基地雷达海杂波进行实际仿真。

在海事领域，研究人员已提出使用多个外辐射源来实现无源雷达操作。对于近海岸区域，潜在的辐射源包括 WiMAX[28]、FM 无线电[29]、数字视频广播[30]和 Sirius-XM 数字无线电[31,32]。然而，为了在海岸线之外发挥作用，辐射源必须是星载的，并且能够提供持久的覆盖面，一些潜在的系统包括全球导航卫星系统[33]和通信卫星，如 Iridium、INMARSAT 和 Optus[34,35]。

无源雷达中的目标检测通常在时延/多普勒域中进行，其中，海杂波主导的时延单元的范围取决于系统的设置和特性，而其余部分由模糊噪声基底主导[29]。然而，为了充分描述无源回波，还必须了解海杂波的统计特性。文献［35］对来自 Sirius-XM、Optus-D3 通信卫星辐射源的海杂波统计特性进行了综合研究，包括幅度统计特性、时间相关性和多普勒谱。本节对这项工作进行了总结。

3.4.1 节首先描述了两个无源双基地海杂波数据集；3.4.2 节描述了数据处理；3.4.3 节介绍了在时延/多普勒域中对海杂波主导和噪声主导区域的幅度统计分析；3.4.4 节详细描述了时域幅度统计特性、时间相关性，以及多普勒谱的时间演化。

3.4.1　海杂波测量

本节描述了两组不同的基于卫星的无源雷达试验。第一组是由美国海军研究实验室于 2017 年 9 月在飓风"玛丽亚"尾声阶段用 Sirius-XM 辐射源开展的，而第二组无源海洋试验是由澳大利亚国防科技集团于 2017 年 4 月在西澳大利亚的 Fremantle 海岸使用 Optus-D3 通信卫星开展的。

1. Sirius-XM 数据集

Sirius-XM 星座由位于美国上空的地球静止卫星及地球同步轨道上的多颗卫星组成。在该试验中，位于西经85°的 XM3 地球同步卫星被选为外辐射源，其频率范围为 S 波段，中心频率为 2333.47MHz。它以左旋圆极化方式发射，传输的数据经过正交相移键控调制，每个边带的半功率带宽为 1.84MHz。在地面上，其饱和通量密度约为 -94dBW/m^2，非常适合作为外辐射源。在采集期间，海况由附近的波浪浮标测量，而风速和风向由风速计测量。风和涌浪的来向均为正北和东北方向之间，有效浪高为 4.5m，平均风速为16m/s，类似于 6 级道格拉斯海况，这种极端海况有助于确定使用该辐射源的无源雷达的最强海杂波的影响。

为了避免浅滩的波浪和海岸的反射，试验设备安装在位于美国北卡罗来纳州杜克市的美国陆军工程兵团实地研究设施（FRF）长 550m 的码头末端。码头航拍照片如图 3.11 所示，试验装置框图如图 3.12 所示。双基地相干成像仪和跟踪接收机用于记录数据，详细的描述可参见文献 [31]。参考天线接收的直达波采用左旋圆极化方式，以适当匹配卫星的发射极化方式。监视信道均使用了水平极化和垂直极化的线栅天线，半功率波束宽度分别为 9° 和 11°。线栅天线的增益约为 24dBi，选择交叉极化分离，其具有固定的小物理横截面，以减小风荷载。如图 3.13 所示，天线位于距离平均海平面 10m 的高度，波束中心指向 $\phi_{2,\text{deg}}=10°$ 的擦地角或散射角。

图 3.11　美国北卡罗来纳州杜克市实地研究设施码头航拍照片
（照片由美国陆军工程兵团提供）[31]

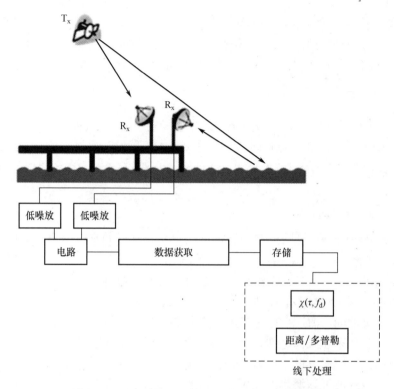

图 3.12　展示硬件和软件配置的试验装置框图[31]

图 3.13　用于接收水平极化（左）和垂直极化（右）信号的线栅天线
（右上角叠加的照片展示了用于对参考信号进行采样的左旋圆极化碟形天线[31]）

　　此外，为了避开位于码头南角的仪表塔和附近的 WiMAX 发射机，天线必须指向远离海岸的方向，故选择了如图 3.14 所示的 4 个方位角进行数据采集。为了减小 WiMAX 发射机发射的信号造成的影响，直达路径天线被放置在一个大型科学 Conex 型容器的后面，在硬件上添加了一个滤波器，并改变混频方案，以将 WiMAX 干扰置于尽可能远的频带内。在图 3.14

中，有一个以码头末端为圆心、半径为 36m 的圆圈，其标记了雷达波束俯仰维的单向 3dB 宽度内的点与海面相交的位置。表 3.12 展示了计算得到的每个观测方向的双基地夹角、方向角、双基地距离分辨率，其中，卫星的入射角 $\phi_{1,\mathrm{deg}} = 46.9°$ 且擦地角为 5° 时的散射仰角对应于海杂波占主导的 3dB 波束边缘。在波束俯仰维上，随着双基地夹角的增大，双基地距离分辨率会减小。然而，由于只有 4～5 个主导的海杂波单元，因此这种变化预计会很微小。

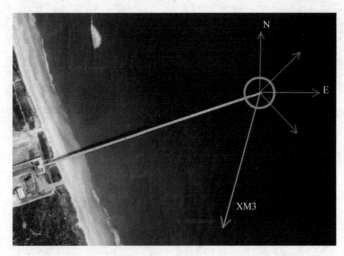

图 3.14　相对于 FRF 码头的方位视角，正南方向受到阻挡视野的仪表塔的限制
（XM3 地球同步卫星朝向码头，36m 处的圆圈展示了雷达波束与海面的相交位置[31]）

表 3.12　Sirius-XM 双基地采集的几何条件

方　　向	北	东　北	东	东　南
双基地夹角 β_{deg}	44.0°	49.0°	75.7°	105.7°
方位角（平面外）$\psi_{\mathrm{B,deg}}$	164.4°	150.6°	105.6°	60.6°
双基地距离分辨率 ΔR_{B}	104.4	106.3	121.7	156.1

2．Optus-D3 无源海洋数据集

在无源海洋试验（Passive Seas Trial）中，地球同步 Ku 波段 Optus-D3 通信卫星被用作外辐射源。它位于东经 156°，同时发射在水平极化和垂直极化下的正交波形[36]。Optus-D3 通信卫星传输的内容涉及订阅电视、免费电视和商业广播。其主机平台是如图 3.15 所示的 Whale Song 号研究船，而无源雷达系统如文献［37］所述般逐步演变。监视天线是 65cm 的碟形天线，位于海面以上 3.24m 处。至于接收机系统，船顶安装了两个 85cm 的直达路径的碟形天线，用于捕获最多两颗卫星的视线传播信号。本节研究的数据集，采用水平极化方式，饱和通量密度约为 –91dBW/m²，带宽为 500MHz。直达信号的一次快拍如图 3.16 所示，其由 12×41.5MHz 的信道构成，覆盖了 11.7～12.2GHz 的频带，每个信道都有不同的窗口形状。在每个信道内，有 36MHz 的带宽用于传输数据，而剩余 5.5MHz 作为信道之间的间隔，以避免跨信道的干扰，这也意味着全部 12 个信道的最大相干功率谱宽为 432MHz。加窗的作用是降低时域中的旁瓣，而谱间的间隔会导致最终时延/多普勒域图像中出现伪影。之前有相关工作对此问题进行了研究[38,39]，并提出了一些可潜在用于"填补间隔"的方法。

图 3.15　用于数据采集的 Whale Song 号研究船（两个直达路径天线位于船顶的白色天线罩内，监视天线是这两个天线左侧的一个黑色碟形天线[35]）

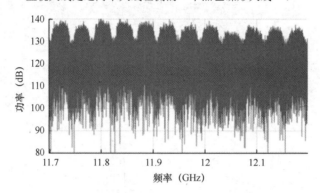

图 3.16　直达路径接收数据的功率谱（此功率谱由 12×41.5MHz 具有独特窗口形状的信道构成，其中，每个信道内 36MHz 的带宽用于传输数据[35]）

　　船上的风速计测得风向为偏北170°、风速为4.6m/s，对应于 3 级道格拉斯海况。系统采集了逆风、顺风和两个侧风方向的海杂波，逆风方向的采集几何条件接近平面内，而其他三个风向的双基地几何条件都属于平面外。天线系统不稳定，在 9.8s 的采集周期内存在 ±2.5° 以内的波动。表 3.13 给出了平均方向角测量值，同时给出了当卫星的擦地角 $\phi_{1,\text{deg}}=33°$ 时的双基地夹角和双基地距离分辨率。

表 3.13　Optus-D3 通信卫星双基地采集的几何条件

方　　　向	逆　风	侧　风	顺　风
双基地夹角 β_{deg}	143.8°	103.2°	34.5°
平均接收擦地角 $\phi_{2,\text{deg}}$	2.0°	0.3°	0.08°
方位角（平面外）$\psi_{\text{B,deg}}$	350°	74°	169°
双基地距离分辨率（1 个信道）	14.1m	7.3m	4.7m
双基地距离分辨率（12 个信道）	1.2m	0.6m	0.4m

3.4.2　数据处理

　　为了处理双基地回波，首先分割出所需的数据频谱区域，然后使用 Weiner-Hopf 滤波器去除零多普勒频率的海杂波和所有来自直达路径的干扰[40]。时延/多普勒域的回波由直达路

径信道 $h_d(t)$ 和监视信道 $h_r(t)$ 之间的互相关确定，在求互相关过程中用 -55dB 的 Dolph-Chebyshev 窗 $w_D(t)$ 来减小频域中的旁瓣。注意，这也将调制时域中的数据，但预计对海杂波幅度统计特性的影响较小。如果 t_D 为时延，f 为多普勒频率，则处理后的信号为

$$\chi(t_D, f) = \int_0^{T_I} w_D(t) h_d(t) h_r^*(t + t_D) e^{j2\pi ft} dt \tag{3.12}$$

其中，T_I 为相干处理时间。在实现方面，可以在频域计算互相关，以提高计算效率。注意，式（3.12）对数据进行了窄带假设，这是合理的，因为对于 Sirius-XM 卫星和 Optus-D3 通信卫星，其波形的带宽和中心频率之比分别为 0.08% 和 4.2%。噪声区域被称为"模糊噪声"，因为其功率水平通常高于接收雷达系统中的热噪声基底。

图 3.17 展示了当相干处理时间 $T_I = 0.5\text{s}$ 时，Sirius-XM 卫星采集的东北方向数据集的时延/多普勒域图像。观测到的海杂波在前 4～5 个时延单元（425.2～531.5m）较为明显，并且水平极化和垂直极化下的情况看起来比较相似。这是由于双基地距离分辨率较小，海杂波沿距离维的细节被平均化了。另外，图 3.18 展示了 Optus-D3 通信卫星在逆风方向和侧风方向数据的时延/多普勒域图像，在这两个风向下带宽最大。由于双基地距离分辨率提高了，因此在逆风方向下沿双基地距离维能够观察到周期性的变化，这种变化覆盖了正负多普勒频率。在侧风方向下，上述变化没有出现，因为正多普勒频率和负多普勒频率的能量扩展并不如在逆风方向下那么明显。在本案例中，50 个时延单元在逆风方向和侧风方向下分别对应于 60m 和 30m。

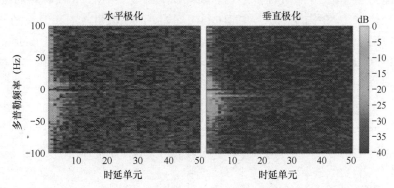

图 3.17　Sirius-XM 卫星采集的东北方向数据的时延/多普勒域图像（50 个时延单元对应 531.5m[35]）

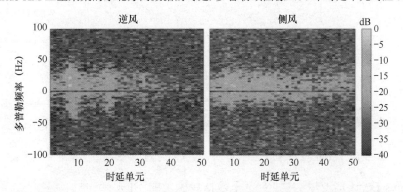

图 3.18　Optus-D3 通信卫星数据在高距离分辨率下的时延/多普勒域图像
（50 个时延单元在逆风方向和侧风方向下分别对应 60m 和 30m[35]）

在 Optus-D3 通信卫星数据中，可以观察到显著的振荡。为了明确这种振荡是由风浪波纹引起的，还是由雷达平台引起的，可以从参考信道和监视信道中确定由船舶运动引起的多普

勒偏移，然后将其从处理后的数据中去除。这可以通过测量船舶随时间变化的横摇、纵摇和偏航来实现[41]。文献［35］中的分析表明，与如图 3.18 所示的多普勒偏移相比，由船舶运动引起的最大绝对多普勒偏移相对较小。

3.4.3　时延/多普勒域的幅度统计特性

无源双基地雷达中的目标检测通常在时延/多普勒域中进行，因此研究该域的幅度统计特性是很有意义的。使用 $T_{\mathrm{I}} = 0.5\mathrm{s}$ 的相干处理时间，从每个数据集的时延/多普勒域图像中提取了两个数据块，对应于海杂波加噪声区域和纯噪声区域。为了增加样本数，在采集时间内使用多个数据块进行合并。这为海杂波加噪声区域提供了约 2×10^3 个样本，为纯噪声区域提供了约 2×10^5 个样本。另外，用 K+瑞利分布（见第 2 章）对这两个区域的数据进行拟合，其中，形状参数和瑞利平均功率使用 $z\lg z$ 来估计[42]。该分布由形状参数 v_{r} 和瑞利功率 p_{r} 来描述。如果噪声平均功率 p_{n} 已知或可从数据中估计得到，则瑞利分量的影响可以通过瑞利功率与海杂波平均功率 p_{c} 的比值（瑞利比， $k_{\mathrm{r}} = p_{\mathrm{r}} / p_{\mathrm{c}}$ ）来测量。

图 3.19 展示了 Sirius-XM 卫星在东北方向数据的互补累积分布函数（CCDF）。在水平极化下的拖尾稍微更重，海杂波加噪声区域和纯噪声区域的形状参数分别为 0.4 和 12.4；而在垂直极化下两个区域的形状参数分别为 0.7 和 34.8。对于噪声分量，形状参数为 12.4 意味着接收到的数据不能用指数分布进行描述。在水平极化下，这两个区域对应的瑞利比为 0.04 和 0；在垂直极化下，这两个区域对应的瑞利比均为 0，这表明占主导的瑞利分量源自模糊噪声。其他观测方向的结果与上述结果非常相似，详情可参见文献［35］。形状参数小最有可能的原因是受到了附近 WiMAX 发射机发射信号的干扰，且其很可能以垂直极化方式发射，因为结果受到这种干扰的影响最大。类似地，海杂波加噪声区域的估计同样受到干扰的影响。

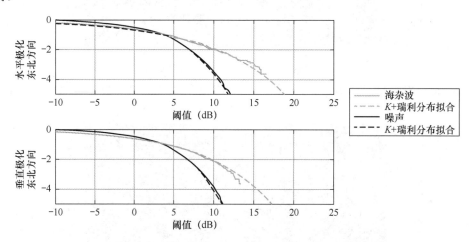

图 3.19　Sirius-XM 卫星在东北方向数据的时延/多普勒域的幅度分布[35]

对于 Optus-D3 通信卫星数据，对每个数据块确定的不同海杂波加噪声区域和纯噪声区域进行相同的分析。海杂波加噪声区域的形状参数为 0.4、0.8 和 0.3，对应的瑞利比分别为 0.07、0 和 0.2。对于纯噪声区域，在形状参数大于 50 时，数据可用指数分布描述。为了解统计特性随双基地距离分辨率变化的情况，对功率谱的 1 个、3 个、6 个、9 个和 12 个分块进行处理，这些分块分别对应 36MHz、108MHz、216MHz、324MHz 和 432MHz 的带宽。图 3.20

中的结果表明，随着双基地距离分辨率增大，形状参数明显增大。这在意料之中，因为海杂波单元增大了，数据中的海尖峰减少了。有趣的是，尽管所有的形状参数都非常相近，但是当距离分辨率大于 10 之后，在顺风方向上观测到的形状参数最小。

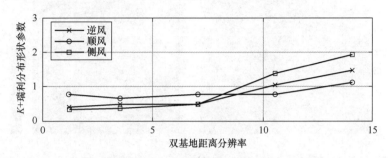

图 3.20　Optus-D3 通信卫星数据在时延/多普勒域拟合为 K+瑞利分布的形状参数作为双基地距离分辨率的函数[35]

　　接下来的结果研究了相干处理时间对海杂波统计特性的影响。相干处理时间越长，处理后信号的 CNR 越大。然而，由于计算工作量较大，互相关处理耗时更长，目标或海杂波的任何运动都将被平均化，并且可能跨越多个距离单元和（或）频率单元。图 3.21 用 Sirius-XM 卫星数据展示了这种变化情况，其中许多估计值在不同极化下是相近的。这是一个有趣的结果，突出了单基地散射和双基地散射之间的差异。其余的结果使用了 0.5s 的相干处理时间，因为在合理的处理时间内就可以实现良好的 CNR。

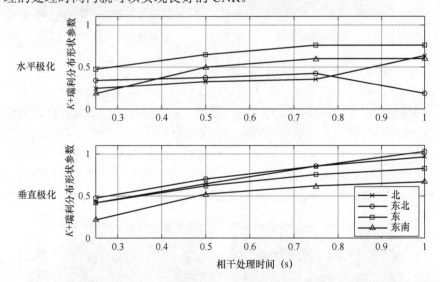

图 3.21　Sirius-XM 卫星数据在时延/多普勒域拟合得到的形状参数随相干处理时间的变化情况[35]

3.4.4　时域幅度统计特性和相关性

　　为了研究海杂波随时间的演变，通过每个时延/多普勒域图像提取距离切片，然后对每个数据集以 0.1s 的增量移动积分窗来形成时频图。在频谱中心，零频信号分量被替换为对周围频率单元插值得到的值，这确保了能够正确计算海杂波特性。图 3.22 和图 3.23 分别显示了 Sirius-XM 卫星数据在东北方向和东南方向第二时延单元的多普勒谱的时变性质。有趣的是，可以观察到在水平极化下的谱宽比在垂直极化下的谱宽要宽得多，而东南方向的总体谱宽明显小于东北方向的总体谱宽，这是散射机制会随风向变化导致的。对于东北方向，视线方向接近逆风向；而对于东南方向，视线方向接近侧风向。

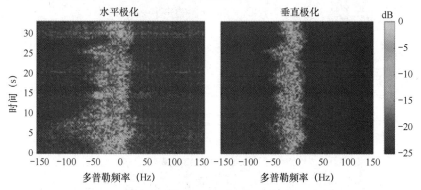

图 3.22　Sirius-XM 卫星数据在东北方向的时频图[35]

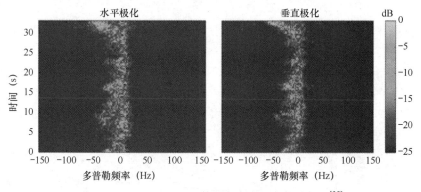

图 3.23　Sirius-XM 卫星数据在东南方向的时频图[35]

对于无源海洋数据，通过监视信道和直达路径信道的多普勒谱之和移动频谱，也可以消除由平台运动引起的多普勒偏移。图 3.24 给出了具有最大能量的时延单元在逆风向和侧风向的时频图。逆风向的时频图具有最宽的频谱，多普勒分量为 70～50Hz，随着时间的推移，其还存在一个明显的正弦变化，显示了风浪在不断移动。有趣的是，与侧风向和顺风向的时频图（未给出图示）相比，这种振荡周期在逆风向下最短。为了在后面的分析中比较不同的双基地距离分辨率，将统计结果与较小的谱分块进行比较。

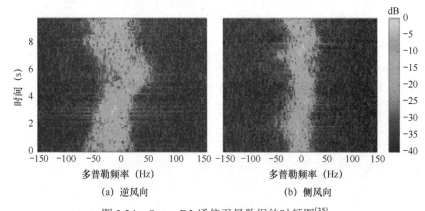

图 3.24　Optus-D3 通信卫星数据的时频图[35]

为了研究时域幅度分布，首先从频谱的噪声区域估计噪声平均功率；然后沿频率维进行傅里叶逆变换；最后对数据直方图化，并根据得到的 4×10^4 个时间样本估计 K+瑞利分布的参数。Sirius-XM 卫星数据在东北方向的 CCDF 曲线如图 3.25 所示，它与该模型匹配良好。其在水平极化和垂直极化下的形状参数估计值分别为 0.3 和 0.2，表明海杂波存在许多尖峰；对应的瑞利比分别为 0.5 和 0.7，表明存在显著的瑞利散射。对于 Optus-D3 通信卫星数据集，该模型也能够非常准确地匹配，并且在所有观测方向上的瑞利比都为 0。图 3.26 中的顶部图展示了作为双基地距离分辨率函数的每个观测方向的形状参数。随着双基地距离分辨率的增大，形状参数随之增大。其中，逆风向下的形状参数最小，海杂波尖峰最多；侧风向下的形状参数较大，海杂波尖峰次之；顺风向下的形状参数最大，海杂波尖峰再次之。后两者的形状参数在最大的双基地距离分辨率下变得非常大，这意味着海杂波强度变得服从指数分布了。

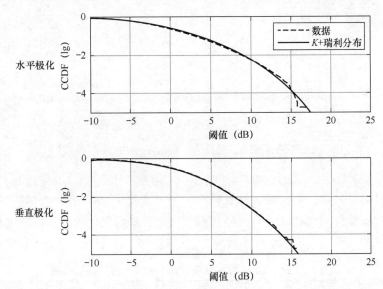

图 3.25　Sirius-XM 卫星数据在东北方向的 CCDF 曲线[35]

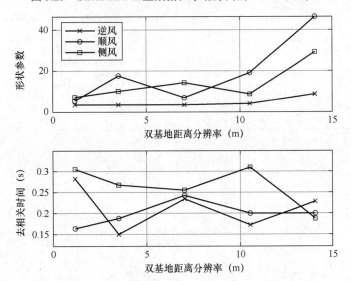

图 3.26　Optus-D3 通信卫星数据集的形状参数和去相关时间与双基地距离分辨率的关系[35]

由于数据集中的时延单元数较少，因此文献［35］中仅描述了纹理的时间相关性。图 3.27 展示了时间相关性的曲线，其周期性不明显，这在非平稳海杂波中比较常见。当时间相关性衰减为最大值的 $1/e \approx 0.37$ 时，可以测量得到去相关时间。在水平极化和垂直极化下的去相关时间分别为 0.4s 秒和 0.3s。对 Optus-D3 通信卫星数据集进行分析也可以得到相近的结果，三个观测方向的去相关时间如图 3.26 中底部图所示。当双基地距离分辨率变化时，三个观测方向的去相关时间变化不大。在逆风向下，去相关时间最短；其次是在顺风向下；再次是在侧风向下。

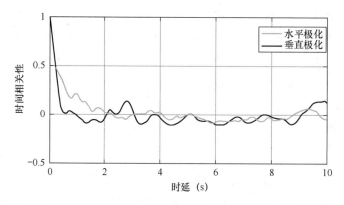

图 3.27　Sirius-XM 卫星数据在东北方向的时间相关性[35]

对于 Sirius-XM 数据集，表 3.14 总结了在其他观测方向上的形状参数和去相关时间的结果。从这些结果中可以观察到，形状参数始终小于 1，意味着海杂波尖峰较多，并且在每个观测方向上都存在额外的瑞利散射。此外，水平极化和垂直极化的统计特性没有表现出太大的差异。

表 3.14　Sirius-XM 数据集在第二个时延单元的模型参数

	方　　向	北	东北	东	东南
水平极化	K+瑞利分布的形状参数 ν_r	0.2	0.3	0.3	0.2
	K+瑞利分布的瑞利比 k_r	0.6	0.7	0.5	0.5
	去相关时间（s）	0.3	0.4	0.2	0.2
	多普勒中心点 A_c（Hz）	−6.7	−14.0	−5.1	2.4
	多普勒中心点 B_c（Hz）	4.8	3.3	−14.3	−8.2
	多普勒谱宽均值 m_w（Hz）	12.0	15.3	12.7	8.6
	多普勒谱宽标准差 σ_w（Hz）	7.0	11.5	8.2	5.8
垂直极化	K+瑞利分布的形状参数 ν_r	0.2	0.2	0.4	0.2
	K+瑞利分布的瑞利比 k_r	0.6	0.7	0.5	0.5
	去相关时间（s）	0.3	0.3	0.2	0.2
	多普勒中心点 A_c（Hz）	−18.2	−14.1	−7.9	2.8
	多普勒中心点 B_c（Hz）	11.0	3.4	0.06	−9.3
	多普勒谱宽均值 m_w（Hz）	8.3	10.2	10.5	7.9
	多普勒谱宽标准差 σ_w（Hz）	5.2	6.4	6.6	4.9

3.4.5　多普勒谱

平均多普勒谱通常由具有一定偏移和宽度的单个高斯分量来描述[43]。这与由于 Bragg 散射和快速散射的相互作用而经常观察到的不对称谱形成对比[44]。Bragg 散射在垂直极化雷达系统中占主导地位，而快速散射在小擦地角和水平极化雷达系统中占主导地位。尽管这些模型有助于刻画多普勒谱的均值，但海杂波的实测特性需要能够刻画其随距离和时间演化的模型。因此，演化多普勒谱模型被提出并用于上述分析[23]。

为了分析演化多普勒谱模型的参数，此处使用了第 2 章中概述的估计方法。第一个参数是中心频率，图 3.28 展示了 Sirius-XM 卫星数据在东北方向的多普勒中心频率随归一化强度变化的曲线。在水平极化下，测得的用于式（3.11）所示线性拟合的参数 A_c 和 B_c 的值分别为 −14Hz 和 3.3Hz；而在垂直极化下，两参数的值分别为−14.1Hz 和 3.4Hz，这表明归一化强度和多普勒中心频率之间存在某种合理的关系。然而，在垂直极化下，由于数据点不足，模型对超过 1.6 的归一化强度过拟合。图 3.29 显示了用 Gamma 分布对谱宽的概率密度（PDF）进行拟合的情况。在水平极化下，多普勒谱宽均值 m_w 和标准差 σ_w 分别为 15.3Hz 和 11.5Hz；而在垂直极化下，其分别为 10.2Hz 和 6.4Hz。该模型仅能够对垂直极化下的数据进行合理的拟合，但无法对在水平极化和垂直极化下都出现的 2Hz 处的峰值进行刻画。

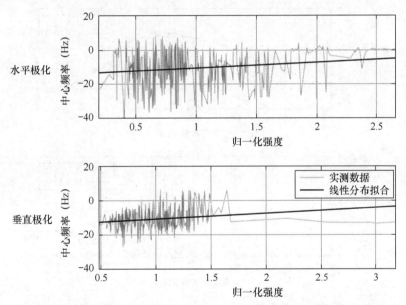

图 3.28　Sirius-XM 卫星数据在东北方向的多普勒中心频率[35]

在理解多普勒特性时，CNR 和 $K+$噪声分布的形状参数随多普勒频率的变化也很重要。图 3.30 的上图、下图分别为 CNR、内杂波（Endo-Clutter）区域的形状参数随多普勒频率的变化曲线。这些结果表明，水平极化具有更宽的谱宽，并且在整个谱中形状参数相当稳定，除了偶尔出现峰值（此时杂波强度服从指数分布）。在水平极化下，形状参数均值为 1.3，而在垂直极化下形状参数均值为 2.9。表 3.14 展示了每个观测方向的模型参数。对于多普勒中心频率，在正东方向且在水平极化下的数据集与归一化强度的线性关系最大。对于多普勒谱宽，每个观测方向的均值和标准差都非常相近。

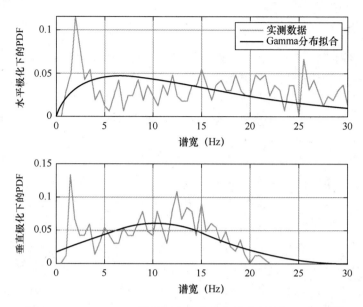

图 3.29　Sirius-XM 卫星数据在东北方向的谱宽的概率密度[35]

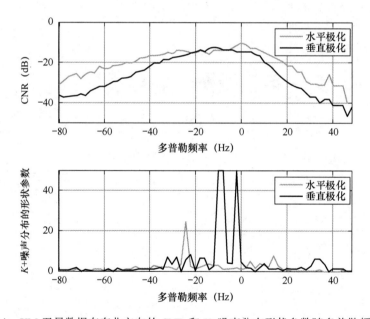

图 3.30　Sirius-XM 卫星数据在东北方向的 CNR 和 K+噪声分布形状参数随多普勒频率的变化[35]

最后，考虑 Optus-D3 通信卫星数据集的演变多普勒谱模型。图 3.31 和图 3.32 展示了每个观测风向的多普勒谱模型参数随双基地距离分辨率变化的情况。图 3.31 展示了多普勒谱模型参数 A_c 和 B_c 的变化情况，对于双基地距离分辨率的每个值来说，它们在很大程度上是近似恒定的。从较小的 B_c 可以看出，在逆风向下的频谱起伏较大。图 3.32 展示了多普勒谱宽的均值和标准差的变化情况。对于大多数结果来说，上述两个参数随双基地距离分辨率的变化很小，在顺风向除外。在顺风向，这两个参数均随双基地距离分辨率的增加而减小。在逆风向，多普勒谱宽的均值和标准差是最大的，其次是在侧风向和顺风向。

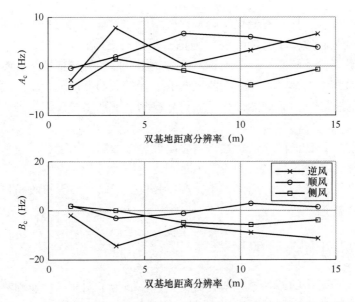

图 3.31　Optus-D3 通信卫星数据集的多普勒谱模型参数作为双基地距离分辨率的函数[35]

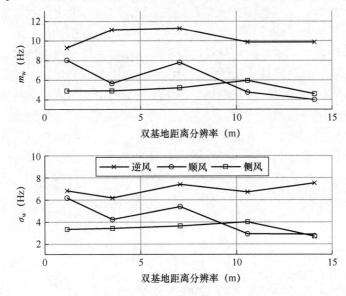

图 3.32　Optus-D3 通信卫星数据集的多普勒谱宽均值和标准差与双基地距离分辨率的关系[35]

3.4.6　总结

本节给出了借助两个卫星外辐射源采集的双基地海杂波的特性，通过直达信道和监测信道之间的互相关对它们进行了处理。对海杂波的分析包括对时延/多普勒域的幅度统计特性、时间相关性、多普勒谱的时间演化研究。在时延/多普勒域，两个数据集之间的幅度统计特性没有太大的差异，海杂波加噪声区域呈现出具有尖峰的统计特性，强噪声区域的功率可认为服从指数分布。当相干处理时间变化时，可以观察到形状参数增大，并且在 Optus-D3 通信卫星数据集中，侧风向的形状参数最大。为了研究时变特性，在单个时延单元生成时频图，揭示了多普勒谱的时变特性，并反映了在场景中不断变化的谱形状。在 Sirius-XM 卫星数据集中，可以观察到高海况等级和具有非常多尖峰的幅度分布，并且在水平极化和垂直极化下的统计特性之间几乎没有差异。对演化多普勒谱模型的分析发现，在正东方向水平极化下数据集的多普勒谱宽变化较大。对于 Optus-D3 通信卫星数据集，在逆风向具有最大的多普勒谱宽和尖峰最多的统计特性。随着时间的推移，每个观测风向的统计特性都有明显的正弦变化。随着双基地距离分辨率的增大，每个观测风向的形状参数都会增大，海杂波尖峰减少。这些结果表明，在逆风向，在海杂波主导区域的目标检测会更加困难，因为多普勒谱宽更大且幅度分布的拖尾更重。

为了进一步描述海杂波的统计特性，需要研究更多数据，以区分风向和双基地夹角的影响。此外，如果噪声在小于 500m 的双基地范围内主导着海杂波，则实际系统中海杂波的影响可能不会被视为一个问题。然而，如果无源接收机位于具有较大接收面积的机载平台上，则情况可能会大不相同。

3.5 关于双基地海杂波的讨论

本章回顾了目前可用的双基地海杂波数据集，并展示了如何在性能预测和雷达设计模型中描述其统计特性，这些知识现在可用于设计双基地雷达系统这一更广泛的任务。

前文曾指出，使用有源双基地雷达或无源双基地雷达进行海上监视可能具有各自的操作优势。然而，任何优势都必须与双基地雷达系统日益增加的复杂性相权衡。目前，用于海上监视的可操作双基地雷达很少，因此很难比较单基地雷达系统和双基地雷达系统的相对检测性能。海杂波是影响目标检测性能的一个重要因素，而采集双基地海杂波数据的测量活动同样相对较少。从现有情况来看，在双基地情况下的反射系数、幅度统计特性和多普勒谱的主要特性与在单基地情况下的主要特性似乎是相当的。综合所有操作条件来看，两者在目标检测性能方面都没有明显优势。也许最重要的一点是它们具有不同的特点，这可能会在某些特定条件和观测几何条件下带来优势；可以进行合理的假设，在多基地操作中观测条件的多样性可以带来显著的目标检测增益。然而，与单基地操作相比，这将以相当大的系统复杂性为代价，尤其是在快速变化的机载监视场景中。

参考文献

[1] IEEE Standard for Radar Definitions[P]//IEEE Std., 2017.

[2] Willis N J. Bistatic radar[M]. London: SciTech Publishing, 1995.

[3] Willis N J, Griffiths H D. Advances in Bistatic Radar[M]. London: SciTech Publishing, 2007.

[4] JACKSON M C. The geometry of bistatic radar systems[J]. Proceedings of the IEE, Part F. Communications, radar and signal processing, 1986, 133(7): 604-612.

[5] Dower W, Yeary M. Bistatic SAR: Forecasting Spatial Resolution[J]. IEEE Transactions on Aerospace Electronic Systems, 2019, 55(4): 1584-1595.

[6] Pidgeon V W. Bistatic Cross Section of the Sea[J]. IEEE Transactions on Antennas & Propagation, 1966, 14(3): 405-406.

[7] Pidgeon V W. Bistatic cross-section of the sea for Beaufort 5 sea[M]. Science and Technology, 1968, 17(1): 447-448.

[8] Domville A R. The bistatic reflection from land and sea of X-band radio waves, part I[R]. GEC (Electronics) Ltd., Stanmore, England, Tech. Rep., 1967.

[9] Domville A R. The bistatic reflection from land and sea of X-band radio waves, part II[R]. GEC (Electronics) Ltd., Stanmore, England, Tech. Rep., 1968.

[10] Domville A R. The bistatic reflection from land and sea of X-band radio waves, part II – Supplement[R]. GEC (Electronics) Ltd., Stanmore, England, Tech. Rep., 1969.

[11] Ewell G W and Zehner S P. Bistatic sea clutter return near grazing incidence[C]. IEE Conference, 1982, 216(1): 188-192.

[12] Kochanski T P, Vanderhill M J, Zolotarevsky J V, et al. Low Illumination Angle Bistatic Sea Clutter Measurements At X-band[C]. OCEANS 92 Proceedings of Mastering the Oceans Through Technology, 1992, 1: 518-523.

[13] Inggs M, Inggs G, Sandenbergh S, et al. Multistatic networked radar for sea clutter measurements[C]//2011 IEEE International Geoscience and Remote Sensing Symposium, 2011: 4449-4452.

[14] Al-Ashwal W A. Measurement and modelling of bistatic sea clutter[D]. London: UCL (University College London), 2011.

[15] Inggs M, Balleri A, Al-Ashwal W A, et al. NetRAD multistatic sea clutter database[C]//2012 IEEE International Geoscience and Remote Sensing Symposium, 2012: 2937-2940.

[16] Al-Ashwal W A, Baker C J, Balleri A, et al. Statistical analysis of simultaneous monostatic and bistatic sea clutter at low grazing angles[J]. Electronics Letters, 2011, 47(10): 621-622.

[17] Al-Ashwal W A, Woodbridge K, Griffiths H D. Analysis of bistatic sea clutter-Part I: Average reflectivity[J]. IEEE Transactions on Aerospace and Electronic Systems, 2014, 50(2): 1283-1292.

[18] Al-Ashwal W A, Woodbridge K, Griffiths H D. Analysis of bistatic sea clutter-Part II: Amplitude statistics[J]. IEEE Transactions on Aerospace and Electronic Systems, 2014, 50(2): 1293-1303.

[19] Fioranelli F, Ritchie M, Griffiths H, et al. Analysis of polarimetric bistatic sea clutter using the NetRAD radar system[J]. IET Radar, Sonar & Navigation, 2016, 10(8): 1356-1366.

[20] Palamà R, Ritchie M, Griffiths H, et al. Correlation analysis of simultaneously collected bistatic and monostatic sea clutter[C]//2017 IEEE Radar Conference, 2017: 1466-1471.

[21] Ritchie M A, Al-Ashwal W A, Stove A G, et al. Statistical analysis of monostatic and bistatic sea clutter Doppler spectrum[C]//CIE International Conference on Radar, 2011, 1: 816-820.

[22] Ritchie M A, Al-Ashwal W A, Stove A G, et al. Coherent analysis of horizontally-polarized monostatic and bistatic sea clutter[C]//IET International Conference on Radar, 2012: 1-5.

[23] Watts S. Modeling and simulation of coherent sea clutter[J]. IEEE Transactions on Aerospace and Electronic Systems, 2012, 48(4): 3303-3317.

[24] Ritchie M, Stove A, Woodbridge K, et al. NetRAD: Monostatic and bistatic sea clutter texture and Doppler spectra characterization at S-band[J]. IEEE Transactions on Geoscience and Remote Sensing, 2016, 54(9): 5533-5543.

[25] Palamà R, Greco M, Stinco P, et al. Analysis of sea spikes in NetRAD clutter[C]//2014 11th European Radar Conference, 2014: 109-112.

[26] Palamà R, Greco M S, Stinco P, et al. Statistical analysis of bistatic and monostatic sea clutter[J]. IEEE Transactions on Aerospace and Electronic Systems, 2015, 51(4): 3036-3054.

[27] Griffiths H D, Baker C J. An introduction to passive radar[M]. London: Artech House, 2017.

[28] Chetty K, Woodbridge K, Guo H, et al. Passive bistatic WiMAX radar for marine surveillance[C]//2010 IEEE Radar Conference, 2010: 188-193.

[29] Malanowski M, Haugen R, Greco M S, et al. Land and sea clutter from FM-based passive bistatic radars[J]. IET Radar, Sonar & Navigation, 2014, 8(2): 160-166.

[30] Raout J. Sea target detection using passive DVB-T based radar[C]//2008 International Conference on Radar, 2008: 695-700.

[31] Ouellette J D, Dowgiallo D J. Sea surface scattering of hurricane maria remnants using bistatic passive radar with S-band satellite illumination[C]//2018 IEEE Radar Conference , 2018: 462-466.

[32] Rosenberg L, Ouelette J D, Dowgiallo D J. Analysis of S-band passive bistatic sea clutter[C]//2019 IEEE Radar Conference, 2019: 1-6.

[33] Pieralice F, Pastina D, Santi F, et al. Multi-transmitter ship target detection technique with GNSS-based passive radar[C]. IEEE International Radar Conference, 2017, 1-6.

[34] Daniel L, Hristov S, Lyu X, et al. Design and validation of a passive radar concept for ship detection using communication satellite signals[J]. IEEE Transactions on Aerospace and Electronic Systems, 2017, 53(6): 3115-3134.

[35] Rosenberg L, Ouellette J D, Dowgiallo D J. Passive Bistatic Sea Clutter Statistics From Spaceborne Illuminators[J]. IEEE Transactions on Aerospace Electronic Systems, 2020, 56(5): 3971-3984.

[36] Optus. Optus D series satellite payload information[R]. Technical note, 2013.

[37] Palmer J, Palumbo S, Summers A, et al. DSTO's experimental geosynchronous satellite based PBR[C]//2009 International Radar Conference "Surveillance for a Safer World", 2009: 1-6.

[38] Feng W, Friedt J M, Cherniak G, et al. Passive radar imaging by filling gaps between ISDB digital TV channels[J]. IEEE Journal of Selected Topics in Applied Earth Observations and Remote Sensing, 2019, 12(7): 2055-2068.

[39] Qiu W, Giusti E, Bacci A, et al. Compressive sensing-based algorithm for passive bistatic ISAR with DVB-T signals[J]. IEEE Transactions on Aerospace and Electronic Systems, 2015, 51(3): 2166-2180.

[40] Palmer J E, Searle S J. Evaluation of adaptive filter algorithms for clutter cancellation in passive bistatic radar[C]//2012 IEEE Radar Conference, 2012: 493-498.

[41] Chen V C, Lipps R. ISAR imaging of small craft with roll, pitch and yaw analysis[C]//IEEE International Radar Conference, 2000: 493-498.

[42] Bocquet S. Parameter estimation for Pareto and K distributed clutter with noise[J]. IET Radar, Sonar & Navigation, 2015, 9(1): 104-113.

[43] Skolnik M I. Radar handbook[M]. 3rd Edition. New York: McGraw-Hill Education, 2008.

[44] Ward K, Tough R, Watts S. Sea clutter: Scattering, the K distribution and radar performance[M]. 2nd Edition. London: The Institute of Engineering Technology, 2013.

第 4 章

参数化建模

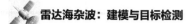

4.1 概述

本章将介绍一些与第 2 章和第 3 章所述的统计模型相关的参数化模型。这些统计模型的实际应用需要一种方法将模型参数与海况、采集几何条件、极化方式和雷达参数（包括空间分辨率和频率）联系起来。这既可以用经验的方法（基于实测数据）实现，也可以用海表面物理模型进行电磁建模[1-3]实现。然而，电磁建模方法通常计算量太大，无法用于大多数应用场景。

4.2 节将介绍许多单基地平均后向散射模型，它们是经过多年（1974 年以后）发展得来的，总体上覆盖了较大的有效范围，即频率、擦地角、风速、风向、海况等。4.3 节将给出用于平面内和平面外几何关系的多个双基地平均反射系数模型。4.4 节将描述 K 分布形状参数的许多模型，因为它是使用最广泛的幅度分布模型。经过多年的发展，这些模型的适用范围现已覆盖小、中擦地角的情况，以及各种风向和一系列海况。4.5 节将介绍多普勒谱的参数化模型，包括平均多普勒谱模型、时域去相关模型和演化多普勒谱模型的通用参数化模型。4.6 节将介绍两种空间去相关长度的模型，这对于纹理的距离相关性建模很重要。

4.2 单基地平均后向散射

许多针对单基地雷达的平均后向散射模型已被提出多年，因为其在雷达建模中发挥着重要的作用。这些模型通常是经验性的，取决于海况、采集几何条件、风速、风向及雷达频率等。在小擦地角情况下，三个早期被设计的模型分别为英国皇家雷达研究院（RRE）模型[1]、Sittrop 模型[4]和佐治亚理工学院（GIT）模型[5]。另外，许多对 Nathanson 表[6]进行拟合的经验模型开始构建，Nathanson 表由约 60 个不同的试验结果构成。这些试验结果覆盖了一系列频率、采集几何条件和环境条件，但在风向上取了平均。这些经验模型包括混合（Hybrid）模型[7]、技术服务公司（TSC）模型[8]和美国海军研究实验室（NRL）模型[9]。

另一组平均后向散射模型旨在拟合 Ulaby 等人[10]描述的关系，其中包括 Masuko 模型[11]和 Ingara 成像雷达系统集团（IRSG）模型[12]。最后，澳大利亚国防科技集团（DSTG）平均后向散射连续模型[13]在小擦地角下使用 GIT 模型，在中擦地角下拟合 Ingara X 波段数据集。

表 4.1 总结了本章出现的平均后向散射模型，其中，S_{SS} 表示海况。海况是根据浪高定义的，用均方根（RMS）浪高 H_{rms}、平均浪高 H_{avg} 或有效浪高 $H_{1/3}$ 表示。有效浪高是浪高最大的 1/3 波浪的平均高度，与均方根浪高和平均浪高的关系为 $H_{1/3} = 4H_{rms} = 1.6H_{avg}$。风速和平均浪高之间的近似关系为

$$H_{avg} = 0.00452U^{2.5} \tag{4.1}$$

而风速 U 和海况之间的转换可以通过关系式 $U = 3.16S_{SS}^{0.8}$ 来实现[8]。应该注意到，这只是近似的经验关系式，并且在文献中可能还会找到其他的定义。风速通常定义为海面以上 10m 高度处的风速，确切的关系式将因风和海况而变化。

表 4.1 对平均后向散射模型的总结，以及已发表文献报道的模型的有效区域

模 型	频率（GHz）	擦地角（°）	风向（°）	海况 S_{SS}
RRE 模型[1]（1974 年）	9～10	0.1～10	取平均	1～6
Sittrop 模型[4]（1977 年）	8～18	0.1～10	逆风/顺风	—

模　　型	频率（GHz）	擦地角（°）	风向（°）	海况 S_{SS}
GIT 模型[5]（1978 年）	1～100	0.1～10	0～360	0～5
Hybrid 模型[14]（1990 年）	0.5～35ᵃ	0.1～30	0～360	3～6
TSC 模型[8]（1990 年）	0.5～35	0～90	0～360	0～5
Masuko 模型[11]（1986 年）	10、34	0～70	0～360	2～6
IRSG 模型[12]（2008 年）	8～12	20～45	0～360	2～6
NRL 模型[9]（2012 年）	0.5～35	0.1～60	取平均	0～8
DSTG 平均后向散射连续模型[13]（2017 年）	8～12	0.1～45	0～360	2～6

ᵃ 在后面的 NAAWS 模型中会扩展到 70GHz。

4.2.1　英国皇家雷达研究院（RRE）模型

20 世纪 70 年代，英国皇家雷达研究院（RRE）基于多个来源的数据[16,17]建立了 X 波段平均后向散射模型[1]，适用于擦地角小于10°、1～6 级海况，以及水平发射且水平接收（HH）极化、垂直发射且垂直接收（VV）极化的情况。尽管有学者提出附加一个余弦项，使在顺风向平均后向散射增大 3dB，而在逆风向平均后向散射减小 3dB，但 RRE 模型在所有风向上取了平均。原始模型公式为

$$\sigma_{dB}^0 = \begin{cases} a_{RRE} + b_{RRE} \lg(\phi_{deg}), & \phi_{deg} < 1° \\ a_{RRE} + c_{RRE} \lg(\phi_{deg}), & 1° \leqslant \phi_{deg} < 10° \end{cases} \tag{4.2}$$

其中，ϕ_{deg} 为擦地角，在不同海况和极化方式下模型系数 a_{RRE}、b_{RRE} 和 c_{RRE} 如表 4.2 所示。

表 4.2　英国雷达皇家研究院（RRE）模型的系数

极 化 方 式		海　　况					
		1 级	2 级	3 级	4 级	5 级	6 级
HH	a_{RRE}	−52	−46	−42	−39	−37	−35.5
	b_{RRE}	21	17.5	12.5	10.5	7	3.5
	c_{RRE}	1.015	3.39	2.03	1.35	2.03	2.37
VV	a_{RRE}	−51.5	−45.5	−41	−38.5	−36	−34.5
	b_{RRE}	15	12	11.5	11	9.5	8
	c_{RRE}	8.2	9.5	8	7.5	7	6.5

4.2.2　Sittrop 模型

Sittrop 模型[4]给出了在 X 波段和 Ku 波段、水平极化和垂直极化、顺风向和侧风向下的海杂波反射系数估计。虽然 Sittrop 模型未明确提及擦地角的范围，但原文献中使用的数据覆盖的擦地角范围为 0.1°～10°。Sittrop 模型表达式为

$$\sigma_{dB}^0 = a_{Sit} + b_{Sit} \lg\left(\frac{\phi}{\phi_{0,deg}}\right) + \left(c_{Sit} \lg\left(\frac{\phi}{\phi_{0,deg}}\right) + d_{Sit}\right) \lg\left(\frac{U}{U_0}\right) \tag{4.3}$$

其中，$\phi_{0,deg} \equiv 0.5°$ 和 $U_0 \equiv 5m/s$ 分别为参考擦地角和参考风速。X 波段和 Ku 波段的模型参数 a_{Sit}、b_{Sit}、c_{Sit} 和 d_{Sit} 如表 4.3 所示。

表 4.3 X 波段和 Ku 波段 Sittrop 模型的系数

极 化 方 式	波 段	风 向	a_{Sit}	b_{Sit}	c_{Sit}	d_{Sit}
HH	X 波段	逆风	−50	12.6	−13.2	34
		侧风	−53	6.5	0	34
VV	X 波段	逆风	−49	17	−12.4	30
		侧风	−58	19	−33	50
HH	Ku 波段	逆风	−46	13.6	−10	26
		侧风	−48	13	−6.6	21
VV	Ku 波段	逆风	−46	17	−9	22
		侧风	−47	13	−8.4	22

4.2.3 佐治亚理工学院（GIT）模型

GIT 模型是一个分段连续的模型，用于预测水平极化和垂直极化下的平均后向散射[5]。GIT 模型覆盖 1～100GHz 的频率范围、不超过 3.5m 的浪高、所有风向和 0.1°～10° 的擦地角。任何存在异常传播的数据在模型拟合之前就被删除，故 Nathanson 表测量的海杂波数据与 GIT 模型不太吻合，尤其是在低海况条件下。另外，对于水平极化，该模型在 10GHz 处不连续；对于垂直极化，该模型在 3GHz 和 10GHz 处也不连续。原文献自 1978 年发表以来，发现了一个印刷错误[18]，此处对其进行了纠正。

GIT 模型使用平均浪高 H_{avg} 和风速 U 来解释环境条件，它们之间的关系由式（4.1）给出。这里假设海浪是充分发展的，风向和海浪方向是对齐的，并且风保持一个与浪高相关的速度。对于水平极化和垂直极化，平均后向散射分别为

$$\sigma_{HH,dB}^0 = \begin{cases} 10\lg(\lambda\phi^{0.4}a_{GIT}b_{GIT}c_{GIT}) - 54.089, & 1 \leqslant f_{RF,GHz} < 10 \\ 10\lg(\phi^{0.547}a_{GIT}b_{GIT}c_{GIT}) - 54.381, & 10 \leqslant f_{RF,GHz} < 100 \end{cases} \tag{4.4}$$

$$\sigma_{VV,dB}^0 = \begin{cases} \sigma_{HH,dB}^0 - 1.73\ln(H_{avg} + 0.015) + 3.76\ln\lambda + \\ \quad 2.46\ln(\phi + 0.0001) + 22.2, & 1 \leqslant f_{RF,GHz} < 3 \\ \sigma_{HH,dB}^0 - 1.05\ln(H_{avg} + 0.015) + 1.09\ln\lambda + \\ \quad 1.27\ln(\phi + 0.0001) + 9.7, & 3 \leqslant f_{RF,GHz} < 10 \\ \sigma_{HH,dB}^0 - 1.38\ln(H_{avg}) + 3.43\ln\lambda + \\ \quad 1.31\ln\phi + 18.55, & 10 \leqslant f_{RF,GHz} < 100 \end{cases} \tag{4.5}$$

式中，λ 和 $f_{RF,GHz}$ 分别为雷达波长和载波频率。多径或干涉因子定义为

$$a_{GIT} = \frac{\sigma_{GIT}^4}{1 + \sigma_{GIT}^4} \tag{4.6}$$

假设海面浪高服从高斯分布，则多径粗糙度参数为

$$\sigma_{GIT} = \frac{(14.4\lambda + 5.5)\phi H_{avg}}{\lambda + 0.015} \tag{4.7}$$

GIT 模型假设海浪是充分发展的，其中风向和海浪方向是对齐的，方位角为 θ。海浪方向因子为

$$b_{GIT} = \begin{cases} \exp(0.2\cos\theta(1 - 2.8\phi)(\lambda + 0.015)^{-0.4}), & 1 \leqslant f_{RF,GHz} < 10 \\ \exp(0.25\cos\theta(1 - 2.8\phi)(\lambda + 0.015)^{-0.33}), & 10 \leqslant f_{RF,GHz} < 100 \end{cases} \tag{4.8}$$

而风速因子为

$$c_{GIT} = \begin{cases} \left(\dfrac{1.94U}{1+U/15.4}\right)^{1.1(\lambda+0.015)^{-0.4}}, & 1 \leqslant f_{RF,GHz} < 10 \\ \left(\dfrac{1.94U}{1+U/15.4}\right)^{1.93(\lambda+0.015)^{-0.4}}, & 10 \leqslant f_{RF,GHz} < 100 \end{cases} \tag{4.9}$$

4.2.4　混合（Hybrid）模型

混合（Hybrid）模型由 Reilly 和 Dockery[14]提出，并结合了 Nathanson 表中的数据和 GIT 模型的特征。Hybrid 模型适用于 0.1°～30° 的擦地角、3～6 级海况、0.5～35GHz 的频率范围、所有风向及水平极化和垂直极化。Hybrid 模型后来作为北约防空作战系统（NAAWS）模型[15]发布，规定的频率范围扩展到 70GHz。尽管该模型被描述为"基于已发布数据的经验拟合，这些数据很可能已经包含某种程度的大气波导"，但实际大气波导并没有被明确包括在内。该模型基于对参考后向散射系数 σ_0 的一系列调整，该系数对应于 5 级海况、擦地角 $\phi_{0,deg} = 0.1°$、方位角为 0°（逆风向）和垂直极化的情况。对该参考水平的调整依据公式为

$$\sigma_{dB}^0 = \sigma_0 + a_{hyb} + b_{hyb} + c_{hyb} + d_{hyb} \tag{4.10}$$

式中，a_{hyb}、b_{hyb}、c_{hyb} 和 d_{hyb} 分别为擦地角、海况、极化方式和风向调整。参考后向散射系数为

$$\sigma_0 = \begin{cases} 24.4\lg f_{RF,GHz} - 65.2, & 0.5 \leqslant f_{RF,GHz} < 12.5 \\ 3.25\lg f_{RF,GHz} - 42, & 12.5 \leqslant f_{RF,GHz} < 35 \end{cases} \tag{4.11}$$

对于擦地角变化项 a_{hyb}，需要定义一个过渡角，即

$$\phi_t = a_{hyb}\sin(0.066\lambda/H_{rms}) \tag{4.12}$$

式中，均方根浪高 $H_{rms} = 0.031S_{SS}^2$。另外，如果 $\phi_t \geqslant \phi_0$，则有

$$a_{hyb} = \begin{cases} 0, & \phi < \phi_0 \\ 20\lg(\phi/\phi_0), & \phi_0 \leqslant \phi \leqslant \phi_t \\ 20\lg(\phi_t/\phi_0) + 10\lg(\phi_t/\phi), & \phi_t < \phi \leqslant \pi/6 \end{cases} \tag{4.13}$$

如果 $\phi_t < \phi_0$，则有

$$a_{hyb} = \begin{cases} 0, & \phi \leqslant \phi_0 \\ 10\lg(\phi/\phi_0), & \phi > \phi_0 \end{cases} \tag{4.14}$$

海况变化项为

$$b_{hyb} = 5(S_{SS} - 5) \tag{4.15}$$

对于垂直极化，$c_{hyb} = 0$；而对于水平极化，有

$$c_{hyb} = \begin{cases} 1.7\ln(H_{av} + 0.015) - 3.8\ln\lambda - 2.5\ln(\phi + 0.0001) - 22.2, & 0.5 \leqslant f_{RF,GHz} < 12.5 \\ 1.1\ln(H_{av} + 0.015) - 1.1\ln\lambda - 1.3\ln(\phi + 0.0001) - 9.7, & 3 \leqslant f_{RF,GHz} < 10 \\ 1.4\ln H_{av} - 3.4\ln\lambda - 1.3\ln\phi - 18.6, & 10 \leqslant f_{RF,GHz} < 35 \end{cases} \tag{4.16}$$

式中，$H_{av} = 0.08S_{SS}^2$。

最后一个调整分量 d_{hyb} 和风向有关，且有

$$d_{hyb} = (2 + 1.7\lg(0.1/\lambda))(\cos\theta - 1) \tag{4.17}$$

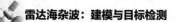

4.2.5 技术服务公司（TSC）模型

TSC 模型同时考虑了一个（基于 Nathanson 表[16]拟合的）小擦地角分量和一个（基于文献［19］中实测数据拟合和理论考量的）大擦地角分量。具体来说，TSC 模型假设有两种不同的机制占主导地位，而究竟哪种机制占主导地位取决于擦地角，即在大擦地角下为准镜面反射，而在小擦地角下为漫散射，总后向散射是准镜面反射和漫散射的总和。文献［8］首先对 TSC 模型进行了描述，随后文献［20］对其进行了改进，以校正在顺风向下的预测最小值。此外，一些用于小擦地角下的数据是在异常传播条件（大气波导）下采集的，因此，与 GIT 模型相比，TSC 模型在小擦地角下的平均后向散射的减小并没有那么迅速。TSC 模型具体为

$$\sigma^0_{\mathrm{HH,dB}} = 10\lg(1.7\times10^{-5}\phi^{0.5}a_{\mathrm{TSC}}b_{\mathrm{TSC}}c_{\mathrm{TSC}}d_{\mathrm{TSC}}/(3.2808\lambda+0.05)^{1.8}+\sigma^0_{\mathrm{quasi}}) \qquad (4.18)$$

$$\sigma^0_{\mathrm{VV,dB}} = \begin{cases} \sigma^0_{\mathrm{HH,dB}}-1.73\ln(8.225\sigma_{\mathrm{h}}+0.05)+3.76\ln\lambda+ \\ \qquad 2.46\ln(\sin\phi+0.0001)+24.2672, & 0.5\leqslant f_{\mathrm{RF,GHz}}<2 \\ \sigma^0_{\mathrm{HH,dB}}-1.05\ln(8.225\sigma_{\mathrm{h}}+0.05)+1.09\ln\lambda+ \\ \qquad 1.27\ln(\sin\phi+0.0001)+10.945, & 2\leqslant f_{\mathrm{RF,GHz}}\leqslant35 \end{cases} \qquad (4.19)$$

式中，海面高度的标准差 $\sigma_{\mathrm{h}}=0.03505S_{\mathrm{SS}}^{1.95}$。小擦地角因子为

$$a_{\mathrm{TSC}} = \sigma_{\mathrm{TSC}}^{1.5}/(1+\sigma_{\mathrm{TSC}}^{1.5}) \qquad (4.20)$$

$$\sigma_{\mathrm{TSC}} = 4.5416\phi(3.2808\sigma_{\mathrm{h}}+0.25)/\lambda \qquad (4.21)$$

风速因子为

$$b_{\mathrm{TSC}} = ((1.9438U+4)/15)^{A_{\mathrm{TSC}}} \qquad (4.22)$$

式中，风速与海况的关系为 $U=3.189S_{\mathrm{SS}}^{0.8}$，而常数 A_{TSC} 的计算公式为

$$A_{\mathrm{TSC}} = 2.63A_{\mathrm{TSC,1}}/(A_{\mathrm{TSC,2}}A_{\mathrm{TSC,3}}A_{\mathrm{TSC,4}})$$
$$A_{\mathrm{TSC,1}} = (1+(\lambda/0.009144)^3)^{0.1}$$
$$A_{\mathrm{TSC,2}} = (1+(\lambda/0.03048)^3)^{0.1} \qquad (4.23)$$
$$A_{\mathrm{TSC,3}} = (1+(\lambda/0.09144)^3)^{\phi^{0.6}/3}$$
$$A_{\mathrm{TSC,4}} = 1+0.35\phi^{0.6}$$

方位角因子为

$$c_{\mathrm{TSC}} = \begin{cases} 1, & \phi_{\mathrm{deg}}=90° \\ \exp\left(\dfrac{0.3\cos\theta\exp(-\phi/0.17)}{(10.7636\lambda^2+0.005)^{0.2}}\right), & \phi_{\mathrm{deg}}<90° \end{cases} \qquad (4.24)$$

方位角校正因子（风向校正因子）的计算式为

$$d_{\mathrm{TSC}} = 1-0.6\sin^2\theta \qquad (4.25)$$

最后，在大擦地角下占主导地位的准镜面反射分量 $\sigma^0_{\mathrm{quasi}}$ 定义为

$$\sigma^0_{\mathrm{quasi}} = \mu_{\mathrm{TSC}}\cot^2\beta_{\mathrm{TSC}}\exp\left(-\frac{\tan^2(\pi/2-\phi)}{\tan^2\beta_{\mathrm{TSC}}}\right) \qquad (4.26)$$

式中

$$\mu_{\mathrm{TSC,dB}} = \begin{cases} -5, & \lambda<0.05 \\ -5+12.5(\lg\lambda-\lg0.05), & \lambda\geqslant0.05 \end{cases} \qquad (4.27)$$

另外，β_{TSC} 决定了准镜面反射分量的宽度，其是有关海况的函数。β_{TSC} 的表达式为

$$\beta_{\text{TSC,deg}} = \begin{cases} 10.1 + 1.65 S_{\text{SS}}, & S_{\text{SS}} \leqslant 2 \\ 13.4 + 0.7(S_{\text{SS}} - 2), & S_{\text{SS}} > 2 \end{cases} \tag{4.28}$$

4.2.6　Masuko 模型

Masuko 等人[11]的工作涵盖了在 X 波段和 Ka 波段发展的一系列模型。这些模型并不是完整的平均后向散射模型，而是单独针对平均后向散射随方位角、擦地角和风速的变化情况建立模型。

对于方位角的变化，采用二阶余弦模型，其特点是平均后向散射的最大值是在顺风向和逆风向下取得的，而最小值介于两者之间，即

$$\sigma_{\text{Mas}}^0(\theta) = \sum_{n=0}^{2} a_{\text{Mas}}(n) \cos(n\theta) \tag{4.29}$$

式中，$a_{\text{Mas}}(n)$ 为需要通过回归进行拟合的系数（文献［11］中未给出）。

平均后向散射随擦地角的变化被建模为

$$\sigma_{\text{Mas}}^0(\phi) = \exp\left(-\sum_{n=0}^{N_{\text{Mas}}} b_{\text{Mas}}(n)(\pi/2 - \phi)^n \right) \tag{4.30}$$

式中，N_{Mas} 为模型阶数，$b_{\text{Mas}}(n)$ 为需要通过回归进行拟合的系数（最初发表的文献中也未给出）。Masuko 等人发现模型阶数 4～5 就足以拟合相关数据了，其中，数据涵盖了 $0° \sim 70°$ 的擦地角。

平均后向散射随风速的变化，则可以使用以下形式的幂律进行建模，即

$$\sigma_{\text{Mas,dB}}^0(U_{19.5}) = 10[c_{\text{Mas}}(\theta, \phi) + d_{\text{Mas}}(\theta, \phi) \lg U_{19.5}] \tag{4.31}$$

式中，c_{Mas} 和 d_{Mas} 为需要通过回归进行拟合的系数，$U_{19.5}$ 为距海面上空 19.5m 处测得的风速。该风速可以通过文献［11］中描述的关系和 U 联系起来，而 U 是在海面上空 10m 的标准高度测量的。如果忽略大气的不稳定性，那么对于 $1\text{m/s} \leqslant U \leqslant 20\text{m/s}$，$U_{19.5}$ 可以近似表示为

$$U_{19.5} = 0.03 + 1.04U + 0.0022U^2 \tag{4.32}$$

该关系式适用于 2～6 级海况，系数如表 4.4 所示，包含 X 波段和 Ka 波段的数据、HH 极化和 VV 极化，以及方位角和擦地角的范围。

表 4.4　Masuko 等人估计的 X 波段和 Ka 波段风速幂律模型的系数

极化方式	频率波段	风　　向		擦　地　角			
				30°	40°	50°	60°
HH	X 波段	逆风	c_{Mas}	−4.93	−4.55	−3.83	−2.83
			d_{Mas}	2.49	2.36	2.08	1.72
		顺风	c_{Mas}	−5.40	−5.18	−4.27	−3.00
			d_{Mas}	2.70	2.82	2.30	1.70
		侧风	c_{Mas}	−5.64	−5.03	−4.15	−3.13
			d_{Mas}	2.63	2.37	1.86	1.63
VV	X 波段	逆风	c_{Mas}	−4.28	−4.08	−3.53	−2.76
			d_{Mas}	2.30	2.24	1.98	1.70
		顺风	c_{Mas}	−4.36	−4.33	−3.81	−3.01
			d_{Mas}	2.31	2.49	2.10	1.79

极化方式	频率波段	风	向	擦 地 角			
				30°	40°	50°	60°
VV	X 波段	侧风	c_{Mas}	−4.60	−4.46	−3.81	−3.07
			d_{Mas}	2.05	2.12	1.69	1.55
HH	Ka 波段	逆风	c_{Mas}	−4.67	−4.80	−3.72	−2.36
			d_{Mas}	2.21	2.54	1.95	1.18
		顺风	c_{Mas}	−4.96	−5.48	−4.69	−2.52
			d_{Mas}	2.15	2.91	2.61	1.08
		侧风	c_{Mas}	−5.10	−5.09	−5.00	−2.32
			d_{Mas}	2.11	2.30	2.58	0.68
VV	Ka 波段	逆风	c_{Mas}	−3.96	−3.63	−2.80	−2.63
			d_{Mas}	1.88	1.79	1.29	1.49
		顺风	c_{Mas}	−4.16	−4.12	−3.40	−2.31
			d_{Mas}	1.81	2.11	1.72	1.00
		侧风	c_{Mas}	−4.90	−5.17	−4.33	−3.32
			d_{Mas}	2.13	2.60	2.16	1.67

4.2.7 Ingara 成像雷达系统集团（IRSG）模型

IRSG 模型[12,21] 旨在拟合 Ingara X 波段数据集（见第 1 章）中的一系列海杂波实测数据。IRSG 模型是基于大量数据构建的，而这些数据涵盖了 360° 的观测方向、20°～45° 的擦地角，以及对应于 2～6 级海况的风速范围。最初提出时，IRSG 模型实际上有两种不同的类型，而这里给出的线性模型 "IRSG-lin" 更简单、更稳健。

该模型是基于 Ulaby 等人[10]的研究提出的，包含三个部分。第一部分为使用三个参数 a_{IRSG}、b_{IRSG} 和 c_{IRSG} 描述平均后向散射在方位维的变化，平均后向散射的峰值出现在顺风向和逆风向下，而最小值出现在侧风向下，即

$$\sigma^0 = a_{IRSG} + b_{IRSG}\cos\theta + c_{IRSG}\cos(2\theta) \tag{4.33}$$

这三个参数由以下关系来确定，即

$$\begin{aligned} a_{IRSG} &= (\sigma_u^0 + \sigma_d^0 + 2\sigma_c^0)/4 \\ b_{IRSG} &= (\sigma_u^0 - \sigma_d^0)/2 \\ c_{IRSG} &= (\sigma_u^0 + \sigma_d^0 - 2\sigma_c^0)/4 \end{aligned} \tag{4.34}$$

其中，在顺风向、逆风向和侧风向下的平均后向散射系数 σ_u^0、σ_d^0、σ_c^0 由以下关系确定：

$$\sigma_{dB}^0 = d_{IRSG} + e_{IRSG}\phi + f_{IRSG}\lg U \tag{4.35}$$

式（4.35）刻画了风速和擦地角的影响。表 4.5 给出了在水平极化、垂直极化和交叉极化下回波的模型系数 d_{IRSG}、e_{IRSG} 和 f_{IRSG}。

图 4.1～图 4.3 显示了 IRSG 模型与 Ingara X 波段数据集[12]中数据点的模型验证结果（在最初发表的文章中，结果乘了一个常比例系数），并与 GIT 模型、Hybrid 模型和 TSC 模型的输出进行了对比，其数据点由 Masuko 模型和 Nathanson 表给出。正如预期的那样，IRSG 模型与数据拟合良好，而其他模型则在方位角、擦地角或风速方面出现了显著的不匹配。

表 4.5　IRSG 平均后向散射模型的系数[21]

极 化 方 式	风　向	d_{IRSG}	e_{IRSG}	f_{IRSG}
HH	逆风	-60.03	23.39	22.65
	顺风	-67.80	28.58	23.92
	侧风	-67.09	23.12	24.71
HV	逆风	-66.65	9.72	25.46
	顺风	-68.74	14.17	24.47
	侧风	-73.09	14.85	26.66
VV	逆风	-50.18	12.41	25.15
	顺风	-50.16	12.30	23.92
	侧风	-52.60	12.30	22.09

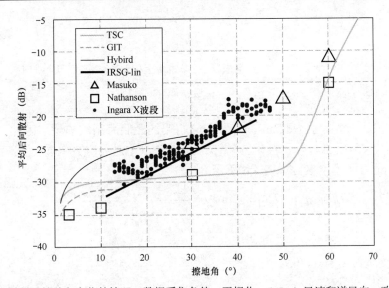

图 4.1　平均后向散射随擦地角变化的情况（数据采集条件：平极化、9.4m/s 风速和逆风向；改编自文献 [12]）

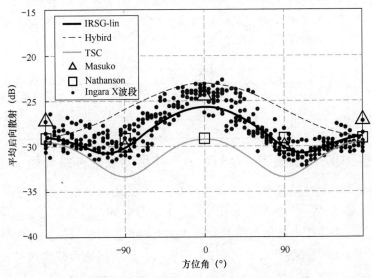

图 4.2　平均后向散射随方位角变化的情况（数据采集条件：水平极化、30°擦地角和9.4m/s 风速；改编自文献 [12]）

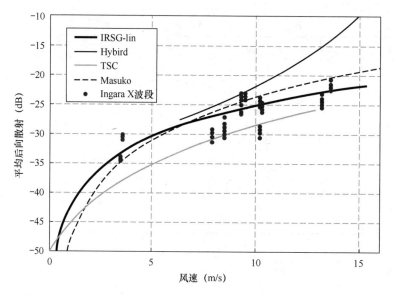

图 4.3 平均后向散射随风速变化的情况（数据采集条件：水平极化、30°擦地角和逆风向；改编自文献［12］）

4.2.8 美国海军研究实验室（NRL）模型

NRL 模型[9]是一个基于 Nathanson 表[6]拟合得出的经验海杂波模型。因此，NRL 模型的适用范围涵盖了水平极化和垂直极化、频率范围 $0.5\sim35\text{GHz}$、海况 2～6 级、擦地角 $0.1°\sim60°$。NRL 模型可总结为（模型参数如表 4.6 所示）：

$$\sigma_{\text{dB}}^{0} = a_{\text{NRL}} + b_{\text{NRL}}\lg(\sin\phi) + \frac{(27.5 + c_{\text{NRL}}\phi_{\text{deg}})\lg f_{\text{RF,GHz}}}{1 + 0.95\phi_{\text{deg}}} + \tag{4.36}$$

$$d_{\text{NRL}}(1 + S_{\text{SS}})^{1/(2 + 0.085\phi_{\text{deg}} + 0.033S_{\text{SS}})} + e_{\text{NRL}}\phi_{\text{deg}}^{2}$$

式中，a_{NRL}、b_{NRL}、c_{NRL}、d_{NRL} 和 e_{NRL} 为模型参数。式（4.36）中的第一项为常数；第二项描述了对擦地角的对数依赖关系；第三项解释了雷达频率的影响，并对擦地角进行了额外的经验校正；第四项加入了海况的影响，并再次对擦地角进行了额外的经验校正；第五项考虑了当擦地角接近垂直入射角时反射系数快速增加的情况。另外，为了将风向的变化考虑在内，Whitrow[22]提出在 Hybrid 模型中加入 d_{hyb} 项。

表 4.6 NRL 模型的参数[9]

极 化 方 式	a_{NRL}	b_{NRL}	c_{NRL}	d_{NRL}	e_{NRL}
HH	−73.0	20.78	7.351	25.65	0.0054
VV	−50.79	25.93	0.7093	21.58	0.0021

4.2.9 澳大利亚国防科技集团（DSTG）平均后向散射连续模型

DSTG 平均后向散射连续模型[13]在 X 波段 $0.1°\sim3°$ 的小擦地角区域内采用 GIT 模型，即 $\sigma_{\text{GIT}}^{0}(\cdot)$；在 $20°\sim45°$ 的擦地角区域内采用中擦地角模型，即 $\sigma_{\text{med}}^{0}(\cdot)$。为了保证连续性，使用一个线性函数 $\sigma_{\text{lin}}^{0}(\cdot)$ 来连接小擦地角模型分量和中擦地角模型分量，并确保平均后向散射始终随擦地角的增大而增大。除此之外，在 $20° \leqslant \phi_{\text{deg}} \leqslant 45°$ 的擦地角范围内，采用线性函数和中擦地角模型的最大值作为该范围内的最终值。基于此，完整模型为

$$\sigma^0(\theta,\phi) = \begin{cases} \sigma_{\text{GIT}}^0(\theta,\phi), & 0.1° \leqslant \phi_{\text{deg}} < 3° \\ \sigma_{\text{lin}}^0(\theta,\phi), & 3° \leqslant \phi_{\text{deg}} < 20° \\ \max[\sigma_{\text{med}}^0(\theta,\phi),\sigma_{\text{lin}}^0(\theta,20)], & 20° \leqslant \phi_{\text{deg}} \leqslant 45° \end{cases} \tag{4.37}$$

式中，$\max[\cdot]$ 表示取最大值；线性函数为

$$\sigma_{\text{lin}}^0(\theta,\phi) = \sigma_{\text{GIT}}^0(\theta,3) + K_{\text{cont}}(\theta)(\phi_{\text{deg}} - 3) \tag{4.38}$$

另外，$K_{\text{cont}}(\theta)$ 曲线的斜率始终为正，并且范围为 $3° \sim 20°$，表达式为

$$K_{\text{cont}}(\theta) = \left| \sigma_{\text{med}}^0(\theta,20) - \sigma_{\text{GIT}}^0(\theta,3) \right| / 17 \tag{4.39}$$

对于中擦地角分量 $\sigma_{\text{med}}^0(\cdot)$，其有两个重要关系。第一个关系刻画了方位角和擦地角的变化，即

$$\sigma_{\text{med}}^0(\theta,\phi) = \tilde{a}_{\text{cont}} \phi^{\gamma_{\text{cont}}} [1 + \tilde{b}_{\text{cont}} \cos\theta + \tilde{c}_{\text{cont}} \cos(2\theta)] \tag{4.40}$$

式中，$\tilde{a}_{\text{cont}}$、$\tilde{b}_{\text{cont}}$、$\tilde{c}_{\text{cont}}$ 和 γ_{cont} 为几何模型系数。由于很难描述海洋条件，因此该模型仅使用了风速 U 和有效浪高 $H_{1/3}$，即

$$Y_{\text{cont}} = d_{\text{cont}} + e_{\text{cont}} \lg U + f_{\text{cont}} H_{1/3} \tag{4.41}$$

式中，d_{cont}、e_{cont} 和 f_{cont} 为环境模型系数。为了将这两个模型联系起来，必须改变式（4.40）中的系数，使其与擦地角无关。这可以通过引入归一化因子 ϕ_0 来实现，然后将式（4.40）重新定义为

$$\sigma_{\text{med}}^0(\theta,\phi) = \left(\frac{\phi}{\phi_0}\right)^{\gamma_{\text{cont}}} [a_{\text{cont}} + b_{\text{cont}} \cos\theta + c_{\text{cont}} \cos(2\theta)] \tag{4.42}$$

其中，新的系数为

$$a_{\text{cont}} = \tilde{a}_{\text{cont}} \phi_{0,\text{deg}}^{\gamma_{\text{cont}}}, \quad b_{\text{cont}} = \tilde{a}_{\text{cont}} \tilde{b}_{\text{cont}} \phi_{0,\text{deg}}^{\gamma_{\text{cont}}}, \quad c_{\text{cont}} = \tilde{a}_{\text{cont}} \tilde{c}_{\text{cont}} \phi_{0,\text{deg}}^{\gamma_{\text{cont}}} \tag{4.43}$$

为实现该模型，让 a_{cont}、b_{cont}、c_{cont}、γ_{cont} 与式（4.41）中计算 Y_{cont} 时对应的系数相等。对于文献［13］中发布的模型，归一化参数固定为 $\phi_{0,\text{deg}} \equiv 30°$，模型系数如表 4.7 所示。

表 4.7　中擦地角下 DSTG 平均后向散射连续模型 $\sigma_{\text{med}}^0(\theta,\phi)$ 的系数[13]

极 化 方 式		d_{cont}	e_{cont}	f_{cont}
HH	a_{cont}	−78.74	49.42	−0.20
	b_{cont}	11.72	−9.14	−0.012
	c_{cont}	−0.035	2.21	−0.15
	γ_{cont}	−1.21	0.64	0.0082
VV	a_{cont}	−47.78	27.15	−0.56
	b_{cont}	−0.032	0.69	0.023
	c_{cont}	0.51	2.31	−0.21
	γ_{cont}	0.16	−0.57	0.050

图 4.4 展示了模型的数据，以及在水平极化和垂直极化下平均后向散射的拟合情况，其中，风速和浪高分别为 10.2m/s 和 1.21m。对于 0.1°～10° 的小擦地角区域，采用 GIT 模型的数据作为替代数据。模型拟合结果表明，平均后向散射随方位角和擦地角均存在连续变化；沿擦地角维来看，方位维从只有单峰过渡到具有双峰，过渡分别发生在水平极化下约 20° 擦地角和垂直极化下 10° 擦地角。

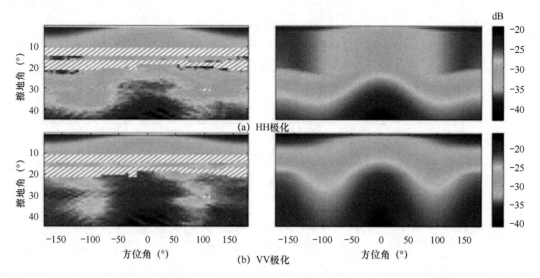

(a) HH极化

(b) VV极化

图 4.4　平均后向散射（左侧为数据，右侧为模型拟合；数据包括擦地角为 0.1°~10° 时的 GIT 模型数据和擦地角为 15°~45° 时的 Ingara X 波段数据；风速和浪高分别为 10.2m/s 和 1.21m[13]）

为更好地可视化拟合结果，图 4.5 展示了：DSTG 平均后向散射连续模型沿主要风向的方位维切片；在小擦地角区域内 GIT 模型的结果、Ingara X 波段数据；在中擦地角模型区域

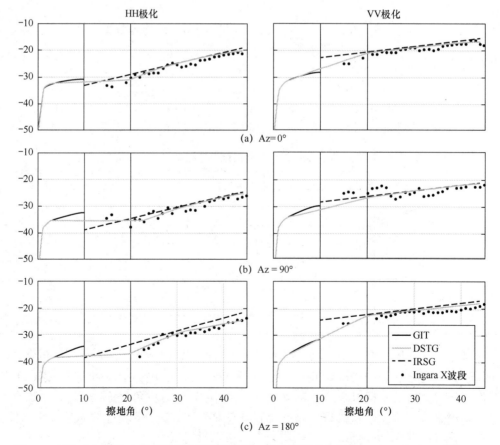

(a)　Az=0°

(b)　Az = 90°

(c)　Az = 180°

图 4.5　平均后向散射（垂直线表示模型的界限；风速和浪高分别为 10.2m/s 和 1.21m[13]）

内 IRSG 模型的结果。DSTG 平均后向散射连续模型覆盖了整个区域，并在每个风向下都实现了极好的拟合。另外，DSTG 平均后向散射连续模型沿逆风向与扩展 GO-SSA 模型[13]进行了比较。图 4.6 展示了在 2 级、4 级和 6 级海况及 HH 极化和 VV 极化下的结果。DSTG 平均后向散射连续模型和扩展 GO-SSA 模型都在擦地角范围内实现了相当好的匹配，只有几分贝的失配。

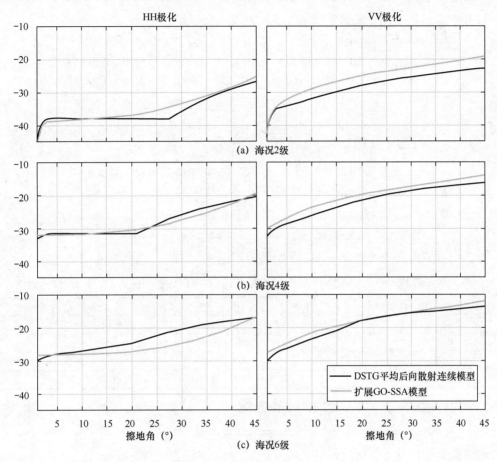

图 4.6　不同海况下的平均后向散射

4.3　双基地平均反射系数

如第 3 章所述，对双基地海杂波进行的测量试验很少，因此发展的经验模型也较少。尽管如此，研究人员在双基地平均反射系数建模方面还是取得了一些有限的进展。本节将对这些双基地平均反射系数模型进行讨论。

4.3.1　平面内散射

Domville[23,24]基于其测量结果，提出了一个 X 波段平面内散射的反射系数模型。该经验模型涵盖了风速在 4~10m/s 内采集的后向散射数据和前向散射数据，若将该模型应用于该风速范围外的值，则可能无法得出可靠的结果。此外，对于水平极化下的散射，归一化双基地平均反射系数的值 σ_B^0 对风速的依赖性很小。该模型最初是以图形流程图的形式呈现的，而后在文献 [1] 中被转化为算法形式，此处再次给出。首先，定义下列与入射角 ϕ_1 和反射角 ϕ_2 相关的角度：

$$\phi_{11} = |\phi_1 - 90°|$$
$$\phi_{21} = |\phi_2 - 90°| \tag{4.44}$$
$$\phi_n = \phi_{11} + \phi_{21}$$

下面给出了三种不同的擦地角体制，以及对应平面内的后向散射（$\psi_B = \pi$）系数 σ_B^0。

（1）小擦地角（$\phi_{11,deg} > 88.2°$ 或 $\phi_{21,deg} > 88.2°$）。

$$\sigma_{B,dB}^0 = \begin{cases} -50, & U \leqslant 5 \\ -50 + 114\phi(3.8U - 23), & U > 5, \ \phi < 0.0087 \\ -67 + 3.4U + (0.4U - 6)(1.33 - 38\phi), & U > 5, \ \phi \geqslant 0.0087 \end{cases} \tag{4.45}$$

其中

$$\phi = \pi/2 - \max[\phi_{11}, \phi_{21}], \quad \phi_{11,deg} > 84.8° \text{ 或 } \phi_{21,deg} > 84.8° \tag{4.46}$$

（2）中擦地角（$84.8° < \phi_{11,deg} \leqslant 88.2°$ 或 $84.8° < \phi_{21,deg} \leqslant 88.2°$）。

$$\sigma_{B,dB}^0 = \begin{cases} -67 + 3.4U + (\sigma_2 + 67 - 3.4U)(19\phi - 0.67), & U > 5 \\ -50 + (\sigma_2 + 50)(19\phi - 0.67), & U \leqslant 5 \end{cases} \tag{4.47}$$

其中

$$\sigma_2 = m_B \phi_n + c_B, \quad \phi_{11,deg} \leqslant 84.8° \text{ 且 } \phi_{21,deg} \leqslant 84.8° \tag{4.48}$$

对于不同值的 ϕ_n 和风速 U，m_B 和 c_B 的值如表 4.8 所示。

表 4.8　模型 Domville 双基地平均反射系数：平面内后向散射（$\psi_B = \pi$）下 m_B 和 c_B 的值

极 化 方 式	ϕ_n	m_B	c_B
VV	$\phi_n \geqslant 2 - 0.1U$	-10.18	$-11 + 0.8U$
VV	$\phi_n < 2 - 0.1U$	-17.63	4
HH	$\phi_n \geqslant 1.6 - 0.008U$	-6.69	$-13.8 + 0.08U$
HH	$\phi_n < 1.6 - 0.008U$	-17.63	4

（3）大擦地角（$\phi_{11,deg} \leqslant 84.8°$ 且 $\phi_{21,deg} \leqslant 84.8°$）。

$$\sigma_{B,dB}^0 = \sigma_2 \tag{4.49}$$

对于强镜面反射（前向散射）区域，有 $\psi_B = 0$，而 σ_B^0 的值如表 4.9 所示，其中以下角度定义为

$$\phi_s = \sqrt{\phi_{11}^2 + \phi_{21}^2}$$
$$\phi_b = |\phi_{11} - \phi_{21}| \tag{4.50}$$
$$\phi_d = \max(\phi_{11}, \phi_{21})$$

表 4.9　Domville 模型双基地平均反射系数：平面内前向散射（$\psi_B = 0$）下 σ_B^0 的值

极 化 方 式	ϕ_s	ϕ_b	σ_1	$\sigma_{B,dB}^0$
HH	$\phi_s > 1.40$	$\phi_b \leqslant 0.345$		14
VV	$\phi_s > 1.22$	$\phi_b < 0.087$	$18.8 - 7.16\phi_s$	$\sigma_1 - \phi_b(\sigma_1 - 10)/0.0873$
VV	$\phi_s > 1.22$	$0.087 \leqslant \phi_b \leqslant 0.345$		10

对于其他前向散射区域，平均反射系数将使用以下值：

$$\sigma_{B,dB}^0 = \sigma_1 - \frac{\phi_c(\sigma_1 - \sigma_2)}{\phi_a} \tag{4.51}$$

其中，对于 ϕ_s、ϕ_b、ϕ_d 和 U 的不同值，变量 σ_1、σ_2、ϕ_a 和 ϕ_c 如表 4.9～表 4.11 所示。

表 4.10 Domville 模型双基地平均反射系数：对于前向散射，作为 ϕ_s 和 ϕ_b 的函数的 σ_1、ϕ_a、ϕ_c 的值

极化方式	ϕ_s、ϕ_b	σ_1	ϕ_a	ϕ_c
HH	$\phi_s \leqslant 1.40$	$4 + 7.16\phi_s$	ϕ_s	ϕ_b
	$\phi_s > 1.42$ 且 $\phi_b > 0.345$	14	$\phi_s - 0.349$	$\phi_b - 0.349$
VV	$\phi_s \leqslant 1.22$	$4 + 4.91\phi_s$	ϕ_s	ϕ_b
VV	$\phi_s > 1.40$ 且 $\phi_b > 0.345$	10	$\phi_s - 0.349$	$\phi_b - 0.349$

表 4.11 Domville 模型双基地平均反射系数：对于前向散射，作为 ϕ_d 和 U 的函数的 σ_2 的值

极化方式	ϕ_d	U	σ_2
HH	$\phi_d < 1.48$	U 的所有范围	$-17.5\phi_d + 4$
	$\phi_d \geqslant 1.48$	$U > 5$	$\max[-50, -70 + 3.34U + 11.4(47 - 3.34U)(\pi/2 - \phi_d)]$
	$\phi_d \geqslant 1.48$	$U \leqslant 5$	$\max[-50, -70 + 535.8(\pi/2 - \phi_d)]$
VV	$\phi_d < 1.48$	U 的所有范围	$-17.5\phi_d + 4 + 0.26U\phi_d$
	$\phi_d \geqslant 1.48$	$U > 5$	$\max[-50, -70 + 3.34U + 11.4(47 - 2.94U)(\pi/2 - \phi_d)]$
	$\phi_d \geqslant 1.48$	$U \leqslant 5$	$\max[-50, -70 + 11.4(47 - 0.4U)(\pi/2 - \phi_d)]$

在水平极化和 10m/s 的风速下，图 4.7 展示了该模型的典型平面内双基地反射系数。ϕ_1 和 ϕ_2 表示两个擦地角，其中，$\phi_{2,\deg} > 90°$ 表示前向散射区域，双基地夹角由 $\beta = |\phi_1 - \phi_2|$ 给出。

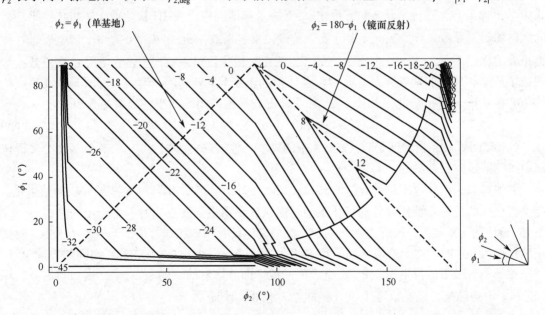

图 4.7 在 10m/s 的风速和水平极化下，Domville 模型的平面内双基地平均反射系数 σ^0（dBm²/m²）

Domville[23,24]对 Pidgeon 的 C 波段数据（见第 3 章）进行了经验拟合。该数据是在 1～3 级海况和 0.1°～3° 的发射机擦地角（$0.1° \leqslant \phi_{1,\deg} \leqslant 3°$）下采集的。接收机的擦地角范围为 $10° \leqslant \phi_{2,\deg} \leqslant 90°$，研究发现反射系数仅由发射机的擦地角决定。在垂直极化下，反射系数的拟合结果为

$$\sigma_B^0 = \frac{2.4 \times 10^9}{0.3a_D} U_{kn}^{1.7} 10^{0.16} H_{in}^{-(1.2\sin((\phi_{1,\deg} + \phi_{2,\deg})/2 + 0.25)(5/U_{kn} + 1.1))} \tag{4.52}$$

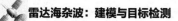

式中，$a_D = (1/\phi_{1,\text{deg}} + 1/\phi_{2,\text{deg}})$，$U_{\text{kn}}$ 为以节为单位的风速，H_{in} 为以英寸为单位的浪高。

在文献［25］中，在 Willis 的工作[26]基础上，有学者提出平面内散射 σ_B^0 可以近似为

$$\sigma_B^0 = \sqrt{\sigma^0(\phi_1)\sigma^0(\phi_2)} \tag{4.53}$$

式中，$\sigma^0(\phi_1)$ 和 $\sigma^0(\phi_2)$ 分别是擦地角为 ϕ_1 和 ϕ_2 时的单基地反射系数。通过使用 GIT 模型得出 $\sigma^0(\phi_1)$ 和 $\sigma^0(\phi_2)$ 的值，可以发现该方法与 Domville 模型和 Willis 模型的结果具有令人满意的一致性。应该注意的一点是，GIT 模型仅在 $\phi_{\text{deg}} < 10°$ 时有效，而对于较大的擦地角，可以使用 4.2 节讨论的模型。此外，当其中一个擦地角极小而另一个擦地角大得多时，式（4.53）提出的建模方法并不能准确预测 Domville 模型中非常小的 σ_{dB}^0。

4.3.2　平面外散射

第 3 章中对双基地几何条件进行了描述，其中，当方位角 $\psi_B \neq 0$ 或 $\psi_B \neq \pi$ 时，可以将散射描述为平面外散射。如文献［25］所述，必须对平面外散射的两种效应进行建模。第一种效应是，随着方位角增大，同极化散射分量会减小；第二种效应是偏极化，即散射的电磁场从发射天线框架到接收天线框架的投影，随着方位角的增大，这种效应将减小接收天线中的同极化分量，而增大交叉极化分量。为了描述这些效应，研究人员提出以下模型[25]：

$$\sigma_B^0 = \sqrt{\sigma^0(\phi_1,0)\sigma^0(\phi_2,\psi_B)}\left|\cos\psi_B\right|^{m_c} + k_c\sqrt{\sigma_{\text{HV}}^0(\phi_1,0)\sigma_{\text{HV}}^0(\phi_2,\psi_B)}\left|\sin\psi_B\right|^{n_c} \tag{4.54}$$

式中，$\sigma^0(\phi,\psi_B)$ 为在擦地角 ϕ 和方位角 ψ_B 下的单基地同极化（HH 极化或 VV 极化）平均后向散射的反射系数，$\sigma_{\text{HV}}^0(\phi,\psi_B)$ 为等效交叉极化反射系数，$m_c, n_c, k_c > 0$ 为用于调整以进行数据拟合的比例因子。Long[27]给出了一个合适的交叉极化反射系数模型，他使用 C 波段数据集模拟了风速和风向的依赖关系。其中，擦地角的范围为 $1.5° \sim 4°$；浪高（海面到波峰高度的均值）在 $0.18 \sim 0.6\text{m}$ 变化，相当于 $2 \sim 4$ 级海况。沿擦地角维的平均反射系数为

$$\sigma_{\text{HV,dB}}^0 = 29.8\lg(0.5144U) + 6\cos\theta - 84.7 \tag{4.55}$$

Griffiths 等人[25]也验证了式（4.55）中的模型，他们研究了式（4.54）对单基地交叉极化反射系数的拟合，并选择了适当的 m_c、n_c 和 k_c。

其他对交叉极化反射系数 σ_{HV}^0 的测量在文献［28,29］中给出。一个常见的观测结果是，交叉极化下的反射系数比等效同极化下的反射系数小得多。文献［28］中给出的结果表明，与 $15°$ 擦地角（X 波段，风速为 7.7m/s）的水平极化反射系数相比，这个差值约为 5dB；而当擦地角接近 $90°$ 时，这个差值达到了约 18dB。根据文献［28］，这意味着在相同的擦地角下，双基地平面外散射的反射系数 σ_B^0 将小于单基地平面外散射的反射系数 σ^0。这一结论被文献［23,24］中的结果，以及报道了 σ_B^0/σ^0 的文献［30］所证实。

4.4　K 分布形状参数

K 分布是描述海杂波幅度起伏的最常见的幅度分布模型。在小擦地角（$<10°$）下，基于文献［1］中总结的数据集，有一些 K 分布形状参数 v 的模型被提出，包括 Ward[31]提出的原始形状参数模型，以及 Watts 和 Wicks[32]提出的更新拟合模型。在中擦地角下，有许多基于 Ingara X 波段数据集的模型被提出。第一个模型仅用于对一天内的几何条件进行模拟[33]；Rosenberg 等人[34]对此模型进行了扩展，将针对其他环境条件的附加分量考虑在内。另外，

文献［13］对 Watts 和 Wicks 提出的模型进行改进，使其适用于所有涌浪方向，并结合文献［34］中的中擦地角模型，提出了一个适用于 0.1°～45°擦地角的连续模型。

4.4.1　小擦地角模型

最流行的小擦地角形状参数模型是由 Ward[31]提出的，擦地角范围为 0.1°～10°。尽管在发展模型过程中使用了超过 300 个数据集，但是通过这些数据集还不足以得到许多参数（如风速或海况）的可靠变化趋势。此外，虽然数据是在 X 波段采集的，但学者们也认为，此数据在 5～35GHz 内也能发挥相当好的作用。形状参数的对数形式为

$$\lg v = \frac{2}{3}\lg \phi_{\mathrm{deg}} + \frac{5}{8}\lg A_{\mathrm{cl}} - k_{\mathrm{WW}} - \frac{\cos(2\theta_{\mathrm{SW}})}{3} \tag{4.56}$$

式中，θ_{SW} 为涌浪方向，A_{cl} 为雷达分辨面积，k_{WW} 为依赖极化方式的参数（在 VV 极化下为 1.39，在 HH 极化下为 2.09）。另外，发展该模型所使用的数据的雷达分辨面积的范围为 $630\mathrm{m}^2 \leqslant A_{\mathrm{cl}} \leqslant 1260\mathrm{m}^2$，距离分辨率为 4.2m。

随后，Watts 和 Wicks[32]使用附加的数据改进了对逆涌浪（USW）方向和侧涌浪（CSW）方向，以及水平极化和垂直极化下数据的拟合。他们构建的形状参数模型为

$$\lg v = a_{\mathrm{WW}}\lg \phi_{\mathrm{deg}} + b_{\mathrm{WW}}\lg A_{\mathrm{cl}} + c_{\mathrm{WW}} \tag{4.57}$$

式中，系数 a_{WW}、b_{WW} 和 c_{WW} 如表 4.12 所示。该形状参数模型易于扩展，可以将在涌浪方向上的正弦变化考虑在内，而这种变化在逆涌浪方向和顺涌浪方向具有最大值[13]。如果形状参数的和、形状参数的差分别定义为

$$v_{\mathrm{sum}}(\phi) = [v_{\mathrm{USW}}(\phi) + v_{\mathrm{CSW}}(\phi)]/2$$
$$v_{\mathrm{diff}}(\phi) = [v_{\mathrm{USW}}(\phi) - v_{\mathrm{CSW}}(\phi)]/2 \tag{4.58}$$

那么，改进后的模型可以写为

$$v = v_{\mathrm{sum}}(\phi) + v_{\mathrm{diff}}(\phi)\cos(2\theta_{\mathrm{SW}}) \tag{4.59}$$

表 4.12　Watts 和 Wicks 构建的形状参数模型的系数

极 化 方 式	涌　　浪	a_{WW}	b_{WW}	c_{WW}
HH	逆/顺涌浪方向	0.40	0.46	−1.52
HH	侧涌浪方向	0.25	0.79	−2.22
VV	逆/顺涌浪方向	0.83	0.71	−1.69
VV	侧涌浪方向	1.04	1.23	−2.81

图 4.8 展示了模型在擦地角为 1°、5° 和 10° 下的拟合情况，其中，交叉点为原始数据点。该模型观察到的主要趋势是在侧涌浪方向上出现峰值，并且形状参数随擦地角的增大而增大；当 v 约大于 30 时，在垂直极化下的形状参数远大于在水平极化下的形状参数，且具有类高斯统计特性。

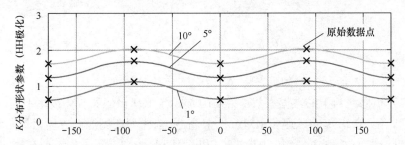

图 4.8　改进的 Watts 和 Wicks 形状参数模型[13]，雷达分辨面积 $A_{\mathrm{cl}} = 765\mathrm{m}^2$

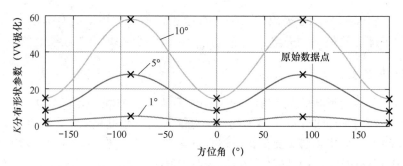

图 4.8　改进的 Watts 和 Wicks 形状参数模型[13]，雷达分辨面积 $A_{\mathrm{cl}} = 765\mathrm{m}^2$（续）

4.4.2　DSTG 连续形状参数模型

DSTG 连续形状模型在 $0.1°\sim10°$ 的小擦地角范围内没有直接使用改进的 Watts 和 Wicks 模型，而是引入了幂律拟合来匹配小擦地角范围内的趋势。为了保证连续性，选择过渡点为 $\phi_{\mathrm{deg}} = 12°$，在 $12°\sim45°$ 的擦地角范围内采用中擦地角模型 v_{med}。该模型与 4.2.9 节中描述的 DSTG 平均后向散射连续模型 σ_{med}^0 的形式相同，只是方位角的变化与涌浪方向有关，而不是与风向有关。该模型的表达式为

$$v_{\mathrm{med}}(\theta_{\mathrm{SW}},\phi) = \left(\frac{\phi}{\phi_0}\right)^{\gamma_{\mathrm{cont}}} (a_{\mathrm{cont}} + b_{\mathrm{cont}}\cos\theta_{\mathrm{SW}} + c_{\mathrm{cont}}\cos(2\theta_{\mathrm{SW}})) \tag{4.60}$$

式中，θ_{SW} 为相对于逆涌浪方向的方位涌浪方向，系数 a_{cont}、b_{cont}、c_{cont} 和 γ_{cont} 为几何模型系数，ϕ_0 为参考擦地角。

另外，利用风速 U 和有效浪高 $H_{1/3}$ 来描述海洋条件，即

$$Y_{\mathrm{cont}} = d_{\mathrm{cont}} + e_{\mathrm{cont}}\lg U + f_{\mathrm{cont}}H_{1/3} \tag{4.61}$$

式中，d_{cont}、e_{cont} 和 f_{cont} 为环境模型系数。然后，让式（4.60）中的每个系数 a_{cont}、b_{cont}、c_{cont} 和 γ_{cont} 与式（4.61）所示模型计算 Y_{cont} 的系数相等来实现该模型。

为了确定 K 分布形状参数随雷达分辨面积 A_{cl} 变化的情况，对 Ingara X 波段数据集中的距离分辨率进行了粗化，以达到雷达分辨面积 $50\sim1200\mathrm{m}^2$。估计的形状参数在沿擦地角、方位角或海况维没有显示出明显的趋势，故对每个形状参数取平均，并对结果进行幂律拟合。在水平极化和垂直极化下的数据和模型拟合结果如图 4.9 所示，其中雷达分辨面积经过了 Ingara X 波段数据集中的最小雷达分辨面积 $A_0 = 47.3\mathrm{m}^2$ 的归一化。基于此，这个模型可以被描述为

$$v(\theta_{\mathrm{SW}},\phi) = \begin{cases} v_{\mathrm{med}}(\theta_{\mathrm{SW}},12)\left(\dfrac{A_{\mathrm{cl}}}{A_0}\right)^{\delta_{\mathrm{cont}}}\left(\dfrac{\phi_{\mathrm{deg}}}{12}\right)^{\eta_{\mathrm{cont}}}, & 0.1° \leqslant \phi_{\mathrm{deg}} < 12° \\ v_{\mathrm{med}}(\theta_{\mathrm{SW}},\phi)\left(\dfrac{A_{\mathrm{cl}}}{A_0}\right)^{\delta_{\mathrm{cont}}}, & 12° \leqslant \phi_{\mathrm{deg}} < 45° \end{cases} \tag{4.62}$$

其参数取值如表 4.13 所示。例如，在图 4.10 中，雷达分辨面积为 $756\mathrm{m}^2$，改进的 Watts 和 Wicks 模型作为小擦地角下的数据替代。图 4.10 显示了 HH 极化和 VV 极化下的情况，数据采集于 $30°$ 的擦地角、$10.2\mathrm{m/s}$ 的风速和 $1.21\mathrm{m}$ 的浪高下。该模型在侧涌浪方向上具有明显的峰值，而且形状参数随擦地角增大而增大。图 4.11 和图 4.12 分别展示了该模型在雷达分辨面积为

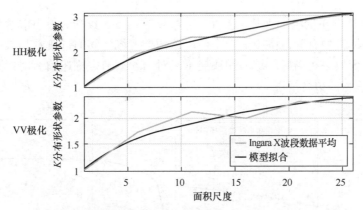

图 4.9 DSTG 连续形状参数模型所展示的 K 分布形状参数随面积尺度（A_{cl}/A_0）的变化
（风速和浪高分别为 10.2m/s 和 1.21m[13]）

表 4.13 DSTG 连续形状参数模型的参数

极 化 方 式		d_{cont}	e_{cont}	f_{cont}
HH	γ_{cont}	1.39	−0.78	0.16
	a_{cont}	3.11	−1.85	0.35
	b_{cont}	−0.14	0.19	−0.030
	c_{cont}	−0.51	0.23	−0.049
	η_{cont}	0.30		
	δ_{cont}	0.34		
VV	γ_{cont}	0.61	−0.35	−0.035
	a_{cont}	25.19	−6.96	−0.53
	b_{cont}	−0.014	0.012	0
	c_{cont}	−7.75	2.18	0.16
	η_{cont}	0.55		
	δ_{cont}	0.27		

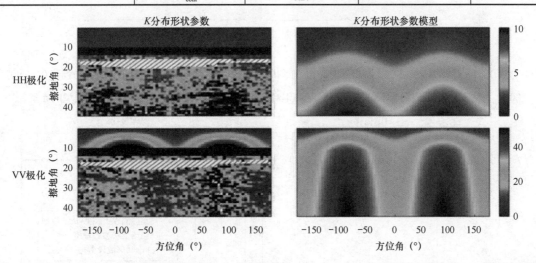

图 4.10 DSTG 连续形状参数模型得到的 K 分布形状参数，与 $A_{cl} = 756m^2$ 及在 HH 极化和 VV 极化下实测
K 分布形状参数的比较（风速和浪高分别为 10.2m/s 和 1.21m）[13]

47.5m² 和 756m² 情况下的模型切片，这两个值对应于 Ingara 数据的最小雷达分辨面积和改进的 Watts 和 Wicks 模型有效范围内的一个值。这两个区域之间的过渡看起来非常平滑，模型与数据趋势的匹配效果相当好。这些图还展示了对 4.5.3 节中描述的通用参数模型和改进的 Watts 和 Wicks 模型的拟合情况。

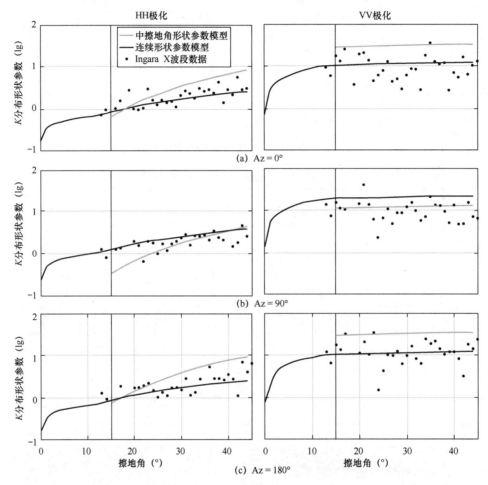

图 4.11　DSTG 连续形状参数模型所得到的 K 分布形状参数，其中，$A_{\mathrm{cl}} = 47.5\mathrm{m}^2$，方位观测方向为 0°、90° 和 180°，极化方式为 HH 极化和 VV 极化，风速和浪高分别为 10.2m/s 和 1.21m（垂直线表示模型的界限）[13]

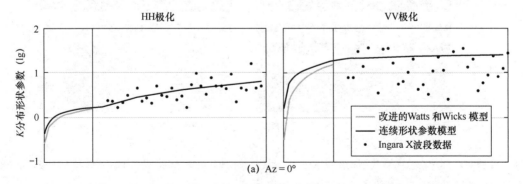

图 4.12　DSTG 连续形状参数模型所得到的 K 分布形状参数，其中，$A_{\mathrm{cl}} = 756\mathrm{m}^2$，方位观测方向为 0°、90° 和 180°，极化方式为 HH 极化和 VV 极化，风速和浪高分别为 10.2m/s 和 1.21m（垂直线表示模型的界限）[13]

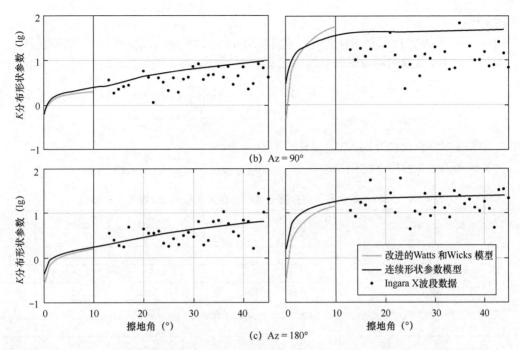

图 4.12　DSTG 连续形状参数模型所得到的 K 分布形状参数，其中，$A_{cl} = 756m^2$，方位观测方向为 $0°$、$90°$ 和 $180°$，极化方式为 HH 极化和 VV 极化，风速和浪高分别为 10.2m/s 和 1.21m（垂直线表示模型的界限）[13]（续）

4.5　多普勒谱

尽管学者们对海杂波的多普勒特性进行了大量研究，但针对多普勒谱的参数化模型很少。正如第 2 章所述，这是由于很难对随时间和距离变化的多普勒特性进行建模。

4.5.1　平均多普勒谱模型

在对平均多普勒谱建模时，通常使用单个高斯模型[29]。该模型基于顺风向的小擦地角数据，将多普勒谱的平均速度与风速联系起来，即

$$\bar{v}_{HH} = 0.25 + 0.25U$$
$$\bar{v}_{VV} = 0.25 + 0.18U$$

（4.63）

式中，$\bar{v}_{VV}$ 和 $\bar{v}_{HH}$ 分别表示在垂直极化和水平极化下的平均多普勒速度。多普勒谱的半功率（HP）谱宽相当多变，具有以下近似关系：

$$\bar{w}_{HP} = 0.24U$$

（4.64）

在顺风向下，随着擦地角的增大，平均多普勒速度近似与 $\cos\phi$ 成比例地减小，而且在水平极化和垂直极化下的回波变得相近。这两个附加部分包含在 Stove 提出并发表在文献［1］的模型中，即

$$\bar{v}_{HH} = \begin{cases} [0.25 + 0.18U + 0.07U\cos(2\phi)]\cos\phi, & \phi_{deg} \leqslant 45° \\ (0.25 + 0.18U + 0.07U)\cos\phi, & \phi_{deg} > 45° \end{cases}$$

（4.65）

$$\bar{v}_{VV} = (0.25 + 0.18U + 0.07U)\cos\phi$$

（4.66）

对于这两个平均多普勒谱模型，可以假设海杂波的平均多普勒偏移会随方位观测方向的

变化而变化。

Sittrop[4]针对 VV 极化和 HH 极化，在2～20m/s 内的风速，以及顺风向和侧风向分别给出了 X 波段和 Ku 波段的均方根海杂波谱宽 $\bar{w}_{\text{RMS}}$ 的模型，即

$$\lg(\bar{w}_{\text{RMS}}) = \lg(a_{\text{Sitv}}) + \frac{b_{\text{Sitv}} \lg\left(\dfrac{\phi}{\phi_0}\right) + \left(c_{\text{Sitv}} \lg\left(\dfrac{\phi}{\phi_0}\right) + d_{\text{Sitv}}\right) \lg\left(\dfrac{U}{U_0}\right)}{10} \tag{4.67}$$

式中，参考擦地角和风速分别为 $\phi_{0,\text{deg}} = 0.5°$ 和 $U_0 = 5\text{m/s}$。

在 X 波段和 Ku 波段下的模型参数 a_{Sitv}、b_{Sitv}、c_{Sitv} 和 d_{Sitv} 如表4.14所示。

表 4.14　Sittrop 的均方根海杂波谱宽模型在 X 波段和 Ku 波段下的参数

极化方式	频率波段	风向	a_{Sitv}	b_{Sitv}	c_{Sitv}	d_{Sitv}
HH	X 波段	逆风	60	0	−1.7	7
		侧风	32	2.6	−9.6	15
VV	X 波段	逆风	63	0	−7.4	8
		侧风	50	−2.2	−1.6	9.2
HH	Ku 波段	逆风	130	−3	3.6	3.4
		侧风	160	−3	3.3	2
VV	Ku 波段	逆风	125	−4.1	6	4
		侧风	150	−5.4	7	3.4

基于 Walker 的平均多普勒谱模型[35]，Whitrow[22]提出了一个小擦地角下平均多普勒谱参数化模型。该模型使用了在 Ku 波段（14GHz）采集的数据，其中，风速为2～12m/s（意味着海况为2～6级），擦地角为6°～12°。有趣的是，模型结果使用2°擦地角的 Ingara X 波段数据进行了验证，说明该模型在其试验条件之外也是有效的。

Walker 提出的平均多普勒谱模型由两个用于垂直极化和三个用于水平极化的高斯分量构成。两者的共同点是包含 Bragg 分量和持续的白冠分量，而只有在水平极化下才具有离散的海尖峰分量。在垂直极化和水平极化下的平均多普勒谱分别为 $G_{\text{VV}}(f)$ 和 $G_{\text{HH}}(f)$，有

$$G_{\text{VV}}(f) = A_{\text{Br,VV}} \exp\left(-\frac{(f - \bar{f}_{\text{Br}})^2}{\bar{w}_{\text{Br}}}\right) + A_{\text{W}}\left(-\frac{(f - \bar{f}_{\text{W}})^2}{\bar{w}_{\text{W}}}\right)$$

$$G_{\text{HH}}(f) = A_{\text{Br,HH}} \exp\left(-\frac{(f - \bar{f}_{\text{Br}})^2}{\bar{w}_{\text{Br}}}\right) + A_{\text{W}}\left(-\frac{(f - \bar{f}_{\text{W}})^2}{\bar{w}_{\text{W}}}\right) + A_{\text{S}}\left(-\frac{(f - \bar{f}_{\text{W}})^2}{\bar{w}_{\text{S}}}\right) \tag{4.68}$$

式中，$A_{\text{Br,HH}}$ 和 $A_{\text{Br,VV}}$ 分别为水平极化和垂直极化下的 Bragg 分量的幅度；A_{W} 和 A_{S} 分别为白冠分量和海尖峰分量的幅度；Bragg 分量和白冠分量的中心频率 $\bar{f}_{\text{Br}}$ 和 $\bar{f}_{\text{W}}$ 对水平极化和垂直极化是通用的，白冠分量和海尖峰分量具有相同的中心频率；每个分量的谱宽分别为 $\bar{w}_{\text{Br}}$、$\bar{w}_{\text{W}}$ 和 $\bar{w}_{\text{S}}$。

为了确定每个参数化模型，Whitrow 根据 Rozenberg[36,37]对造波池的测量结果推导出了相关的关系，其中，中心频率和谱宽经过了成比例缩放，以匹配 Walker[35]测得的结果。该参数化模型需要雷达波长 λ、方位风向 θ、风速 U 和平均后向散射 σ^0。对于 Bragg 分量的中心频率，有

$$\bar{f}_{\text{Br}} = \begin{cases} \dfrac{0.0273\cos\theta}{\lambda}(17.36 + 10.59U^{0.29} + 0.0153U^{3.05}), & 0 \leqslant \theta \leqslant \pi/2 \\ \dfrac{0.0273\cos\theta}{\lambda}(22.83 + 2.84U), & \pi/2 < \theta \leqslant \pi \end{cases} \tag{4.69}$$

而对于白冠分量的中心频率，有

$$\overline{f}_{\mathrm{W}} = \begin{cases} \dfrac{0.0567\cos\theta}{\lambda}(-39.43+57.48\sqrt{U}-5.69U), & 0\leqslant\theta\leqslant\pi/2 \\[3mm] \dfrac{0.0483\cos\theta}{\lambda}(22.83+2.84U), & \pi/2\leqslant\theta\leqslant\pi \end{cases} \tag{4.70}$$

对于 Bragg 分量的谱宽，有

$$\overline{w}_{\mathrm{Br}} = \frac{0.0273}{\lambda}(4.6+0.68U\cos\theta) \tag{4.71}$$

而对于白冠分量和海尖峰分量的谱宽，有

$$\overline{w}_{\mathrm{W}} = \begin{cases} \dfrac{0.0567U}{\lambda}(5.035+1.115\cos\theta), & U<5.97 \\[3mm] \dfrac{0.0567U}{\lambda}(18.35+1.96U+(18.35-19.96U)\cos\theta), & U>5.97 \end{cases} \tag{4.72}$$

$$\overline{w}_{\mathrm{S}} = 1.13\overline{w}_{\mathrm{W}} \tag{4.73}$$

对于幅度，有两种不同的方法可以得出相近的结果。第一种方法为，海尖峰分量和白冠分量与水平极化下 Bragg 分量的幅度比值为

$$\frac{A_{\mathrm{W}}}{A_{\mathrm{Br,HH}}} = 1.41U\left(\frac{1+\cos\theta}{2}\right)+0.15U\left(\frac{1-\cos\theta}{2}\right) \tag{4.74}$$

$$\frac{A_{\mathrm{S}}}{A_{\mathrm{Br,HH}}} = \max\left[0,\ 19.1\left(\frac{U-4}{6}\right)\right]\left(\frac{1+\cos\theta}{2}\right) \tag{4.75}$$

那么，可以使用一个合适的水平极化平均后向散射 σ_{HH}^{0} 来确定 Bragg 分量幅度，即

$$A_{\mathrm{Br,HH}} = \frac{\sigma_{\mathrm{HH}}^{0}}{\sqrt{\pi}\left(\overline{w}_{\mathrm{Br}}+\overline{w}_{\mathrm{W}}\dfrac{A_{\mathrm{W}}}{A_{\mathrm{Br,HH}}}+\overline{w}_{\mathrm{S}}\dfrac{A_{\mathrm{S}}}{A_{\mathrm{Br,HH}}}\right)} \tag{4.76}$$

式中，A_{W} 和 A_{S} 的幅度由式（4.74）和式（4.75）确定。类似地，垂直极化下 Bragg 分量的幅度可以由对应的平均后向散射 σ_{VV}^{0} 来确定，即

$$A_{\mathrm{Br,VV}} = \frac{\sigma_{\mathrm{VV}}^{0}-\sqrt{\pi}\overline{w}_{\mathrm{W}}A_{\mathrm{W}}}{\sqrt{\pi}\overline{w}_{\mathrm{Br}}} \tag{4.77}$$

第二种方法是利用白冠分量和垂直极化下 Bragg 分量的幅度的比值，即

$$\frac{A_{\mathrm{W}}}{A_{\mathrm{Br,VV}}} = 0.0437U\left(\frac{1+\cos\theta}{2}\right)+0.00595U\left(\frac{1-\cos\theta}{2}\right) \tag{4.78}$$

式中

$$A_{\mathrm{Br,VV}} = \frac{\sigma_{\mathrm{VV}}^{0}}{\sqrt{\pi}\left(\overline{w}_{\mathrm{Br}}+\overline{w}_{\mathrm{W}}\dfrac{A_{\mathrm{W}}}{A_{\mathrm{Br,VV}}}\right)} \tag{4.79}$$

白冠分量的幅度 A_{W} 和水平极化下 Bragg 分量的幅度 $A_{\mathrm{Br,HH}}$ 可以分别由式（4.78）和式（4.74）来确定，而海尖峰的幅度为

$$A_{\mathrm{S}} = \frac{\sigma_{\mathrm{HH}}^{0}-\sqrt{\pi}\overline{w}_{\mathrm{Br,HH}}A_{\mathrm{Br,HH}}-\sqrt{\pi}\overline{w}_{\mathrm{W}}A_{\mathrm{W}}}{\sqrt{\pi}\overline{w}_{\mathrm{S}}} \tag{4.80}$$

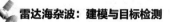

4.5.2 时域去相关模型

随着海况等级变高，风速、浪高、海浪波长和多普勒谱宽都会增大。关于多普勒谱宽，Hicks 等人[38]通过试验表明，大擦地角下的多普勒谱宽与浪高和海浪周期之比成正比。这种关系已经通过 Ingara X 波段数据集[39]得到了验证。对数据进一步分析，并根据在 $1/e$ 点测量的平均时域去相关时间 T_temp 构建模型。分析发现，沿方位角和擦地角维只有微小的趋势，因此该模型仅是风速 U 和有效浪高 $H_{1/3}$ 的函数。该模型由三组系数描述，每组系数对应一种极化方式，即

$$T_\text{temp} = (a_\text{temp} + b_\text{temp} + c_\text{temp}H_{1/3})\times 10^{-3} \tag{4.81}$$

这可以与一个用高斯函数或负指数函数描述的自相关模型联系起来，后者的表达式为

$$\rho_n = \exp\left(-\frac{|n|}{T_\text{temp}f_\text{r}}\right) \tag{4.82}$$

其中，$n > 0$ 表示滞后。三种极化方式下时域去相关模型的系数如表 4.15 所示，有效擦地角范围为 $15°\sim 45°$。需要注意的是，该模型只考虑了相关性的实部，因此假设多普勒谱以 0Hz 为中心。图 4.13 展示了在水平极化下的模型拟合结果，每日测量的平均时域去相关时间在模型下方的标记为红色，在模型上方的标记为蓝色。

表 4.15 三种极化方式下时域去相关模型的系数

极 化 方 式	a_temp	b_temp	c_temp
HH	6.34	−0.20	−0.23
HV	5.58	−0.10	−0.21
VV	5.83	−0.10	−0.21

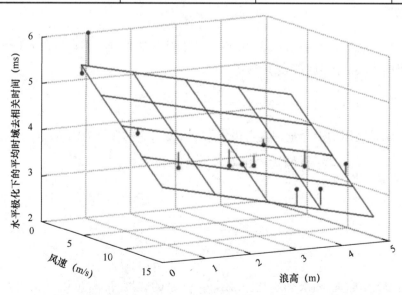

图 4.13 水平极化下的平均时域去相关时间作为风速和浪高的函数[40]

4.5.3 演化多普勒谱模型

第 2 章对演化多普勒谱模型进行了介绍，其形式为

$$G(f) = \frac{\tau}{\sqrt{2\pi}w} \exp\left(-\frac{(f - m_{\mathrm{f}}(\tau))^2}{2w^2}\right) \tag{4.83}$$

式中，$G(f)$ 为多普勒频率 f 的平均功率谱密度，τ 为局部海杂波强度或纹理。如果海杂波幅度服从 K 分布，则纹理 τ 的 PDF 服从 Gamma 分布。平均多普勒偏移与归一化平均散斑功率 $\overline{\tau} = \tau/\langle\tau\rangle$ 有关，即

$$m_{\mathrm{f}}(\tau) = A_{\mathrm{c}} + B_{\mathrm{c}}\overline{\tau} + f_{\mathrm{lin}} \tag{4.84}$$

式中，f_{lin} 被添加到文献［34］的模型中来描述围绕模型拟合的起伏，它由一个均值为 0、标准差为 σ_{lin} 的高斯随机变量描述。式（4.83）中的谱宽 w，是一个均值为 m_{w}、标准差为 σ_{w} 的随机变量。

演化多普勒谱参数化模型在文献［41］中被提出，后来在文献［34］中被扩展到双峰的情况。该模型适用于中擦地角，并基于文献［10］中的关系，使用相干处理时间为 0.22s（$N = 64$ 个脉冲）的 Ingara X 波段数据集和雷达分辨面积 $A_{\mathrm{cl}} = 47.25\mathrm{m}^2$。该模型是一个同时考虑风向和涌浪方向的通用模型，是对之前提出的平均后向散射连续模型和 K 分布形状参数模型的扩展。

如果 X 是待建模的通用参数，则几何关系可以表示为描述风向和涌浪方向两个分量的加权和，即

$$X(\theta, \phi \mid U, H_{1/3}) = \left(\frac{\phi}{\phi_0}\right)^{\gamma_{\mathrm{gen}}} [a_{\mathrm{gen}} + b_{\mathrm{gen}}\cos\theta + c_{\mathrm{gen}}\cos(2\theta) +$$
$$d_{\mathrm{gen}}\cos(\theta - \theta_{\mathrm{SW}}) + e_{\mathrm{gen}}\cos(2(\theta - \theta_{\mathrm{SW}}))] \tag{4.85}$$

式中，θ 和 θ_{SW} 分别是方位角和涌浪角，它们都是相对于顺风向定义的；ϕ_0 是固定为 10° 的参考擦地角；模型系数为 a_{gen}、b_{gen}、c_{gen}、d_{gen}、e_{gen} 和 γ_{gen}。海洋条件与风速 U 和有效浪高 $H_{1/3}$ 有关，即

$$Y = f_{\mathrm{gen}} + g_{\mathrm{gen}}\lg(U) + h_{\mathrm{gen}}H_{1/3} \tag{4.86}$$

式中，f_{gen}、g_{gen} 和 h_{gen} 为模型系数。需要注意的是，式（4.85）中的每个系数都取决于海洋条件，并用包含参数 f_{gen}、g_{gen} 和 h_{gen} 的式（4.86）来建模。

以 Ingara X 波段数据集中的某一天作为示例，所选数据的擦地角为 30°，风向为逆风向，相对涌浪角为 135°，风速为 10.2m/s，浪高为 1.2m。图 4.14 和图 4.15 展示了对 A_{c} 和 B_{c} 的估计和建模的结果，模型系数如表 4.16 所示。对于水平极化和交叉极化，全部 12 次飞行的结果都在逆风向处出现峰值，且沿擦地角维的变化很小，这证实了这些极化通道的散射主要是由风驱动的。然而，对于 A_{c} 的垂直极化通道，在逆涌浪方向周围出现了一个峰值。式（4.85）中的模型（在每个极化通道独立运行）对这种复杂的相互作用进行了描述。建模的结果使用了相同的海况输入条件，并清楚地刻画了显著的趋势，尽管在垂直极化下部分峰值并不如数据所显示的那么强。这是由于建模使用了低浪高（在 12 次飞行中进行了权衡）。参数 σ_{lin} 的结果如图 4.16 所示，模型系数如表 4.17 所示。这些结果与垂直极化下的 A_{c} 呈现出相似的趋势，且峰值位于逆涌浪方向。

图 4.17 和图 4.18 展示了谱宽 w 的均值 m_{w} 和标准差 σ_{w} 及对其建模的结果，其中，模型系数如表 4.18 所示。可以观察到，两个参数和在三种极化下的趋势是匹配的。峰值出现在逆风向和顺涌浪方向附近，其强度与风速和涌浪强度（浪高）有关。建模的结果与观测数据之

间吻合良好。在水平极化小擦地角下的强度与许多其他数据集中的数据也较吻合，属于数据的真实特性。附录 B 给出了双峰演化多普勒谱模型的进一步结果。

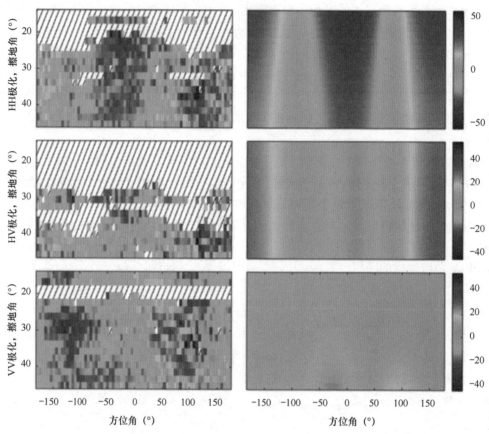

图 4.14　线性参数 A_c 随方位角和擦地角的变化（左边是观测数据，右边是模型模拟结果；风速和浪高分别为 10.2m/s 和 1.21m；改编自文献［42］）

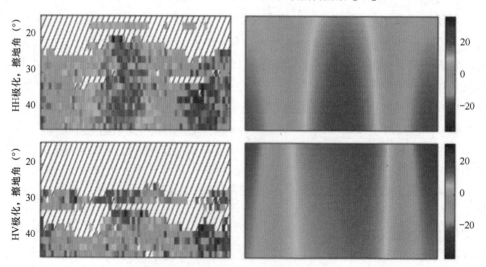

图 4.15　线性参数 B_c 随方位角和擦地角的变化（左边是观测数据，右边是模型模拟结果；风速和浪高分别为 10.2m/s 和 1.21m；改编自文献［42］）

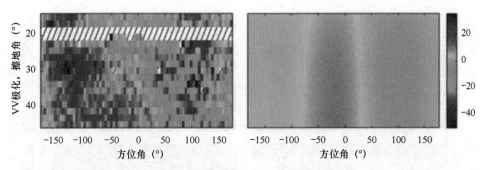

图 4.15　线性参数 B_c 随方位角和擦地角的变化（左边是观测数据，右边是模型模拟结果；
风速和浪高分别为10.2m/s 和 1.21m；改编自文献［42］）（续）

表 4.16　对于 A_c 和 B_c，演化多普勒谱模型的系数

极 化 方 式	系　　数	A_c			B_c		
		f_{gen}	g_{gen}	h_{gen}	f_{gen}	g_{gen}	h_{gen}
HH	γ_{gen}	6.60	−6.87	−0.012	−0.055	0.26	0.084
	a_{gen}	−0.19	0.64	−0.054	12.10	−10.81	0.17
	b_{gen}	15.98	−58.21	5.05	−2.83	30.86	−3.84
	c_{gen}	−0.32	1.22	−0.62	3.99	−4.30	0.47
	d_{gen}	1.43	−16.24	6.01	−19.96	28.86	−3.60
	e_{gen}	5.77	−5.17	0.71	7.31	−6.90	−0.44
HV	γ_{gen}	−1.10	0.96	0.062	1.41	−1.74	0.035
	a_{gen}	6.29	−5.79	2.52	0.73	−0.38	−0.054
	b_{gen}	−51.49	5.97	8.75	30.24	4.04	−6.33
	c_{gen}	2.64	−7.79	2.75	−44.32	49.16	−3.79
	d_{gen}	−60.24	50.13	2.93	6.37	−1.32	−1.76
	e_{gen}	41.78	−42.92	1.96	−4.63	6.24	−1.52
VV	γ_{gen}	−3.05	6.59	−0.69	−1.88	3.06	−0.36
	a_{gen}	0.14	−0.044	0.016	7.58	−6.77	0.73
	b_{gen}	1.42	−21.46	8.14	−2.15	20.41	−7.15
	c_{gen}	−6.27	6.70	−1.23	1.88	−1.34	0.86
	d_{gen}	2.48	−4.63	3.25	−2.88	5.70	−2.92
	e_{gen}	−2.57	4.34	−1.024	0.69	−2.41	0.83

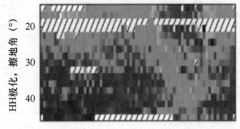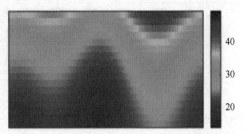

图 4.16　线性参数 σ_{lin} 随方位角和擦地角的变化（左边是观测数据，右边是模型模拟结果；
风速和浪高分别为10.2m/s 和 1.21m）

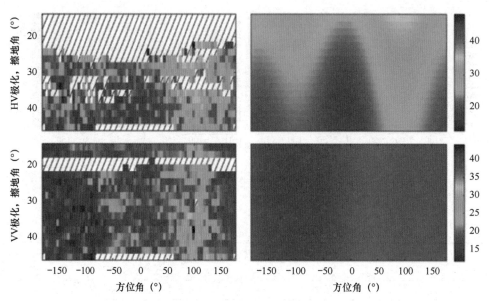

图 4.16　线性参数 σ_{lin} 随方位角和擦地角的变化（左边是观测数据，右边是模型模拟结果；

风速和浪高分别为10.2m/s 和 1.21m）（续）

表 4.17　对于 σ_{lin} ，演化多普勒谱模型的系数

极 化 方 式	系 数	σ_{lin}		
		f_{gen}	g_{gen}	h_{gen}
HH	γ_{gen}	−1.07	0.27	0.12
	a_{gen}	38.31	−16.22	1.42
	b_{gen}	−10.37	9.67	0.63
	c_{gen}	9.76	−12.71	0.27
	d_{gen}	−12.38	13.83	0.92
	e_{gen}	5.48	−4.54	−0.33
HV	γ_{gen}	−0.0016	−0.39	0.055
	a_{gen}	25.65	−5.35	1.31
	b_{gen}	4.83	−5.94	0.60
	c_{gen}	0.72	−3.57	0.24
	d_{gen}	−6.00	4.90	1.46
	e_{gen}	15.33	−14.05	−0.32
VV	γ_{gen}	−0.22	0.23	0.0043
	a_{gen}	10.14	1.28	2.50
	b_{gen}	1.56	−1.34	0.58
	c_{gen}	−0.94	1.63	0.22
	d_{gen}	−1.77	2.98	0.51
	e_{gen}	1.79	−3.73	0.76

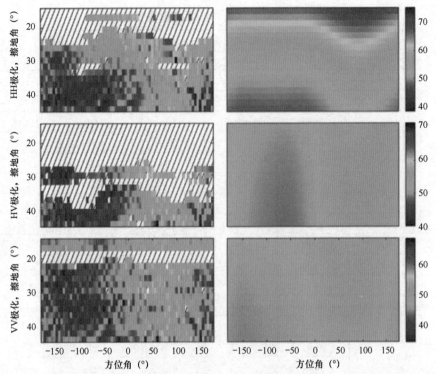

图 4.17 线性参数 m_w 随方位角和擦地角的变化（左边是观测数据，右边是模型模拟结果；
风速和浪高分别为10.2m/s 和 1.21m；改编自文献［42］）

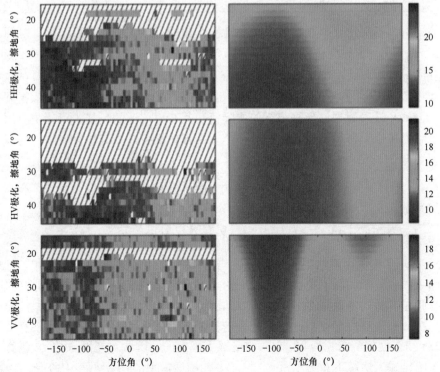

图 4.18 线性参数 σ_w 随方位角和擦地角的变化（左边是观测数据，右边是模型模拟结果；
风速和浪高分别为10.2m/s 和 1.21m；改编自文献［42］）

表 4.18 对于 m_w 和 σ_w，演化多普勒谱模型的系数

极化方式	系数	m_w			σ_w		
		f_{gen}	g_{gen}	h_{gen}	f_{gen}	g_{gen}	h_{gen}
HH	γ_{gen}	0.49	−0.79	0.013	0.95	−1.27	0.056
	a_{gen}	22.06	31.27	0.59	14.24	−2.23	0.84
	b_{gen}	11.57	−12.50	1.30	−13.31	13.43	0.60
	c_{gen}	−5.29	3.80	0.20	4.71	−4.60	0.026
	d_{gen}	3.74	−3.73	1.56	−2.21	3.24	0.54
	e_{gen}	−2.96	2.51	0.23	0.53	−1.15	0.20
HV	γ_{gen}	1.14	−1.15	0.0030	2.28	−2.50	0.085
	a_{gen}	37.44	13.76	0.28	4.61	4.91	0.88
	b_{gen}	11.89	−11.65	1.01	7.95	−8.87	0.54
	c_{gen}	−5.30	5.17	−0.17	−2.23	2.25	0.022
	d_{gen}	−1.35	2.65	1.47	−4.33	4.12	0.65
	e_{gen}	4.12	−4.73	0.21	3.78	−4.34	0.26
VV	γ_{gen}	−0.20	0.16	0.0022	0.018	0.10	0.0016
	a_{gen}	46.05	−0.16	0.68	4.91	3.52	1.28
	b_{gen}	−4.19	6.26	0.61	0.39	0.071	0.35
	c_{gen}	−1.24	0.62	−0.081	−1.03	1.92	0.13
	d_{gen}	−4.04	6.70	0.59	−1.36	2.33	0.31
	e_{gen}	0.32	−0.26	−0.14	0.21	−1.094	0.34

　　随后的一篇文献提出了一种扩展多普勒谱参数化模型[43]，解释了相干处理时间 T_I 和雷达分辨面积 A_{cl} 的变化。该模型被精心设计，作为一个附加项与式（4.85）中的原始模型配合工作。使用 Ingara X 波段数据集对该模型进行描述，其中，相干处理时间范围为 0.053～0.43s，雷达分辨面积范围为 47.25～236.25m²。然而，如文献［43］所阐述的那样，该扩展模型可能产生超出 Ingara X 波段数据集数据范围的实际值，其在更广泛的场景中可能更有用。

　　该模型独立应用于每种极化方式，是一个二维幂律模型，具有独立的相干处理时间和雷达分辨面积，即

$$W_{ext}(A_{cl}, T_I) = a_{ext} + b_{ext}T_I^{c_{ext}} + d_{ext}A_{cl}^{e_{ext}} \tag{4.87}$$

式中，模型系数为 a_{ext}、b_{ext}、c_{ext}、d_{ext} 和 e_{ext}。那么，扩展多普勒谱模型为

$$X_{ext}(\theta, \phi, A_{cl}, T_I \,|\, U, H_{1/3}) = X(\theta, \phi \,|\, U, H_{1/3}) + W_{ext}(A_{cl}, T_I) \tag{4.88}$$

　　图 4.19 显示了模型模拟结果的一个子集，红点和蓝点分别表示对于每个相干处理时间和雷达分辨面积的值低于和高于模型模拟的平均结果。大多数参数和极化方式都有明显的趋势，但有些明显强于其他，特别是在 HV 极化下。通过度量变化可以确定模型模拟的显著性，如果变化不显著，则最终模型模拟结果在适当系数下为零。此外，由于原始模型是在相干处理时间为 0.22s 和雷达分辨面积为 47.25m² 的情况下确定的，因此对模型系数 a_{ext} 进行了调整，从而使在该给定输入情况下 $W_{ext}(\cdot)$ 为 0。扩展多普勒谱模型的系数如表 4.19 所示，而双峰模型的系数可参见附录 B。

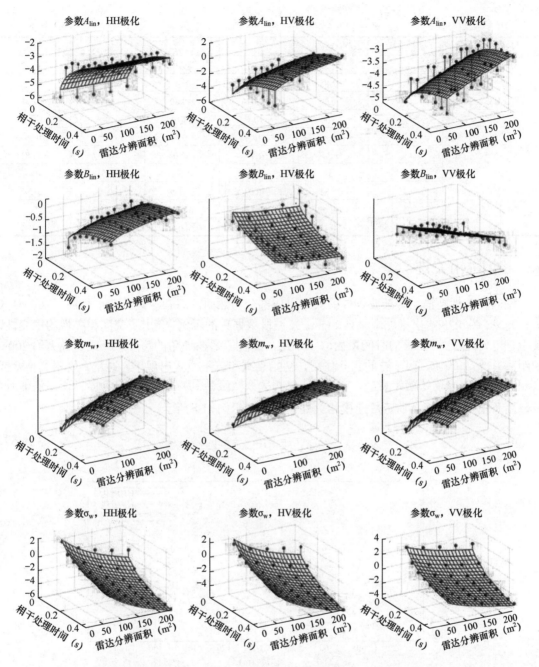

图 4.19 扩展多普勒谱模型的拟合结果：随相干处理时间和雷达分辨面积的变化
（红点和蓝点分别代表在模型拟合结果下方和上方的数据点）

表 4.19 扩展多普勒谱模型的系数

极 化 方 式	系 数	A_{lin}	B_{lin}	σ_{lin}	m_w	σ_w
HH	a_{ext}	0.4024	0	−20.94	−0.81	−50.98
	b_{ext}	−0.086	0	1.33	−1.51	1.33
	c_{ext}	−1.32	0	−0.57	−0.48	−0.54
	d_{ext}	0	0	44.89	0.99	61.22
	e_{ext}	0	0	−0.24	0.37	−0.06

续表

极 化 方 式	系 数	A_{lin}	B_{lin}	σ_{lin}	m_{w}	σ_{w}
HV	a_{ext}	8.24	−21.85	−9.30	0.027	−34.22
	b_{ext}	−2.85	18.11	0.51	−3.04	3.19
	c_{ext}	−0.35	−0.076	−0.80	−0.44	−0.34
	d_{ext}	−100	100	28.14	0	41.52
	e_{ext}	−0.88	−1.08	−0.34	0	−0.094
VV	a_{ext}	7.74	−1.74	−37.08	−0.81	−34.81
	b_{ext}	0	−26.62	1.57	−1.51	1.46
	c_{ext}	−5.81	−0.02	−0.59	−0.48	−0.54
	d_{ext}	−11.54	32.19	39.61	0.99	37.12
	e_{ext}	−0.10	−0.026	−0.045	0.36	−0.042

4.6 空间相关性

空间相关性是描述海杂波纹理的关键组成部分。然而，海杂波具有非平稳性，难以对其进行建模。图 4.20 给出了一个来自 Ingara X 波段数据集的示例，突出了空间相关性的多变性，其中，相关性在 2~2.2s 的时间段内取了平均，覆盖了 2° 擦地角的跨度（又或者说大约 200m 的距离）。结果表明，由于波的相互作用，初始衰减和若干模式出现了。通常，用相关长度或去相关长度 R_{L} 来描述初始衰减，并在归一化相关系数衰减到 $1/e$ 处测量得到。当使用该值时，可以用负指数函数或高斯函数建模相关性。后者的示例如下所示。

$$\rho_{\text{spat}}(\tau) = \exp\left(-\frac{\tau^2}{R_{\text{L}}^2}\right) \tag{4.89}$$

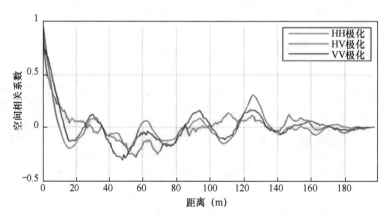

图 4.20 空间相关性的示例[42]

在小擦地角条件下，文献［44］提出了一个合适的空间去相关长度模型，即

$$R_{\text{L}} = \frac{\pi U^2}{2g}\sqrt{3\cos^2\theta + 1} \tag{4.90}$$

式中，g 为重力加速度。

对于中擦地角，4.5.3 节给出的通用模型已应用于 Ingara X 波段数据集[34]，模型系数如表 4.20 所示。图 4.21 中的结果显示了空间去相关的示例，主要特点是在交叉极化且逆风向、

垂直极化且逆涌浪和顺涌浪方向周围具有较大的去相关长度。其他数据集在垂直极化下具有相似的结果，而且在水平极化和交叉极化逆风向具有峰值。模型的模拟结果成功刻画了每种极化方式的主要趋势。

表 4.20　R_L 的空间相关模型系数

极 化 方 式	系 数	R_L		
		f_{gen}	g_{gen}	h_{gen}
HH	γ_{gen}	1.24	−1.32	0.11
	a_{gen}	−1.14	3.62	0.47
	b_{gen}	0.28	−0.098	0.093
	c_{gen}	−0.67	0.89	0.20
	d_{gen}	0.33	−0.50	−0.054
	e_{gen}	0.30	−0.88	0.26
HV	γ_{gen}	−1.65	1.66	−0.11
	a_{gen}	−3.89	6.59	0.70
	b_{gen}	2.99	−3.61	0.62
	c_{gen}	−3.58	3.67	0.12
	d_{gen}	−3.10	2.58	0.082
	e_{gen}	−7.44	8.23	−0.45
VV	γ_{gen}	0.45	−0.57	−0.12
	a_{gen}	2.52	0.66	1.76
	b_{gen}	1.55	−1.88	−0.34
	c_{gen}	1.07	−1.92	0.011
	d_{gen}	−0.30	−0.32	0.0043
	e_{gen}	−0.70	1.78	−0.86

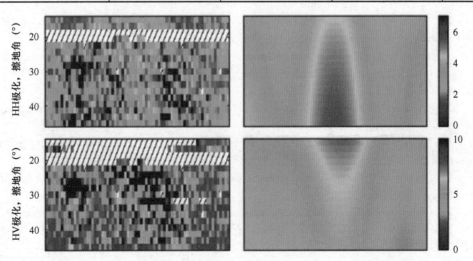

图 4.21　空间去相关长度（单位：m；左：观测数据，右：模型模拟结果）

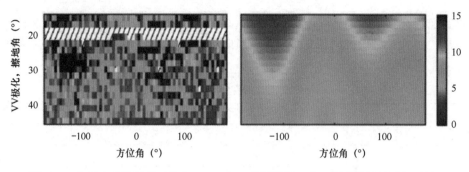

图 4.21　空间去相关长度（单位：m；左：观测数据，右：模型模拟结果）（续）

参考文献

[1] Ward K D, Watts S, Tough R J A. Sea clutter: Scattering, the *K* distribution and radar performance[M]. 2nd Edition. London: The Institute of Engineering Technology, 2006.

[2] Angelliaume S, Fabbro V, Soriano G, et al. The GO-SSA extended model for all-incidence sea clutter modeling[C]//2014 IEEE Geoscience and Remote Sensing Symposium, 2014: 5017-5020.

[3] Guerraou Z, Angelliaume S, Rosenberg L, et al. Investigation of azimuthal variations from X-band medium-grazing-angle sea clutter[J]. IEEE Transactions on Geoscience and Remote Sensing, 2016, 54(10): 6110-6118.

[4] Sittrop H. Sea-clutter dependency on windspeed[C]. IEEE International Radar Conferenee, 1977, 110-114.

[5] Horst M M, Dyer F B, Tuley M T. Radar sea clutter model[J]. IEEE International Conference of Antennas and Propagation, 1978, 169: 5-10.

[6] Nathanson F E, Reilly J P, Cohen M N. Radar design principles[M]. 2nd Edition. New York: McGraw-Hill, 1991.

[7] Antipov I. Simulation of sea clutter returns[R]. Defence Science Technology Organisation, Technical Report DSTO-TR-0679, 1998.

[8] Technology Service Corporation. Backscatter from sea[J]. Radar Workstation, 1990, 2: 177-186.

[9] Gregers-Hansen V, Mital R. An improved empirical model for radar sea clutter reflectivity[J]. IEEE Transactions on Aerospace and Electronic Systems, 2012, 48(4): 3512-3524.

[10] Ulaby F T. Microwave remote sensing: Active and passive, Volume Ⅱ: Radar remote sensing and surface scattering and emission theory[M]. Boston: Addison-Wesley, 1982: 848-902.

[11] Masuko H, Okamoto K, Shimada M, et al. Measurement of microwave backscattering signatures of the ocean surface using X band and Ka band airborne scatterometers[J]. Journal of Geophysical Research: Oceans, 1986, 91(C11): 13065-13083.

[12] Crisp D J, Kyprianou R, Rosenberg L, et al. Modelling X-band sea clutter at moderate grazing angles[C]// International Conference on Radar, 2008: 569-574.

[13] Rosenberg L, Watts S. Continuous sea clutter models for the mean backscatter and *K*-distribution shape[C]// International Radar Conference, 2017: 1-6.

[14] Reilly J P, Dockery G D. Influence of evaporation ducts on radar sea return[C]//IEE Proceedings (Radar and Signal Processing), 1990, 137F(2): 80-88.

[15] Reilly J P. Clutter models for shipboard radar applications, 0.5 to 70 GHz, multi-sensor propagation data and clutter modelling[R]. NATO AAW System Program Office, Technical Report F2A-88-0-307R2, NAAW-88-062R2, 1998: 3-1.

[16] F. E. Nathanson. Radar design principles [M]. 1st Edition. New York: McGraw-Hill, 1969.

[17] Daley J C, Ransone Jr J T, Burkett J A, et al. Sea-clutter measurements on four frequencies[R]. Naval Research Laboratory Report, 1968, 6806.

[18] S. P. Zehner. GIT Model Errata[M]. 1988, unpublished.

[19] Beckmann P, Spizzichino A. The scattering of electromagnetic waves from rough surfaces[M]. London: Pergamon Press Ltd., 1963.

[20] Spaulding B, Horton D, Pham H. Wind aspect factor in sea clutter modeling[C]//IEEE International Radar Conference, 2005: 89-92.

[21] Rosenberg L, Watts S. High grazing angle sea-clutter literature review[R]. Defence Science and Technology Organisation, General Document DSTO-GD-0736, 2013.

[22] Whitrow J L. A model of low grazing angle sea clutter for coherent radar performance analysis[R]. Defence Science and Technology Organisation, Technical Report DSTO-TR-2864, 2013.

[23] Domville A R. The Bistatic Reflection from Land and Sea of X-Band Radio Waves, Part I [R]. GEC (Electronics) Ltd., Stanmore, England, Memorandum SLM1802, 1967.

[24] Domville A R. The Bistatic Reflection from Land and Sea of X-Band Radio Waves, Part. II [R]. GEC (Electronics) Ltd., Stanmore, England, Memorandum SLM 2116, 1968.

[25] Griffiths H D, Al-Ashwal W A, Ward K D, et al. Measurement and modelling of bistatic radar sea clutter[J]. IET Radar, Sonar & navigation, 2010, 4(2): 280-292.

[26] Willis N J. Bistatic Radar[M]. London: SciTech Publishing, 2005.

[27] Long M. On the polarization and the wavelength dependence of sea echo[J]. IEEE Transactions on Antennas and Propagation, 1965, 13(5): 749-754.

[28] Wiltse J C, Schlesinger S P, Johnson C M. Back-scattering characteristics of the sea in the region from 10 to 50 KMC[J]. Proceedings of the IRE, 1957, 45(2): 220-228.

[29] Skolnik M I. Radar Handbook[M]. 3rd Edilion. New York: McGraw-Hill Education, 2008.

[30] Ewell G W, Zehner S P. Bistatic sea clutter return near grazing incidence[C]//International Radar Conference, 1982, 216: 188-192.

[31] Ward K D. A radar sea clutter model and its application to performance assessment[C]//International Radar Conference, 1982.

[32] Watts S, Wicks D C. Empirical models for detection prediction in K-distribution radar sea clutter[C]//IEEE International Radar Conference, 1990: 189-194.

[33] Rosenberg L, Crisp D J, Stacy N J. Statistical models for medium grazing angle X-band sea-clutter[J]. Defence Applications of Signal Processing, 2009: 1-6.

[34] Watts S, Rosenberg L, Ritchie M, et al. The Doppler spectra of medium grazing angle sea clutter[J]. Part2: Model Assessment, IET RSN (part 2 of this paper), 2015.

[35] Walker D. Doppler modelling of radar sea clutter[J]. IEE Proceedings of Radar, Sonar and Navigation, 2001, 148(2): 73-80.

[36] Rozenberg A D, Quigley D C, Melville W K. Laboratory study of polarized scattering by surface waves at grazing incidence: Part I: Wind waves[J]. IEEE Transactions on Geoscience and Remote Sensing, 1995, 33(4): 1037-1046.

[37] Rozenberg A D, Quigley D C, Melville W K. Laboratory study of polarized microwave scattering by surface waves at grazing incidence: The influence of long waves[J]. IEEE Transactions on Geoscience and Remote Sensing, 1996, 34(6): 1331-1342.

[38] Hicks B L, Knable N, et al. The spectrum of X-band radiation backscattered from the sea surface[J]. Journal of Geophysical Research, 1960, 65(3): 825-837.

[39] Rosenberg L, Crisp D, Stacy N. Characterisation of Low-PRF X-band Sea-clutter Doppler Spectra[C]// International Conference on Radar, 2008: 100-105.

[40] Rosenberg L. The effect of temporal correlation with K and KK-distributed sea-clutter[C]//IEEE Radar Conference, 2012: 303-308.

[41] Rosenberg L, Watts S, Bocquet S, et al. Characterisation of the Ingara HGA dataset[C]//IEEE Radar Conference, 2015: 27-32.

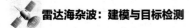
[42] Watts S, Rosenberg L, Ritchie M. Characterising the Doppler spectra of high grazing angle sea clutter[C]// International Radar Conference, 2014: 1-6.

[43] Rosenberg L. Parametric modeling of sea clutter Doppler spectra[J]. IEEE Transactions on Geoscience and Remote Sensing, 2021, 60: 1-9.

[44] Tough R J A, Ward K D. The generation of correlated K-distributed noise[R]. Defence Research Establishment UK, Tech. Rep. DRA/CIS/CBC3/WP94001/2.0, 1994.

第 5 章

海杂波仿真

5.1　概述

雷达海杂波仿真在雷达处理机开发和测试阶段具有重要的作用，雷达训练器中可产生逼真的仿真结果，这对于雷达检测算法评估是非常重要的。仿真信号必须尽可能真实地重现真实数据具有的统计特性，包括平均后向散射、幅度统计特性、短时间相关性（包括由多普勒谱表示的相关性），以及任意空间或较长时间的变化。如果数据是由机载雷达系统采集的，则仿真数据还必须反映给定的雷达参数、采集几何条件，并能够模拟平台运动的影响。

在本章中，海杂波的仿真仅限于使用复合高斯模型表示。正如第 2 章中所讨论的，复合高斯模型中散斑分量的强度服从指数分布，纹理分量在几十毫秒（通常与雷达驻留时间相关）内近似恒定。当使用的频率步长的脉间频率捷变足够大时，散斑起伏将近似随机；而对于固定频率的雷达，散斑将按照一定的短时间相关性起伏，而这种相关性通常用多普勒谱来建模。同样地，纹理也具有相关性，会影响海杂波的空间起伏和长观测时间内的起伏。5.2 节将给出仿真具有不同统计分布、相关纹理和均匀多普勒谱（中心频率和谱宽恒定）的相干海杂波样本的技术。

生成样本相关的海杂波的统计方法有很多，但针对多普勒谱随距离和（或）时间变化的特性建模的方法很少。一些著名的工作包括：Greco 等人[1]提出的用于对在 IPIX 雷达数据中观测到的纹理变化进行建模的自回归法；Davidson[2]提出的重建特定海杂波数据集相干特性的方法。遗憾的是，这些技术不易应用到其他雷达系统和采集几何条件。Watts[3]的工作描述了一种更通用的方法，即通过描述多普勒谱随时间和（或）距离的演化来仿真海杂波。该成果最初是作为单一的高斯模型提出的，然后在文献［4,5］中扩展到了双峰情况，其参数的表征涵盖了广泛的采集几何条件和海况。5.3 节将介绍使用该模型进行仿真的两种方法，包括用于固定参数集的频域实现和允许参数演化的时域实现；5.3 节还将详细介绍多相位中心的仿真方法，并给出一个用于扫描雷达的示例。

McDonald 和 Cerutti-Maori[6]试图通过仿真倾斜波谱来增加真实性，其通过将两个域连接在一起的空时受限杂波（Spatially and Temporally Limited Clutter，STLC）模型来实现。结果证实，仿真数据与 Fraunhofer 高频物理和雷达技术研究所（FHR）的多通道 PAMIR 雷达采集的实际数据吻合度良好。虽然 STLC 模型比演化多普勒谱模型具有更强的物理含义，但不能从逆涌浪和顺涌浪方向准确重建数据[7]。在这些模型的基础上，Bocquet[8]提出了一种不同的相干谱描述方法。复合 G2 模型包含双峰谱的两个分量的独立空间相关性，每个分量的强度由一个具有尺度参数和形状参数的独立 Gamma 随机变量描述。另外，局部海杂波功率（或纹理）的分布是这两个 Gamma 随机变量的总和。5.4 节对使用这两种相干仿真技术实现海杂波仿真进行了详细介绍，并基于 Ingara X 波段数据集比较了演化多普勒谱模型、STLC 模型和复合 G2 模型的精度。

5.2　均匀多普勒谱

最简单的海杂波多普勒谱模型具有恒定的平均多普勒中心频率和谱宽（通常定义为高斯谱的标准差），这就是所谓的"均匀多普勒谱"。如果不需要精确的谱模型，那么可以首先创建一组在 0～1 范围内服从均匀分布的随机变量的序列；然后使用逆 CDF 函数[9]对其进行适当的变换，以生成具有指定幅度分布的仿真数据。然而，复合高斯模型通常需要分别生成散斑分量和纹理分量，从而将不同的相关尺度合并。如第 2 章所述，散斑分量由一个复高斯过程表示，其自相关函数（ACF）由所需的多普勒谱的傅里叶逆变换确定。高斯分布的同相回波和正交回波 x 的包络服从瑞利分布，且回波的强度或功率服从指数分布。通过选择平均功率（或纹理）τ 的 PDF 来实现所需的复合模型。例如，K 分布具有服从 Gamma 分布的纹理，而 Pareto 分布具有服从逆 Gamma 分布的纹理。在幅度域中，所得的随机变量由式（5.1）给出：

$$y = \sqrt{\tau} x \tag{5.1}$$

为生成中心频率和谱宽恒定的均匀多普勒谱，纹理 τ 被视为一个实平稳的非高斯过程，散斑分量包含相关的同相分量和正交分量。文献［10］描述了多种实现方法，包括递归关系和基于傅里叶综合（Fourier Synthesis，FS）的方法。如果散斑协方差矩阵 $\boldsymbol{R}$ 是循环矩阵且沿第一行定义自相关，那么另一种方法是使用奇异值分解协方差矩阵，$\boldsymbol{R} = \boldsymbol{U}\boldsymbol{\Lambda}\boldsymbol{V}^{\mathrm{H}}$。此时，相关随机向量 $\boldsymbol{x}_{\mathrm{c}}$ 为

$$\boldsymbol{x}_{\mathrm{c}} = \boldsymbol{U}\sqrt{\boldsymbol{\Lambda}}\boldsymbol{x} \tag{5.2}$$

其中，$\boldsymbol{x}$ 是 $N \times 1$ 复正态随机向量，即 $\mathcal{CN}(0, 1) = \mathcal{N}(0, 1/2) + \mathrm{j}\mathcal{N}(0, 1/2)$。

更一般地，可以定义球不变随机向量（SIRV），使得输出是一个随机过程且其 PDF 由均值向量、协方差矩阵和一阶 PDF 的规范唯一确定。另外，若对一个随机过程进行采样得到的每个随机向量都是 SIRV，则将该随机过程定义为球不变随机过程（SIRP）[11,12]。与复合高斯模型类似，SIRP 可以写为

$$P_y(\boldsymbol{y}) = \int_0^{\infty} \frac{1}{(\pi\tau)^N |\boldsymbol{R}|} \exp\left(-\frac{\boldsymbol{y}^{\mathrm{H}}\boldsymbol{R}^{-1}\boldsymbol{y}}{\tau}\right) P_{\tau}(\tau)\mathrm{d}\tau \tag{5.3}$$

式中，$\boldsymbol{y} = [y_1, \cdots, y_N]$。尽管 FS 法和 SIRP 法一般都能实现高精度，但只有少数随机过程可以与高斯过程线性联系。文献［13,14］对利用 SIRP 理论生成相关 Gamma 随机场进行了探讨。在这些文献中，当 Gamma 分布的形状参数 v 取特殊值时，Gamma 随机过程被表示为高斯过程的累加。Conte 等人[13]的方法表明，形状参数在 $0 < v \leqslant 2$ 的 Gamma 分布非常类似于复合高斯过程，因此相关的 Gamma 随机变量可以用二维 SIRP 仿真。然而，如何将 Gamma 过程的相关属性映射到高斯过程的相关属性还不明确。另外，Armstrong 和 Griffiths[14]的方法考虑了一种特殊情况，当 v 的值为 $0.5n$（n 为自然数）时，相关性遵循几何级数（相关系数形成一个几何序列）。还有一种可用于从任何分布生成随机序列的方法，被称为无记忆非线性变换（Memoryless Non-Linear Transform，MNLT）[10,15]。

无记忆非线性变换（MNLT）将一组高斯分布随机变量变换为具有不同 PDF 的随机变量。首先，产生具有零均值、单位方差的高斯过程的样本。在每个样本 p 处，让高斯过程的累积分布函数等于期望 PDF（P_{dist}）在 q 处计算得到的累积分布函数，那么对于连续的随机样本，得到的 q 将服从期望的 PDF。这可以写为

$$\int_q^{\infty} P_{\mathrm{dist}}(q')\mathrm{d}q' = \frac{1}{\sqrt{2\pi}} \int_p^{\infty} \exp\left(-\frac{p'^2}{2}\right)\mathrm{d}p' = \frac{1}{2}\mathrm{erfc}\left(\frac{p}{\sqrt{2}}\right) \tag{5.4}$$

式中，$\mathrm{erfc}(\cdot)$ 为互补误差函数。如果定义互补分位点函数 $Q_{\mathrm{c}}(\cdot)$ 满足

$$\int_{Q_c(\kappa)}^{\infty} P_{\text{dist}}(q)\mathrm{d}q = \kappa \tag{5.5}$$

那么，所需的 q 可为

$$q(p) = Q_c\left(\frac{1}{2}\text{efrc}\left(\frac{p}{\sqrt{2}}\right)\right) \tag{5.6}$$

例如，如果想生成如式（5.7）所示的 Gamma 分布，即

$$P_{\text{dist}}(p) = \frac{1}{\Gamma(v)} p^{v-1} \exp(-p) \tag{5.7}$$

则有

$$\int_{Q_c(\kappa)}^{\infty} P_{\text{dist}}(q)\mathrm{d}q = \frac{\Gamma(v, Q_c(\mathcal{K}))}{\Gamma(v)} = \frac{1}{2}\text{erfc}\left(\frac{p}{\sqrt{2}}\right) \tag{5.8}$$

通过求解这一关系并计算互补分位点函数，可以得到 Gamma 随机变量。Gamma 分布及其互补分位点函数是不完全逆 Gamma 函数，可用最新版本的 MATLAB[16]和 Mathematica[17] 计算得到。

如果使用 MNLT 对相关高斯样本进行变换，则得到的样本将具有期望的 PDF，但其 ACF 将发生变化。在稍后讨论的一些限制条件下，可以确定为实现期望的 ACF 而要求高斯样本应具有的 ACF。该方法在文献［15］中首次被描述，文献［10］对其进一步进行了阐明。研究表明，如果变换后得到的随机变量 y 的 ACF 由 $\langle y(0)y(t)\rangle$ 给出，则要求的高斯样本的归一化 ACF（$\rho_G(t)$）与式（5.9）有关，有

$$\langle y(0)y(t)\rangle = \frac{1}{2\pi}\sum_{n=0}^{\infty}\frac{\rho_G^n(t)}{2^n n!}\times\left(\int_{-\infty}^{\infty}\mathrm{e}^{-x^2/2}H_p\left(\frac{x}{\sqrt{2}}\right)Q_c\left(0.5\text{erfc}\left(\frac{x}{\sqrt{2}}\right)\right)\mathrm{d}x\right)^2 \tag{5.9}$$

式中，$H_p(x)$ 为 Hermite 多项式。式（5.9）看起来很复杂，但通常只需要无穷级数中的少数项，并且可以很容易地用数值计算方法进行处理。MNLT 的优点是可以重现相关系数为负值的样本。

现在考虑相关 Gamma 分布样本的生成。如果 $\langle y\rangle = 1$，则 $\langle y^2\rangle = 1 + 1/v$。如果所需的相关系数为 $\rho(t)$，则 $\langle y(0)y(t)\rangle = 1 + \rho(t)/v$，同时可以解出式（5.9）从而得到

$$\langle y(0)y(t)\rangle = f(0) + f(1)\rho_G(t) + f(2)\rho_G^2(t) + \cdots \tag{5.10}$$

需要在每个滞后的 t 对这个结果求逆运算，以得出所需的 $\rho_G(t)$。然后，就像前面讨论的那样，生成具有所需的 ACF 的高斯样本就是一件简单的事情了。

图 5.1 展示了在应用 MNLT 之前，期望的 Gamma 分布随机变量的相关系数 $\rho(t)$ 和高斯随机变量的相关系数 $\rho_G(t)$ 之间的映射关系的例子。对于 $v = \infty$，映射关系是 1：1，但随着 v 减小，不可能将所有负的 $\rho(t)$ 映射到 $\rho_G(t)$ 上。例如，当 $v = 0.1$ 时，只有当 $\rho(t) > -0.1$ 时才能够建模。

纹理在时间和距离上都具有相关性，这对在同一空间区域持续凝视或扫描数秒的陆基海用雷达来说是最为明显的。在机载场景下，受飞机的运动及扫描雷达重访时间的限制，时变纹理的效果较难观察到。为了建模纹理，可以采用 MNLT 来实现 K 分布或 Pareto 分布[10]，它们分别对应服从 Gamma 分布和逆 Gamma 分布的纹理。

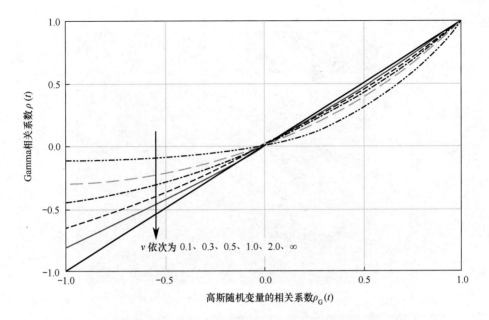

图 5.1　对于形状参数 v 的不同值，Gamma 分布随机变量的相关系数 $\rho(t)$ 和高斯随机变量的相关系数 $\rho_G(t)$ 之间的映射关系 [18]

文献［19］根据许多数据源[20]建立了一个 ACF 的模型。该 ACF 模型在距离维和慢时间维定义 $\rho(R,t)$ 为两个分别描述风浪和涌浪起伏的分量的加权和，即

$$\rho(R,t) = (1-a_{\text{tex}})\exp(-R^2/R_L^2(\Omega_p)-t^2/T_d^2) +$$
$$a_{\text{tex}}\exp(-\sqrt{(R/(0.44R_e))^2+(t/(0.44t_e))^2})\times\cos(|k_{\text{sr}}|R+2\pi t/T_s) \tag{5.11}$$

式中，a_{tex} 为加权参数，T_d 为时域去相关时间，R_L 为从参数集 $\Omega_p \equiv \{\theta_{\text{plat}}, \psi, \theta_{\text{SW}}, U, H_{1/3}\}$ 中得到的空间去相关长度。参数集 Ω_p 包含了用于描述模型参数的变量，包括雷达观测方向相对平台运动方向的夹角 θ_{plat}、雷达观测方向与风向的夹角 ψ、风向与涌浪方向之间的夹角 θ_{SW}、风速 U 及有效浪高 $H_{1/3}$。在式（5.11）的第二项中，ACF 的涌浪分量的去相关长度和去相关时间与被照亮区域的空间和时间范围 (R_e, t_e) 成正比，(R_e, t_e) 也决定了雷达图像中的波数和频率分辨率。参数 $k_{\text{sr}} = k_s\cos\phi\cos\theta_{\text{SW}}$ 为涌浪向量在擦地角为 ϕ 的雷达波束平行方向上的投影分量。在深水且无表水流的假设条件下，涌浪波数 $k_s = (2\pi/T_s)^2/g$，其中，g 为重力加速度，T_s 为涌浪周期。形状参数 $v = 3$ 的二维相关 Gamma 分布随机场的实现如图 5.2 所示，涌浪在场景中移动，持续数秒。模型参数 $R_d = 3.2\text{m}$，$T_d = 1.4\text{s}$，$T_s = 5\text{s}$，$\phi_{\text{deg}} = 30°$，$\theta_{\text{SW,deg}} = 0°$，$R_e = 360\text{m}$，$t_e = 20\text{s}$，$a_{\text{tex}} = 0.7$。

式（5.11）中的 ACF 模型仅适用于"海"分量未被雷达分辨出来的情况，因此高斯模型在距离/时间域及波数/频率域的描述都是令人满意的。另外，涌浪是单色的，因此利用单个余弦项的描述也是令人满意的。更一般的浪谱建模需要在波数/频率域进行，因为浪谱中的每个分量根据色散关系以不同的相速度传播。时变海表面的表示可以通过二维（距离/时间）或三维（距离/交叉距离/时间）傅里叶逆变换得到。该方法已用于计算机图形图像、海洋工程[21]及雷达后向散射物理建模[22,23]。

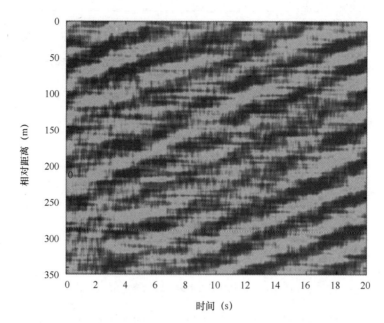

图 5.2　形状参数 $v=3$ 的二维相关 Gamma 分布随机场[19]

MNLT 还可以应用于时变高斯随机表面的实现，以产生合适的雷达后向散射统计量[24]。然而，在应用过程中还需要进一步研究如何适当地将这种方法与风、海洋状况及采集几何条件联系起来。当波浪陡度较低且仿真时空范围不太大时，线性流体力学的色散关系可以令人满意；否则，需要利用非线性流体动力学来创建一个真实的海表面[25]。

5.3　演化多普勒谱

演化多普勒谱模型首先由 Watts 提出[3,10]，用于对地基雷达系统观测到的海杂波谱进行建模。该模型介绍了一种通过描述多普勒谱的时间和/或距离演变来仿真海杂波的方法。该模型为本节描述的仿真方法奠定了基础，相关内容已在第 2 章进行了介绍。

5.3.1　频域仿真

频域模拟法假设纹理和模型参数都是恒定的，因此其仅在考虑有限的几何区域时适用。为了在频域中直接生成海杂波样本，将在给定距离处的第 n 个频率通道的平均功率谱建模为高斯函数，即

$$G(n,\tau,\Omega_p) = \frac{\tau}{\sqrt{2\pi}w(\Omega_p)} \exp\left(-\frac{(f_r n/N - m_f(\tau,\Omega_p))^2}{2w^2(\Omega_p)}\right) \tag{5.12}$$

式中，对于长度为 N 的相干处理间隔（CPI），频率通道 $n=-N/2,\cdots,N/2-1$；f_r 为脉冲重复频率（PRF）；τ 为散斑平均功率（或称纹理）；海杂波的谱宽 $w(\Omega_p)$ 是一个均值为 $\sqrt{m_w^2 + \sigma_{CPI}^2}$、标准差为 σ_w 的高斯随机变量。如果对时域进行加窗，则定义 $Q_w(\cdot)$ 为窗函数的功率谱密度。CPI 长度的影响可以通过计算归一化二阶矩来确定，归一化二阶矩为

$$\sigma_{CPI} = \left[\frac{\int_{-f_r/2}^{f_r/2} Q_w(f) f^2 df}{\int_{-f_r/2}^{f_r/2} Q_w(f) df} \right]^{1/2} \tag{5.13}$$

平均多普勒偏移与归一化平均散斑功率 $\bar{\tau} = \tau/\langle \tau \rangle$ 的关系为

$$m_f(\tau, \Omega_p) = A_c + B_c \bar{\tau} + f_{lin} \tag{5.14}$$

其中，A_c 和 B_c 将中心频率与纹理联系起来，f_{lin} 在文献［5］中被添加到模型中以描述模型拟合周围的起伏，f_{lin} 由均值为 0、标准差为 σ_{lin} 的高斯随机变量描述。相应地，式（5.12）中的海杂波描述可以用第 2 章给出的双峰谱来代替，其中，平均多普勒偏移 $m_f(\tau, \Omega_p)$ 被替换为等效的双峰谱版本。该高斯混合模型使用了一个比例因子 $\alpha \leqslant 1$，来确定每个高斯分量的存在量，即

$$G_{bi}(n, \tau, \Omega_p) = (1-\alpha)G[n, \tau, w_1(\Omega_p)] + \alpha G[n, \tau, w_2(\Omega_p)] \tag{5.15}$$

其中，$w_1(\Omega_p)$ 和 $w_2(\Omega_p)$ 是每个分量的多普勒谱扩展，而多普勒中心频率为

$$m_{f_1}(\tau) = \begin{cases} A_c + B_c \bar{\tau} + f_{bi}, & \bar{\tau} \leqslant \tau_{bi} \\ A_c + B_c \tau_{bi} + f_{bi}, & \bar{\tau} > \tau_{bi} \end{cases} \tag{5.16}$$

$$m_{f_2}(\tau) = A_c + B_c \bar{\tau} + f_{bi}$$

其中，f_{bi} 是均值为 0、标准差为 σ_{bi} 的高斯随机变量。当 $\bar{\tau}$ 超过阈值 τ_{bi} 时，该多普勒谱模型会受到谱展宽的影响。同时，为保证该模型是单高斯模型，当 $\bar{\tau} \leqslant \tau_{bi}$ 时，加权因子 $\alpha = 0$。整体双峰谱的均值和方差可以表示为

$$m_f(\tau) = \alpha m_{f_1}(\tau) + (1-\alpha)m_{f_2}(\tau)$$
$$w^2(\Omega_p) = \alpha w_1^2(\Omega_p) + (1-\alpha)w_2^2(\Omega_p) + \tag{5.17}$$
$$\alpha(1-\alpha)(m_{f_1}^2(\tau) + m_{f_2}^2(\tau) - 2m_{f_1}(\tau)m_{f_2}(\tau))$$

式（5.17）可以通过定义 $w(\Omega_p) = w_1(\Omega_p) = w_2(\Omega_p)$ 来简化。在机载平台上，受到平台运动和有限 CPI 采样的影响，多普勒谱也会变宽。在天线波束图上，多普勒频率 $f = 2v_p \sin\theta/\lambda$，其中，$\lambda$ 为雷达波长，v_p 为平台运动速度。方位维双向天线波束方向图用 $A_{az}(\theta)$ 描述，其中，θ 为相对于天线指向的方位角，$A_{az}(\theta)$ 在 $\theta = 0°$ 时最大。$A_{az}(\theta)$ 可以被离散化为 $A_{az}(n)$，并包含在如式（5.18）所示的卷积中

$$G_{az}(n, \tau, \Omega_p) = A_{az}(n) \times G(n, \tau, \Omega_p) \tag{5.18}$$

假设 $A_{az}(n)$ 具有高斯形状，那么多普勒谱宽的标准差将增大到 $\sqrt{w(\Omega_p)^2 + \sigma_{plat}^2}$，且 σ_{plat} 为

$$\sigma_{plat} = \frac{v_p \theta_{3dB} |\sin\theta_{plat}|}{\sqrt{2\ln 2}\lambda} \tag{5.19}$$

其中，θ_{3dB} 为双向方位维 3dB 波束宽度。另外，相干谱根据式（5.20）生成，即

$$C(n) = \sqrt{G_{az}(n, \tau, \Omega_p)} x(n) \tag{5.20}$$

其中，散斑分量由零均值、单位方差的复高斯分布 $\mathcal{CN}(0, 1)$ 的随机样本构成。然后，将热噪声添加到频域信号中，即

$$\boldsymbol{H}_{evolving}(f) = \boldsymbol{C} + \boldsymbol{\xi} \tag{5.21}$$

其中，$\xi = \mathcal{CN}(0, p_{\mathrm{n}}/N)$ 为复正态随机变量的实现。最后，如果需要时域表示，可以通过傅里叶逆变换得到复时域输出，即 $\boldsymbol{h}_{\mathrm{evolving}} = \mathcal{F}^{-1}(\boldsymbol{H}_{\mathrm{evolving}})$。频域实现的仿真步骤如下。

（1）将强度的相关系数定义为距离和时间的函数。

（2）使用 MNLT 和所需的相关函数创建具有单位均值的纹理 τ。纹理可以是 Gamma 分布或逆 Gamma 分布，从而分别得到复合高斯模型中的 K 分布或 Pareto 分布。

（3）生成一个服从高斯分布的谱宽 w 的实现，该高斯分布的均值为 $\sqrt{m_{\mathrm{w}}^2 + \sigma_{\mathrm{CPI}}^2}$，标准差为 σ_{w}。

（4）生成由式（5.12）或式（5.15）给出的跨 N 个频率通道的多普勒谱模型，并将其与方位维双向天线波束方向图的频率调制 $A_{\mathrm{az}}(\cdot)$ 进行卷积。

（5）生成具有零均值、统一方差的复高斯散斑分量。

（6）根据式（5.20）生成频域杂波信号。

（7）将热噪声作为均值为 0、方差为 p_{n}/N 的复高斯实现，并添加到频域海杂波信号中。

（8）对 $\boldsymbol{H}_{\mathrm{evolving}}$ 进行傅里叶逆变换得到复时域样本。

5.3.2　时域仿真

为了仿真相干的时域数据，并且让模型参数具有可在较长时间内更新的特点，还需要用到不同的方法[3,10]。这种仿真是基于期望的海杂波脉冲响应 $g_{\mathrm{az}}(\cdot)$ 和复合高斯信号模型 $x\sqrt{\tau}$ 的卷积实现的。海杂波分量的时域输出由索引 m 脉冲的滤波输出构成，即

$$c(m) = \sum_{l=-L_0/2}^{L_0/2} g_{\mathrm{az}}(l, \tau, \Omega_{\mathrm{p}}) x(m+l) \sqrt{\tau(m+l)} \tag{5.22}$$

其中，L_0 为滤波器阶数，采样间隔为 $1/f_{\mathrm{r}}$。单峰模型的离散海杂波脉冲响应 $g_{\mathrm{az}}(\cdot)$ 是通过对式（5.18）中多普勒谱进行傅里叶变换得到的，即

$$g_{\mathrm{az}}(l, \tau, \Omega_{\mathrm{p}}) = a_{\mathrm{az}}\left(\frac{l}{f_{\mathrm{r}}}\right) \exp\left(-\mathrm{j}\frac{m_{\mathrm{f}}(\tau, \Omega_{\mathrm{p}})2\pi l}{f_{\mathrm{r}}} - \left(\frac{2\pi w(\Omega_{\mathrm{p}})l}{f_{\mathrm{r}}}\right)^2\right) \tag{5.23}$$

其中，$a_{\mathrm{az}}(\cdot)$ 为时域方位维双向天线波束方向图函数。相应地，可以使用式（5.15）中的双峰多普勒谱。大小为 $N \times 1$ 的总接收信号可表示为

$$\boldsymbol{h}_{\mathrm{evolving}} = \boldsymbol{c} + \boldsymbol{\xi} \tag{5.24}$$

该接收信号表示单个脉冲的回波，因此该技术可以通过在仿真中对每个脉冲重复式（5.24）的操作来实现（作为滑动窗口）。如果滤波器的权重随时间变化得足够慢，则得到的数据将具有适当的时变功率谱。为了获得最好的保真度，可以增大 PRF 并随后根据需要进行下采样，或者增大滤波器的阶数 L_0。一个可能的准则是 $wL_0/f_{\mathrm{r}} \approx 1$。

生成复数据的步骤包括两个阶段。

1. 在滑窗前

（1）将强度的相关系数定义为距离和时间的函数。

（2）使用 MNLT 和期望的相关函数创建具有单元均值的纹理 τ 的实现。纹理可以服从 Gamma 分布或逆 Gamma 分布，从而分别得到符合高斯模型的 K 分布或 Pareto 分布。

（3）对于每个期望的脉冲和距离单元，生成散斑随机变量 x 和多普勒谱宽 w 的实现。散

斑随机变量服从复正态分布 $CN(0, 1)$；而多普勒谱宽的标准差最初为服从零均值、单位方差的正态分布 $\mathcal{N}(0, 1)$，随后在仿真循环中经过线性变换得到期望的均值和标准差。

2. 在仿真中

对于每个脉冲：

（1）确定模型参数，并从预先计算的随机变量 x 和 w 中提取正确的模块。至此，标准差随机变量具有了平均多普勒偏移 m_w，并被 σ_w 缩放。

（2）使用单峰或双峰表示形式构造海杂波脉冲响应。

（3）使用式（5.24）生成具有期望的海杂波和噪声功率水平的复时域信号。

5.3.3 多相位中心

对来自多个相位中心的同步回波进行建模，需要对沿方位维的海杂波子块进行描述[19,26,27]。如图 5.3 所示，两个天线相位中心间隔为 d 且位于距离 R_0 处，其中，每个海杂波子块中心与阵列中心的夹角为 $\theta_i(i=1,\cdots,I)$。

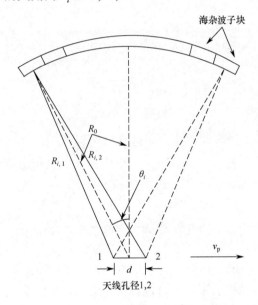

图 5.3 两个天线相位中心观测到的海杂波子块[19]

通常，$I \gg 1$ 位于天线主波束内，如果要对运动平台建模，则子块也应该延伸到天线旁瓣上，这一点很重要。频域或时域实现均可用于仿真多个通道。两种实现都要求通过双向天线波束方向图函数来缩放所有海杂波子块的回波总强度，即 $\tau_i = A_{az}(\theta_i)\tau$，而所有海杂波子块的回波强度之和等于局部平均强度，即

$$\tau = \sum_{i=1}^{I} \tau_i \tag{5.25}$$

在频域中，相干谱按照式（5.26）产生，即

$$C(n,\tau_i,\Omega_p) = \sqrt{G(n,\tau_i,\Omega_p)}\,x(n) \tag{5.26}$$

其中，每个海杂波子块的时域复样本由 $c(m,\tau_i,\Omega_p) = \mathcal{F}^{-1}[C(n,\tau_i,\Omega_p)]$ 给出。在时域中，时域复样本由式（5.27）确定，即

$$c(m, \tau_i, \Omega_p) = \sum_{l=-L_0/2}^{L_0/2} g_{az}(l, \tau_i, \Omega_p) x(m+l) \sqrt{\tau_i(m+l)} \qquad (5.27)$$

对于频域或时域的情况，单个孔径内的总回波为

$$c(m, \tau, \Omega_p) = \sum_{i=1}^{I} c(m, \tau_i, \Omega_p) \qquad (5.28)$$

该模型假设海杂波回波的归一化功率谱密度在每个海杂波子块中是相同的，但彼此独立（具有独立的散斑分量）。然而，这只是基于方便做出的假设，每个海杂波子块实际上可能具有不同的归一化功率谱密度。例如，通过天线旁瓣观测到的海杂波回波可能具有随观测方向变化的功率谱密度。此外，海杂波子块的面积和它们的角度间隔不需要相等。事实上，不均匀的间隔可以帮助人们在任何依赖角度的回波处理中避免伪影。离散尖峰可以通过对接收到的波束内的点响应进行建模，或者作为分布在两个或更多海杂波子块上的回波被添加到海杂波回波中。

考虑一个线阵接收远场信号，且阵列指向为阵列的法线（侧面）。当 $l = 1, \cdots, L$ 时，第 l 个接收通道的回波为

$$c_l(m, \Omega_p) = \sum_{i=1}^{I} c(m, \tau_i, \Omega_p) \exp(j\varphi_{i,l}) \exp\left(j\frac{4\pi v_p n}{\lambda f_r} \sin\theta_i\right) \qquad (5.29)$$

其中，空间相移 $\varphi_{i,l}$ 为

$$\varphi_{i,l} = \frac{2\pi}{\lambda}(R_{i,l} - R_{i,1}) \approx \frac{2\pi(l-1)d\sin\theta_i}{\lambda} \qquad (5.30)$$

式（5.29）中的第二个相位项用来解释天线沿轨道以速度 v_p 运动，该速度导致每个海杂波子块的相位因平台位置的改变而在脉间增大或减小。由于额外的求和运算，这种实现显然比单通道模型的计算更加复杂。然而，通过仅考虑那些满足 $A(\theta_i) > \epsilon_{\lim}$ （其中 $\epsilon_{\lim} \approx 10^{-3}$ ）的海杂波子块，可以缩小在式（5.29）中有贡献的海杂波子块的范围。最后，根据所需的杂噪比（CNR），可以将复高斯样本作为热噪声添加到每个通道的时域回波中。

多通道实现的仿真步骤与前文类似。首先，创建平均海杂波强度，实现散斑分量和谱宽。其次，将天线波束划分为 I 个扇形，并根据式（5.25）计算每个海杂波子块的平均回波强度。对于频域实现，使用具有适当加权的平均海杂波强度和随机散斑分量的单峰或双峰模型对每个海杂波子块生成复多普勒谱，如式（5.26）所示。再次，将这些复多普勒谱变换到时域，对每个海杂波子块给出长度为 N 的时域复序列 $s(n, \tau_i)$。对于时域实现，首先确定每个脉冲的模型参数，并从预先计算的随机变量 x 和 $w(\Omega_p)$ 中提取正确的模块。标准差随机变量现在具有了平均多普勒偏移 m_w，并被 σ_w 缩放。最后，可以使用单峰或双峰模型来生成海杂波脉冲响应。最后三个步骤对两种表示是通用的，包括在将适当的相位加权应用于每个海杂波子块的回波之前，离散尖峰的添加，以及如式（5.29）所示对结果进行求和运算。另外，将结果归一化，使其具有单位平均功率，并将热噪声独立地添加到每个通道以获得期望的 CNR。

5.3.4 扫描雷达场景

对于扫描雷达，驻留时间内可能存在相干脉间积累和非相干扫描间积累。脉间积累在检测目标时能够提供相干增益；而扫描间积累能够帮助操作员控制虚警、管理衰落目标，提高向雷达操作员显示的输出质量，并减小持续尖峰的影响。考虑如图 5.4 所示的机载扫描雷达，

其中，雷达平台以速度 v_p 行进，并且雷达的视向相对于雷达平台运动的角度为 θ_{plat}，雷达视向与风向之间的夹角为 ψ。当雷达以 $\dot{\theta}_{az}$ rad/s 的速率扫描时，单次特定扫描的脉冲数 $N_p = \text{Floor}(2\pi f_r / \dot{\theta}_{az})$。如果双向方位 3dB 波束宽度为 θ_{3dB}，则点目标在波束中的时间 $T_{targ} = \theta_{3dB} / \dot{\theta}_{az}$（单位：s）或脉冲数 $N_{targ} = \text{Floor}(T_{targ} f_r)$。这一限制决定了驻留时间，或者说决定了可用于波束内处理的脉冲数。

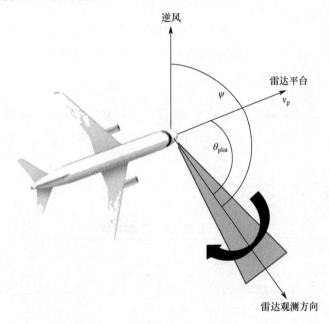

图 5.4　机载扫描雷达场景[19]

对于包含脉间积累的雷达，需要考虑波束形状损失。波束形状损失是由双向天线波束方向图调制导致积累的脉冲功率变化而产生的[28]。然而，如果没有脉间积累，当雷达波束并非直接指向目标时，会存在天线方向图损失[29]。随着扫描速率的增加，波束形状损失和天线方向图损失均增大。要解决这些损失的问题，一种方案是在保持不模糊距离性能的前提下增大 PRF。为了增大非相干雷达的不模糊距离，可以通过频率捷变或在每个脉冲后稍微改变 PRF（也称为脉冲抖动）来解距离模糊。此外，对于快扫描雷达，可用于处理实时信号的时间较短，并且天线框架的稳定性方面也面临挑战；而对于慢扫描雷达，最大的限制是每个方位观测方向的重访时间缩短。

当雷达沿方位维扫描时，海杂波块的统计特性会逐渐变化，海杂波仿真的参数需要更新。然而，在较小的方位角区域内，模型参数没有显著变化，因此可以使用 5.3.1 节中演化多普勒谱模型的频域实现。但是，在更大的方位角区域内，必须使用 5.3.2 节中更复杂的时域实现。连续扫描雷达的仿真，需要用到完整的扫描数据，而二维纹理仿真是不可行的。相反，可以在扫描周围的点时使用正确的统计分布和距离相关性生成较少次数 N_{tex} 的纹理实现。这些参数由用户定义的输入参数 Ω_p 和第 4 章中的经验模型确定。较少的位置数量确保了纹理在滤波的累积时间内不会有显著变化。如果 K 为距离维样本数，N_{tex} 为纹理的实现次数，则纹理的尺寸为 $N_{tex}K$。在此处理步骤完成后，将纹理插值到正确的时间尺度 $1/f_r$，最终尺寸为 NK。

即使平台固定，波束内的点目标或离散海杂波尖峰也会因为天线的方位扫描而展宽。对

于与天线的全波束宽度匹配的驻留时间，频谱将由附加分量展宽，而该附加分量可以建模为高斯函数，其标准差为

$$\sigma_{\text{scan}} = \frac{\sqrt{2\ln 2}\,\dot{\theta}_{\text{scan}}}{\theta_{3\text{dB}}} \tag{5.31}$$

在双峰海杂波模型中，由海尖峰导致的展宽可能只适用于较高的多普勒频率分量。在这种情况下，第一个分量的多普勒扩展 $w_1(\Omega_{\text{p}}) = w(\Omega_{\text{p}})$，而第二个分量的多普勒扩展为

$$w_2(\Omega_{\text{p}}) = \sqrt{w_1^2(\Omega_{\text{p}}) + \sigma_{\text{scan}}^2} \tag{5.32}$$

如果处理的驻留时间显著小于天线波束宽度，则可以忽略该影响。

5.3.5 仿真案例

本节通过测量关键仿真参数来验证仿真精度，同时展示了频域实现和时域实现。以下案例考虑了一种高分辨率雷达模式，雷达扫描速率为 20rpm，PRF 为 1500Hz，方位维 3dB 波束宽度为 3°，中心频率为 10GHz，带宽为 200MHz。雷达以顺时针方向扫描，雷达平台以 100m/s 的速度向北移动，风和涌浪来自西边。双峰谱使用 K 分布幅度且滤波器阶数 $L_0 = 32$。雷达、环境和实现参数如表 5.1 所示。

表 5.1　雷达、环境和实现参数

参　　数	值	参　　数	值
雷达扫描速率	20rpm	擦地角	30°
雷达平台移动速度	100m/s	海况等级	3 级
方位维 3dB 波束宽度（双向）	3°	雷达朝向	0°
中心频率	10GHz	风和涌浪的方向	270°
带宽	200MHz	幅度 PDF 模型	K 分布
PRF	1500Hz	谱模型	双峰谱模型
当目标位于波束中时的脉冲总数	37 个		

将贴合真实目标的模型嵌入仿真的雷达场景中可能会相当复杂。为了验证检测算法，通常使用具有合适的目标功率、起伏、点扩展函数（PSF）和多普勒谱的点目标。例如，目标雷达截面积 A 可以用 Swerling 起伏来建模，目标的多普勒频率可以用正弦函数来建模。对于方位角为 θ_0（或慢时间 $t_0 = \theta_0/\dot{\theta}_{\text{scan}}$），多普勒频率为 f_0、距离为 R_0 的目标，目标模型为

$$S(t,R) = A\sqrt{S_{\text{t}}(t-t_0)S_{\text{R}}(R-R_0,f_0)}\exp(\text{j}2\pi t f_0) \tag{5.33}$$

其中，可以用高斯函数来近似波束方向图函数，从而用这种近似构成慢时间的 PSF，即

$$S_{\text{t}}\left(t = \frac{\theta}{\dot{\theta}_{\text{scan}}}\right) = \exp\left(-\frac{4\ln 2\,\theta^2}{\theta_{3\text{dB}}^2}\right) \tag{5.34}$$

因此，如果有更多的脉冲照射目标，则在多普勒域中的 PSF 范围将会变小。对于距离维或快时间维，PSF 的范围由雷达带宽 B 和脉冲宽度 T_{p} 确定，可以使用线性调频波形的模糊函数在目标多普勒频率处的切片对其进行建模[29]，即

$$S_{\text{R}}\left(R = \frac{c_0 t_{\text{f}}}{2}, f_0\right) = \left|(1 - |t_{\text{f}}|/T_{\text{p}})\frac{\sin(\pi T_{\text{p}}(\mu_0 t_{\text{f}} + f_0)(1 - |t_{\text{f}}|/T_{\text{p}}))}{\pi T_{\text{p}}(\mu_0 t_{\text{f}} + f_0)(1 - |t_{\text{f}}|/T_{\text{p}})}\right|^2 \tag{5.35}$$

其中，t_{f} 为快时间，c_0 为光速，$\mu_0 = B/T_{\text{p}}$。

图 5.5 和图 5.6 展示了频域和单通道时域仿真输出的对比。图 5.5 展示了侧风、前视时频域和时域仿真的情况（$\theta_{\text{plat,deg}} = 0°$，$\psi_{\text{deg}} = 270°$），图 5.6 展示了逆风、侧视时频域和时域仿真的情况（$\theta_{\text{plat,deg}} = 90°$，$\psi_{\text{deg}} = 0°$）。在目标距离 $R_0 = 187\text{m}$，多普勒频率 $f_0 = -300\text{Hz}$ 且方位角 $\theta_{0,\text{deg}}$（该方位角比雷达视向大 2°）处添加了一个合成目标。如预期的那样，多普勒谱在前视情况下较窄，而在侧视情况下通过海杂波的方位维波束方向图和多普勒谱的卷积而有所展宽。

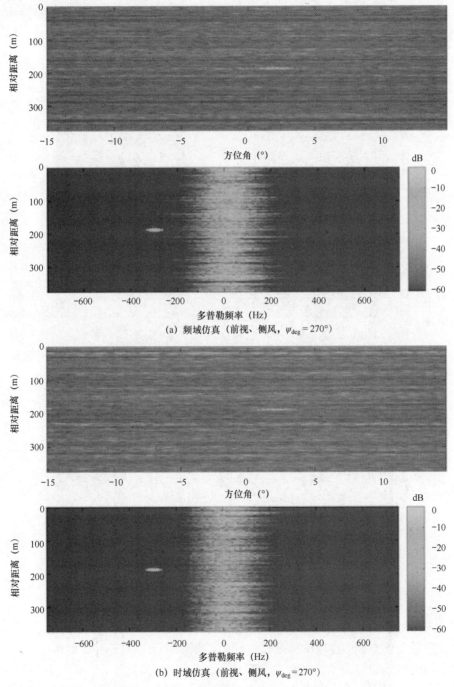

(a) 频域仿真（前视、侧风，$\psi_{\text{deg}} = 270°$）

(b) 时域仿真（前视、侧风，$\psi_{\text{deg}} = 270°$）

图 5.5　前视案例（目标距离 $R_0 = 187\text{m}$，多普勒频率 $f_0 = -300\text{Hz}$，方位角 $\theta_{0,\text{deg}} = 2°$）[19]

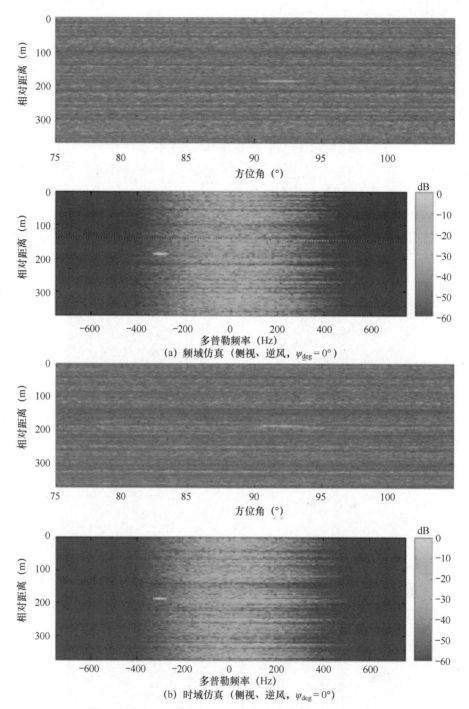

图 5.6　侧视案例（目标距离 R_0=187m，多普勒频率 $f_0 = -300$Hz，方位角 $\theta_{0,\mathrm{deg}} = 2°$）[19]

　　为了验证时域仿真的准确性，对整个扫描周期内的数据块进行仿真。方位角上的每10°对应于20°方位角区域的数据提取脉冲窗口。然后，测量空间相关长度、形状参数和谱宽，并将其与期望值进行比较。图5.7显示了频域、时域仿真情况的比较，其中，I 设为50个海杂波块。虽然估计值存在一些起伏，但总体来说测量值和期望值之间匹配良好。

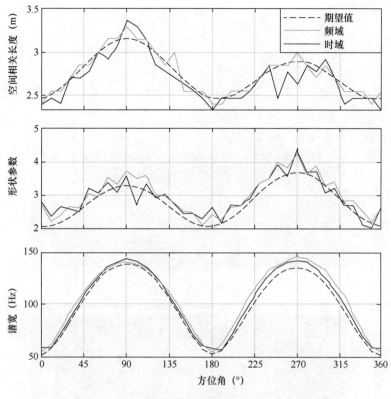

图 5.7　仿真验证

　　为了测试仿真中的多通道方面，案例仿真了 $L = 4$ 个通道的线阵，其相位中心之间的间隔为 $d = \lambda/2$。考虑侧视的情况，计算了不同导向角下的傅里叶功率谱 $G_{\mathrm{FP}}(\cdot)$ 和最优（最小方差）谱 $G_{\mathrm{MV}}(\cdot)$，即

$$G_{\mathrm{FP}}(\theta, f) = \boldsymbol{s}^{\mathrm{H}}(\theta, f)\boldsymbol{R}\boldsymbol{s}(\theta, f) \tag{5.36}$$

$$G_{\mathrm{MV}}(\theta, f) = \frac{1}{\boldsymbol{s}^{\mathrm{H}}(\theta, f)\boldsymbol{R}^{-1}\boldsymbol{s}(\theta, f)} \tag{5.37}$$

其中，空时导向向量可以写成两个导向向量的 Kronecker 积，即

$$\boldsymbol{s}(\theta, f) = \boldsymbol{s}_{\theta}(\theta) \otimes \boldsymbol{s}_{\mathrm{t}}(f) \tag{5.38}$$

式中，$\boldsymbol{s}_{\theta}(\theta)$ 为空间导向向量，有

$$\boldsymbol{s}_{\theta}(\theta) = \left[1, \exp\left(-\mathrm{j}2\pi\frac{d}{\lambda}\sin\theta \right), \cdots, \exp\left(-\mathrm{j}2\pi\frac{d}{\lambda}(L-1)\sin\theta \right) \right]^{\mathrm{T}} \tag{5.39}$$

$\boldsymbol{s}_{\mathrm{t}}(f)$ 为时间导向向量，有

$$\boldsymbol{s}_{\mathrm{t}}(f) = \frac{1}{\sqrt{N}}[1, \exp(-\mathrm{j}2\pi f T_{\mathrm{r}}), \cdots, \exp(-\mathrm{j}2\pi f(N-1)T_{\mathrm{r}})]^{\mathrm{T}} \tag{5.40}$$

其中，T_{r} 是脉冲重复间隔。

　　协方差矩阵 $\boldsymbol{R}$ 可以通过估计第 k 个距离单元的样本协方差矩阵，然后对除检测距离单元外的 K 个距离单元取平均来实现。将每个脉冲在 L 个空间阵元的输入数据进行叠加，再对 N 个脉冲进行叠加，就形成了时空数据向量 $\boldsymbol{h}$。协方差矩阵 $\boldsymbol{R}$ 的估计具体实现为

$$\widehat{R}_{\mathrm{SCM}}(k)=\frac{1}{K}\sum_{\substack{n=k-K/2,\\n\neq k}}^{k+K/2}h_n h_n^{\mathrm{H}} \tag{5.41}$$

将 CPI 长度取为 $N=16$ 个脉冲，图 5.8 给出了目标所在距离单元的傅里叶功率谱和最优（最小方差）功率谱，其中，样本协方差矩阵估计通过对邻近的 $K=2NL$ 个距离单元取平均得到。正如预期的那样，最优功率谱要窄得多且具有一个对角线斜刃，这显示了在测量期间平台运动的影响，目标仍在期望的位置。

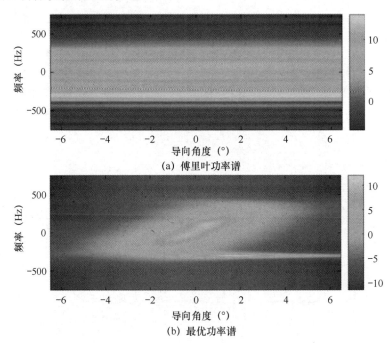

(a) 傅里叶功率谱

(b) 最优功率谱

图 5.8　海杂波加上在多普勒频率 $f_0=-300\mathrm{Hz}$、相对方位角 $\theta_{0,\deg}=2°$ 处目标的傅里叶功率谱和最佳功率谱[19]

5.4　其他仿真算法

本节将介绍另两种海杂波模型，并详细说明如何将它们应用于仿真，包括 5.4.1 节介绍的空时有限杂波（STLC）模型和 5.4.2 节介绍的复合 G2 模型。然后，使用 Ingara X 波段数据集中的数据，将这些算法的精度与 5.4.3 节中的演化多普勒谱模型的精度进行比较。另外，通过比较在一系列涌浪方向角和极化方式组合条件下大量的统计测量值，来验证每种模型的性能。

5.4.1　空时有限杂波（STLC）模型

STLC 模型是一种双峰描述[30,31]，分别表示 Bragg 散射分量谱 G_{Br} 和快散射分量谱 G_{F}。它是统一模型的扩展[31]，其中，每个分量由高斯谱响应表示，平均海杂波谱为

$$G_{\mathrm{uni}}(f)=\alpha G_{\mathrm{Br}}(f)+(1-\alpha)G_{\mathrm{F}}(f) \tag{5.42}$$

其中，每个高斯谱表示为

$$G(f)=\frac{1}{\sqrt{2\pi}w}\exp\left(-\frac{(f-m_{\mathrm{f}})^2}{2w^2}\right) \tag{5.43}$$

其中，m_f 为均值，w 为谱宽。另外，每个分量的幅度服从 Gamma 分布，最终的复合分布为两个 K 分布随机变量的总和，这也称为 *KK* 分布。

STLC 模型通过将空域和时域相关联来实现倾斜波谱，提高了仿真的逼真程度。Bragg 散射分量与在距离维和多普勒维上具有倾斜波状特征的持续波有关，而快散射分量对没有距离扩展和显著多普勒扩展的离散尖峰响应进行建模。同样，由于使用了空域描述，因此在模型中容易包含多个相位中心。

为了实现在某些多普勒谱中观测到的类似海浪的纹状，Bragg 散射分量需要用一个起基础作用的海洋波纹模型来描述。图 5.9（a）展示了一个案例，将波前作为距离和方位角的函数，涌浪间距或重力波波长为 λ_G。方位角 θ 定义为在采集时间内雷达位置和场景中心之间的角度变化。海浪波纹会极大地影响 STLC 模型多普勒谱的结果，并取决于所表征数据的波长、距离和方位范围。本案例定义的海浪波纹的距离范围为 75m，方位角范围为 3.1°。

Bragg 散射分量 $\boldsymbol{c}_{Br}$ 建模为尺寸为 $N \times 1$ 的复高斯随机变量，其 PDF 为

$$P_x(\boldsymbol{c}_{Br}) = \frac{1}{(\pi \tau_{Br})^N |\boldsymbol{R}_{Br}|} \exp(-\boldsymbol{c}_{Br}^H (\tau_{Br} \boldsymbol{R}_{Br})^{-1} \boldsymbol{c}_{Br}) \tag{5.44}$$

其中，τ_{Br} 为 Bragg 散射分量的平均功率，$\boldsymbol{R}_{Br}$ 为协方差矩阵。确定协方差矩阵的第一步是分别考虑每个距离单元，并在每个波切片的最小值处定义发生散射现象的位置。然后，这些现象会具有关联的 Bragg 散射分量谱 $G_{Br}(f)$，其位于多普勒谱中的连续位置，并且被截断到具有 N_σ 倍 Bragg 散射分量谱宽的宽度。图 5.9（b）展示了第一个距离单元的情况，其中，箭头给出了多普勒频率和方位角之间的映射。多普勒频率与方位角的关系为 $f = 2v_p \sin\theta / \lambda$。协方差矩阵 $\boldsymbol{R}_{Br}$ 则是在单个距离单元中在方位上测到的 P_{Br} 次现象的总和，即

$$\boldsymbol{R}_{Br} = \sum_{p=1}^{P_{Br}} \boldsymbol{R}_{Br}(p) \tag{5.45}$$

其中，每个现象的协方差矩阵为

$$\boldsymbol{R}_{Br}(p) = \sum_{n=1}^{N_{wave}} \boldsymbol{R}_t(p,n) \otimes \boldsymbol{R}_\theta(p,n) \tag{5.46}$$

其中，N_{wave} 是在多普勒频率和方位角之间映射（如图 5.9 所示的箭头）的点数。空间分量的计算公式为

$$\boldsymbol{R}_\theta(p,n) = A_{az}(f(p,n)) \boldsymbol{s}_\theta^H \boldsymbol{s}_\theta \tag{5.47}$$

时间分量的计算公式为

$$\boldsymbol{R}_t(p,n) = \boldsymbol{s}_t(f(p,n)) \boldsymbol{s}_t^H(f(p,n)) \tag{5.48}$$

对于每个 Bragg 散射现象，关联的多普勒频率是相对于如图 5.9（c）所示的波极小值定义的。

与均匀模型类似，快散射机制被建模为 K 分布，不同之处在于它的存在取决于服从伯努利分布的第二个随机变量，用发生概率 $P_{occ}(\theta)$ 对该随机变量进行描述。在每个距离单元中，尺寸为 $N \times 1$ 的接收快散射体向量由每个快散射现象的实现 $c_F(\theta)$ 的累加和给出，且每次实现都具有 PDF，即

$$P_y(\boldsymbol{c}_F(\theta)) = P_{occ}(\theta) \int_0^\infty \frac{1}{(\pi \tau_F)^N |\boldsymbol{R}_F(\theta)|} \exp(-\boldsymbol{c}_F^H (\tau_F \boldsymbol{R}_F(\theta))^{-1} \boldsymbol{c}_F) P_\tau(\tau_F) d\tau_F \tag{5.49}$$

其中，$P_\tau(\tau_F)$ 被建模为形状参数为 v_{occ} 的 Gamma 分布。对于单个方位，协方差矩阵定义为 $\boldsymbol{R}_F(\theta) = \boldsymbol{R}_T \otimes \boldsymbol{R}_\theta$，而时间分量定义为

$$\boldsymbol{R}_{\mathrm{T}} = \int_{f} G_{\mathrm{F}}(f)\boldsymbol{s}_{\mathrm{t}}(f)\boldsymbol{s}_{\mathrm{t}}^{\mathrm{H}}(f)\mathrm{d}f \qquad (5.50)$$

空间分量已在式（5.47）中定义。

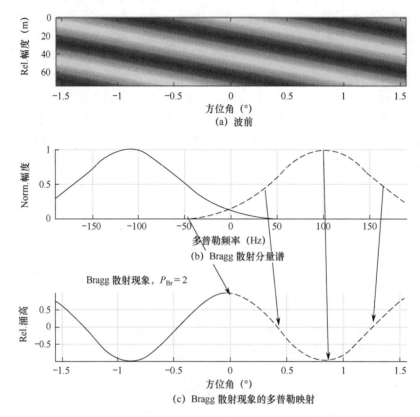

图 5.9　波前匹配案例（实线和断线表示不同的 Bragg 散射现象）[7]

Bragg 散射分量的仿真包括以下步骤。

（1）在定义的距离和方位角范围上，构建起基础作用的海浪波纹模型。通过测量逆涌浪空间相关形中的主导振荡，可以确定涌浪间距 λ_{G}。

（2）确定每个 Bragg 散射现象的多普勒映射。

（3）构造相应的协方差矩阵 $\boldsymbol{R}_{\mathrm{Br}}$。

（4）产生相关的复高斯实现 $\boldsymbol{c}_{\mathrm{Br}}$ 来建模 Bragg 散射现象，其平均功率由 τ_{Br} 确定。

快散射分量的生成包括以下步骤。

（1）在距离和角度网格上产生发生概率的实现。

（2）构造每个快散射现象发生位置的空时协方差矩阵 $\boldsymbol{R}_{\mathrm{F}}(\theta)$。

（3）生成相关的复高斯实现 $\boldsymbol{x}_{\mathrm{F}}$，以对快散射现象进行建模。

（4）为每个位置生成服从 Gamma 分布的实现 τ_{F} 以对纹理建模，并将其与相关的复高斯相乘，得到 $\boldsymbol{c}_{\mathrm{F}}(\theta) = \sqrt{\tau_{\mathrm{F}}}\boldsymbol{x}_{\mathrm{F}}$。

（5）对于每个距离单元，在方位维求和，即 $\boldsymbol{c}_{\mathrm{F}} = \sum_{\theta} \boldsymbol{c}_{\mathrm{F}}(\theta)$。

那么，尺寸为 $N \times 1$ 的完整 STLC 时域信号由两个分量的相干加和，再加上加性高斯噪声

ξ 得到，即

$$h_{\text{STLC}} = c_{\text{Br}} + c_{\text{F}} + \xi \tag{5.51}$$

注意，由平台运动引起的多普勒谱展宽，可以通过空间协方差矩阵中的方位维天线波束方向图函数来解释。

5.4.2　复合 G2 模型

复合 G2 模型在文献 [32] 中被提出，并在文献 [8] 中被进一步扩展，它包含 STLC 模型和演化多普勒谱模型的特征。例如，纹理被建模为 Bragg 散射分量和快散射分量之和，即 $\tau = \tau_{\text{Br}} + \tau_{\text{F}}$，且每个分量由相关的 Gamma 随机变量描述。那么，总体纹理的分布就由两个独立 Gamma 随机变量的和来表示，即

$$P_\tau(\tau) = \frac{b_{\text{Br}}^{v_{\text{Br}}} b_{\text{F}}^{v_{\text{F}}} \tau^{v_{\text{Br}} + v_{\text{F}} - 1}}{\Gamma(v_{\text{Br}} + v_{\text{F}})} \mathrm{e}^{-b_{\text{Br}}\tau} {}_1F_1(v_{\text{F}}, v_{\text{Br}} + v_{\text{F}}; (b_{\text{Br}} - b_{\text{F}})\tau) \tag{5.52}$$

其中，v_{Br}、v_{F} 和 b_{Br}、b_{F} 分别为 Bragg 散射分量和快散射分量的形状参数和尺度参数，${}_1F_1(\cdot)$ 为合流超几何函数。复合高斯形式与相干 KK 分布相同，将这种形式称为复合 G2 模型，即

$$P_z(z) = \int_0^\infty \frac{1}{\tau + p_{\text{n}}} \exp\left(-\frac{z}{\tau + p_{\text{n}}}\right) P_\tau(\tau) \mathrm{d}\tau \tag{5.53}$$

式（5.53）所示的积分没有解析解，必须用数值积分来求解。对于空间相关性，使用文献 [33] 中提出模型的一个变形，即

$$\rho_{\text{spat}}(R) = \alpha \exp\left(-\frac{R}{R_{\text{L}}}\right) + (1 - \alpha) \exp\left(-\frac{R}{R_{\text{G}}}\right) \cos\left(\frac{2\pi R}{\lambda_{\text{G}}}\right) \tag{5.54}$$

其中，R_{G} 为重力波分量的相关长度，λ_{G} 为重力波波长，R_{L} 为空间起伏的短程相关长度，Bragg 散射分量权重为

$$\alpha = \frac{\langle \tau_{\text{Br}} \rangle}{\langle \tau \rangle} = \left(1 + \frac{v_{\text{F}} b_{\text{Br}}}{v_{\text{Br}} b_{\text{F}}}\right)^{-1} \tag{5.55}$$

然后，每个距离单元的总体多普勒谱模型表示为两个高斯分量之和，即

$$G_{\text{G2}}(f) = \tau_{\text{Br}} G_{\text{Br}}(f) + \tau_{\text{F}} G_{\text{F}}(f) \tag{5.56}$$

复合 G2 模型与演化多普勒谱模型的关键区别在于，复合 G2 模型将 Bragg 散射分量视为不对称的，而将快散射分量视为对称的。与演化多普勒谱模型相似，多普勒频率与强度之间也存在相关性，只是它只适用于复合 G2 模型中的 Bragg 散射分量。Bragg 散射分量中的部分不对称性是由多普勒频率和强度的相关性引起的，另一些则是由快散射分量的中心频率远离零多普勒频率造成的。总体谱宽的变化是由两个分量的中心频率的独立起伏引起的。这与演化多普勒谱模型相反，在演化多普勒谱模型中，总体谱宽的起伏是单独建模的。此外，高斯分布被用于描述每个距离单元的谱分量，这也是两种模型的共同之处。最后，复合 G2 模型特别注意了 Bragg 散射分量和快散射分量之间的相对相位差，以及 Bragg 散射分量的中心频率与其强度之间的相对相位差。

在每个距离单元中，Bragg 散射分量由宽度为 u_{Br} 的高斯谱和服从形状参数为 v_{Br} 的 Gamma 分布的强度来描述。Bragg 散射分量的中心频率可以有所起伏，在每个距离单元中的中心频率可以由均值为 f_{Br}、标准差为 $\sigma_{f_{\text{Br}}}$ 的高斯分布得到。均值 f_{Br} 与归一化强度 $\bar\tau_{\text{Br}}$ 线性相关，且参数为 A_{c} 和 B_{c}，即

$$f_{Br} = A_c + B_c \overline{\tau}_{Br} \tag{5.57}$$

在多个距离单元上取了平均后，Bragg 散射分量在形状上是不对称的，其不对称程度取决于 B_c 和 v_{Br}。该分量的质心为

$$\overline{f}_{Br} = A_c + B_c(1 + 1/v_{Br}) \tag{5.58}$$

总体谱宽为

$$w_{Br} = \sqrt{u_{Br}^2 + \sigma_{f_{Br}}^2 + B^2(1 + 1/v_{Br})/v_{Br}} \tag{5.59}$$

形式如式（5.54）所示的相关性也应用到了中心频率沿距离维的起伏。

在每个距离单元中，快散射分量由宽度为 u_F 的高斯谱、形状参数为 v_F 的服从 Gamma 分布的强度、服从均值为 f_F 和标准差为 σ_{f_F} 的正态分布的中心频率表示。快散射分量的中心频率与强度之间不存在相关性，但中心频率沿距离维呈现出相关性，可通过相关长度 R_C 的指数衰减进行建模。若在多个距离单元上取平均，则快散射分量在形状上是高斯的，其中心频率为 $\overline{f}_F$，标准差为

$$w_F = \sqrt{u_F^2 + \sigma_{f_F}^2} \tag{5.60}$$

注意，如果中心频率没有起伏，则令 $w_F = u_F$，可以得到快散射分量的均匀模型。

仿真复合 G2 模型的 Bragg 散射分量包括以下步骤。

（1）使用式（5.54）中的模型生成相关的正态随机变量序列。

（2）对于每个距离单元，使用 MNLT 创建一个形状参数为 v_{Br} 的 Gamma 随机变量序列 τ_{Br} 来描述每个距离单元中的 Bragg 散射分量强度。

（3）为 Bragg 散射分量中心点生成相关的正态随机变量序列，沿距离维的相关性由式（5.54）中的第二项给出。在每个距离单元中，Bragg 散射分量以 $A_c + B_c \overline{\tau}_{Br}$ 为中心，标准差为 $\sigma_{f_{Br}}$。

（4）对中心点序列应用循环移位，重现 Bragg 散射分量中心频率和强度之间的相位差。

仿真快散射分量的步骤如下。

（1）采用与 Bragg 散射分量相同的相关正态随机变量序列，采用一种不同的 MNLT 来创建形状参数为 v_F 的 Gamma 随机变量序列 τ_F，来描述每个距离单元中的快散射分量强度。

（2）对序列 τ_F 应用循环移位，以重现两个分量强度之间的相位差。

（3）为快散射分量中心点生成另一个相关的正态随机变量序列，且使序列沿距离维具有均值为 $\overline{f}_F$、标准差为 σ_{f_F} 的负指数相关性。

另外，可以将上述步骤联合起来形成最终信号，具体如下。

（1）通过对宽度为 u_{Br}、u_F，强度为 τ_{Br}、τ_F 的两个高斯分量进行加权求和，来构建每个距离单元的总体谱。每个高斯函数的中心频率是从前面描述的正态随机变量序列中得到的。

（2）为了对由雷达平台运动引起的谱扩展进行建模，将谱与双向方位维天线波束方向图进行卷积，利用循环卷积来再现多普勒谱的混叠。

（3）生成单位均值的复高斯分布作为散斑分量 x，并构建复合高斯海杂波信号。

（4）生成方差为 p_n/N 的复高斯分布作为热噪声 ξ，则尺寸为 $N \times 1$ 的最终信号模型为

$$H_{G2} = \sqrt{G_{G2}} x + \xi \tag{5.61}$$

（5）通过如式（5.61）所示的傅里叶逆变换获得时域信号。

5.4.3　算法比较

本节使用双极化 Ingara X 波段数据集对这三种算法进行比较，该数据集覆盖了 $31°\sim37°$ 的擦地角范围，或者说跨度为 600m 的距离范围。风向和涌浪方向一致，道格拉斯海况等级为 $3\sim4$ 级，风速为 10.2m/s，海浪高度为 1.2m。CPI 长度 $N=64$ 个脉冲，并在任何多普勒域测量之前应用 -55dB 的 Dolph-Chebyshev 窗函数进行加窗。数据采集过程中存在未知多普勒偏移，因此应对多普勒谱进行中心化，所有的模型拟合和仿真都基于观测到的多普勒谱，包括由雷达平台运动导致的多普勒谱展宽。为了评估这两种模型，对 HH 极化和 VV 极化，以及涌浪角 θ_{SW} 为 $0°$、$45°$ 和 $90°$ 的 Ingara X 波段数据集参数进行估计。表 5.2 总结了每种模型的关键参数，但复合 G2 模型的空间相关性参数（在表 5.3 中给出）除外。

表 5.2　每种模型的关键参数

极 化 方 式	HH 极化			VV 极化		
涌浪角	0°	45°	90°	0°	45°	90°
演化多普勒谱模型						
Bragg 散射分量加权因子 α	0.1	0.2	0.8	1	0	0.9
K 分布形状参数 v	2.7	3.6	1.4	29	10	21
空间去相关长度 R_L（m）	1.1	1.4	0.8	0.7	0.8	0.6
平均双峰拟合均值 A_c（Hz）	−39	−28	−8	−15	−12	7
平均双峰拟合斜率 B_c（Hz）	30	24	7	17	26	−3
双峰阈值 τ_{bi}（Hz）	3	3	9	3.7	0.7	4
围绕均值起伏的标准差 w_{bi}（Hz）	28	26	28	22	20	17
谱宽均值 m_w（Hz）	56	54	56	52	50	51
谱宽标准差 σ_w（Hz）	19	19	23	15	13	12
STLC 模型						
Bragg 散射分量加权因子 α	0.93	0.82	0.38	0.93	0.61	0.29
Bragg 散射分量中心频率 f_{Br}（Hz）	−9	−7	−47	−9	1	44
Bragg 散射分量谱宽 w_{Br}（Hz）	63	59	30	63	42	49
快散射分量中心频率 f_F（Hz）	89	43	43	81	32	−20
快散射分量谱宽 w_F（Hz）	78	70	57	71	88	66
快散射分量发生概率 P_{occ}（×10^{-3}）	8.8	8.8	8.5	7.0	8.4	7.3
快散射分量形状参数 v_{occ}	11	13	10	37	37	36
复合 G2 模型						
Bragg 散射分量加权因子 α	0.72	0.67	0.78	0.77	0.91	0.83
Bragg 散射分量形状参数 v_{Br}	5.0	5.3	5.6	9.3	9.5	9.5
Bragg 散射分量强度相移（°）	130	4	—	−3	107	—
Bragg 散射分量中心频率均值 f_{Br}（Hz）	−19	−16	−2	−11	0.7	6
Bragg 散射分量中心频率相关性 B_c（Hz）	65	46	4	30	21	4
Bragg 散射分量谱宽 w_{Br}（Hz）	56	55	58	54	58	58
Bragg 散射分量均匀谱宽 u_{Br}（Hz）	44	49	55	51	55	55
Bragg 散射分量中心频率相移（°）	98	−20	—	−35	94	—

极 化 方 式	HH 极化			VV 极化		
快散射分量形状参数 ν_F	0.16	0.24	0.079	0.65	0.10	0.34
快散射分量强度相移（°）	218	275	—	174	275	—
快散射分量中心频率 f_F（Hz）	62	27	19	30	10	−4
快散射分量谱宽 w_F（Hz）	59	75	67	71	56	42
快散射分量均匀谱宽 u_F（Hz）	30	38	32	36	29	30

表 5.3　复合 G2 模型的空间相关参数估计

涌 浪 角	0°	45°	90°
重力波波长 λ_G（m）	30	25	—
重力波分量的相关长度 R_G（m）	300	300	—
HH 极化空间起伏的短程相关长度 R_L（m）	2.9	2.9	2.7
VV 极化空间起伏的短程相关长度 R_L（m）	3.0	5.0	5.0

关于如何估计演化多普勒谱模型参数的详细信息最初在文献［4,34］中给出。对于 K 分布形状参数，使用了 $z\lg z$ 估计器[35]；而空间去相关长度是在空间相关性衰减到 1/e 处测量的。为了确定多普勒谱参数，需要测量每个距离单元的多普勒谱宽的均值和标准差。对于第 n 个多普勒通道和第 k 个距离单元，两者可通过多普勒谱 $H(n,k)$ 的前两阶矩得到[36]，即

$$\hat{m}_f(k) = \frac{1}{h_n} \sum_{n=1}^{N} \left(\frac{nf_r}{N} - \frac{f_r}{2} \right) H(n,k) \qquad (5.62)$$

$$\hat{w}_{sp}^2 = \frac{1}{h_n} \left(\sum_{n=1}^{N} \left(\frac{nf_r}{N} - \frac{f_r}{2} - \hat{m}_f(k) \right)^2 H(n,k) - p_n \frac{f_r^3}{12} \right) \qquad (5.63)$$

其中，w_{sp} 为总体多普勒谱的宽度，N 为 CPI 长度，f_r 为 PRF，$h_n = \sum_{n=1}^{N} H(n,k) - p_n f_r$ 为归一化因子，式（5.63）中的最后一项是热噪声对谱宽贡献的校正。为了准确测量海杂波谱的宽度，必须考虑由雷达平台运动和 CPI 长度导致的谱展宽。如果将展宽因子建模为高斯函数，则其标准差由式（5.19）给出，海杂波谱的宽度为

$$\hat{w}^2(k) = \hat{w}_{sp}^2(k) - \sigma_{plat}^2 - \sigma_{CPI}^2 \qquad (5.64)$$

然后，根据数据与式（5.17）之间的联合最小二乘确定 α、A_c、B_c 和 σ_{bi} 的值。通过如式（5.16）所示模型的拟合结果减去测量得到的中心点值，可以确定中心点残差的方差 σ_{bi}。

对于 STLC 模型，采集时间为 2s，得到如图 5.9（a）所示的波浪波纹图。统一模型参数 α、f_{Br}、w_{Br}、f_F 和 w_F 由式（5.42）中模型的最小二乘拟合确定，该模型与谱方差具有等价关系。对于 Ingara 双极化数据集，使用文献［30］中的公式略微扩展了统一模型，其中，谱分量具有共同的中心频率和谱宽。这种用于拟合模型的技术是在文献［32］中提出的，不需要直接使用有效的形状参数。图 5.10 给出了 $\theta_{SW} = 45°$、HH 极化下的拟合结果。离散尖峰的出现概率 P_{occ} 可以使用文献［37］中描述的方法来确定，其中数据强度的阈值为均值以上 5 倍标准差。图 5.11 展示了逆涌浪方向离散尖峰分布的一个例子；然后，使用最大似然估计器来确定形状参数 ν_{occ} 的 Gamma 分布模型，并将其叠加在图 5.11 上。然而，这似乎不能像文献［6］中描述的那样合适地对数据分布进行建模。通过将式（5.54）中模型与逆涌浪方向上的空间相关性进行拟合，确定在距离维的涌浪间距或波长。对于 Ingara 双极化数据集，波长估计值

$\lambda_G = 30\text{m}$。另外，Bragg 散射现象与 Bragg 散射分量谱之间的映射点数 $N_{\text{wave}} = 30$，Bragg 散射分量的截断宽度是使用均匀拟合估计得到 Bragg 散射分量标准差的 3 倍。

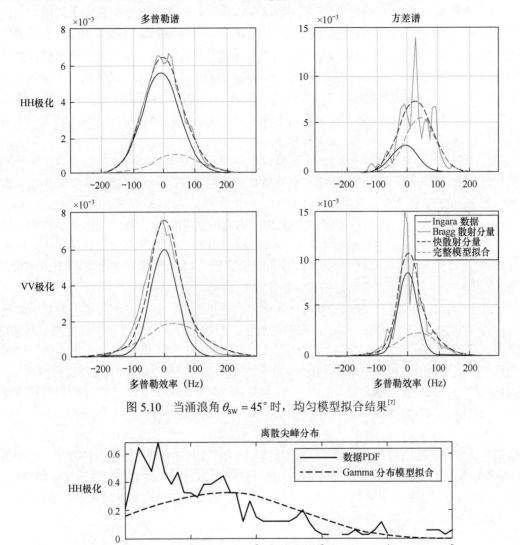

图 5.10　当涌浪角 $\theta_{\text{sw}} = 45°$ 时，均匀模型拟合结果[7]

图 5.11　当涌浪角 $\theta_{\text{sw}} = 45°$ 时，离散尖峰分布及其拟合结果[7]

对于复合 G2 模型，使用 64 个脉冲的 CPI 长度产生了 13050 次谱的实现。海杂波功率（或称纹理）的分布是从单个海杂波块的强度中获得的，并用式（5.52）中 PDF 建模。形状参数

v_{Br}、v_F 和 Bragg 散射分量加权因子 α 是使用约束最大似然估计器[8]对该分布估计得到的。如文献[8]所述，同时将多普勒谱均值和方差谱与谱模型进行拟合，估计散射分量中心频率 f_{Br}、f_F 和均匀谱宽 u_{Br}、u_F。在这些拟合中，形状参数和 Bragg 散射分量加权因子被固定为根据纹理分布估计得到的值。多普勒强度相关性参数 B_c，以及各散射分量强度和慢中心频率的相移是沿重力波波长的多普勒谱的循环平均估计得到的。采用式（5.54）中的模型估计三涌浪方向（0°、45°、90°）的空间相关性，但90°侧涌浪的情况除外（在这种情况下，不再需要余弦项）。每个涌浪角的结果如表 5.3 所示。对于 45°的情况，出现了波长为 25m 的较短波长重力波，这可能是当雷达波束与波浪方向不一致时 Bragg 散射分量和快散射分量之间复杂相互作用的结果。

本节考虑使用 64 个脉冲的 CPI 长度和 600 个距离单元来实现每个模型。为了评估所选模型在涌浪方向和极化方式下的性能，本节仿真了在每种情况下的数据，并将三个评估指标与原始的 Ingara 双极化数据集进行了比较。第一个指标是附录 A 中描述的 Bhattacharyya 距离（BD），它确定了真实数据和仿真数据幅度分布之间的相似性。第二个指标是空间去相关长度。第三个指标通过测量在频域中海杂波区域的 K 分布形状参数真实值和估计值之间的均方根误差（RMS），来确定频域表示的精度。图 5.12、图 5.13 和图 5.14 展示了涌浪方向 θ_{SW} 分别为 0°、45°和 90°时的多普勒谱图，评估指标如表 5.4 所示。

演化多普勒谱模型描述 Ingara 双极化数据集的效果很好，尽管它不能重现数据中的倾斜距离/多普勒谱图。每个结果的 BD 都很小，K 分布形状参数和空间去相关长度也非常接近。对于 STLC 模型，在逆涌浪（$\theta_{SW}=0°$）情况下，每个波位产生了较强的 Bragg 散射分量和一个较宽的快散射分量。这些结果的 BD 非常大，空间去相关长度较小，形状参数与根据 Ingara 双极化数据集得到的形状参数差别很大。对于 $\theta_{SW}=45°$ 的结果，STLC 模型的多普勒谱图中产生了倾斜的波结构，并且 BD 很小，表明与幅度分布匹配得很好。$\theta_{SW}=90°$ 的结果在多普勒谱图上显示出了人造的边缘，且在 VV 极化下更加明显。由于海杂波中可能包含比 STLC 模型结构还要复杂的波结构，因此确定与真实数据相对应的准确波结构是极其困难的。对于复合 G2 模型来说，BD 较小，模型拟合结果与在数据中观测到的倾斜波谱在视觉上有较好的匹配。但是，当考虑空间去相关长度和形状参数时，复合 G2 模型比演化多普勒谱模型有更多的变化，这种失配在 VV 极化下稍微差一些。

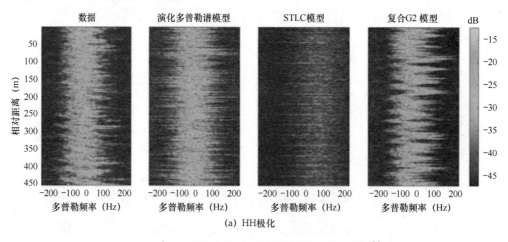

图 5.12　当涌浪角 $\theta_{SW}=0°$ 时得到的多普勒谱图[7]

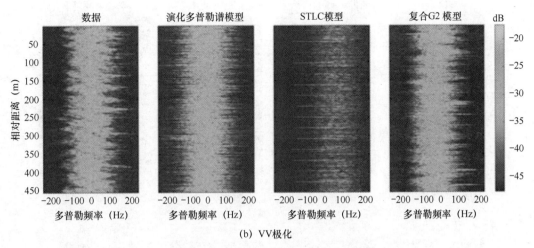

（b）VV极化

图 5.12　当涌浪角 $\theta_{sw} = 0°$ 时得到的多普勒谱图[7]（续）

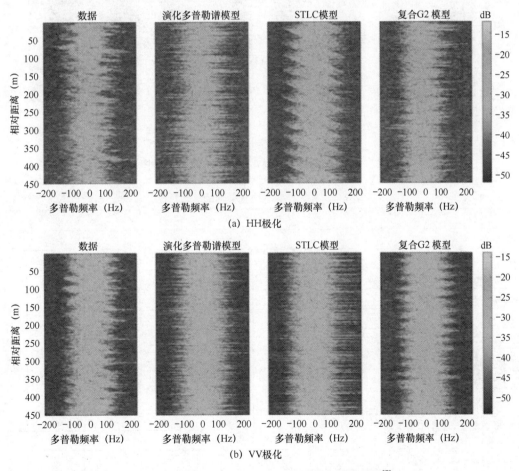

（a）HH极化

（b）VV极化

图 5.13　当涌浪角 $\theta_{sw} = 45°$ 时得到的多普勒谱图[7]

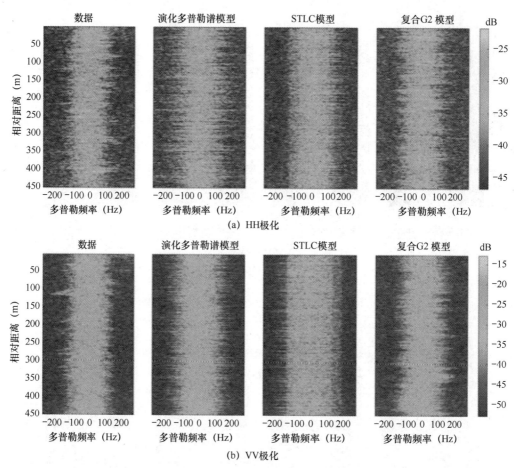

图 5.14   当涌浪角 $\theta_{sw} = 90°$ 时得到的多普勒谱图[7]

表 5.4   真实参数与仿真得到的参数对比

极化方式	HH 极化			VV 极化		
涌浪角	0°	45°	90°	0°	45°	90°
Ingara 双极化数据集						
杂噪比（dB）	16.4	13.6	10.7	23.1	19.7	17.2
K 分布形状参数	4.4	3.6	2.6	31.5	10.3	57.7
空间去相关长度（m）	1.1	1.4	0.8	0.7	0.8	0.6
演化多普勒谱模型						
K 分布形状参数	4.4	4.0	3.0	37.0	13.4	70.3
空间去相关长度（m）	0.9	1.4	0.7	0.4	0.5	0.4
Bhattacharyya 距离（dB）	−23.5	−23.6	−23.6	−24.5	−23.8	−24.6
K 分布形状参数（频域）RMS 误差	1.8	2.3	1.4	6.8	6.2	16.9
STLC 模型						
K 分布形状参数	0.04	12.8	1.2	0.07	3.0	1.0
空间去相关长度（m）	0.3	0.5	0.4	0.3	0.4	0.4
Bhattacharyya 距离（dB）	−3.4	−22.3	−20.6	−2.2	−21.2	−13.9

续表

极化方式	HH 极化			VV 极化		
K 分布形状参数（频域）RMS 误差	2.4	5.0	1.8	2.7	2.1	7.9
复合 G2 模型						
K 分布形状参数	2.2	3.0	2.3	6.7	7.9	5.4
空间去相关长度（m）	1.5	2.1	1.1	3.8	1.3	3.2
Bhattacharyya 距离（dB）	−22.0	−23.6	−23.9	−23.0	−23.7	−22.7
K 分布形状参数（频域）RMS 误差	0.9	1.2	0.4	1.8	3.4	6.6

图 5.15、图 5.16、图 5.17 中的最终结果展示了 CNR、变差系数和 K 分布形状参数估计随多普勒频率的变化，其中，变差系数由标准差与强度平均值之比，即 $\sigma_z/\langle z \rangle$ 确定。对于演化多普勒谱模型，尽管当 $\theta_{SW}=0°$ 时，负多普勒频率区域的 CNR 有一些不同，以及当 $\theta_{SW}=0°$ 和 $\theta_{SW}=90°$ 时，可以观测到一些稍大的形状参数，但是大多数估计值还是非常接近的。对于 STLC 模型，唯一与数据匹配的结果是当 $\theta_{SW}=45°$ 时，且在 VV 极化下的匹配效果略好一些。对于其他结果，有一些频率区域是匹配的，但不是整个多普勒频率区域。对于复合 G2 模型，对于每个涌浪方向，三个评估指标都展示出一致的结果。在形状参数 RMS 误差方面，复合 G2 模型对于 HH 极化和 VV 极化这两种极化方式都具有最小的 RMS 误差。至于其他两种模型，演化多普勒谱模型在 HH 极化下的 RMS 误差较小，而 STLC 模型在 VV 极化下的 RMS 误差较小。

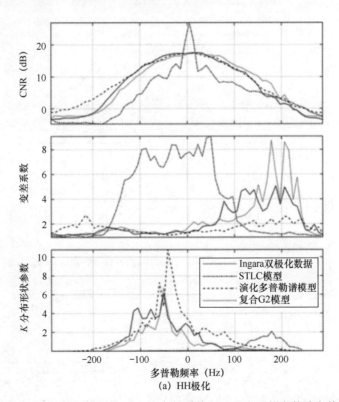

图 5.15　当 $\theta_{SW}=0°$ 时，不同模型的 CNR、变差系数和 K 分布形状参数随多普勒频率的变化

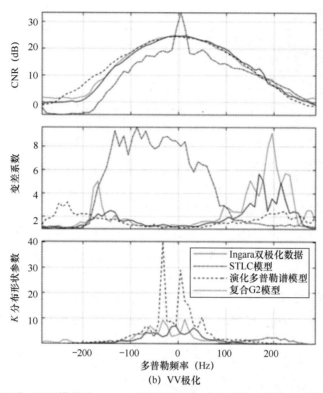

(b) VV极化

图 5.15 当 $\theta_{sw} = 0°$ 时，不同模型的 CNR、变差系数和 K 分布形状参数随多普勒频率的变化（续）

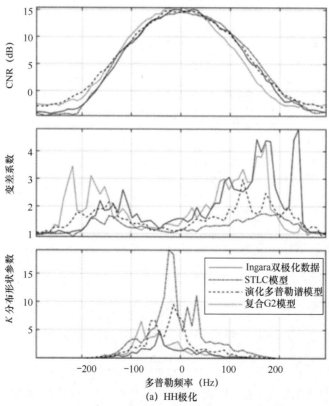

(a) HH极化

图 5.16 当 $\theta_{sw} = 45°$ 时，不同模型的 CNR、变差系数和 K 分布形状参数随多普勒频率的变化

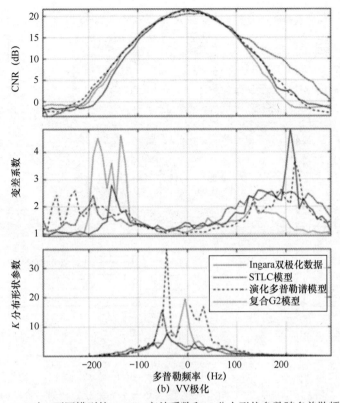

(b) VV极化

图 5.16 当 $\theta_{sw} = 45°$ 时，不同模型的 CNR、变差系数和 K 分布形状参数随多普勒频率的变化（续）

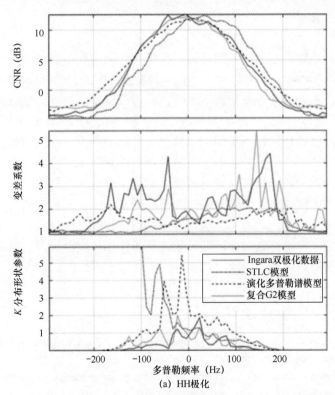

(a) HH极化

图 5.17 当 $\theta_{sw} = 90°$ 时，不同模型的 CNR、变差系数和 K 分布形状参数随多普勒频率的变化

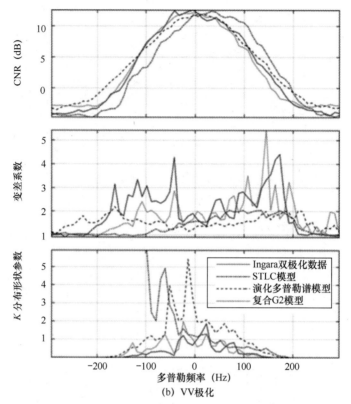

图 5.17 当 $\theta_{sw} = 90°$ 时，不同模型的 CNR、变差系数和 K 分布形状参数随多普勒频率的变化（续）

5.4.4 总结

本节提出了两种描述海杂波的模型。通过分析可知，演化多普勒谱模型和复合 G2 模型一致给出了良好的匹配结果；当 $\theta_{sw} = 45°$ 时，STLC 模型产生了倾斜波谱。然而，对于逆涌浪和顺涌浪的情况，海杂波谱看起来并不真实，并且沿频率维的估计结果匹配效果很差。此外，STLC 模型的结果显示，总体形状参数和空间去相关长度的估计是错误的，这表明 STLC 模型对数据中波浪波纹的建模是不正确的。复合 G2 模型产生了逼真的频谱，在频域内与实际数据最接近。遗憾的是，由于需要估计大量的参数，复合 G2 模型的实现难度很大。演化多普勒谱模型具有合理的匹配结果，并且需要的参数少得多。在算法运行时间方面，演化多普勒谱模型和复合 G2 模型都较简单且运行快速，而 STLC 模型由于需要对波前进行正确建模花费的时间要长 1 个数量级。为了使这些模型在设计新的目标检测方案时有用，它们需要增加参数化模型将每个模型参数与环境和采集几何条件相关联。目前，只有演化多普勒谱模型有第 4 章所描述的参数化模型。

参考文献

[1] Greco M, Bordoni F, Gini F. X-band sea-clutter nonstationarity: Influence of long waves[J]. IEEE Journal of Oceanic Engineering, 2004, 29(2): 269-283.

[2] Davidson G. Simulation of coherent sea clutter[J]. IET Radar, Sonar & Navigation, 2010, 4(2): 168-177.

[3] Watts S. Modeling and simulation of coherent sea clutter[J]. IEEE Transactions on Aerospace and Electronic Systems, 2012, 48(4): 3303-3317.

[4] Watts S, Rosenberg L, Bocquet S, et al. Doppler spectra of medium grazing angle sea clutter, Part 1: Characterisation[J]. IET Radar, Sonar & Navigation, 2016, 10(1): 24-31.

[5] Watts S, Rosenberg L, Bocquet S, et al. The Doppler spectra of medium grazing angle sea clutter; Part 2: Exploiting the models[J]. IET Radar, Sonar & Navigation, 2016, 10(1): 32-42.

[6] McDonald M, Cerutti-Maori D. Multi-phase centre coherent radar sea clutter modelling and simulation[J]. IET Radar, Sonar & Navigation, 2017, 11(9): 1359-1366.

[7] Rosenberg L, Bocquet S. Comparison of bi-modal coherent sea clutter simulation techniques[J]. IET Radar, Sonar & Navigation, 2019, 13(9): 1519-1529.

[8] Bocquet S. Compound G2 model of coherent radar sea clutter[J]. IET Radar, Sonar & Navigation, 2019, 13(9): 1508-1518.

[9] Steele J M. Non-Uniform Random Variate Generation[M]. Berlin: Springer-Verlag, 1987.

[10] Ward K D, Watts S, Tough R J A. Sea clutter: scattering, the K distribution and radar performance[M]. 2nd Edition. London: The Institute of Engineering Technology, 2013.

[11] Rangaswamy M, Weiner D D, Ozturk A. Non-Gaussian random vector identification using spherically invariant random processes[J]. IEEE Transactions on Aerospace and Electronic Systems, 1993, 29(1): 111-124.

[12] Antipov I. Simulation of sea clutter returns[R]. Defence Science and Technology Organisation, Technical Report DSTO-TR-0679, 1998.

[13] Conte E, di Bisceglie M, Lops M, et al. Simulation of correlated random fields with Gamma-distributed amplitude for SAR applications[C]//Proceedings of the 11th Annual International Geoscience and Remote Sensing Symposium, 1991, 4: 2397-2400.

[14] Armstrong B C, Griffiths H D. Modelling spatially correlated K-distributed clutter[J]. Electronics Letters, 1991, 27(15): 1355-1356.

[15] Tough R J A, Ward K D. The correlation properties of Gamma and other non-Gaussian processes generated by memoryless nonlinear transformation[J]. Journal of Physics D: Applied Physics, 1999, 32(23): 3075-3084.

[16] MATLAB, 9.10 (R2021a). The MathWorks Inc., Natick, MA, 2021.

[17] Wolfram Research, Inc. Mathematica. Wolfram Research, Inc., Champaign, IL, 2021.

[18] Rosenberg L, Watts S, Greco M S. Modeling the statistics of microwave radar sea clutter[J]. IEEE Aerospace and Electronic Systems Magazine, 2019, 34(10): 44-75.

[19] Rosenberg L, Watts S, Bocquet S. Scanning radar simulation in the maritime environment[C]//2020 IEEE Radar Conference (RadarConf20), 2020: 1-6.

[20] Oliver C J. Representation of radar sea clutter[C]//IEE Proceedings F (Communications, Radar and Signal Processing), IET Digital Library, 1988, 135(6): 497-500.

[21] Park S, Park J. Realistic simulation of mixed sea using multiple spectrum-based wave systems[J]. Simulation, 2020, 96(3): 281-296.

[22] Caponi E A, Lake B M, Yuen H C. Hydrodynamic effects in low-grazing angle backscattering from the ocean[J]. IEEE Transactions on Antennas and Propagation, 1999, 47(2): 354-363.

[23] Johnson J T, Burkholder R J, Toporkov J V, et al. A numerical study of the retrieval of sea surface height profiles from low grazing angle radar data[J]. IEEE Transactions on Geoscience and Remote Sensing, 2008, 47(6): 1641-1650.

[24] Zhang S, Li J, Li Y, et al. Fast realization of 3D space-time correlation sea clutter of large-scale sea scene based on FPGA: From EM model to statistical model[J]. IEEE Journal of Selected Topics in Applied Earth Observations and Remote Sensing, 2020, 14: 567-576.

[25] Stuhlmeier R, Stiassnie M. Deterministic wave forecasting with the Zakharov equation[J]. Journal of Fluid Mechanics, 2021, 913: 1-21.

[26] Kemkemian S, Lupinski L, Corretja V, et al. Performance assessment of multi-channel radars using simulated sea clutter[C]//2015 IEEE Radar Conference (RadarCon), 2015: 1015-1020.

[27] Rosenberg L, Watts S. Coherent simulation of sea-clutter for a scanning radar[C]//NATO SET-239 Workshop

on Maritime Radar Surveillance from Medium and High Grazing Angle Platforms, 2016: 1-10.

[28] M. I. Skolnik. Introduction to radar systems[M]. 3rd Edition. New York: McGraw-Hill, 2001.

[29] Mahafza B R. Radar systems analysis and design using MATLAB[M]. 2rd Edition. Chapman and Hall, Boca Raton: CRC, 2005.

[30] Rosenberg L. Characterization of high grazing angle X-band sea-clutter Doppler spectra[J]. IEEE Transactions on Aerospace and Electronic Systems, 2014, 50(1): 406-417.

[31] McDonald M K, Cerutti-Maori D. Coherent radar processing in sea clutter environments, Part 1: Modelling and partially adaptive STAP performance[J]. IEEE Transactions on Aerospace and Electronic Systems, 2016, 52(4): 1797-1817.

[32] Bocquet S. Two component statistical model of coherent radar sea clutter[C]//2018 International Conference on Radar (RADAR), 2018: 1-6.

[33] Bocquet S, Rosenberg L, Watts S. Simulation of coherent sea clutter with inverse Gamma texture[C]//2014 International Radar Conference, 2014: 1-6.

[34] Rosenberg L, Watts S, Bocquet S, et al. Characterisation of the Ingara HGA dataset[C]//2015 IEEE Radar Conference (RadarCon), 2015: 27-32.

[35] Bocquet S. Parameter estimation for Pareto and K distributed clutter with noise[J]. IET Radar, Sonar & Navigation, 2015, 9(1): 104-113.

[36] Watts S, Rosenberg L, Ritchie M. Characterising the Doppler spectra of high grazing angle sea clutter[C]//2014 International Radar Conference, 2014: 1-6.

[37] Rosenberg L. Sea-spike detection in high grazing angle X-band sea-clutter[J]. IEEE Transactions on Geoscience and Remote Sensing, 2013, 51(8): 4556-4562.

第 6 章

性能预测建模

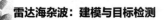

6.1 概述

海杂波模型的一个重要用途是预测雷达在不同条件下的目标检测性能，在雷达设计周期的各个阶段都有可能需要用到该模型（见第 1 章）。例如，为了市场营销，以及与竞争产品进行比较，需要在新设计的提案阶段进行准确的性能预测。随着雷达设计的发展，替代解决方案被提出，而性能预测建模将在突出这些新方案的相对优势方面发挥重要作用。当雷达即将交付给客户时，论证其性能是很有必要的。如文献 [1] 所述，测试海用雷达的目标检测性能是极其困难的，建模无疑将发挥重要作用，可以根据当前条件下的预测性能来解释试验结果。最后，建模也能为不同操作场景下雷达的适当配置提供指导。

本章介绍了海杂波模型在预测雷达目标检测性能方面的使用方法。为了使这些结果具有价值，雷达分析人员必须对其预测准确性有信心。如果采用解析建模的方法，则需要相当注意细节，以理解在广泛的环境条件和观测几何条件下的雷达操作并对其进行建模。这些条件包括擦地角、风速、风向及涌浪方向。另外，模型必须能够准确描述雷达波形产生的影响，以及对接收信号的处理。雷达关键的特性包括以下几点[1]：

（1）平均后向散射；

（2）幅度统计特性；

（3）时域脉间相关性/多普勒谱；

（4）空间相关性；

（5）离散海杂波尖峰；

（6）载波频率；

（7）极化方式；

（8）空间分辨率；

（9）脉间频率捷变效应。

目标检测的前提是选择可接受的虚警概率 P_{fa}，并根据无目标数据的分析确定相应的阈值 γ；然后，使用接收到的数据，将高于阈值的响应判断为潜在目标。目标检测的决策过程基于零假设和备择假设，即

$$H_0 : h = c + \xi$$
$$H_1 : h = c + \xi + s \tag{6.1}$$

其中，c、ξ 和 s 分别为海杂波向量、噪声向量和目标信号向量，表示脉冲雷达的 N 个连续相干回波。在图 6.1 中，两个直方图分别对应上述两个假设。检验统计量 ζ 可以是回波的原始幅度或经信号处理后的输出。如果检测器能够适应不断变化的海杂波条件，并相应地更新阈值以保持 P_{fa} 不变，则可以认为该检测器具有恒虚警概率（Constant False Alarm Rate，CFAR）。虚警概率 P_{fa} 和检测概率 P_{d} 可以定义为

$$P_{\mathrm{fa}}(\gamma) = \mathrm{Prob}(\zeta > \gamma \mid H_0) = \int_{\gamma}^{\infty} P_{\zeta}(\zeta)\mathrm{d}\zeta \tag{6.2}$$

$$P_{\mathrm{d}}(\gamma) = \mathrm{Prob}(\zeta > \gamma \mid H_1) = \int_{\gamma}^{\infty} P_{\zeta|s}(\zeta \mid s)\mathrm{d}\zeta \tag{6.3}$$

其中，$P_{\zeta}(\zeta)$ 表示海杂波加噪声（干扰）的概率密度函数（Probability Density Function，PDF），

$P_{\zeta|s}(\zeta|s)$ 表示目标加噪声（干扰）的 PDF。另外，图 6.1 中也显示了漏检概率 P_{m}。

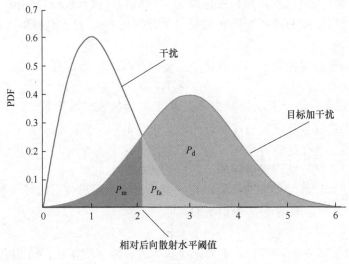

图 6.1　目标检测区域

通常，分开讨论相干处理和非相干处理会比较方便。相干处理保留了接收信号的相位信息，而这必须在某个中频或通常在基带使用同相采样和正交采样处理。信号总会在某个时刻被解调，这通常在取其幅度或强度前完成。在较老的设备中，信号解调是通过应用于接收机中频的二极管检波器来实现的，但在较新的设备中，信号解调已经被包含在数字处理中了（同相采样和正交采样）。然后，可以进一步进行信号处理，直到通过比较信号回波和检测阈值做出检测判定。性能预测建模可大致分为解析法和蒙特卡罗法。解析法利用数学模型来估计雷达处理各个阶段的接收信号电平及其统计特性，以便预测检测概率和虚警概率。蒙特卡罗法可以使用实测或仿真数据作为雷达处理的实际输入或模型表示的输入，在多次重复运行中累积检测概率和虚警概率。当信号处理不能用解析模型表示时，就可能需要用到蒙特卡罗法了。

雷达性能的预测始于雷达距离方程，关于其在海杂波信号中的应用可参见 6.2 节。在进行检测判定时，需要预测给定虚警概率 P_{fa} 下所对应的检测阈值及关联的检测概率 P_{d}。6.3 节对用于非相干处理的数学方法进行了概述，包括脉间积累的影响。6.4 节讨论将这些数学方法拓展到相干处理的方法。6.5 节介绍这些方法在端到端雷达性能预测评估中的应用。

6.2　雷达距离方程

雷达距离方程提供了一种在发射单个雷达脉冲后估计雷达场景中的目标和海杂波接收到功率的方法。其最简单的形式可以写为

$$p_{\mathrm{rec}} = \frac{p_{\mathrm{t}}G_{\mathrm{t}}}{4\pi R^2} \cdot \frac{\sigma F_{\mathrm{p}}^4}{4\pi R^2} \cdot \frac{G_{\mathrm{r}}\lambda^2}{4\pi} \cdot \frac{1}{L_{\mathrm{RF}}L_{\mathrm{a}}L_{\mathrm{sp}}} \tag{6.4}$$

式中，第一项表示具有峰值功率 p_{t} 的发射机和具有定向发射增益 G_{t} 的天线在距离 R 处的功率密度；第二项表示经距离为 R、雷达截面积（Radar Cross-Section，RCS）为 σ 的目标反射后的功率密度，其中，传播因子 F_{p} 表示由异常传播（大气波导）和多径散射引起的变化（见

第 2 章）；第三项表示对于雷达波长 λ，定向接收增益为 G_r 的接收天线接收到的功率；第四项描述了雷达的三个关键损耗，包括：由雷达天线罩和发射接收硬件造成的射频损耗 L_{RF}，在大气中的双向传播造成的损耗 L_a，雷达信号处理损耗 L_{sp}。对于具有单天线的单基地雷达，其通常满足 $G_r = G_t$。

接收机中的热噪声通常是单基地雷达的主要噪声源，其功率为

$$p_n = k_B T_0 F_n B \tag{6.5}$$

其中，k_B 为玻尔兹曼常数，T_0 为环境参考温度，F_n 为接收机噪声系数。对于操作系统，雷达距离方程中的许多变量是在制造厂测量的，且难免与原始规格略有偏差，其他参数（如噪声系数）也会因温度变化而略有变化。为了将这些变化考虑在内，一些雷达会保持对热噪声功率等参数的实时内部校准，以更好地调整检测阈值和增益水平。

为了评估雷达后续信号处理的性能，有必要估计经匹配滤波后的峰值功率 p_{mf}，它是根据接收功率 p_{rec} 和脉冲压缩增益 μ_c 得出来的，即

$$p_{mf} = p_{rec} \mu_c \tag{6.6}$$

其中，$\mu_c = \alpha_{mf} BT$，B 为脉冲带宽，T 为未经压缩的脉冲宽度，$\alpha_{mf} < 1$ 为匹配滤波器脉冲压缩失配导致的损耗因子。

为了确定式（6.4）中的目标接收功率，σ 表示目标 RCS，p_{rec}/p_n 为信噪比。相应地，在确定海杂波功率时，海杂波 RCS 通常写为 $\sigma = \sigma^0 A_{cl}$，其中，σ^0 为单位面积的归一化 RCS（反射系数或平均后向散射系数），A_{cl} 为脉冲照射到的海杂波块的面积，杂噪比（Clutter-to-Noise Ratio，CNR）由 p_{rec}/p_n 给出。脉冲雷达分辨率单元面积由方位维天线波束形状和压缩后的脉冲宽度 $T_p = T/\mu_c$（考虑了脉冲压缩增益）来定义。图 6.2 给出了一个简化的图示，其面积近似为

$$A_{cl} \approx \alpha_{bp} R \theta_{3dB} c_0 (T_p/2) \sec\phi \tag{6.7}$$

其中，ϕ 为局部擦地角，θ_{3dB} 为方位维双向 3dB 天线波束宽度，c_0 为光速。式（6.7）中的因子 α_{bp} 表示相较于理想矩形波束的实际天线波束形状。如文献 [1] 所述，对于矩形波束，$\alpha_{bp} = 1$；对于高斯形波束，$\alpha_{bp} = 0.75$。

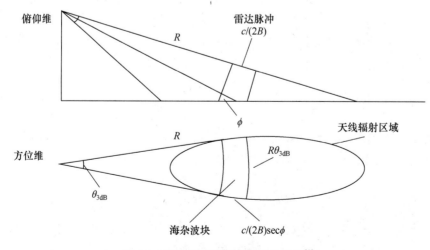

图 6.2 对脉冲雷达而言的海杂波块[1]

虽然该计算方法足以估计海杂波平均功率（特别是考虑到 σ^0 的多变性），但在将其用于评估机载相干雷达中海杂波的贡献时必须谨慎。例如，海杂波多普勒谱主瓣外的能量具有更小的功率，但可能具有更宽的多普勒谱扩展。这是由天线旁瓣决定的，天线旁瓣能够贡献上下限为 $\pm 2v_{\mathrm{p}}/\lambda$ 的多普勒频率，其中 v_{p} 为平台运动速度。

计算雷达距离方程中的损耗项需要非常注意细节。例如，确定射频损耗 L_{RF} 需要对雷达系统进行仔细测量，以确定波导和电缆的损耗、天线罩损耗及其他任何在射频发射和接收链路中的损耗。大气中的双向传播造成的损耗 L_a 取决于飞机高度，以及是否有雨、雪或雾[2-4]，关于大气中的双向传播造成的损耗的详细信息可见附录 C。文献[4]对雷达信号处理损耗 L_{sp} 进行了详细讨论，L_{sp} 包括量化损耗、波束形状损耗、尖点损耗（采样）、匹配滤波损耗等，这些损耗都可以认为是与雷达功率预测及后续信号处理分析中假设的理想情况相较的"损耗"。在采取解析法建模时，信号处理损耗还包括与所使用的信号处理技术有关的其他类型的损耗。在对雷达距离方程导出的信杂比和信噪比进行总体估计时，把这些损耗考虑在内可能会比较方便。例如，如果使用相干处理来构建多普勒滤波器，则对于具有较窄功率谱的点目标，可能存在加窗损耗和聚焦损耗。当使用单元平均恒虚警（Cell-Averaging CFAR, CA-CFAR）滤波器来设置检测阈值（见第 7 章）时，可以方便地把平均损耗也考虑在内，以表示实际设置的起伏阈值和理想固定阈值之间的差异。然而，在使用仿真数据进行蒙特卡罗法建模时，如果也完整仿真了信号处理步骤，则相关类型的损耗也应充分考虑。

6.3　非相干处理

用于海洋环境中目标检测的非相干处理技术有很多，其中一部分将在第 7 章进行描述。典型的使用平方律检波器（提供信号强度）对采样信号进行非相干处理流程如图 6.3 所示。该案例展示了由模拟相位敏感检波器产生的模拟同相信号 I 和正交信号 Q，随后是多个信号处理级。信号通常可以在中频进行采样和数字化，其中产生的同相样本和正交样本作为信号处理的一部分。除了平方律检波器，也可以使用对数检波器或线性检波器（提供信号幅度）来减小信号的动态范围，尽管对数检波器相对于平方律检测器有 1～2dB 的检测损耗[1]。

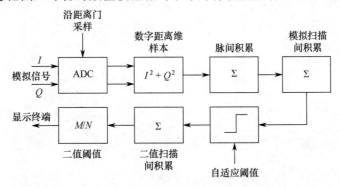

图 6.3　使用平方律检波器对采样信号进行非相干处理流程

在每个距离单元内进行的首个处理级通常是脉间积累。对于扫描雷达，可以有效积累的脉冲总数为

$$N = \mathrm{Floor}\left(\frac{\theta_{3\mathrm{dB}} f_{\mathrm{r}}}{\dot{\theta}_{\mathrm{az}}}\right) \tag{6.8}$$

其中，f_r 为脉冲重复频率（PRF），$\dot{\theta}_{az}$ 为方位维天线扫描速率。在理想情况下，对积累运算进行加权以匹配由天线波束形状引发的幅度调制，但在实际雷达中实现这一点通常成本高昂，因此通常使用均匀加权。性能预测是基于 N 个等幅度回波进行的，使用"波束形状损耗"来表示波束边缘的增益损耗。在脉间积累之后，可能会进一步对连续天线扫描进行模拟积累。在移动平台上，以上处理的实现需要良好的地面稳定性，并且可能需要对移动目标进行跟踪。如后文所述，扫描间积累也可以由二值扫描间积累来实现，并在第一次阈值检测后实施。

在第一次阈值检测后，检测概率 P_d 和虚警概率 P_{fa} 的计算需要利用干扰 PDF 和目标加干扰 PDF 的模型，以及它们的脉间积累和扫描间积累相关性。如第 2 章所述，使用其中一种复合高斯模型对海杂波进行描述的效果最好。复合高斯模型包含一个具有高斯统计特性的散斑分量，而该分量将热噪声准确添加在内，并考虑到对海杂波和目标分量的脉间相关性的建模。一般来说，海杂波回波在脉间和扫描间是部分相关的，在海杂波环境下的雷达性能建模比单纯在噪声中的建模更困难。

复合高斯模型通常假设局部海杂波强度（纹理）在一个天线波束驻留时间内是恒定的，这对于方位扫描雷达[5]来说并不完全准确，但对于大多数应用来说通常是一种很好的近似。海杂波散斑分量根据其多普勒谱［或其自相关函数（ACF）］在脉间起伏。散斑分量的典型去相关时间约为 10ms 或更短，这必须与雷达天线波束驻留时间进行比较，以评估散斑分量去相关时间对脉间积累的影响。如果雷达脉冲串的驻留时间相对于海杂波去相关时间较短，那么就可以认为在雷达频率给定的情况下，海杂波是完全相关的。对于具有固定频率的雷达和典型海杂波多普勒谱的大多数实际应用，海杂波完全去相关是不可能的。另外，若使用了脉间频率捷变，只要脉间频率步长超过了脉冲带宽 B，就可以将连续脉冲的海杂波散斑分量视为统计独立的[6]。如果在一个波束驻留时间内，总频率捷变带宽为 B_a，那么由于频率捷变而具有的一个波束驻留时间内的最大独立样本数约为 B_a/B。

回顾第 2 章，在经过平方律检波器后，海杂波加噪声强度 z 的 PDF 为

$$P_z(z\,|\,\tau, p_n) = \frac{1}{\tau + p_n}\exp\left(-\frac{z}{\tau + p_n}\right) \tag{6.9}$$

其中，τ 为平均局部海杂波强度（纹理），p_n 为平均噪声功率。如果雷达的散斑分量（通过频率捷变）在脉间相互独立，并且平均局部海杂波强度 τ 在波束驻留时间内保持恒定，那么 N 个脉冲积累后的 PDF 为

$$P_Z(Z\,|\,\tau, p_n) = \frac{Z^{N-1}}{(\tau + p_n)^N \Gamma(N)}\exp\left(-\frac{Z}{\tau + p_n}\right) \tag{6.10}$$

其中

$$Z = \sum_{n=1}^{N} z_n \tag{6.11}$$

进一步积累可以使用扫描间处理，以减小海杂波起伏。尽管散斑分量在扫描时间间隔内完全去相关，但纹理可能具有一些残余相关性，这取决于扫描时间间隔和海洋条件。如图 6.3 所示，在脉间积累和扫描间积累后，设置二值决策的检测阈值（二值表示目标存在或不存在），该阈值需要根据信号统计特性进行调整，以实现期望的 P_{fa}。雷达通常通过（直接或间接）估计局部海杂波和热噪声的统计特性以设置适当的阈值。另外，检测器的输出可以进行二值扫描间积累[7]，这既可以与模拟扫描间积累联合进行，也可以作为模拟扫描间积累的替代方案。

对于 M/N 检测器，当先前的 N_b 次扫描中至少有 M_b 次满足检测条件时，就判定为检测到期望信号。第 7 章将进一步对扫描间积累进行讨论。

本节详细讨论了在海杂波加噪声（干扰）背景下目标的 P_{fa} 和 P_d 的计算方法。最初，假设海杂波散斑在脉间是去相关的，如频率捷变雷达中的情况。另外，假设在一个积累周期内，目标回波在脉间是恒定或完全去相关的。6.3.1 节讨论了"局部区域"高斯干扰中的恒定目标，这种目标模型被称为 Marcum 模型，在这种模型中对 P_d 的求解首次见于文献 [8]。在大多数雷达场景中，目标 RCS 会在脉间或扫描间起伏。6.3.2 节描述了一种根据 Weinstock 起伏模型[9]和 Swerling 模型[10]描述这种起伏的方法。6.3.3 节讨论了这些模型向复合海杂波的拓展。

对于目标和海杂波的散斑分量，它们在脉间通常具有一定程度的相关性。例如，如果雷达具有固定频率，且脉冲重复间隔小于海杂波散斑分量的去相关时间，那么连续散斑样本将是部分相关的。此外，通常假设目标回波是完全相关或不相关的，并且在平均水平上起伏，服从指数分布（Swerling 1 型、2 型）或卡方分布（Swerling 3 型、4 型）。然而，实际情况不一定如此，6.3.4 节综述了可用于描述部分相关情况方法的研究进展。

6.3.1　恒定目标

第一个模型描述存在于高斯干扰中具有非起伏或恒定 RCS 的目标，称为 Marcum 模型或 Swerling 0 型。在强度域中，单个脉冲的 PDF 由莱斯分布给出[1]，即

$$P_{z|A}(z\,|\,A,\tau,p_n) = \frac{1}{\tau+p_n}\exp\left(-\frac{z+A^2}{\tau+p_n}\right)I_0\left(\frac{2|A|\sqrt{z}}{\tau+p_n}\right) \tag{6.12}$$

其中，目标复幅度由 A 给出，$I_0(\cdot)$ 为第一类零阶修正 Bessel 函数。在以下推导中，定义局部接收信号和目标功率经过了干扰功率的归一化是有用的，即

$$\mu = \frac{1}{\tau+p_n}\sum_{n=1}^{N}z_n \tag{6.13}$$

$$S_0 = \frac{N\langle A^2\rangle}{\tau+p_n} \tag{6.14}$$

由 $\langle\cdot\rangle$ 表示的期望对该项进行了推广，使其可应用于 6.3.2 节中的起伏目标。给出这些定义后，描述干扰的 PDF 为

$$P_\mu(\mu) = \frac{\mu^{N-1}}{\Gamma(N)}\exp(-\mu) \tag{6.15}$$

而 P_{fa} 的确定公式为

$$P_{fa}(Y_0) = P_{Y_0}(Y_0\,|\,N) = \int_{Y_0}^{\infty}P_\mu(\mu)\mathrm{d}\mu = \frac{\Gamma(N,Y_0)}{\Gamma(N)} \tag{6.16}$$

其中，$\Gamma(N,Y_0)$ 是上不完全 Gamma 函数，且 $\Gamma(N)=(N-1)!$，而 Y_0 为归一化阈值，Y_0 与"真"阈值 γ 之间的关系为

$$Y_0 = \frac{\gamma}{\tau+p_n} \tag{6.17}$$

对于总接收信号，其 PDF 变为多视莱斯分布，即

$$P_{\mu|\mathcal{S}_0}(\mu \mid \mathcal{S}_0, N) = \left(\frac{\mu}{\mathcal{S}_0}\right)^{(N-1)/2} \exp(-(\mu + \mathcal{S}_0)) I_{N-1}(2\sqrt{\mu\mathcal{S}_0}) \tag{6.18}$$

$$= \sum_{k=0}^{\infty} \frac{\mathrm{e}^{-\mu}\mu^{N+k-1}}{(N+k-1)!} \frac{\mathrm{e}^{-\mathcal{S}_0}\mathcal{S}_0^k}{k!}$$

恒定目标的检测概率可以用归一化阈值 Y_0 表示为

$$P_{\mathrm{d}}(Y_0) = P_{Y_0|\mathcal{S}_0}(Y_0 \mid \mathcal{S}_0, N) = \int_{Y_0}^{\infty} P_{\mu|\mathcal{S}_0}(\mu \mid \mathcal{S}_0, N)\mathrm{d}\mu \tag{6.19}$$

$$= \sum_{k=0}^{N-1} \mathrm{e}^{-Y_0}\frac{Y_0^k}{k!} + \sum_{k=N}^{\infty} \mathrm{e}^{-Y_0}\frac{Y_0^k}{k!}\left(1 - \sum_{n=0}^{k-N} \frac{\mathrm{e}^{-\mathcal{S}_0}\mathcal{S}_0^n}{n!}\right)$$

式（6.19）中级数的计算是困难的，但 Shnidman 发明了一种有效的方法[11,12]。该级数也可以用广义 Marcum Q 函数[11]表示，即

$$P_{Y_0|\mathcal{S}_0}(Y_0 \mid \mathcal{S}_0, N) = Q_N(\sqrt{2N\mathcal{S}_0}, \sqrt{2Y_0}) \tag{6.20}$$

然而，对于大多数感兴趣的雷达目标，目标的反射并不是恒定的，6.3.2 节将对该模型的推广进行介绍。

6.3.2 起伏目标

目标通常会在脉间和扫描间起伏，Shnidman[13]描述了四种不同的目标起伏模型，包括卡方分布、对数正态分布、韦布尔分布和莱斯分布。其中，卡方分布是最流行的，因为它可以用来表示著名的 Swerling 模型。利用 Swerling 模型，参数为 K_{t} 的目标起伏为

$$P_{s_0|\mathcal{S}_0}(s_0 \mid \mathcal{S}_0, K_{\mathrm{t}}) = \frac{s_0^{K_{\mathrm{t}}-1}}{\Gamma(K_{\mathrm{t}})}\left(\frac{K_{\mathrm{t}}}{\mathcal{S}_0}\right)^{K_{\mathrm{t}}}\exp\left(-\frac{K_{\mathrm{t}}s_0}{\mathcal{S}_0}\right) \tag{6.21}$$

其中，s_0 是由噪声和局部散斑功率归一化的目标功率 A_n^2 的总和，即

$$s_0 = \frac{1}{\tau + p_{\mathrm{n}}}\sum_{n=1}^{N} A_n^2 \tag{6.22}$$

将式（6.19）所示恒定目标结果中的 s_0 替换为 $\mathcal{S}_0$，乘以式（6.21）中的 PDF，并对随机变量 s_0 进行积分，得到起伏目标的检测概率，即

$$P_{\mathrm{d}}(Y_0) = P_{Y_0|\mathcal{S}_0}(Y_0 \mid \mathcal{S}_0, N, K_{\mathrm{t}}) = \int_0^{\infty} P_{s_0|\mathcal{S}_0}(s_0 \mid \mathcal{S}_0, K_{\mathrm{t}})P_{Y_0|\mathcal{S}_0}(Y_0 \mid s_0, N)\mathrm{d}s_0 \tag{6.23}$$

文献［13］给出了一个通解，即

$$P_{\mathrm{d}}(Y_0) = P_{Y_0|\mathcal{S}_0}(Y_0 \mid \mathcal{S}_0, N, K_{\mathrm{t}}) = \sum_{n=0}^{N-1} \mathrm{e}^{-Y_0}\frac{Y_0^n}{n!} + \sum_{n=N}^{\infty} \mathrm{e}^{-Y_0}\frac{Y_0^n}{n!}$$
$$\left(1 - \sum_{k=0}^{n-N} \frac{\Gamma(K_{\mathrm{t}}+k)}{k!\Gamma(K_{\mathrm{t}})}\left(\frac{1}{1+\mathcal{S}_0/K_{\mathrm{t}}}\right)^{K_{\mathrm{t}}}\left(\frac{\mathcal{S}_0/K_{\mathrm{t}}}{1+\mathcal{S}_0/K_{\mathrm{t}}}\right)^k\right) \tag{6.24}$$

在该通解中，P_{fa} 与在非起伏目标情况下是相同的。式（6.24）中的级数求解也是困难的，但 Shnidman 给出了一种有效的方法[13]。

根据参数 K_{t} 的选择，式（6.24）也会出现一些特殊情况。例如，当 $K_{\mathrm{t}} \to \infty$ 时，通解方程退化为 6.3.1 节中恒定目标的情况。有一些其他研究讨论了 $0 \leqslant K_{\mathrm{t}} \leqslant 1$ 的情况，这时模型被

称为 Weinstock 起伏模型[9]。Weinstock 起伏模型可以描述缓慢起伏的目标，并已被证明可以准确建模圆柱形物体的起伏。当 K_t 分别为 1、N、2 和 $2N$ 时，得到其他四种特殊情况，分别称为 Swerling 1 型、2 型、3 型、4 型，这最初是在文献［10］中提出的，文献［14,15］对其进行了详细介绍。这些模型能描述脉间处理或扫描间处理后的大多数目标 RCS 起伏，且因其物理可释性而广为流行[16]。Swerling 1 型起伏可用于描述具有许多独立散射体的目标，如船舶和其他体积庞大的目标。这些目标的回波在脉间以指数分布的形式相关，但在扫描间还是不相关的。Swerling 2 型描述具有许多散射体的目标，但起伏在脉间不相关，每个脉冲具有指数分布，因此 Swerling 2 型主要描述频率捷变雷达的回波。Swerling 3 型、4 型分别和 Swerling 1 型、2 型具有相同的脉间起伏和扫描间起伏。这两个模型由卡方分布表示，用于描述具有一个主导散射体和其他小散射体的目标，或者具有方向会发生些许变化的非均匀散射体的目标[15]，如浮标或小型游艇。Swerling 4 型在海事雷达中甚少使用。由式（6.21）确定的四个 Swerling 模型的 PDF 如图 6.4 所示，其中，$N=10$，信干比（Signal-to-Interference Ratio，SIR）$S_0 = 0\text{dB}$。由于在较慢的观测时间内观测到的散射体数量较多，Swerling 1 型、3 型的 PDF 明显更分散。相反，由于 RCS 变化较快，Swerling 2 型、4 型的 PDF 较窄。

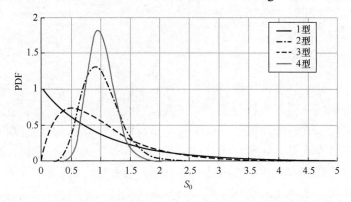

图 6.4　当 $N=10$ 和信干比 $S_0 = 0\text{dB}$ 时，Swerling 模型的比较结果（改编自文献［17］）

6.3.3　复合杂波

截至目前，平均局部海杂波功率 τ 被视为一个常数。在复合模型中，τ 是 PDF 为 $P_\tau(\tau)$ 的随机变量。通过利用该 PDF 对局部 P_d 进行积分，可以得到全局检测概率。这样做会使海杂波功率的分布更分散，从而导致检测阈值设置得更高，以实现相同的 P_{fa}[16,18]。通过这种扩展，信号和阈值由全局平均干扰功率进行归一化，参数 S_0 和 Y_0 分别被替换为

$$S = \frac{N\langle A^2 \rangle}{\langle \tau \rangle + p_n} \tag{6.25}$$

$$Y = \frac{\gamma}{\langle \tau \rangle + p_n} \tag{6.26}$$

其中，$\langle \tau \rangle$ 和 $\langle A^2 \rangle$ 分别是平均海杂波功率和平均目标功率。参数 S_0 和 Y_0 可以根据短时间尺度下的定义重写为

$$S_0 = \frac{S(\langle \tau \rangle + p_n)}{\tau + p_n} \tag{6.27}$$

$$Y_0 = \frac{Y(\langle\tau\rangle + p_\mathrm{n})}{\tau + p_\mathrm{n}} \tag{6.28}$$

将式（6.27）和式（6.28）代入式（6.24），再乘以 $P_\tau(\tau)$ 后对 τ 积分，确定

$$P_\mathrm{d}(Y) = P_{Y|\mathcal{S}}(Y \mid \mathcal{S}, N, K_\mathrm{t}) = \int_0^\infty P_{Y_0|\mathcal{S}_0}\left(\frac{Y(\langle\tau\rangle + p_\mathrm{n})}{\tau + p_\mathrm{n}} \middle| \frac{\mathcal{S}(\langle\tau\rangle + p_\mathrm{n})}{\tau + p_\mathrm{n}}, N, K_\mathrm{t}\right) P_\tau(\tau)\mathrm{d}\tau \tag{6.29}$$

该积分没有记载的解析解，必须使用数值积分进行求解，如文献［19］的 2.3 节所述。和 6.3.2 节一样，可以通过改变参数 K_t 的值来对不同的目标起伏进行建模。

P_d 的解也可以用 Y、$\mathcal{S}$ 和杂噪比 $\mathcal{C}$ 表示。如果将积分变量重新定义为 $\overline{\tau} = \tau/\langle\tau\rangle$，那么就有

$$P_\mathrm{d}(Y) = P_{Y|\mathcal{S}}(Y \mid \mathcal{S}, N, K_\mathrm{t}, \mathcal{C}) = \int_0^\infty P_{Y_0|\mathcal{S}_0}\left(\frac{Y(\mathcal{C}+1)}{\overline{\tau}\mathcal{C}+1} \middle| \frac{\mathcal{S}(\mathcal{C}+1)}{\overline{\tau}\mathcal{C}+1}, N, K_\mathrm{t}\right) P_\tau(\overline{\tau})\mathrm{d}\overline{\tau} \tag{6.30}$$

其中，$P_\tau(\overline{\tau}) = P_\tau(\tau/\langle\tau\rangle)/\langle\tau\rangle$，$\mathrm{d}\tau = \langle\tau\rangle\mathrm{d}\overline{\tau}$。类似地，可以计算得到虚警概率，即

$$P_\mathrm{fa}(Y) = P_Y(Y \mid N, \mathcal{C}) = \frac{1}{\Gamma(N)} \int_0^\infty \Gamma\left(N, \frac{Y(\mathcal{C}+1)}{\overline{\tau}\mathcal{C}+1}\right) P_\tau(\overline{\tau})\mathrm{d}\overline{\tau} \tag{6.31}$$

式（6.30）和式（6.31）同样可用数值积分进行求解。

6.3.4　相关回波

在上述计算中，假设海杂波的散斑分量通过海杂波自身的内部运动或通过使用脉间频率捷变在脉间完全去相关。另一个极端是，如果散斑回波在一个驻留时间内近似恒定，那么可以将海杂波建模为叠加在热噪声中的 Swerling 1 型目标，平均海杂波强度将由局部海杂波纹理给出[20]。更常见的情况是，连续样本之间存在相关性，例如，脉间具有固定频率且脉冲重复间隔小于海杂波散斑去相关时间的雷达。这种部分相关也可见于目标，例如，在使用 X 波段连续波雷达系统时，文献［21］观测到来自多架飞机的雷达回波在脉间部分相关，此时传统的 Swerling 模型并不适用。

文献中有许多方法可以解释目标和散斑的相关性。在理想情况下，这些方法应能够通过对接收信号多普勒谱的描述对 ACF 进行建模。Farina 等人[22] 提出了一种最简单的方法，该方法基于可用于修正计算 P_d 过程中所需 SIR 的改进因子，然而，该方法没有考虑不同幅度统计特性或目标相关性的影响，并假设多普勒谱是用高斯、Lorentzian 和 Voigtian 分量的线性组合进行建模的。

另一种常见的方法是使用有效视数 N_eff（独立视的有效数量）表示相关性，其中 $1 \leqslant N_\mathrm{eff} \leqslant N$ 且 N_eff 不必为整数，N_eff 从 1 到 N 对应信号从完全相关到完全不相关。Barton[23] 使用这种方法对目标相关性进行建模，其中，N_eff 由相关时间和总观测时间的比值确定。Kanter[24] 根据数据样本的脉间相关性 $0 \leqslant \tilde{\rho} \leqslant 1$，推导得出有效视数为

$$N_\mathrm{eff} = \min[N, 1 - (N-1)\ln(\tilde{\rho})] \tag{6.32}$$

其中，$\min[\cdot]$ 表示取最小值。脉间相关性还可以采用高斯模型与去相关时间 T_d 联系起来，即

$$\rho_n = \exp\left(-\frac{n^2}{f_\mathrm{r}^2 T_\mathrm{d}^2}\right) = \tilde{\rho}^{n^2} \tag{6.33}$$

其中，n 为滞后时间。

确定有效视数的另一种方法是使用相关 Gamma 随机变量的均方根和方差之比。该结果

最初由 Kotz 和 Neumann[25]得出，后来由 Kanter[24]独立推导得出。如果用 ρ_n 表示 ACF 的值，则有效视数为

$$N_{\text{eff}} = \frac{N^2}{N + 2\sum_{n=1}^{N-1}(N-n)\rho_n^2} \tag{6.34}$$

由于使用了所有滞后的相关性，因此表达式（6.34）具有更好的统计合理性，并且更为通用。为了进行比较，图 6.5 展示了使用高斯 ACF 在每种情况下的有效视数。虽然两者的结果相似，但随着相关性的增大，表达式（6.35）的响应更平滑。如果有效视数是根据海杂波加噪声的均方根和方差之比，而不是仅根据海杂波计算得到的，则可以使近似更准确[17]。这相当于将 N_{eff} 替换为

$$\tilde{N}_{\text{eff}} = N_{\text{eff}} N \frac{\mathcal{C}^2 + 1}{N\mathcal{C}^2 + N_{\text{eff}}} \tag{6.35}$$

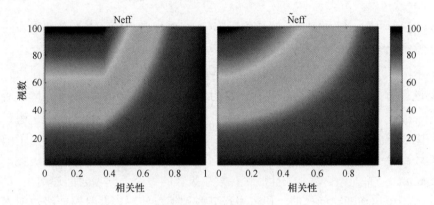

图 6.5 有效视数的对比

Ward、Tough 和 Watts 使用有效视数的近似来解释相关散斑[1,27]。他们的方法（WTW 方法）很有用，因为其分开处理散斑、热噪声和目标。然而，当 CNR 变得较大时，该方法的计算量将会变得很大；当只有海杂波存在时，该方法会完全失效。因此，文献［28］对 WTW 方法进行了修正，使用散斑的有效视数来求解式（6.29）。另外，热噪声也包含在修正后的公式中，但需要注意的是热噪声与散斑是相关的，因而在小 CNR 时得到的有效视数不那么准确。因此，有学者提出了一种折中的方法，即 WTW 方法用于小 CNR 情况下，而修正后的方法用于较大 CNR 情况下。

尽管有效视数的使用具有很大的吸引力，但这种方法在分布的拖尾部分可能非常不准确，意味着检测阈值可能会出现几分贝的偏差。另外，可以使用矩母函数（Moment Generating Functions，MGF）来描述检测概率和虚警概率的关系。如果 MGF 为 $\mathcal{M}(s)$，则累积分布函数（CDF）的拉普拉斯变换 $F_-(\cdot)$，以及 $F_-(\cdot)$ 的补 $F_+(\cdot)$（等价于 P_{fa}）可以表示为

$$\begin{aligned} \mathcal{L}(F_-(z)) &= \mathcal{M}(s)/s \\ \mathcal{L}(F_+(z)) &= (1 - \mathcal{M}(s))/s \end{aligned} \tag{6.36}$$

然后，P_{fa} 的确定需要在无目标的情况下对式（6.36）中的第二个方程进行逆变换，P_{d} 的确定则需要在目标存在的情况下对式（6.36）中的第一个方程进行逆变换。需要注意的是，式（6.36）仅对海杂波的散斑分量进行了建模，而对于复合模型，如 6.3.3 节所述，还需要进一步对纹理

分布 $P_\tau(\tau)$ 进行积分。

许多作者在文献中已使用了这种方法来确定在部分相关的目标和/或散斑的不同组合下的 P_{fa} 和 P_d。例如，Kanter[24]推导了在不相关的散斑中按指数分布起伏的相关目标的确切解，而 Weiner[29]在相同情况下对按卡方分布起伏的目标进行了推导。Hou 和 Morinaga[30]、Bocquet 等人[31]都对在相关散斑中按指数分布起伏的目标检测问题进行了研究。Zuk 等人[32]的进一步工作提出了一种针对在不相关散斑中按指数分布或卡方分布起伏的相关目标的求解方法。后来，Zuk[33]进一步推广了该方法，其使用范围覆盖相关散斑，以及按指数分布或卡方分布起伏的相关目标。这项工作的最大贡献是使用具有相位项的电压对问题进行了重新阐述，以对两个相关源的影响进行准确建模。

对于单个相关源（散斑或目标）的情况，MGF 为

$$\mathcal{M}(s) = \frac{1}{\det(\boldsymbol{I}_N + \boldsymbol{R}_m s)} = \frac{1}{\prod_{n=1}^{N}(1 + \lambda_n s)} \tag{6.37}$$

其中，$\det(\cdot)$ 为行列式，$\boldsymbol{I}_N$ 为 $N \times N$ 的单位矩阵，$\boldsymbol{R}_m$ 为包含目标、海杂波和噪声的向量的协方差矩阵［特征值为 λ_n（$n = 1, \cdots, N$）］，$\boldsymbol{R}_m$ 可以写为

$$\boldsymbol{R}_m = \boldsymbol{I}_N + \mathcal{C}\boldsymbol{R} + \mathcal{S}\boldsymbol{R}_s \tag{6.38}$$

其中，$\boldsymbol{R}$ 是散斑协方差矩阵，$\mathcal{C}$ 为杂噪比，$\mathcal{S}$ 为信噪比，$\boldsymbol{R}_s$ 是目标协方差矩阵。通过使用上述 MGF，Bocquet 等人[31]研究了式（6.36）求逆变换的多种方法，包括留数级数[30]、Gamma 级数[34-36]和围线积分[37]。留数级数是反演 MGF 最直接的方法[30]，尽管其给出了确切结果，但在相关性较高且 N 较大时留数级数具有数值不稳定性[24,37]。对于 Gamma 级数，其分布函数表示为 Gamma 分布的无穷累加，且形状参数在级数的每个连续项之间递增 1，直到达到所需精度[38]。应用于该逆变换问题时，研究发现其收敛速度较慢，并且需要级数的累加项数极大才能达到所需精度[31]。

在复平面上沿围线 $\mathcal{C}$ 进行数值积分是唯一可以避免留数级数的数值不稳定和 Gamma 级数的收敛缓慢问题的方法。若选择一条穿过位于实线上的鞍点的围线，那么将获得一定的好处[37]。沿最陡下降路径收敛最快，但通常需要通过数值寻根来找到该路径，因此收敛路径最好选用最陡下降路径的简单近似，如抛物线。CDF 和 CCDF 可以表示为

$$F_\pm(Z) = \frac{1}{2\pi i} \int_{\mathcal{C}-i\infty}^{\mathcal{C}+i\infty} e^{\varPhi(s|Z)} ds \tag{6.39}$$

其中，Z 是积累回波，而"相位"函数为

$$\varPhi(s|Z) = sZ - \sum_{n=1}^{N} \ln(1 + \lambda_n s) - \ln(\mp s) \tag{6.40}$$

对于 CDF（F_-）和 CCDF（F_+），选取分别通过正鞍点 s_0^+ 和负鞍点 s_0^- 的围线，然后可以用牛顿法求出鞍点[37]。确定了这些之后，Helstrom 提出了一个抛物型围线来确定 CCDF，而式（6.39）中的积分为

$$F_\pm(Z) = \frac{1}{\pi} \operatorname{Re}\left(\int_0^\infty e^{\varPhi(s|Z)}(1 - i\chi_c y_s) dy_s \right) \tag{6.41}$$

其中，$s = s_0^\mp + \chi_c y_s^2/2 + \mathrm{j}y_s$，$\operatorname{Re}(\cdot)$ 为实部。该抛物线最陡下降曲率 χ_c 定义于鞍点 $s_0^\mp$ 处，且有

$$\chi_c = \frac{\Phi'''(s_0^{\mp}) + 2(s_0^{\mp})^{-3}}{3(\Phi''(s_0^{\mp}) - (s_0^{\mp})^{-2})} \tag{6.42}$$

对于 $k \geqslant 2$，可以确定相位函数的第 k 阶导数，即

$$\Phi^{(k)}(s) = (-1)^k (k-1)! \left(s^{-k} + \sum_{n=1}^{N} \frac{\lambda_n^k}{(1+\lambda_n s)^k} \right) \tag{6.43}$$

式（6.41）中的被积函数很复杂，因为抛物型围线只是最陡下降路径的近似，而如果 N 较大且相关性较高，这种近似仍可能失效。在这些情况下，可以使用始于鞍点的直线路径[37]。另一种方法是只计算鞍点处的积分[37,39]，即

$$F_{\pm}(Z) = (2\pi\Phi''(s_0^{\mp}))^{-1/2} \exp(\Phi(s_0^{\mp} \mid Z))(1 + R_{\text{res}}) \tag{6.44}$$

通过将留数分量 R_{res} 设置为 0，可以得到鞍点的基本近似。这种近似在分布的拖尾部分可以令人满意，但在接近平均值处会变得不准确，其可以通过对 R_{res} 进行渐进展开得到改进[39]。

Zuk 将基于 MGF 的方法扩展到了相关目标和相关散斑的情况[33]，他定义了对 MGF 的"第一准则"解。遗憾的是，式（6.36）中的拉普拉斯变换的求逆变换既没有闭式解，也没有简单的方法进行求解。因此，一种作为替代的"有效"模型被提出，并使许多方便的求解方法得以产生。对于该替代的"有效"模型，MGF 为

$$\mathcal{M}(s) = \frac{(\det(\boldsymbol{I}_N + (s/N)(p_n^2 + \langle\tau\rangle^2 \boldsymbol{R})))^{K_t - 1}}{(\det(\boldsymbol{I}_N + (s/N)(p_n^2 + \langle\tau\rangle^2 \boldsymbol{R} + \langle A^2\rangle^2 \boldsymbol{R}_s / K_t)))^{K_t}} \tag{6.45}$$

求解具有相关散斑和相关目标分量的逆问题的两种近似方法包括 Dalle Mese Giuli（DMG）法和对角法。DMG 法近似的运算速度明显快于完整的有效模型，而对角法近似更易于实现，因为对角法近似在计算式（6.29）中的复合积分时，不需要重复计算完整协方差矩阵的特征值。

表 6.1 总结了本节讨论的不同方法的优缺点，其中，围线积分是给出确切解的方法中最好的，而首选的近似方法是 DMG 法。

表 6.1 相关海杂波和/或相关目标的计算方法的总结

方　法	优　点	缺　点
改进因子	快速、简单	使用受限
WTW 方法	对于小 $\mathcal{C}$，速度快	在拖尾部分近似效果较差；复杂
留数级数	快速、简单	对于大 $\tilde{\rho}$、小 $\mathcal{C}$ 和大 N，失效
Gamma 级数	确切解、稳健	对于大 $\tilde{\rho}$、大 $\mathcal{C}$ 和大 N，速度慢
围线积分	确切解	对于大 $\tilde{\rho}$、大 N，存在收敛问题
"有效"模型	准确	运行速度较慢
DMG 法	极快	复杂
对角法	非常准确	运行速度较慢

6.4 相干处理

相干处理描述了在接收信号中保留相位信息的技术。对相干处理的评估要求对检测单元（Cell Under Test，CUT）中的目标和海杂波的功率谱及其幅度统计信息有所了解。相干处理通常连接在非线性处理阶段之后，而 6.3 节中描述的非相干处理技术也可用于预测最终检测性能。

许多不同的配合复合高斯模型使用的检测方案已经被提出[40]。在每个多普勒通道中具有独立控制阈值的简单多普勒滤波是一种常用的方法，该方法似乎很有吸引力，因为它没有对谱特性进行假设，但它不一定是控制谱边缘部分虚警概率的最优方法[41]。如果海杂波具有高斯或复合高斯统计特性，则最优方法是对 CUT 中的干扰进行白化[40,42]。然而，该方法需要具有干扰协方差矩阵的知识，但这通常是未知的。因此，许多利用周围距离单元来估计 CUT 协方差矩阵的方法已经被提出。然而，对这些方法的性能评估通常基于海杂波是球形不变随机过程（Spherically Invariant Random Process，SIRP）进行预测。在这种假设下，纹理和散斑是相互独立的过程，因此可以通过对周围单元取平均来估计散斑的归一化协方差矩阵。但这种假设通常是无效的，实测海杂波表明平均多普勒偏移可能与局部纹理强度相关，并且归一化协方差矩阵在周围距离单元间随机起伏。因此，利用周围距离单元估计 CUT 协方差矩阵的能力取决于谱特性沿距离维的变化。

第 7 章介绍了海杂波背景下目标检测的传统相干检测技术。这里并非以探究所有已提出的不同相干检测技术为目的，而是要阐述如何使用海杂波模型来评估相干检测方法的性能。6.4.1 节描述了如何利用多普勒谱模型进行性能预测，其通常需要估计每个多普勒通道中信号的幅度统计特性，并考虑其在距离维或时间维的变化。6.4.2 节描述了如何使用解析模型来评估自适应预/后多普勒白化滤波器的性能。

6.4.1　多普勒滤波

对于脉冲串进行脉冲—多普勒处理这种相对简单的情况，可以使用雷达距离方程结合演化多普勒谱模型来预测每个频率通道的 CNR、海杂波幅度统计特性和目标 SIR。然后，在滤波器输出端进行幅度检测，计算 P_d 和 P_{fa} 的步骤和 6.3 节中对单脉冲检测所述的步骤相同。

第 2 章描述了演化多普勒谱模型，该模型为

$$G(f) = \frac{\tau}{\sqrt{2\pi}w} \exp\left(-\frac{(f - m_f(\tau))^2}{2w^2}\right) \tag{6.46}$$

其中，$G(f)$ 为多普勒频率 f 的功率谱密度。如果海杂波幅度服从 K 分布，则纹理 τ 具有 Gamma 分布的 PDF。平均多普勒偏移与归一化平均散斑功率 $\bar{\tau} = \tau / \langle \tau \rangle$ 有关，即

$$m_f(\tau) = A_c + B_c\bar{\tau} + f_{lin} \tag{6.47}$$

其中，f_{lin} 由均值为 0、标准差为 σ_{lin} 的高斯随机变量来描述，并在文献［46］中里被添加到模型来描述围绕模型拟合的起伏。式（6.46）中的最后一项是谱宽 w（高斯谱的标准差），其 PDF 为 $P_w(w)$，均值为 m_w，标准差为 σ_w。

式（6.46）表示平均海杂波功率谱密度。随着纹理沿距离维和时间维变化，谱的均值会根据式（6.47）发生变化，谱宽也会随机起伏。如果平均海杂波功率谱沿时间维保持恒定且仅在功率上受 τ 调制，那么沿时间维或距离维观测到的每个多普勒通道的海杂波分量的统计特性具有相同的 τ。当然，还必须对附加噪声进行建模，这些附加噪声会在海杂波谱之外的其他多普勒偏移中起主导作用。当沿距离维观测时，谱宽和平均多普勒偏移随距离变化的效应将改变每个多普勒通道中海杂波强度的统计特性，尤其是在谱边缘附近（海杂波在统计特性上变得具有更多的尖峰[1]）。通过确定每个多普勒通道中海杂波强度的矩，并在 τ 和 w 的所有可能值的情况下进行平均，可以直接估计这种效应。考虑一个中心频率为 f 且通带带宽 $\Delta f = f_r / N$ 的理想滤波器，每个多普勒通道中海杂波强度的一阶矩、二阶矩分别为

$$\langle \tau'(f) \rangle = \int_{f-\frac{\Delta f}{2}}^{f+\frac{\Delta f}{2}} \iint_{0}^{\infty\infty} P_\tau(\tau) P_w(w) G(f', \tau, w) \mathrm{d}\tau \mathrm{d}w \mathrm{d}f'$$

(6.48)

$$\langle \tau'(f)^2 \rangle = \int_{f-\frac{\Delta f}{2}}^{f+\frac{\Delta f}{2}} \iint_{0}^{\infty\infty} P_\tau(\tau) P_w(w) G^2(f', \tau, w) \mathrm{d}\tau \mathrm{d}w \mathrm{d}f'$$

如果每个多普勒通道中的噪声功率 p_n' 和 $\mathcal{C}$（总体 CNR）的关系为

$$p_\mathrm{n}' = \frac{\langle \tau \rangle}{\mathcal{C}N}$$

(6.49)

那么，对于理想多普勒滤波器，每个多普勒通道的 CNR 为

$$\mathcal{C}'(f) = \frac{\langle \tau'(f) \rangle}{p_\mathrm{n}'}$$

(6.50)

有研究发现，单个多普勒通道的幅度统计特性通常可以很好地拟合为 K+噪声分布。这表明由式（6.48）给出的强度矩可以拟合为 Gamma 分布，从而确定每个多普勒通道的形状参数，即

$$v'(f) = \left(\frac{\langle \tau'(f)^2 \rangle}{\langle \tau'(f) \rangle^2} - 1 \right)^{-1}$$

(6.51)

从雷达距离方程估计单个脉冲的目标回波、海杂波和噪声的功率水平后，就可以在给定距离的情况下，计算检测性能作为多普勒频率的函数。此外，值得注意的是，这种方法易于扩展，可以将基本谱模型的变体（如第 2 章中描述的双峰模型）包括在内。

如表 6.2 所示为相干检测性能的一些参数取值，这些参数源自文献［46,47］中报道的数据。图 6.6（a）展示了如式（6.51）所示的形状参数随多普勒频率的变化；而图 6.6（b）展示了 CNR 随多普勒频率的变化，其中，CNR 峰值出现在 83Hz，这可以根据平均多普勒偏移 $A_\mathrm{c} + B_\mathrm{c}$ 得到。

表 6.2　6.4.1 节的案例使用的参数取值

参　　数	值	参　　数	值
波长 λ	0.032m	多普勒质心斜率 B_c	28.5Hz
脉冲重复频率 f_r	1kHz	多普勒谱宽均值 m_w	54.4Hz
脉冲数 N	32 个	多普勒谱宽标准差 σ_w	15Hz
K 分布形状参数 v	4.3	杂噪比 $\mathcal{C}$	18dB
多普勒质心偏移 A_c	54.4Hz		

图 6.7 展示了对于非衰落目标且 CNR = 18dB，实现 $P_\mathrm{d} = 0.5$ 和 $P_\mathrm{fa} = 10^{-4}$ 所需的 SIR 随多普勒频率的变化，其中，SIR 定义为在单个脉冲回波中平均目标功率和平均干扰功率之比。另外，图 6.7 展示了理想白化滤波器输出所需的 SIR（见 6.4.2 节），其中每个多普勒通道中的强度具有指数分布。使用简单的多普勒分析会面临一个挑战，那就是在每个多普勒通道设置一个阈值，以保持恒虚警概率。一种方法是在每个多普勒通道中，沿距离维使用单独的 CA-CFAR；然后，对每个多普勒通道使用如第 7 章描述的方法来估计所需的阈值乘子。与非相干雷达中使用的 CA-CFAR 的性能预测一样，可以估计每个多普勒通道的 CFAR 损失，以诠释阈值检测的非理想特性。

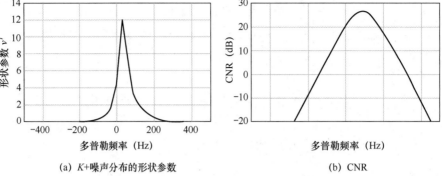

(a) K+噪声分布的形状参数   (b) CNR

图 6.6 K+噪声分布的形状参数和 CNR 随多普勒频率的变化

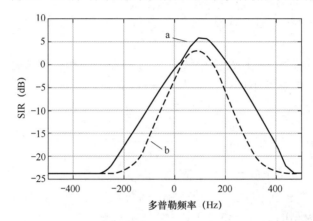

图 6.7   对于非衰落目标且 $\text{CNR}=18\text{dB}$，实现 $P_d=0.5$ 和 $P_{fa}=10^{-4}$ 所需的 SIR 随多普勒频率的变化：

a. 随距离变化的多普勒谱模型；b. 指数海杂波强度模型（白化谱）

6.4.2   自适应处理

自适应预/后多普勒白化滤波器的性能也可以使用这些模型[41,48]进行研究。这可以通过谱或协方差的模型来解析实现。现在考虑信号向量（脉冲串回波）$s = As_t$，其中，A 为未知的目标信号复幅度，s_t 为归一化导向向量，且 s_t 为

$$s_t = \frac{1}{\sqrt{N}}\left[1, \exp(-j2\pi f T_r), \cdots, \exp(-j2\pi f (N-1)T_r)\right]^T \tag{6.52}$$

其中，f 为目标信号的多普勒频率，满足 $-1/(2T_r) < f \leqslant 1/(2T_r)$，$T_r$ 为脉冲重复间隔，$[\cdot]^T$ 表示转置。海杂波回波由复合高斯过程 $c = \sqrt{\tau}x$ 来描述，其中，τ 为缓慢变化的强度（假设其在一个相干处理间隔内是恒定的），x 为快变的散斑分量，且其是多元的零均值复高斯随机过程，即 $\mathcal{N}(0,1/2) + j\mathcal{N}(0,1/2)$。

为了论证这些建模方法，考虑归一化自适应匹配滤波（NAMF）检测器[42]，即

$$\frac{N\left|s_t^H R^{-1} h\right|^2}{(s_t^H R^{-1} s_t)(h_t^H R^{-1} h)} \underset{H_1}{\overset{H_0}{\gtrless}} \gamma \tag{6.53}$$

其中，$(\cdot)^H$ 表示共轭转置，γ 为确定检测概率的阈值，R 为海杂波的协方差矩阵。$\left|s_t^H R^{-1} h\right|^2$ 表示对单个距离单元中的数据向量 h 的白化滤波，目标导向向量 s_t 充当以频率 f 为中心的滤波

器。分母中两项的作用是对结果进行归一化，$h^H R^{-1} h$ 还作为白化后多视强度的测度。如果接收信号在没有目标的情况下可以描述为复合高斯 SIRP，则海杂波的两个分量相互独立[49]，且有

$$\langle hh^H \rangle = \langle \tau \rangle \langle xx^H \rangle + p_n I \qquad (6.54)$$

如果海杂波不能被准确地描述为 SIRP，则海杂波的纹理和散斑分量不是相互独立的，且 CUT 中的海杂波相关性也不能由协方差矩阵完全体现。在文献［50］中，Watts 通过假设纹理 τ 在处理时间内恒定且理想检测器可以使用平均协方差矩阵 R_{av} 来描述，分析了 NAMF 检测器对此类非平稳特性的灵敏程度。当 CUT 中的数据具有不同于 R_{av} 的协方差矩阵 R_k 时，可以保持恒定的 P_{fa} 来评估 NAMF 检测器的性能。

评估性能的基准是满足完全匹配的情况（$R_k = R_{av}$）。在这种情况下，实现 P_{fa} 期望值所需的阈值与 R 和 s_t 无关。如果复合高斯海杂波的局部平均水平 τ 已知，则最优检测器为

$$\frac{\left| s_t^H R^{-1} h \right|^2}{(s_t^H R^{-1} s_t)(\tau + p_n)} \underset{H_1}{\overset{H_0}{\gtrless}} \gamma \qquad (6.55)$$

另外，检验统计量服从与 f、τ 独立的指数分布。用 $(h^H R^{-1} h)/N$ 取代归一化因子 $(\tau + p_n)$，阈值仍然独立于 f 和 τ，但分布不再服从指数分布。

考虑局部 CUT 的协方差矩阵 R_k 与其长时间均值 R_{av} 不同，但同时仍然假设其在观测期间内恒定的情况。NAMF 检测器可以写为

$$\frac{N \left| s_t^H R^{-1} h \right|^2}{(s_t^H R_{av}^{-1} s_t)(h^H R_{av}^{-1} h)} \underset{H_1}{\overset{H_0}{\gtrless}} \gamma \qquad (6.56)$$

该检验仍然尝试使用局部海杂波加噪声的功率 $\langle |g|^2 \rangle = \tau + p_n$ 进行归一化，只是归一化因子 $h^H R_{av}^{-1} h$ 的均值不再是 $N \langle |g|^2 \rangle$，而是

$$\langle h^H R_{av}^{-1} h \rangle = \mathrm{Tr}[R_{av}^{-1} \langle hh^H \rangle] = \mathrm{Tr}[R_k R_{av}^{-1}] \langle |h|^2 \rangle \qquad (6.57)$$

其中，$\mathrm{Tr}[\cdot]$ 表示矩阵的迹。在式（6.56）中，如果 $R_k = R_{av}$，则 $\left| s_t^H R^{-1} h \right|^2$ 是具有恒定值的白化滤波，且与频率无关；如果协方差矩阵不匹配，则其值将依赖频率。为了评估这种依赖性，假设 CUT 中局部海杂波的功率谱为 $G_k(f)$，平均功率谱为 $G_{av}(f)$。文献［50］提出白化滤波的作用可等同于频域滤波，且滤波器阶数为 N。如果 CUT 的 CNR 为 $\mathcal{C}_k$，且平均 CNR 为 $\mathcal{C}_{av}$，则白化滤波器会产生与 f 相关的变化，且变化的形式为

$$Q_k(f) = \int_{f_1}^{f_2} \frac{G_k(f') + (f_r \mathcal{C}_k)^{-1}}{G_{av}(f') + (f_r \mathcal{C}_{av})^{-1}} \left(\frac{1 + \mathcal{C}_{av}^{-1}}{1 + \mathcal{C}_k^{-1}} \right) \frac{1}{f_2 - f_1} \mathrm{d}f' \qquad (6.58)$$

式中，积分的第一项本质上是实际白化滤波器和假设白化滤波器之比，其增益经过了校正以考虑（白）噪声功率的存在；两个 CNR 项也被纳入该比值的归一化因子；频率间隔 $f_2 - f_1$ 是由以感兴趣的多普勒频率 f 为中心且带宽为 f_r/N 的理想滤波器定义的，故 $f_1 = f - f_r/(2N)$，$f_2 = f + f_r/(2N)$。

若在失配情况下，检验统计量的 PDF 近似为指数分布，但存在缩放误差[50]，则对于包含高斯海杂波和热噪声的 CUT，P_{fa} 的近似表达式可以写成 f 和阈值 γ 的函数。这可以设置给定虚警概率的期望值 $P_{fa,ideal} = \exp(-\gamma)$，并假设 $R_k = R_{av}$。

$$P'_{\mathrm{fa}}(f) \approx \exp\left(\ln(P_{\mathrm{fa,ideal}}) \frac{F_{\mathrm{a}}(k)}{Q_k(f)} \right) \tag{6.59}$$

其中，$F_{\mathrm{a}}(k) = \mathrm{Tr}[\boldsymbol{R}_k \boldsymbol{R}_{\mathrm{av}}^{-1}]/N$。$F_{\mathrm{a}}(k)$ 的表达式对干扰功率进行了归一化，并假设 $\boldsymbol{R}$ 是归一化了的。注意到，即便在功率谱的噪声区中，检验统计量也会偏离匹配滤波器的预期值，这种偏离或偏高或偏低，偏离水平由式（6.57）给出，会导致 P_{fa} 不正确。值得注意的是，如果归一化协方差矩阵与海杂波谱匹配，但 $\mathcal{C}_k \neq \mathcal{C}_{\mathrm{av}}$，则阈值也会有偏差。即便复合高斯海杂波是理想的 SIRP（局部 CNR 取决于 τ 的局部值），也会出现这种情况。在任何情况下，CNR 都会随 τ 变化，需要对其进行正确估计以设置正确的阈值。

对检测概率的分析方法和之前对虚警概率的分析方法类似。假设对于 CUT 中的目标，SIR 给定，并对目标加干扰进行白化滤波。如果在频域对白化滤波器进行分析，则滤波器的输出可以近似为

$$Q_k(f, \mathcal{S}) = Q_k(f) + \int_{f_1}^{f_2} \frac{W(2\pi N(f'-f)/f_{\mathrm{r}}) \mathcal{S}(1 + (f_{\mathrm{r}} \mathcal{C}_{\mathrm{av}})^{-1})}{G_{\mathrm{av}}(f') + (f_{\mathrm{r}} \mathcal{C}_{\mathrm{av}})^{-1}} \, \mathrm{d}f' \tag{6.60}$$

其中，$W(f)$ 表示建模为归一化 sinc 函数的目标功率谱。

$$W(f) = \left(\frac{\sin f}{f} \right)^2 \Big/ \int_{-f_{\mathrm{r}}/2}^{f_{\mathrm{r}}/2} \left(\frac{\sin f'}{f'} \right)^2 \, \mathrm{d}f' \tag{6.61}$$

归一化因子 $F_{\mathrm{a}}(k)$ 不变，但 $\boldsymbol{R}_k$ 包含目标。在匹配条件下，假设白化滤波器和归一化因子的值分别 Q_{m} 和 F_{m}，且这两个值在没有目标的情况下均为 1。如果在包含目标的单元中，干扰的协方差矩阵与 $\boldsymbol{R}_{\mathrm{av}}$ 不匹配，则假设它们的值分别为 Q_{e} 和 F_{e}，并且用 $F_{\mathrm{m}} Q_{\mathrm{e}}/(F_{\mathrm{e}} Q_{\mathrm{m}})$ 对检验统计量进行修正。对于（非衰落）目标加干扰的情况，NAMF 检测器的检验统计量的 PDF 对应莱斯分布，如有需要可以计算得到检测概率。然而，为实现快速评估，阈值的变化应该与 $P_{\mathrm{d}} \approx 0.5$ 的检测损失大致相同。

前面给出的模型可以使用 6.4.1 节中描述的演化多普勒谱模型进行研究。对于 $\tau = 1$ 的海杂波的高斯功率谱，海杂波加噪声的 ACF 可以写为

$$\rho(n) = \begin{cases} \exp\left(-\mathrm{j}2\pi m_{\mathrm{f}} T_{\mathrm{r}} n - \frac{1}{2}(2\pi T_{\mathrm{r}} s n)^2 \right), & n = -(N-1), \cdots, (N-1) \text{且} n \neq 0 \\ (1 + 1/\mathcal{C})^{-1}, & n = 0 \end{cases} \tag{6.62}$$

其中，协方差矩阵为

$$\boldsymbol{R} = \begin{pmatrix} \rho(0) & \cdots & \rho(N-1) \\ \vdots & \ddots & \vdots \\ \rho(-N+1) & \cdots & \rho(0) \end{pmatrix} \tag{6.63}$$

除了将 PRF 设置为 600Hz 及将 CNR 为 20dB，可以使用表 6.2 中的参数取值对检测性能进行评估。PRF 的选取会导致谱的某种混叠，其已包括在谱建模中。纹理 τ 具有 Gamma 分布的 PDF，对 τ 和 w 的所有可能值的情况取平均，可以推导得到 P_{fa} 的值，即

$$\langle P'_{\mathrm{fa}}(f) \rangle = \int_0^\infty \int_0^\infty P'_{\mathrm{fa}}(f) P_w(w) P_\tau(\tau) \, \mathrm{d}\tau \mathrm{d}w \tag{6.64}$$

其中，$P'_{\mathrm{fa}}(f)$ 由式（6.59）给出，且

$$G_{av}(f) = \frac{1}{\sqrt{2\pi}w_{av}} \exp\left(-\frac{(f - m_{f,av})^2}{2w_{av}^2}\right)$$

$$G_k(f) = \frac{1}{\sqrt{2\pi}w} \exp\left(-\frac{(f - m_f(\tau))^2}{2w^2}\right) \tag{6.65}$$

使用表 6.2 中的取值对式（6.64）进行了评估，其中参数具体为：

（1）$m_{f,av} = A_c + B_c$，平均多普勒偏移的均值；

（2）$w_{av} = m_w$，功率谱的标准差均值；

（3）$m_f(\tau) = A_c + B_c\bar{\tau}$，平均多普勒偏移的局部值；

（4）$\mathcal{C}_{av} = 20\text{dB}$；$\mathcal{C}_k = \tau\mathcal{C}_{av}$；

（5）$\boldsymbol{R}_k$ 和 $\boldsymbol{R}_{av}$ 分别由这些局部值和均值导出。

图 6.8（a）给出了对 τ 和 w 的所有可能值的情况取平均后 $\langle P'_{fa}(f)\rangle$ 的变化。结果表明，在几乎所有多普勒频率点上，P_{fa} 均值都高于期望值。这在实际雷达应用中是不可接受的，需要调整阈值以保持 P_{fa} 的期望均值。相对于理想值，需要提高的量大约为当 $P_d \approx 0.5$ 时产生的检测损耗。在固定阈值相同的假设下，该损耗可以由失配协方差因子 $F_m Q_e/(F_e Q_m)$ 确定。该损耗随多普勒频率的变化如图 6.8（b）线 ii 所示，其中假设存在非衰落目标。同时，图 6.8（b）显示了与提高阈值以控制 P_{fa} 相关的损耗随多普勒频率变化的曲线（见线 i）。本案例中的峰值检测损耗约为 3dB，即便在谱的噪声区域，损耗也约为 2dB。与检测和控制 P_{fa} 相关的总损耗可以近似为两个损耗之和，其随多普勒频率变化的曲线如图 6.8（b）中线 iii 所示。

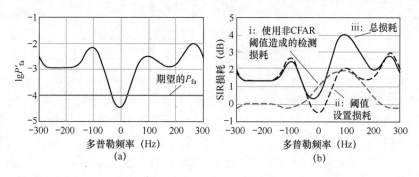

图 6.8 （a）平均 P_{fa} 随多普勒频率的变化及 $P_{fa,ideal} = 10^{-4}$ 的固定阈值；（b）检测损耗随多普勒频率的变化

6.5 端到端雷达性能评估

雷达性能的端到端建模很重要，因为它能够描述雷达在不同的距离、观测几何条件和环境条件下对于不同目标的预期性能。雷达距离方程可用于估计目标、海杂波和噪声的功率水平，而海杂波特性可以使用第 4 章介绍的经验模型进行预测。为了准确评估真实系统的性能，需要详细了解处理损失。例如，当使用 CA-CFAR 时，产生的损失取决于海杂波和目标的统计特性、海杂波距离像的长度、海杂波中的任何空间相关性及确定适当阈值乘子的能力（见文献 [1]）。在对检测阶段的信号处理和所需的虚警水平有所理解后，就可以使用前面描述的技术对性能进行预测。在 6.5.1 节给出的案例中，性能被表示为在给定可接受的虚警概率时，实现最小期望检测概率所需的最小目标 RCS 在一定范围内的变化。使用这种表示形式，可以

比较相干处理和非相干处理的性能[51]。所描述的方法相当通用，可以适当地应用于信号处理和海波形等其他条件的选择。此外，该方法可以针对不同的目标起伏模型、观测几何条件和环境条件给出结果。6.5.2 节给出了使用蒙特卡罗法评估仿真雷达性能的更多案例。蒙特卡罗法具有将谱随距离和时间变化的特性对协方差矩阵估计的影响包含在内的优点，但需要大量仿真数据样本来准确确定每组条件下的性能。6.5.3 节对主要结果进行了讨论。

6.5.1 雷达性能案例

本章将相干处理和非相干处理的分析方法应用于描述端到端雷达性能。文献［51］中给出了相关案例，表 6.3 中的雷达参数大致基于文献［1］中的案例。一般来说，对于海杂波和目标的处理损耗是不同的，后者包括距离和多普勒聚焦损耗、失配滤波等影响。这里，使用总损耗 L_t 的标称值，结合了由于大气传播、信号处理、天线罩和射频硬件造成的损耗。在不同的飞行高度下，假设天线倾斜安放以使最大增益指向最大仪表距离 R_{max}。这意味着在高海拔区域，覆盖距离受到俯仰维 3dB 波束宽度 ϕ_{3dB} 的限制，并且在飞机下方的短距离内将呈现为一个"孔"。在实际应用中，雷达可能以这种方式倾斜安放天线来进行一般监视，而如果在短距离内跟踪目标，则会增加天线的倾斜程度。

表 6.3 6.5 节中用于性能预测案例的雷达参数

参　　数	值	参　　数	值
发射机频率 f_{RF}	9.5GHz	脉冲重复频率 f_r	1.8kHz
峰值功率 P_t	20kW	脉冲数 N	10 个
脉冲宽度 T_p	25μs	系统噪声系数 $F_{n,dB}$	4.0dB
距离分辨率 ΔR	2m	目标处理损耗 $L_{t,target,dB}$	5.0dB
天线增益（单向）$G_{t,dB}$	33dB	海杂波处理损耗 $L_{t,clutter,dB}$	2.0dB
方位维 3dB 波束宽度 θ_{3dB}	2.0°	距离尺度（max.range）$R_{max,NM}$	40NM
俯仰维 3dB 波束宽度 ϕ_{3dB}	8.0°		

首先研究了在 1500 英尺（约 457m）或 20000 英尺（约 6096m）飞行的非相干雷达的性能，并说明在较高高度飞行时的性能损耗。假设非相干处理对 $N=10$ 个脉冲进行脉间积累，并使用频率步长足够大的脉间频率捷变使海杂波散斑去相关。当距离分辨率 $\Delta R = 2m$ 时，频率步长至少应为 75MHz，这意味着总捷变带宽为 750MHz。对积累后的回波进行阈值化，然后对三次扫描进行二值积累，并使用三取二检测准则以更好地区分海杂波尖峰。假设对每次扫描进行独立检测，则在二值积累后可以确定第一次阈值化所需的虚警概率和检测概率。考虑到采用了脉间频率捷变，目标为各向同性的散射体并在垂直极化和水平极化下具有相同的 RCS，可以假设目标起伏满足 Swerling 2 型。

图 6.9 比较了在 4 级海况（SS）及垂直极化和水平极化下非相干检测的结果，确定了实现最终检测概率 $P_d = 0.5$ 且最终虚警概率 $P_{fa} = 10^{-5}$ 的最小可检测 RCS。图 6.9 中还展示了在无海杂波时噪声有限条件下的结果。可以看出，在更高的高度，特别是在更远的距离处运行时，性能会显著下降。在 1500 英尺高度，在垂直极化下的性能相比在水平极化下的性能有显著改善。另外，在本案例中，由于天线倾斜安放，因此在 20000 英尺高度的短距离处的性能也是不佳的。

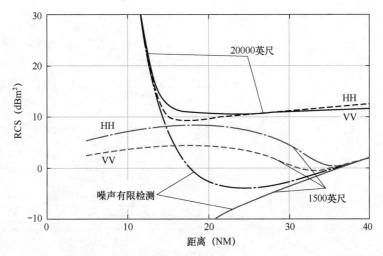

图 6.9　在 4 级海况下，对于 Swerling 2 型目标，使用非相干处理实现 $P_d = 0.5$
且 $P_{fa} = 10^{-5}$ 的最小可检测 RCS 随距离的变化

在接下来的结果中，将相干处理与非相干处理进行比较。对于前者，使用简单的多普勒滤波方法，一个相干驻留时间对应 $N = 32$ 个脉冲，脉冲重复频率为 1.8kHz。假设在信号处理中，由于平台运动而产生的任何多普勒偏移都会在脉冲串间进行校正，以使海面上的静止点目标在功率谱的多普勒中心频率始终约为 0Hz。此外，受到方位天线波束宽度有限和平台运动的影响，海杂波的多普勒谱扩展必须根据雷达观测方向进行建模。随后的检测性能评估假设在每个多普勒通道中基于 CNR（在该多普勒频率沿距离维和/或时间维观测到的）和幅度统计特性设置独立的 CFAR 检测阈值。对于固定频率运行的情况，使用 Swerling 1 型目标模型，最终虚警概率在雷达显示终端设置为 $P_{fa} = 10^{-5}$。多普勒分析通过 32 点进行快速傅里叶变换来实现，而这 32 点与假设的驻留时间相对应。因此，假设在检测后对每个多普勒通道进行陷波，则每个多普勒通道的虚警概率就被设置为 $P_{fa}/32$。

图 6.10 展示了在 20000 英尺高度处选取的一系列多普勒通道的相干检测性能。100Hz 的多普勒偏移等价于 X 波段约 1.6m/s 的径向速度。在 4 级海况下，对以水平极化方式在逆风向和逆涌浪方向观测到的海杂波进行建模，并且假设不存在由平台运动导致的谱扩展产生的额外影响（雷达是前视的）。另外，图 6.10 展示了非相干检测的结果，假设对采用了脉间频率捷变的脉冲进行脉间积累，然后进行扫描间二值积累。可以看出，对于静止的、具有一定范围正多普勒频率的目标，相干检测性能比非相干检测性能低 7dB。

图 6.11 进一步说明了这一点，图 6.11 展示了在 15NM、25NM 和 40NM 距离处，检测性能随多普勒频率的变化，同时展示了非相干检测性能。显然，对于多普勒偏移在海杂波谱之外的目标，相干检测器的检测效果更好。对于建模的天线几何条件，性能在 25NM 处最优，而在 15NM 处变差，因为目标已经接近雷达俯仰维波束的边缘。可以注意到，在噪声有限条件下，性能随距离的变化也受到天线增益变化的影响。对于多普勒偏移叠加在海杂波谱上的目标，非相干检测器性能更好的原因是其与相干检测器相比具有更大的带宽，并且进行了扫描间积累。可以认为，扫描间处理使海杂波的纹理分量去相关了，并假设纹理分量在波束驻留期间是恒定的。当然，相干检测器也可以在每个多普勒通道或在检测后进行扫描间积累，以及对每次扫描在多普勒域进行陷波，但这需要较低的更新率。

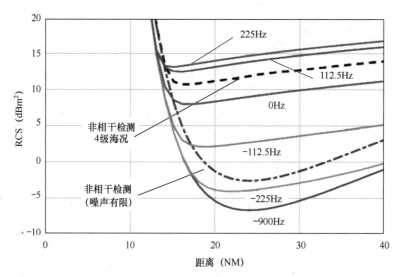

图 6.10　在 4 级海况、逆风、逆涌浪、高度为 20000 英尺、$\Delta R = 2m$ 情况下，对于 $P_d = 0.5$ 且 $P_{fa} = 10^{-5}$ 相干处理和非相干处理的最小可检测 RCS 随距离的变化[51]

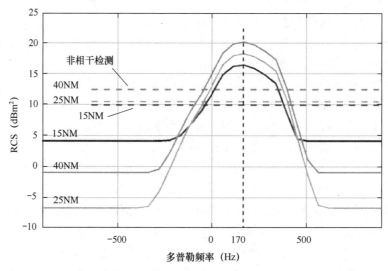

图 6.11　在 4 级海况、逆风、逆涌浪、高度为 20000 英尺、$\Delta R = 2m$ 情况下，对于 $P_d = 0.5$ 且 $P_{fa} = 10^{-5}$ 相干处理和非相干处理的最小可检测 RCS 随多普勒频率的变化[51]

　　探究相干检测性能在多普勒频率为 170Hz 左右时最差的原因具有一定的指导意义。图 6.12 展示了在 30NM 距离处，平均 CNR，即 $C'(f)$ 随多普勒频率的变化，其中单脉冲的 CNR 为 8.5dB。可以看出，平均多普勒频率接近 50Hz。图 6.13 展示了海杂波形状参数 $v'(f)$（在没有附加噪声的情况下）随多普勒频率的变化，其中纹理的形状参数 $v = 2.4$。可以看出，$v'(f)$ 在接近 0Hz 处具有约为 5.5 的峰值。然而，在 170Hz 的多普勒频率处，形状参数已降至约 0.35，这表明具有尖峰特性。与在 50Hz 处的 CNR 峰值 18dB 相比，170Hz 的多普勒频率处的 CNR 约为 14dB，虽然 CNR 仍然非常高，但由于此处 $v'(f)$ 小得多，因此检测性能较差。

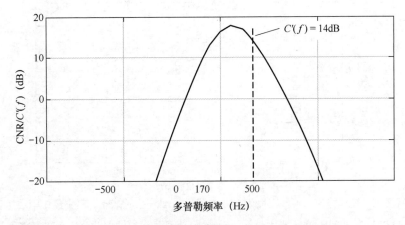

图 6.12 在 30NM 距离处 CNR 随多普勒频率的变化

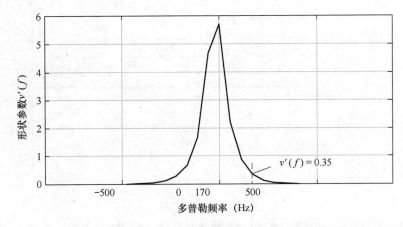

图 6.13 在 30NM 距离处 K+噪声分布的形状参数随多普勒频率的变化

如图 6.11 所示，多普勒滤波对慢速运动目标的检测性能可能比非相干处理差，这是因为海杂波能量被限制在 0Hz 附近的多普勒窄带频率内。如果检测器的主要作用是检测慢速运动目标，则可以通过相对于海杂波多普勒谱宽减小多普勒滤波器频宽进行改进。例如，如果在波束驻留时间内脉冲数是固定的，则可以通过减小雷达 PRF 来实现（见第 7 章）。图 6.14 和图 6.15 展示了与图 6.11 相同条件下的检测性能，但 PRF 分别为 1000Hz 和 100Hz。在 1000Hz 的 PRF 下，可以观测到一些检测性能改进，而在 100Hz 的较低 PRF 下，检测性能几乎独立于多普勒频率，这是因为海杂波能量均匀分布在不模糊的多普勒域内。在这种情况下，如果原始时域数据的 CNR 为 $\mathcal{C}$，并且沿距离维观测到的海杂波分量服从形状参数为 ν 的 K 分布，则每个多普勒滤波器的输出将具有相同的 $\mathcal{C}$ 和 ν。然而，如果目标具有更窄的谱宽，则其功率谱不会混叠分布，并且其在单个多普勒通道的能量将相干累加，且累加的增益等于积累的回波数。从图 6.15 可以看出，多普勒滤波的检测性能比非相干检测高约 3.5dB。当然，对于快速运动目标，相干检测的性能仍然比使用较高 PRF 进行多普勒滤波的性能差得多，如图 6.11 所示。

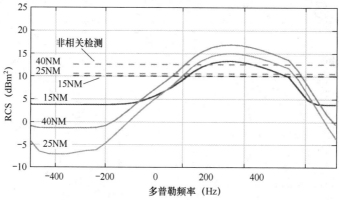

图 6.14 在 4 级海况、逆风、逆涌浪、高度为 20000 英尺、$\Delta R = 2m$ 情况下，对于 $P_d = 0.5$ 且 $P_{fa} = 10^{-5}$，使用非相干处理和 PRF 为 1000Hz 的多普勒滤波，Swerling 1 型目标的最小可检测 RCS 随多普勒频率的变化

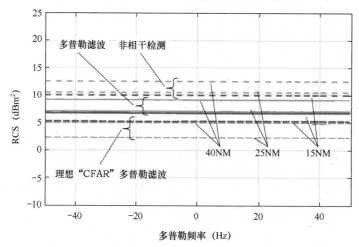

图 6.15 在 4 级海况、逆风、逆涌浪、高度为 20000 英尺、$\Delta R = 2m$ 情况下，对于 $P_d = 0.5$ 且 $P_{fa} = 10^{-5}$，使用非相干处理、PRF 为 1000Hz 标准多普勒滤波和"理想 CFAR"多普勒滤波，Swerling 1 型目标的最小可检测 RCS 随多普勒频率的变化

　　这里给出的检测结果均假设每个多普勒通道的阈值是固定的，而该阈值是通过对全局 CNR 和 K 分布形状参数的了解推导得出的。使用基于全局统计量的固定阈值可以极大提高检测性能，而这可以通过估计每个距离单元的局部干扰水平得到局部自适应阈值来实现。如果目标环境相对稀疏，则可以假设包含目标的多普勒通道数不超过 1 个。在这种情况下，如果假设最宽的多普勒通道包含目标，则可以通过除该通道外的所有多普勒通道来估计局部干扰水平。极限情况是准确了解局部干扰水平，这与文献 [1,52] 中提出的"理想 CFAR"多普勒滤波的检测性能是等效的。局部干扰水平的估计精度取决于可用的独立样本数，如果周围距离单元的回波在空间上相关，它们也可以用于改进估计精度。增加独立样本数，时域 CA-CFAR 的性能也可以得到改善[53]。图 6.15 以 PRF 为 100Hz 的多普勒滤波检测器为例展示了这种"理想 CFAR"多普勒滤波的检测性能。利用依赖海杂波统计特性的自适应"理想 CFAR"阈值还能够为检测性能带来额外的改善，对于尖峰越多（形状参数越小）的海杂波和 CNR 越大的情况，其改善效果越明显[52]。例如，在图 6.15 中，在 25NM 距离处，使用自适应阈值的检测性能较使用固定阈值改善了约 5dB；而在 CNR 较小的 15NM 距离处，使用自适应阈值带来的额外检测性能改善仅为约 2dB。但必须谨记的是，上述结果是针对"理想 CFAR"

多普勒滤波的检测性能给出的，在实际应用中不可能实现。此外，让雷达工作于 100Hz 的 PRF 通常是不切实际的。需要注意的是，使用电子扫描天线（能够在脉间进行波束控制），或许能以理想的低采样率采集给定方向的相干回波，而同时保持适当的整体扫描更新率[54]。

6.5.2　仿真性能预测

检测器的暂态特性最好通过仿真和蒙特卡罗法建模来进行评估，特别是当海杂波特性沿距离维呈现出空间相关性时。对于非相干处理，一个很好的例子是 CA-CFAR 检测器，该检测器利用周围距离单元来预测 CUT 的干扰水平。与 CUT 内平均水平的准确值相比，这种估计的统计特性会导致 CFAR 损耗。如果存在高度空间相关的长涌浪，则可以使用较短的海杂波距离来更好地估计强度的局部值。在这种情况下，可以获得潜在的"CFAR 增益"，这与通常的 CFAR 损耗是相反的，但检测性能只能通过蒙特卡罗法确定。

关于相干检测器，解析法在所有参数值下取平均得到结果。此外，预多普勒白化滤波器和后多普勒白化滤波器的性能也不易于进行解析建模，因为其依赖数据的空间相关性。如第 5 章所述，具有适当特性的海杂波可以建模为沿距离维变化的离散谱或连续的时间序列数据。在使用自适应检测方法对检测性能进行预测时，需要利用随时间维或距离维变化的海杂波局部功率谱，上述方法使人们对海杂波局部功率谱建模成为可能。这意味着现在可以用蒙特卡罗法对包括一些特定信号处理损耗在内的检测性能进行直接评估[41,55]。蒙特卡罗法的主要困难是需要生成非常大的数据样本，以准确评估较低的虚警概率。

如果仿真实测数据的方法可行，就可以直接研究不同检测方案的性能。现对由式（6.53）给出的 NAMF 算法所需的协方差矩阵 $\boldsymbol{R}$ 进行研究。对于第 k 个距离单元，可以从 CUT 周围的 K 个距离单元中估计出样本协方差矩阵（Sample Covariance Matrix，SCM），即

$$\hat{\boldsymbol{R}}_{\text{SCM}}(k) = \frac{1}{K} \sum_{\substack{n=k-K/2 \\ n \neq k}}^{k+K/2} \boldsymbol{h}_n \boldsymbol{h}_n^{\text{H}} \tag{6.66}$$

此外，如果纹理沿距离维变化，则可以估计出归一化样本协方差矩阵（Normalised Sample Covariance Matrix，NSCM），即

$$\hat{\boldsymbol{R}}_{\text{NSCM}}(k) = \frac{1}{K\hat{\tau}} \sum_{\substack{n=k-K/2 \\ n \neq k}}^{k+K/2} \boldsymbol{h}_n \boldsymbol{h}_n^{\text{H}}, \quad \hat{\tau} = \frac{1}{KN} \sum_{\substack{n=k-K/2 \\ n \neq k}}^{k+K/2} \boldsymbol{h}_n^{\text{H}} \boldsymbol{h}_n \tag{6.67}$$

其中，$\hat{\tau}$ 为 $\langle \tau \rangle$ 的估计值，$\boldsymbol{h}_n$ 为第 n 个距离单元的 N 个相干样本构成的向量。为了证实蒙特卡罗法的检测性能，现对仿真海杂波进行研究，其复高斯样本具有固定的协方差矩阵，并且 CNR 为 30dB。图 6.16 给出了对于理想的指数分布和 NAMF 算法检验统计量（使用 $N=32$ 个样本估计得到 NSCM），P_{fa} 随阈值 γ 的变化。

这些模型能够充分描述实测海杂波以提供可靠的性能预测，人们应对此有信心，这很重要。例如，图 6.17 展示了在两个数据集上 NAMF 检测器（使用 SCM）的性能。第一个数据集为 Ingara X 波段数据集，而第二个数据集为根据第一个数据集的原始数据导出的模型参数仿真得到的数据集。图 6.17 中的前两个结果展示了对于不同的用于取平均的参考距离单元数（$K=4$ 和 $K=64$），P_{fa}' 随多普勒频率的变化。其中，第二个结果展示了对于 $P_{\text{d}} = 0.5$ 且 $P_{\text{fa}} = 10^{-3}$，所需的最小 SIR 随多普勒频率的变化。尽管检测性能并非完全相同，但该模型很好地再现了 P_{fa}' 及检测性能的变化趋势。

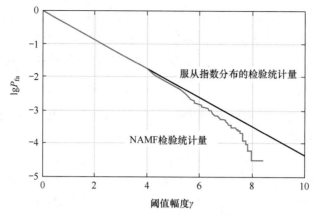

图 6.16 对于 NAMF 检测器和服从指数分布的理想检验统计量，P_{fa} 随阈值 γ 的变化

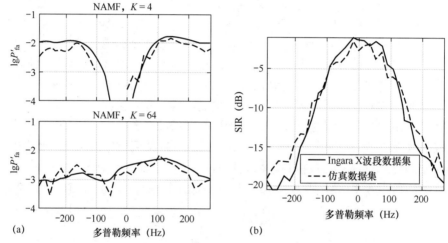

图 6.17 对于期望的 $P_{fa} = 10^{-3}$，对实测数据和仿真数据的检测性能比较：（a）对于 $K = 4$ 和 $K = 64$，实际 P'_{fa} 随多普勒频率的变化；（b）以所需的最小 SIR 作为测度实现 $P_d = 0.5$ 的检测性能

使用实测数据不易于实现的另一个案例是空间相关性和局部协方差矩阵估计精度之间的关系[56]。为了能够实现这一点，将距离相关性建模为满足负指数函数的不同距离下的样本，且距离相关长度为 ρ_L，即

$$\rho(k) = \exp\left(-\frac{k}{\rho_L}\right) \tag{6.68}$$

其他模型参数取自文献［57］中报道的海杂波多普勒谱案例，其中，$v = 0.5$，$A_c = 50\text{Hz}$，$B_c = 6\text{Hz}$，$\text{CNR} = 20\text{dB}$，$m_w = 60\text{Hz}$，$\sigma_w = 4.7\text{Hz}$。相干处理间隔 $N = 16$ 个脉冲，$\text{PRF} = 1\text{kHz}$，用于估计协方差矩阵的距离单元数 $K = 64$。对于距离相关长度 ρ_L 的每个值，以 30000 个距离单元 $\times N$ 个相干脉冲的格式进行数据仿真。图 6.18（a）给出了在固定阈值为 γ 的情况下 P'_{fa} 随多普勒频率的变化，其中，协方差矩阵估计采用如式（6.66）所示的 SCM 估计器，ρ_L 为 0、5、25、50，距离单元数 K 为 100，在设定阈值时假设功率谱是理想匹配的以实现 $P_{fa} = 10^{-3}$。本案例中使用了 SCM 估计器的 NAMF 检测器并不具有 CFAR 特性，当 $\rho_L = 0$ 时，P_{fa}' 随多普勒频率变化的因子为 3。随着 ρ_L 的增大，P_{fa}' 的变化减小，且其均值接近期望值。图 6.18（b）

展示了在使用 SCM 估计器和 NSCM 估计器，以及 $\rho_L = 0$ 和 $\rho_L = 100$ 的情况下，实现 $P_d = 0.5$ 所需的最小 SIR 随多普勒频率的变化。

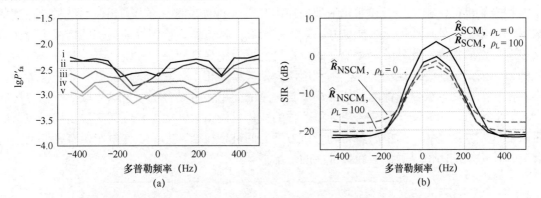

图 6.18 （a）对于使用 $\hat{R}_{SCM}$ 的 NAMF 检测器，测得的虚警概率随多普勒频率的变化（i：$\rho_L = 0$；ii：$\rho_L = 5$；iii：$\rho_L = 25$；iv：$\rho_L = 50$；v：$\rho_L = 100$）；（b）对于使用 $\hat{R}_{NSCM}$ 和 $\hat{R}_{SCM}$ 的 NAMF 检测器，以及 $\rho_L = 0$ 和 $\rho_L = 100$，实现 $P_d = 0.5$ 所需的最小 SIR 随多普勒频率的变化[56]

类似地，除了距离分辨率 $\Delta R = 0.75\text{m}$ 更精细了，按照 6.5.1 节中的案例，给出使用仿真数据预测端到端雷达性能的案例[51]。在本案例中，目标建模为 RCS 为 0dBm^2 的 Swerling 1 型目标，并将海杂波纹理建模为不存在空间相关性，比较了在 15NM、25NM 和 40NM 处距离的预测性能，其中，NAMF 检测器使用 SCM 协方差矩阵估计，用到了 CUT 两侧各 128 个距离单元（$K = 256$）。既然这里假设杂波纹理不存在空间相关性，那么 SCM 应该能够很好地估计数据中的噪声水平，但由于杂波功率谱随距离变化的特性，SCM 通常与杂波功率谱失配，这种失配通常会导致 NAMF 检测器无法满足 CFAR 特性。为了使显示终端处的 P_{fa} 达到期望的 10^{-3}，可以调整每个多普勒通道中的阈值以使该通道满足 $P_{fa} = 10^{-3}/32$，其中，假设在检测后对每个多普勒通道进行了陷波。在实际雷达中，这种对阈值的调整可能需要应用 CA-CFAR 阈值，并结合不完全白化后对干扰统计特性的评估。

在距离分辨率 ΔR 变为 0.75m 且非相干处理假设雷达运行在固定频率，而其他场景和雷达参数相同的情况下，将结果与 6.4.1 节中描述的多普勒滤波检测器的性能进行了比较。在确定最小可检测 RCS 时，按照距离的函数对 SIR 进行调整，可以允许在信号处理损耗方面存在差异。这确保了两种方法在噪声有限条件下检测性能大致相同，并对于说明性的目的是一个合理的假设。更准确的分析需要详细评估两个检测器的相对处理损耗。最终性能比较如图 6.19 所示，其中，仿真结果是"有噪声的"，反映了蒙特卡罗法中使用的数据样本的大小有限。然而，值得注意的是，在多普勒谱的主体部分，NAMF 检测器的性能相比多普勒滤波检测器的性能有所改善。最坏情况出现在多普勒频率为 225Hz 处，其中，NAMF 检测器具有约 3dB 的检测灵敏度提高，这种改善在 300～400Hz 的多普勒谱边缘也得到保持。正如所预期的那样，两种检测器在噪声限制区域的性能相同。

6.5.3 讨论

对相干检测器和非相干检测器的比较必须非常仔细，因为许多参数会对结果造成影响。对于本章给出的相对简单的案例，假设雷达在逆风向和逆涌浪方向观测，且平台运动的影响很小。相干检测会随观测方向的变化而变化，在观测飞机飞行轨迹的两侧时还必须考虑平台运动的影响。在检测多普勒频率相近的目标时，PRF 的选择也会影响杂波谱的分辨率。对于快速运动的目标，相干处理与非相干处理相比有可能获得非常大的增益。对于多普勒偏移与杂波相当的目标，相干处理和非相干处理在本章所研究的案例中给出了相似的结果，在某些情况下，非相干处理实际上可能更好。对于多普勒分析方案，检测性能最差的情况出现在杂波多普勒谱的边缘，此处随距离变化的特性可能使沿距离维观测到的统计特性具有非常多的尖峰。如果只关注慢速运动目标，则利用混叠杂波谱的相干检测方案可能具有显著优势。通常，多普勒白化滤波器的性能可能优于本章讨论的简单多普勒分析，但这也取决于估计局部杂波谱的能力，因为局部杂波谱随环境条件的变化可能很大。此外，应在实现白化滤波器所带来的额外复杂度和更简单的多普勒分析方案之间进行权衡，尤其是在每个多普勒通道中需要额外校正检测阈值以确保恒虚警性能的情况下。

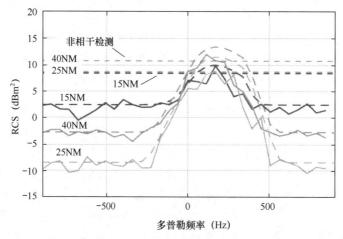

图 6.19　在 4 级海况、逆风、逆涌浪、高度为 20000 英尺、$\Delta R = 0.75$m 情况下，对于 $P_d = 0.5$ 且 $P_{fa} = 10^{-5}$，使用相干处理和非相干处理的最小可检测 RCS 随多普勒频率的变化（实线：使用了 SCM 估计器的 NAMF 检测器；虚线：使用了多普勒滤波检测器；细虚线：非相干检测）[51]

参考文献

[1] K. D. Ward, R. J. A. Tough, and S. Watts. Sea clutter: Scattering, the *K*-distribution and radar performance[M]. 2nd Edition. London: The Institute of Engineering Technology, 2013.

[2] F. E. Nathanson, J. P. Reilly, and M. N. Cohen0. Radar Design Principles[M]. 2nd Edition. New York: McGraw-Hill, 1991.

[3] M. I. Skolnik. Radar Handbook[M]. 3rd Edition. New York: McGraw-Hill, 2008.

[4] D. K. Barton. Radar System Analysis and Modeling[M]. Norwood: Artech House, 2005.

[5] S. Watts and G. Knight. Performance prediction for scanning radars with correlated returns from *K*-distributed sea clutter[C]. Radar 2014—International Conference on Radar Systems, 2004, 1-6.

[6] K. D. Ward, R. J. A. Tough, and P. W. Shepherd. Modelling sea clutter: Correlation, resolution and non-Gaussian statistics[C]. IEEE International Radar Conference, 1997, 95-99.

[7] M. Schwartz. A coincidence procedure for signal detection[J]. IRE Transactions on Information Theory, 1956, 2(4): 135-139.

[8] J. L. Marcum. A statistical theory of target detection by pulsed radar[J]. IRE Transactions, 1960, IF6: 59-144.

[9] W. Weinstock. Target cross section models for radar system analysis[D]. Ph.D. dissertation, 1964.

[10] P. Swerling. Probability of detection for fluctuating targets[J]. IRE Transactions, 1960, IT-6: 269-308.

[11] D. A. Shnidman. Efficient evaluation of the probabilities of detection and the generalized Q-function[J]. IEEE Transactions on Information Theory, 1976, 22: 746-751.

[12] D. A. Shnidman. The calculation of the probability of detection and the generalized Marcum Q-function[J]. IEEE Transactions on Information Theory, 1989, 35(2): 389-400.

[13] D. A. Shnidman. Radar detection probabilities and their calculation[J]. IEEE Transactions on Aerospace and Electronic Systems, 1995, 31(3): 928-950.

[14] D. P. Meyer and H. A. Mayer. Radar Target Detection. New York: Academic Press, 1973.

[15] J. N. Briggs. Target Detection by Marine Radar. London: The Institution of Electrical Engineers, 2004.

[16] M. R. Allen and H. Urkowitz. Radar detection performance limitations in sea-clutter for conventional noncoherent integration[C]. IEEE National Radar Conference, 1993, 260-263.

[17] L. Rosenberg and S. Bocquet. Non-coherent radar detection performance in medium grazing angle X-band sea-clutter[J]. IEEE Transactions on Aerospace and Electronic Systems, 2017, 53(2): 669-682.

[18] K. D. Ward. A radar sea clutter model and its application to performance assessment[C]. International Radar Conference, 1982, 203-207.

[19] S. Bocquet. Calculation of radar probability of detection in K distributed sea clutter and noise[R]. Defence Science Technology Organisation, Technical Note DSTO-TN-1000, 2012, Revised Edition.

[20] S. Watts. Radar detection prediction in K-distributed sea clutter and thermal noise[J]. IEEE Transactions on Aerospace and Electronic Systems, 1987, AES-23(1): 40-45.

[21] T. S. Edrington. The amplitude statistics of aircraft radar echoes[J]. IEEE Transactions on Military Electronics, 1965, 9(1): 10-16.

[22] Farina, F. Gini, M. S. Greco, and P. H. Y. Lee. Improvement factor for real sea-clutter Doppler frequency spectra[J]. IEE Proceedings of Radar, Sonar and Navigation, 1996, 143(5): 341-344.

[23] D. K. Barton. Simple procedures for radar detection calculations[J]. IEEE Transactions on Aerospace and Electronic Systems, 1969, AES-5(5): 837-846.

[24] Kanter. Exact detection probability for partially correlated Rayleigh targets[J]. IEEE Transactions on Aerospace and Electronic Systems, 1986, AES-22(2): 184-196.

[25] S. Kotz and J. Neumann. On the distribution of precipitation amounts for periods of increasing length[J]. Journal of Geophysical Research, 1963, 68(12): 3635-3640.

[26] L. Rosenberg. The effect of temporal correlation with K and KK-distributed sea-clutter[C]. IEEE Radar Conference, 2012, 303-308.

[27] L. Rosenberg and S. Bocquet. Radar detection performance in medium grazing angle X-band sea-clutter[R]. Defence Science and Technology Group, Technical Report DST-Group-TR-3193, 2015.

[28] L. Rosenberg and S. Bocquet. Robust performance prediction modelling for compound distributions with temporal correlation[C]. International Radar Conference, 2013, 388-393.

[29] M. A. Weiner. Detection probability for partially correlated chi-square targets[J]. IEEE Transactions on Aerospace and Electronic Systems, 1988, 24(4): 411-416.

[30] X. Y. Hou and N. Morinaga. Detection performance of Rayleigh fluctuating targets in correlated Gaussian clutter plus noise[J]. The Transactions of the Institute of Electronics, Information and Communication Engineers, 1988, E. 71(3): 208-217.

[31] S. Bocquet, J. Zuk, and L. Rosenberg. Non-coherent radar detection probability in compound sea clutter with correlated speckle[C]. IEEE Radar Conference, 2018, 140-145.

[32] J. Zuk, S. Bocquet, and L. Rosenberg. New saddle-point technique for noncoherent radar detection with application to correlated targets in uncorrelated clutter speckle[J]. IEEE Transactions on Signal Processing, 2019, 67(8): 2221-2233.

[33] J. Zuk. Correlated non-coherent radar detection for gamma-fluctuating targets in compound clutter[J]. IEEE Transactions on Aerospace and Electronic Systems, 2021. [Online].

[34] S. Kotz and J. W. Adams. Distribution of sum of identically distributed exponentially correlated gamma

variates[J]. The Annals of Mathematical Statistics, 1964,35: 277-283.

[35] P. G. Moschopoulos. The distribution of the sum of independent gamma random variables[J]. Annals of the Institute of Mathematical Statistics, Part A, 1985, 37: 541-544.

[36] M. Alouini, A. Abdi, and M. Kaveh. Sum of gamma variates and performance of wireless communication systems over Nakagami-fading channels[J]. IEEE Transactions on Vehicle Technology, 2001, 50(6): 1471-1480.

[37] C. W. Helstrom. Detection probabilities for correlated Rayleigh fading signals[J]. IEEE Transactions on Aerospace and Electronic Systems, 1992, 28(1): 259-267.

[38] H. Robbins and E. J. G. Pitman. Application of the method of mixtures to quadratic forms in normal variates[J]. Annals of Mathematical Statistics, 1949, 20: 552-560.

[39] C. W. Helstrom. Approximate evaluation of detection probabilities in radar and optical communications[J]. IEEE Transactions on Aerospace and Electronic Systems, 1978, 14(4): 630-640.

[40] De Maio and M. S. Greco. Modern Radar Detection Theory[M]. London: SciTech, 2016.

[41] S. Watts and L. Rosenberg. Coherent radar performance in sea clutter[C]. IEEE Radar Conference, Johannesburg, 2015, 103-108.

[42] E. Conte, M. Lops, and G. Ricci. Asymptotically optimum radar detection in compound-Gaussian clutter[J]. IEEE Transactions on Aerospace and Electronic Systems, 1995, 31(2): 617-625.

[43] E. Conte, A. De Maio, and G. Ricci. Covariance matrix estimation for adaptive CFAR detection in compound-Gaussian clutter[J]. IEEE Transaction on Aerospace and Electronic Systems, 2002, 38(2): 415-426.

[44] F. Gini and M. Greco. Covariance matrix estimation for CFAR detection in correlated heavy-tailed clutter[J]. Signal Processing, Special Issue, 2002, 82(12): 1847-1859.

[45] M. Greco, P. Stinco, F. Gini, and M. Rangaswamy. Impact of sea clutter non-stationarity on disturbance covariance matrix estimation and CFAR detector performance[J]. IEEE Transaction on Aerospace and Electronic Systems, 2010, 46(3): 1502-1513.

[46] S. Watts, L. Rosenberg, S. Bocquet, and M. Ritchie. The Doppler spectra of medium grazing angle sea clutter, Part 2: Exploiting the models[J]. IET Radar Sonar and Navigation, 2016, 10(1): 32-42.

[47] S. Watts, L. Rosenberg, S. Bocquet, and M. Ritchie. The Doppler spectra of medium grazing angle sea clutter, Part 1: Characterisation[J]. IET Radar Sonar and Navigation, 2016, 10(1): 24-31.

[48] L. Rosenberg and S. Watts. Coherent detection in medium grazing angle seaclutter[J]. IET Radar Sonar and Navigation, 2017, 11(9): 1340-1348.

[49] Y. Dong. Optimal detection in a K-distributed clutter environment[J]. IET Radar Sonar and Navigation, 2012, 6(5): 283-292.

[50] S. Watts. The effects of covariance matrix mismatch on adaptive CFAR performance[C]. International Radar Conference, 2013, 324-329.

[51] S. Watts and L. Rosenberg. A comparison of coherent and non-coherent radar detection performance in radar sea clutter[C]. International Conference on Radar Systems, 2017, 1-6.

[52] S. Watts. Radar detection prediction in sea clutter using the compound K-distribution model[J]. IEE Proceedings F (Communications, Radar and Signal Processing), 1985, 132(7): 613-620.

[53] S. Watts. Cell-averaging CFAR gain in spatially correlated K-distributed clutter[J]. IEE Proceedings on Radar, Sonar and Navigation, 1996, 143(5): 321-327.

[54] B. J. Wilcox, S. Stevenson, and C. P. Mountford. Coherent sea clutter modeling[C]. International Radar Conference, 2017, 1-6.

[55] R. Palamà, L. Rosenberg, and H. Griffiths. Performance evaluation of two multistatic radar detectors on real and simulated sea-clutter data[C]. International Radar Conference, 2018, 1-6.

[56] S. Watts. Modelling of coherent detectors in sea clutter[C]. International Radar Conference, 2015, 105-110.

[57] S. Watts. Modeling and simulation of coherent sea clutter[J]. IEEE Transactions on Aerospace and Electronic Systems, 2012, 48(4): 3303-3317.

第 7 章

海上目标检测技术

7.1 概述

本章描述了一些可用于在海杂波加热噪声背景下检测目标回波的标准技术。雷达信号处理的目的是将检测到目标的概率最大化，同时将杂波和噪声的虚警概率控制在可接受的水平。理想的结果是保持恒虚警概率（Constant False Alarm Rate，CFAR），而面临的挑战是在杂波特性"先验"未知且在雷达搜索的海域范围内变化很大的情况下实现 CFAR 检测性能。

在所有雷达系统中，杂波功率将根据雷达距离方程随距离的变化而变化。在远距离处，接收信号可能主要受噪声限制，目标检测的目的是最大化目标回波的信噪比。对于单个脉冲，可以在雷达接收机中通过对脉冲波形进行匹配滤波来实现[1]。后续可以对雷达扫描目标波束的连续脉冲回波和多次扫描的回波进行积累，进一步增强目标检测能力。在噪声背景中，在目标检测能力方面，最高效的脉间积累形式是通过多普勒处理实现的，也可以对回波进行非相干处理，使用非线性检测处理来提取接收信号的包络。在相干处理和（或）非相干处理之后，通常在每个距离门处将处理后的雷达回波的强度或幅度与某个阈值进行比较，以确定目标是否存在。雷达接收机的噪声功率可以由雷达处理机连续测量得到，而检测阈值可以设置为由雷达接收机的噪声功率确定的某个水平，超过这个阈值的噪声回波将会产生虚警。

当雷达回波包含杂波时，可以采用类似的处理步骤，但保持 CFAR 性能将更加困难。必须注意的是，要在整个雷达照射范围内调节或控制雷达接收机中信号的动态范围，以防止信号在数字化之前饱和。这可以通过自动增益控制，或者使用对数或线性的快时间控制，来降低相近范围内的杂波强度实现。对杂波特性的良好理解对于设计合适的检测方案至关重要。例如，为了实现 CFAR 检测性能，设置的最终检测阈值的水平必须随着杂波幅度统计特性和功率水平的变化而不断进行调整。这些特性不是"先验"信息，必须通过估计来获得，这也是雷达信号处理的一部分。对这些条件的错误估计将导致检测阈值的错误设置。如果检测阈值设置过低，雷达将产生过多虚警，从而可能使后续的信号和数据处理（如跟踪器）过载；如果检测阈值设置过高，将导致目标检测能力的损失。

尽管在热噪声背景中，仅基于幅度的检测阈值可能是最优的，但在杂波背景中控制虚警可能是非常困难的。正如第 2 章所讨论的，杂波幅度统计特性可能是非高斯的，并且在空间和时间上都是相关的。此外，杂波回波可能包含孤立的尖峰，其生命周期通常为秒级。这些尖峰与目标具有一定的相似性，仅根据幅度来区分它们和真正的目标或许是不可能的。可能需要各种额外的判别因素，特别是当寻找海面上的小目标时。目标和杂波具有不同的多普勒谱，因此多普勒处理有时可用于辅助区分目标和杂波。一个较为明显的例子是具有相对雷达的高径向速度和明显偏离杂波谱的多普勒偏移的目标。然而，在处理缓慢移动或固定的目标时，多普勒处理的优点可能不太明显。雷达极化方式的选择对检测性能也有很大的影响，极化特性有时可以作为判别条件。但是，由于实施成本较高，因此将极化特性作为判别条件的方法并没有在机载海用雷达中得到广泛应用。尖峰与真实目标之间的一个重要区别是它们的相对持久性，大多数大的尖峰的寿命均小于 2s 或 3s[2-4]。假设目标可以在较长的曝光时间内被检测到，那么应该可以杜绝来自尖峰的虚警。有学者也提出了一些其他的判别条件，如距离范围和距离特征[2]，它们适用于雷达距离分辨率较高（如小于 1m）的情况。

本章介绍了在海杂波背景中检测目标的多种技术，它们大致分为非相干信号处理方法和相干信号处理方法。7.2 节概述了用于非相干检测的常用 CFAR 和扫描间处理技术；7.3 节重点介绍了用于 Pareto 分布海杂波的 CFAR 检测器的发展；7.4 节介绍了时域和频域的相干处理。其中，相干处理的关键难点之一是在非均匀杂波中保持检测性能，7.5 节探讨了这个主题，包括一些专门被设计运行在这种环境下的算法。

7.2　非相干检测

非相干检测涉及处理雷达回波的包络，通常通过取相干信号的模（线性检波器）或模平方（平方律检波器）得到。在现代雷达中，非相干检测作为在中频或基带进行的数字信号处理的一部分得以实现，非相干检测技术的详细描述可参见文献［3］。第 6 章展示了一个典型的非相干处理链，包括采样、平方律检波、脉间积累和扫描间积累及基于幅度阈值检测。为了设置一个在虚警概率可接受条件下的检测阈值，雷达必须确定杂波加噪声（干扰）的概率密度函数（PDF）的特性。如果杂波用复合高斯模型建模，则对于固定阈值 γ，虚警概率 P_{fa} 可以写为

$$P_{fa}(\gamma) = P_\gamma(\gamma \mid N) = \int_0^\infty \Gamma\left(N, \frac{\gamma}{\tau + p_n}\right) \frac{P_\tau(\tau)}{\Gamma(N)} \, d\tau \tag{7.1}$$

式中，N 为脉冲积累个数（假设杂波散斑样本在脉间相互独立），p_n 为热噪声功率，$P_\tau(\tau)$ 为杂波纹理的 PDF。如果杂波纹理的均值为 $\langle\tau\rangle$，杂噪比（CNR）$C = \langle\tau\rangle/p_n$，那么阈值 γ 通常用相对于杂波加噪声的平均强度 $\langle z \rangle$ 的水平来表示，即

$$\gamma = \eta\langle z \rangle = \eta\langle\tau\rangle\left(1 + \frac{1}{C}\right) \tag{7.2}$$

式中，η 为阈值乘子。适当的 γ 必须由雷达确定，涉及使用杂波功率 $\langle\tau\rangle$ 和阈值乘子 η 的适当取值来对式（7.1）求逆运算，而其反过来取决于杂波的统计特性和杂噪比。7.2.1 节概述了估计这些参数的方法。

7.2.1　杂波统计特性

干扰的幅度统计特性用幅度 PDF 来描述。如第 2 章所讨论，杂波分布模型有很多种，其中最有用的是复合高斯模型。这些模型用于指导检测算法的设计，以达到检测算法对实际遇到的大范围杂波特性具有鲁棒性的目的。

分析待检测单元（CUT）周围距离单元和方位单元的数据，可以估计 CUT 的合适干扰 PDF。这个区域应该尽可能大，但要有一定的限制以确保每个单元都有相同的 PDF。来自同一个区域的连续脉冲可以用来提高估计的精度，特别是在使用脉间频率捷变的情况下。从实测数据中估计杂波参数的方法有很多种。一种方法是第 2 章给出的基于矩拟合和 $z\lg z$ 估计的几种分布的拟合方法。另一种方法是直接测量杂波的互补累积分布函数（CCDF），然后找到拟合最好的分布模型。这可以通过数据和模型之间的 CCDF 最小二乘来实现，而分布拖尾的匹配也可以通过在对数域中的最小化来实现更好的效果。这种方法特别有用，因为它允许分布模型在可能没有足够真实数据的情况下插值，从而可以降低虚警概率。然而，干扰 PDF 的估计精度取决于可用数据样本的数量。

无论使用何种方法，给定 PDF 模型参数的估计精度必须根据估计误差对所设置阈值的影响来解释。如果估计的形状参数不正确，则任何假设形状参数为该值的阈值设置都将不正确。阈值误差将导致灵敏度的损失（阈值设置过高）或 P_{fa} 的增大（阈值设置过低）。将纹理 PDF

建模为 Gamma 分布，将式（7.1）展开，可以计算得到基于不正确的形状参数 v 设置在 K 分布杂波加噪声背景中的阈值产生的影响

$$P_\eta(\eta\,|\,v,N)=\int_0^\infty \Gamma\left(N,\frac{\eta(1+p_n)}{\tau+p_n}\right)\frac{v^v\tau^{v-1}}{\Gamma(N)\Gamma(v)}\exp(-v\tau)\mathrm{d}\tau \tag{7.3}$$

式中，杂波功率的均值 $\langle\tau\rangle=1$。对于形状参数 v 的理想值和指定的 P_{fa}，阈值乘子 η 可以通过对式（7.3）求逆运算确定。在 η 固定的情况下，根据形状参数的估计值 $\hat{v}$，再次求解式（7.3）可以确定实际的 P_{fa}。图 7.1 展示了 P_{fa} 的误差，有

$$\Delta P_{\mathrm{fa}}=\frac{P_\eta(\eta\,|\,\hat{v},N)}{P_\eta(\eta\,|\,v,N)} \tag{7.4}$$

其中，设置 $P_{\mathrm{fa}}-10^{-6}$，$N=1$，$C=30\mathrm{dB}$，v 分别为 0.1、1、3、10，并且 $0.5v\leqslant\hat{v}\leqslant1.5v$。当 $N=10$ 时的等效结果如图 7.2 所示。在 $N=1$ 和 $N=10$ 这两种情况下，$\Delta P_{\mathrm{fa}}=1$ 表示所实现的 P_{fa} 比所需的 P_{fa} 高 1 个数量级。

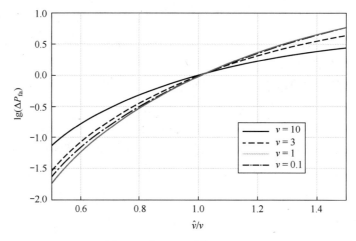

图 7.1　当 $N=1$ 时的 $\lg(\Delta P_{\mathrm{fa}})$

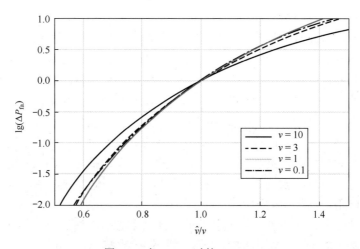

图 7.2　当 $N=10$ 时的 $\lg(\Delta P_{\mathrm{fa}})$

P_{fa} 的灵敏度变化也可以用阈值乘子来表示，即

$$\Delta\eta_{dB} = 10\lg\left(\frac{\eta(\hat{v})}{\eta(v)}\right) \tag{7.5}$$

其中，比较了用形状参数估计值得到的 $\eta(\hat{v})$ 与用形状参数准确值得到的 $\eta(v)$。这里，以 dB 为单位的 $\Delta\eta$ 为正表示阈值乘子高于所需值，因此检测灵敏度存在等效损失。图 7.3 和图 7.4 分别展示了当 $N=1$ 和 $N=10$ 时，$\Delta\eta$ 随形状参数估计误差的变化情况。

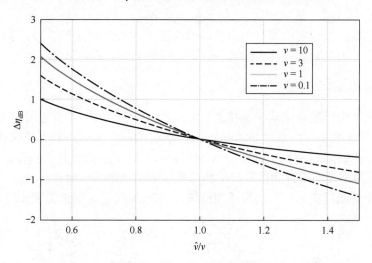

图 7.3　当 $N=1$ 时的 $\Delta\eta_{dB}$

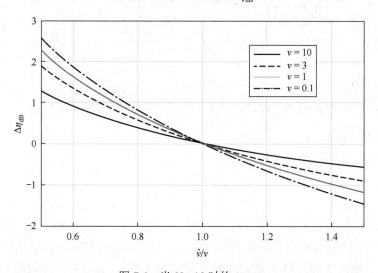

图 7.4　当 $N=10$ 时的 $\Delta\eta_{dB}$

由这里给出的例子可以看出，如果 $\lg(\Delta P_{fa}) \approx -1.5$（阈值设置过高），则会出现敏感度损耗，由 $\Delta\eta_{dB}$ 约小于1.5dB 给出。对于实际雷达来说，更严重的问题是阈值设置过低。例如，$\lg(\Delta P_{fa}) \approx 1.5$ 相当于虚警概率增加 30 倍。然而，随着形状参数 v 的增大，$\mathcal{C}$ 减小，误差的影响变得不那么严重。对于较小的形状参数 v，$\mathcal{C}$ 的影响较小。

热噪声水平可能会随着设备温度的变化而变化，并且设备的性能会随着时间的推移而降低。许多现代雷达会持续检测接收机的热噪声水平，以期为检测阈值和接收机增益的设置提

供辅助。热噪声水平可以从中心频率远离杂波谱的多普勒滤波器或当接收机输入静默时测量得到，还可以通过对干扰回波的分析确定。对于 K 分布杂波加噪声，分析幅度前三阶强度矩可以得到杂波形状参数和噪声功率水平参数的估计值[3]：

$$\hat{v} = \frac{18(\langle z^2 \rangle - 2\langle z \rangle^2)^3}{(12\langle z \rangle^3 - 9\langle z \rangle \langle z^2 \rangle + \langle z^3 \rangle)^2} \tag{7.6}$$

$$\hat{p}_{\mathrm{n}} = \langle z \rangle - \left(\frac{\hat{v}}{2} (\langle z^2 \rangle - 2\langle z \rangle^2) \right)^{1/2} \tag{7.7}$$

其他复合高斯模型也可以推导得出类似的表达式，如 Pareto 分布[5-9]。这种噪声功率估计方法的问题是需要大量独立同分布的数据样本以精确估计幅度三阶矩。

7.2.2　恒虚警概率检测器

估计局部杂波强度或幅度的标准技术是 CA-CFAR[10]，如图 7.5 所示。这里，CUT 的平均水平是根据其 M 个相邻距离单元的平均值估计得到的，这 M 个相邻距离单元也被称为杂波距离像（Clutter Range Profile，CRP），也可以用保护单元来避免任何距离扩展目标的影响。用于 CUT 的阈值 γ 是由干扰功率估计值和阈值乘子 η 确定的，如式（7.2）所示。然而，由于估计平均水平的统计变化，不能直接通过求式（7.1）的逆运算来得到 η 的值。

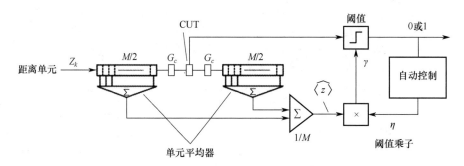

图 7.5　具有 M 个距离单元和 $2G_c$ 个保护单元的 CA-CFAR

如果 CRP 是由区域 $\Omega_k = [k - M/2 - G_c, \cdots, k - G_c + 1, k + G_c + 1, \cdots, k + M/2 + G_c]$ 定义的，则第 k 个距离单元的局部均值的估计公式为

$$\widehat{\langle z_k \rangle} = \frac{1}{M} \sum_{m \in \Omega_k} z_m \tag{7.8}$$

而阈值 $\gamma_k = \eta \widehat{\langle z_k \rangle}$。因为用来估计平均水平的样本容量 M 是有限的，所以估计平均水平 $\widehat{\langle z_k \rangle}$ 从一个估计值到下一个估计值存在起伏，并且具有各自的统计特性。这意味着阈值 γ_k 也存在起伏，且对于给定的 P_{fa}，需要比 z_k 的真实值已知时更大的 η。这种阈值起伏称为 CFAR 损失，并将其正式定义为"对于给定的 P_{fa}，与完全了解杂波和噪声统计特性的理想固定阈值相比，起伏阈值实现给定检测概率 P_{d} 所需的信号功率增加"。杂波中的 CFAR 损失是显著的，特别是在尖峰条件下。如图 7.6 所示为在 $\mathcal{C} = 10\mathrm{dB}$ 和 $\mathcal{C} = \infty$ 条件下，当 $v = 0.2$ 时 K 分布杂波的 CFAR 损失。

从图 7.6 可以看出，如果 $M > 32$，则 CFAR 损失是可以容忍的。v 越大，CFAR 损失会越小[3]。然而，如果使用较小的 M，CFAR 损失会变得非常大，特别是在没有加性热噪声的情况下。例如，设定 $P_{\mathrm{fa}} = 10^{-6}$，当 $v = 0.2$，$M = 8$ 且 $\mathcal{C} = \infty$ 时，CFAR 损失约为 24dB；而当 $v = 0.2$，

$M=8$ 且 $C=10\mathrm{dB}$ 时，CFAR 损失约为 6dB。相比之下，仅在热噪声条件下的等效 CFAR 损失约为 4dB。

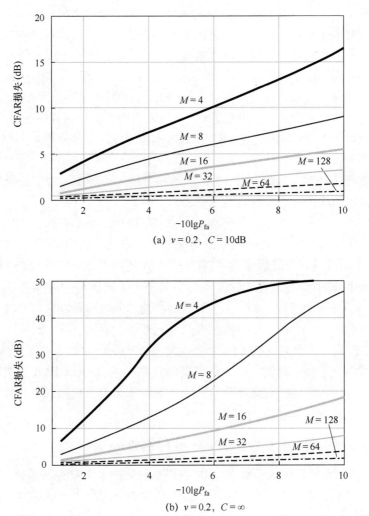

(a) $v=0.2$, $C=10\mathrm{dB}$

(b) $v=0.2$, $C=\infty$

图 7.6 当 M 为 4、8、16、32、64、128 个样本时 K 分布杂波的 CFAR 损失[3]

如图 7.5 所示的 CA-CFAR 在 CUT 两侧单元取平均值，被称为双边平均。也有单边平均，即只对 CUT 其中一侧单元取平均值。在使用 CUT 周围的单元时，假设它们独立于 CUT，且具有相同的平均值。由于杂波反射系数和杂波块大小随距离变化，因此在实际应用中可使用的单元数量受到限制。估计的局部均值和 CUT 之间相关性的影响将在 7.2.3 节讨论。还有一个隐含的假设是，CUT 周围的单元不包含太多的目标。然而，不可避免的是，如果一个目标出现在单元平均器覆盖的范围内，那么它将被包括在 CRP 中，并给 CUT 的局部杂波功率估计造成微小偏差。如果目标密度较低，那么通常可以认为当 CUT 中存在目标时，单元平均器覆盖的范围内不存在目标。

传统的双边 CA-CFAR 也会在杂波强度沿距离维发生阶跃变化时出现问题。随着 CRP 的前端（顺距离）单元逐渐接近这个阶跃变化，CUT 处的阈值对于所需的 P_{fa} 来说会过高，检测灵敏度的损失也会逐渐增大。一旦 CUT 进入大功率杂波区域，阈值会立即变得过低，导致虚警概率增大。这种杂波水平的阶跃变化可以在照射海陆交界处的机载海用雷达中观测到。这将限制海岸线附近或沿海地区海上目标的检测能力，这些地区的岛屿可以通过减小风的影响来产生"遮蔽"。尽管雷达可能并不打算检测陆地目标，但过多的虚警可能会使雷达信号处理机和目标跟踪器不堪重负。解决这个问题的一种方法是应用海岸线掩模，但这需要用到精确的地图，并可能限制在沿海环境下操作的有效性。然而，许多 CFAR 变体旨在缓解这些问题，如下面的一些例子所示。

（1）较大值（GO）CFAR：使用双边 CA-CFAR 的两个均值估计中的较大值。

（2）较小值（SO）CFAR：使用双边 CA-CFAR 的两个均值估计中的较小值。

（3）序贯统计（OS）CFAR：对 CRP 中的样本按幅度的大小排序，根据第 J 个最大样本的强度估计局部杂波功率。

（4）截断均值（TM）CFAR：对 CRP 中的样本按大小排序，舍去 T_1 个最小值和 T_2 个最大值，将剩余样本的均值作为局部杂波水平的估计值。

（5）截尾均值（CM）CFAR：就是当 $T_1 = 0$ 时的 TM-CFAR。

GO-CFAR 和 SO-CFAR 旨在控制杂波边缘相关的问题。GO-CFAR 抑制虚警的增加，而 SO-CFAR 防止边缘附近产生灵敏度损失。T_1 取一个大值而 T_2 取一个小值的 TM-CFAR 也可以减少杂波边缘处虚警的增加。其他 CFAR 变体主要是为了减小 CRP 中存在多个目标带来的影响。OS-CFAR 从 CRP 中去除了 $M - J$ 个最强的回波，而这些可能来自杂波离散点或目标。在 TM-CFAR 和 CM-CFAR 中，T_2 的值在理想情况下等于干扰目标的数量。

与 CA-CFAR 相比，所有这些 CFAR 变体都会引发额外的 CFAR 损失[3]，尽管在许多情况下这种损失可能非常小。例如，对于样本很少的 CRP，用 GO-CFAR 在热噪声背景下额外的 CFAR 损失小于 0.3dB。还有许多其他变体，其产生是为了提高雷达在特定场景下的检测性能[11]。

7.2.3　空间相关杂波背景下 CA-CFAR 的检测性能

如图 7.6 所示的 CFAR 损失假设在 CRP 中存在独立的 K 分布杂波样本。如第 2 章所述，杂波纹理中的任何空间相关性都会对 CA-CFAR 的检测性能产生显著影响。在极端情况下，如来自长波的涌浪，其空间相关性很强，适当长度的 CRP 能够跟随局部均值，而不是试图适应均值水平。极限检测性能是通过"理想化的 CFAR"[12]实现的，即它具有局部杂波纹理强度 τ 的精确知识。在实际应用中，"理想化的 CFAR"是无法实现的，但在某些条件下仍可能得到一些 CFAR 增益（负 CFAR 损失）。

举个例子，对样本间距为 3m 的数据集进行分析，图 7.7 展示了纹理相关系数的变化情况。利用这种空间相关性，对形状参数 $v = 1$、CNR $= 30$dB 的 K 分布杂波进行仿真。对仿真的杂波进行 $N = 10$ 个脉冲相干积累（杂波散斑在脉间是相互独立的），取一个距离切片进行分析，如图 7.8 所示。图 7.8 还展示了用长度 $M = 10$ 的 CRP 进行双边 CA-CFAR 处理所设置的阈值，以及设计用于实现 $P_{\text{fa}} = 10^{-3}$ 的固定阈值。在这种情况下，可以看到 CA-CFAR 阈值的均值低于固定阈值。事实上，自适应阈值表现出约 2dB 的 CFAR 增益；而阈值乘子被设置为高于局部均值 6.5dB，固定阈值被设置为高于全局均值 8.5dB。在实际应用中获得的 CFAR 增益（或损失）取决于空间相关程度、CRP 的长度、CFAR 配置（双边或单边等）。图 7.9 展示了在两种杂波情况下的 CFAR 损失，第一种杂波情况为具有相同杂波，第二种杂波情况为具有相同幅度统计特性但相邻距离单元中有独立纹理样本的杂波。第一种杂波情况能够获得 CFAR 增益的 M 的取值范围比较广，且较小的 M 更好。相反，在没有空间相关性的情况下，较小的 M 产生的 CFAR 损失较大。在相关系数和杂波形状参数不同的情况下进一步的仿真结果可以查看文献［3］。

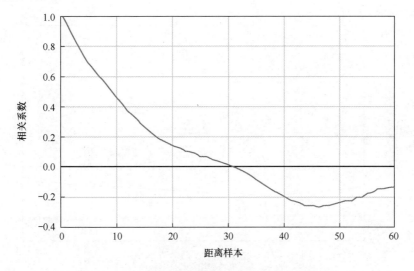

图 7.7　具有强空间相关性的海杂波纹理的相关系数

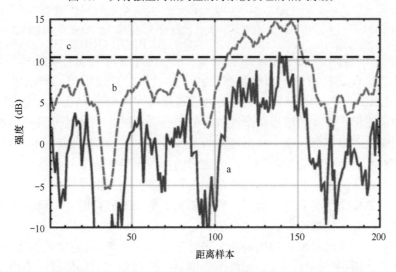

图 7.8　空间相关杂波中的 CA-CFAR 案例：a. K 分布杂波，$v=1$，$\mathcal{C}=30\mathrm{dB}$，$N=10$；
b. CA-CFAR 阈值，$P_{\mathrm{fa}}=10^{-3}$，$M=10$，$G_c=2$；c. 固定阈值，$P_{\mathrm{fa}}=10^{-3}$

7.2.4　扫描间处理

在检测真实目标时，持续存在的尖峰导致虚警控制变得困难，仅根据幅度无法可靠地区分小型真实目标和较大的杂波尖峰。虽然多普勒偏移对于相对雷达具有足够大径向速度的目标来说是一个很好的判据，但对于多普勒偏移位于杂波多普勒谱内的目标可能并不可靠。低速小目标的一个很好的例子是潜艇潜望镜桅杆，而且它还有一个额外的复杂性，即它可能只暴露在水面上几秒。缓慢移动的小型船只或浮标将更持久地存在，但它们可能因存在多普勒偏移而位于杂波多普勒谱内。除了已经描述的技术，还可以利用其他目标特性将其与杂波尖峰区分开，一种可能是利用大型目标的射程范围和运动目标的尾迹。杂波尖峰的一个重要特性是其相对较短的生命周期，而在足够长的时间内观测回波，以便识别更持久的目标是检测的一个重要部分。这可以通过扫描间处理实现。

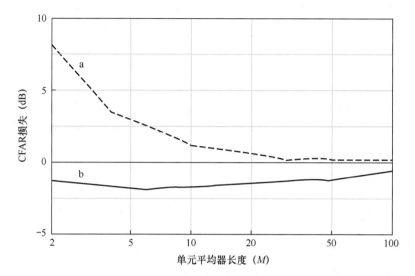

图 7.9　在 K 分布（$v=1$，$N=10$，$\mathcal{C}=3\text{dB}$）杂波中，CFAR 损失随杂波距离像长度的变化：
a. 无空间相关性的杂波；b. 具有空间相关性的杂波（具有如图 7.7 所示的 CFAR 增益）

机载雷达通常采用在方位上连续扫描的天线。扫描速度将在波束驻留所需的脉冲数和扫描间的更新速率之间进行折中。当检测海杂波中的目标时，使用扫描间积累或检测前跟踪（Track-Before-Detect）的方法对多次扫描的回波进行处理可能会有好处。连续扫描的扫描间处理可以平均杂波起伏，并通过提供杂波纹理的一些去相关来帮助区分尖峰。然而，如果扫描更新速率太快，则可能会失去一些潜在的好处。尖峰的生命周期通常为 1～2s，如果扫描更新速率明显赶不上于尖峰的生命周期，则尖峰的回波可能在扫描间保持相关性。此外，扫描间处理的效率通常低于脉冲间处理的效率，这种效率损失可能是由于需要适应未知的目标运动而产生的。如果要使用多普勒处理，则可能需要更长的驻留时间，而这可能就会限制可用的扫描速率。对不同扫描速率竞争优势的讨论可参见文献 [13,14]。

扫描间二值处理通过对每次扫描的信号进行阈值化来实现，这通常被称为 M/N 二值检测器，即若前 N_b 次扫描中至少有 M_b 次超过检测阈值，则判断检测到信号。该技术用于在保持或提高检测概率的同时控制虚警概率。对于扫描周期为 1s 的机载雷达，一般每 3～10 次扫描进行一次扫描间二值积累，具体取决于目标的曝光时间和所需的更新速率。假设二值检测（虚警和目标的检测）在扫描间是统计独立的，那么二值积累器可以表示为

$$P_{\text{out}} = \sum_{n=M_b}^{N_b} \frac{N_b!}{(N_b-n)!n!} P_{\text{in}}^n (1-P_{\text{in}})^{N_b-n} \tag{7.9}$$

式中，P_{in} 为在二值积累器输入端的检测概率或虚警概率，P_{out} 为在输出端的检测概率或虚警概率。通常，在进行性能预测时，二值积累器输出端的检测概率和虚警概率代表了期望的雷达性能。然后，需要对式（7.9）求逆运算来确定扫描间二值积累器输入端的性能。由于扫

描间存在持续的尖峰，并且信号处理需要考虑目标和平台在扫描间的相对运动，因此会存在损失。

当雷达装载在运动平台上时，很重要的一点是连续扫描的回波应当是相对稳定的，以消除由于平台运动造成的相对距离和方位的变化。在进行扫描间积累时，考虑目标可能的运动也是很重要的。自动雷达潜望镜检测与鉴别（ARPDD）计划[2]旨在自动检测潜望镜的瞬态曝光，同时保持极低的虚警概率。该方法采用两个阶段的潜望镜告警过程，包括虚警概率为中等水平的常规目标检测，以及后续的特征鉴别，以减少虚警。后一种方法被称为"回溯处理"，包括寻找长期持续存在的目标。文献［15］中描述的另一种方法提出了一系列的距离—方位"管道"，用于在多次扫描中检测目标的存在。该文献还指出，如果在脉间处理中测量多普勒偏移，则可以用来帮助描述具有不一致的距离—速率和多普勒偏移的连续回波的关联性。这实际上是检测前跟踪处理（TBD）的一种形式，将在第 8 章进一步介绍。

7.2.5　其他方法

如果杂波通过一系列分布进行了很好的建模，那么相关信息可以用来描述 CFAR 检测器。例如，在文献［16］中，假设雷达接收机对杂波进行包络检波后的输出可以使用韦布尔分布或对数正态分布进行建模。检验统计量定义为

$$\frac{\varsigma_k - \frac{1}{M} \sum_{m \in \Omega_k} \varsigma_m}{\sqrt{\frac{1}{M} \sum_{m \in \Omega_k} \left(\varsigma_m - \frac{1}{M} \sum_{m' \in \Omega_k} \varsigma_{m'} \right)^2}} \underset{H_0}{\overset{H_1}{\gtrless}} \gamma \qquad (7.10)$$

式中，$\varsigma_m = \ln \sqrt{z_m}$，$\varsigma_k$ 为 CRP 中有 M 个独立同分布的距离单元。该目标检测问题表述为一个假设检验，其中，零假设 H_0 表示目标不存在，备择假设 H_1 表示目标存在。如果杂波的幅度服从韦布尔分布或对数正态分布，那么检验统计量关于形状参数和尺度参数的变化具有 CFAR 特性，但需要设置不同的阈值来实现所需的 P_{fa}。这种方法的代价是较高的 CFAR 损失。例如，对于幅度服从瑞利分布的杂波，若 $M = 50$ 且 $P_{fa} = 10^{-4}$，则 CFAR 损失为 2.5dB，而 CA-CFAR 损失接近 0.5dB。随着杂波的尖峰变得更多，对于形状参数 $v_w = 0.5$ 的韦布尔分布，CFAR 损失增加了 10dB。

利用杂波的瞬态相干性进行 CFAR 检测是另一种方法[17]。该方法试图通过对某一海域的一系列观测来预测海浪的色散关系，从而建立距离—时间强度图。距离—时间强度图的功率谱密度被称为 $\omega - k$ 图，用于预测波浪特征的运动，以便预测之后所需的阈值。

还有一种方法不是直接估计 PDF 模型的参数，而是在检测阈值之后统计虚警，然后在闭环反馈系统中控制阈值乘子 η，以保持期望的虚警概率。文献［18］对这种方法的早期版本进行了描述，其中使用了一个泄露积累器，从而在雷达沿方位扫描时不断调整阈值乘子。在该系统中，调整初始阈值以满足期望的 P_{fa} 约为 10^{-2}。这个阈值被故意设置得很高，因为如果杂波占主导的区域没有足够多的样本，直接统计虚警概率可能会产生问题（例如，可能覆盖范围为 1～2km 的高分辨率距离单元只有 1000 个）。为了实现较低的虚警概率（如 $10^{-6} \sim 10^{-4}$），可以使用假设的模型进行外插[19]。这种方法可能效果很好，除非存在模型失配情况，如在短时间内出现类似于目标的离散海尖峰。

7.3 Pareto CFAR 检测器

最广泛使用的复合模型是 K 分布，它是用 Gamma 分布纹理调制的瑞利散斑来描述的（见第 2 章）。然而，有研究表明，K 分布不能描述离散海尖峰（可能会出现类似目标的特性，并使标准模型分布的拖尾变重[20,21]）的影响。这促进了其他模型的发展，如 KA 分布和 KK 分布[20,22,23]，具体描述可参见第 2 章。随后的研究发现，如果 RCS 用逆 Gamma 分布来建模，则复合模型表示就变成 Pareto 分布。这个模型是一个有用的替代方案，它虽然仅用两个参数描述，但它能够对海杂波中存在的离散海尖峰造成的重拖尾进行更好的建模[6-8,21]。因此，在这种海杂波模型假设下，人们对 CFAR 检测器的设计和分析有了极大的兴趣[9,24-27]。

文献［24］引入了一种基于无记忆非线性变换 CFAR 检测器的构造方法，其在文献［28］中得到了推广。这项技术展示了设计用于指数分布的杂波强度下的原始 CFAR 检测器如何变换到任何其他分布杂波强度下运行。该技术的另一个优点是保留了虚警概率 P_{fa} 和阈值乘子之间的原始关系。该技术的一个缺点是，当应用于 Pareto 分布杂波时，转换后的 CFAR 检测器需要 Pareto 分布的尺度参数的先验知识[27,29]。事实表明，对于 Pareto Ⅰ型分布，可以通过使用充分统计量来修正；而对于 Pareto Ⅱ型分布，可以使用贝叶斯方法。在此基础上，可以推导出用于 Pareto 分布杂波的 CFAR 检测器的一般形式。

对于强度 $\bar{z}$，Pareto Ⅰ型分布有如下累积分布函数[26]，即

$$F(\bar{z}) = 1 - \left(\frac{b_p}{\bar{z}} \right)^{v_p}, \bar{z} \geqslant b_p \tag{7.11}$$

式中，v_p 为形状参数，b_p 为尺度参数。这种形式的 Pareto 分布被广泛应用，因为它简化了 Pareto CFAR 检测器的开发。然而，实测数据的后向散射强度为 $0 \sim b_p$，基于该模型的任何检测器都需要通过尺度参数的估计来抵消后向散射强度。

随机变量 z，使用 Pareto Ⅱ型分布，即

$$F(z) = 1 - \left(\frac{b_p}{z + b_p} \right)^{v_p}, z \geqslant 0 \tag{7.12}$$

这是第 2 章介绍的形式。Pareto Ⅰ型分布和 Pareto Ⅱ型分布是通过 $z + b_p \equiv \bar{z}$ 这一事实联系在一起的，因此 Pareto Ⅱ型分布的实型分布就是 Pareto Ⅰ型分布，只是它的支撑区间发生了平移，从 0 开始。

本节将 CA-CFAR 检测器和 OS-CFAR 检测器分别用于具有独立距离样本的 Pareto Ⅰ型分布和 Pareto Ⅱ型分布。本节还展示了对 Pareto Ⅰ型分布使用充分统计量，而对 Pareto Ⅱ型分布使用贝叶斯方法所产生的变化（因而不需要估计尺度参数）。为了将其放入数学框架中，考虑用于测量干扰水平的函数 g、由统计量 z_k 描述的 CUT、由强度样本 $z_k \in \Omega_k$ 描述的 CRP。为了对 z_k 中仅包含干扰的零假设（记为 H_0）和干扰中叠加了目标的备择假设（记为 H_1）进行检验，规定决策规则为

$$z_k \underset{H_0}{\overset{H_1}{\gtrless}} \eta g(z_1, z_2, \cdots, z_m) \tag{7.13}$$

其中，阈值乘子 η 由设定的 P_{fa} 确定，每个检测器的目的是选择 g 使得 P_{fa} 不随未知的杂波参

数变化，从而获得 CFAR 特性。式（7.13）中使用的符号表示，当 z_k 大于式（7.13）右边的值时 H_0 被拒绝（目标存在）。

后文将对这些检测器在各种实际条件[30]下的稳健性进行描述。这些实际条件包括：数据与 Pareto 分布是失配的，CRP 的样本之间存在空间相关性，数据中包含了热噪声。这些因素都有可能影响模型假设，导致检测性能失配。关于热噪声，第 2 章中的内容已经表明，估计得到的形状参数可以被认为是一个有效形状参数，它可以解释噪声，从而不影响分布拟合。

7.3.1　Pareto Ⅰ型变换 CFAR

当应用于 Pareto 分布杂波时，指数分布杂波中的变换 CA-CFAR 方案被称为几何平均（GM）检测器[24]。对于 Pareto Ⅰ型分布，该检测器的决策规则为

$$\overline{z}_k \underset{H_0}{\overset{H_1}{\gtrless}} b_{\mathrm{p}}^{1-M\eta} \prod_{m\in\Omega_k} \overline{z}_m^{\eta} \tag{7.14}$$

其中，η 可以通过如式（7.15）所示的 P_{fa} 表达式来确定：

$$P_{\mathrm{fa}}(\eta) = (1+\eta)^{-M} \tag{7.15}$$

注意，式（7.14）中的决策规则需要 Pareto 分布尺度参数的先验知识。

如果干扰目标或杂波尖峰导致 CRP 中出现强杂波回波，则 OS-CFAR 检测器可以提供更好的检测性能。文献［25］推导了变换后的 Pareto 分布 OS-CFAR 检测器，而文献［24］考察了最小 OS 和最大 OS 的特殊情况。如果从最小到最大排序的强度样本用 $\overline{z}_{(m)}$ 表示，则 OS-CFAR 检测器为

$$\overline{z}_k \underset{H_0}{\overset{H_1}{\gtrless}} \beta^{1-\eta} \overline{z}_{(J)}^{\eta} \tag{7.16}$$

式中，索引 $1 \leqslant J \leqslant M$ 定义了干扰功率最大的距离样本，因而从 CRP 中拒绝 $M-J$ 个强回波。利用 OS-CFAR 检测器，可以通过对式（7.17）求逆运算来确定阈值乘子 η，即

$$P_{\mathrm{fa}}(\eta) = \frac{M!}{(M-J)!} \frac{\Gamma(\eta+M-J+1)}{\Gamma(\eta+M+1)} \tag{7.17}$$

在实际应用中，式（7.14）和式（7.16）的一个问题是需要关于 b_{p} 的先验知识。如果可以假设后者是已知的，或者可以从杂波中准确估计出来，那么这些决策规则将相当好地实现期望的 P_{fa}。

7.3.2　Pareto Ⅰ型完全充分统计量

对于假设满足尺度不变性的一般杂波测度函数 $g(\cdot)$，即 $g(\lambda z_1, \cdots, \lambda z_M) = \lambda g(z_1, \cdots, z_M)$，根据文献［31］，变换后的决策规则的一般形式为

$$\overline{z}_k \underset{H_0}{\overset{H_1}{\gtrless}} b_{\mathrm{p}} \exp\left(\eta g\left(\left[\ln\left(\frac{\overline{z}_1}{b_{\mathrm{p}}}\right), \cdots, \ln\left(\frac{\overline{z}_M}{b_{\mathrm{p}}}\right) \right] \right) \right) \tag{7.18}$$

其中，阈值乘子 η 基于 $g(\cdot)$ 的选择，并通过功率服从指数分布杂波中预变换的 CFAR 检测器对应的 P_{fa} 关系进行设置。研究表明，样本最小值对于 Pareto 分布的尺度参数是一个完全充分的统计量，从而证明对 b_{p} 的替换是合理的。在此基础上，可以将替换的检测器[31]定义为

$$\bar{z}_k \underset{H_0}{\overset{H_1}{\gtrless}} \bar{z}_{(1)} \exp\left(\eta g\left(\left[\ln\left(\frac{\bar{z}_1}{\bar{z}_{(1)}}\right), \cdots, \ln\left(\frac{\bar{z}_M}{\bar{z}_{(1)}}\right)\right]\right)\right) \tag{7.19}$$

文献［31］展示了如何修改 P_{fa} 和阈值乘子的关系，以解释最小值在式（7.18）中的应用。当 $g(\cdot)$ 为求和函数时，式（7.19）可转化为

$$\bar{z}_k \underset{H_0}{\overset{H_1}{\gtrless}} \bar{z}_{(1)}^{1-M\eta} \prod_{m\in\Omega_k} \bar{z}_m^{\eta} \tag{7.20}$$

式中，P_{fa} 的表达式为

$$P_{\text{fa}}(\eta) = \frac{M}{M+1}(1+\eta)^{-M} \tag{7.21}$$

同理，当 $g(\cdot)$ 为第 J 个 OS 时，决策规则为

$$\bar{z}_k \underset{H_0}{\overset{H_1}{\gtrless}} \bar{z}_{(1)}^{1-\eta} \bar{z}_{(J)}^{-\eta} \tag{7.22}$$

阈值乘子的设置可通过对式（7.23）求逆运算得到

$$P_{\text{fa}}(\eta) = \frac{M!}{(M+1)(M-J)!} \frac{\Gamma(\eta+M-J+1)}{\Gamma(\eta+M)} \tag{7.23}$$

式（7.20）和式（7.22）给出的决策规则，对于 Pareto 分布的形状参数和尺度参数都具有 CFAR 特性。

7.3.3 Pareto Ⅱ型变换 CFAR

为了发展用于 Pareto Ⅱ型分布杂波的检测器，也可以应用变换方法[29]。在这种情况下，检测器的表达式为

$$\ln\left(1+\frac{z_k}{b_{\text{p}}}\right) \underset{H_0}{\overset{H_1}{\gtrless}} \eta g\left(\left[\ln\left(1+\frac{z_1}{b_{\text{p}}}\right), \cdots, \ln\left(1+\frac{z_M}{b_{\text{p}}}\right)\right]\right) \tag{7.24}$$

其中，函数 $g(\cdot)$ 必须具有尺度不变性，与在 Pareto Ⅰ型分布的情况下一样。此外，P_{fa} 和阈值乘子的关系也保留了原来用于 Pareto Ⅰ型分布场景的指数决策规则。

作为一个例子，考虑 $g(\cdot)$ 是求和函数的情况。在这个例子中，式（7.24）中的决策规则就变为

$$z_k \underset{H_0}{\overset{H_1}{\gtrless}} b_{\text{p}}\left(\prod_{m\in\Omega_k}\left(1+\frac{z_m}{b_{\text{p}}}\right)^{\eta}-1\right) \tag{7.25}$$

其中，阈值乘子 η 根据与 P_{fa} 的关系数值反演确定，这种关系与由式（7.15）给出的对于 Pareto Ⅰ型分布的 GM 检测器的关系相同。

第二个决策规则基于将 $g(\cdot)$ 选择为取 CRP 的第 J 个 OS。由于对数函数是递增的，并且在式（7.24）中下标是从 1 开始的，可得出 $\ln(1+z_m/b_{\text{p}})$ 的第 J 个 OS 就是 $\ln(1+z_{(J)}/b_{\text{p}})$，因此式（7.24）中的检测器就变为

$$z_k \underset{H_0}{\overset{H_1}{\gtrless}} b_{\text{p}}\left(\left(1+\frac{z_{(J)}}{b_{\text{p}}}\right)^{\eta}-1\right) \tag{7.26}$$

式中，η 由式（7.17）的数值反演确定。

注意，这些检测器是关于形状参数的 CFAR 决策规则，但仍然需要 Pareto Ⅱ 型分布的尺度参数的先验知识。事实证明，不可能像 Pareto Ⅰ 型分布的情况那样，通过利用一个完全充分的统计量来消除对 b_p 的依赖性。

7.3.4　Pareto Ⅱ 型贝叶斯 CFAR

为了实现 Pareto Ⅱ 型分布的 CFAR 检测器，Weinberg 等人开发了一种基于贝叶斯统计的方法[32]。该方法的思路是，在 CRP 样本给定的基础上构建 CUT（z_k）的贝叶斯预测分布。P_{fa} 的表达式为

$$P_{fa}(\eta) = \int_{\eta}^{\infty} P_{z_k|z_1,\cdots,z_M}(z_k \mid z_1,z_2,\cdots,z_M)\mathrm{d}z_k \tag{7.27}$$

其中，$P_{z_k|z_1,\cdots,z_M}(z_k \mid z_1,z_2,\cdots,z_M)$ 是预测分布的 PDF，可由未知参数的似然函数和假设的先验分布导出。对于 Pareto Ⅱ 型模型，贝叶斯预测分布的 PDF 为

$$P_{z_k|z_1,\cdots,z_M}(z_k \mid z_1,z_2,\cdots,z_M) = \int_0^{\infty}\int_0^{\infty} P_z(z_k) P_{v_p,b_p|z_1,z_2,\cdots,z_M}(v_p,b_p \mid z_1,z_2,\cdots,z_M) P_{v_p,b_p}(v_p,b_p)\mathrm{d}v_p\mathrm{d}b_p \tag{7.28}$$

其中，Pareto 分布为

$$P_z(z) = \frac{z b_p^{v_p}}{(b_p + z)^{1+v_p}} \tag{7.29}$$

CRP 的联合 PDF 为

$$P_{v_p,b_p|z_1,z_2,\cdots,z_M}(v_p,b_p \mid z_1,z_2,\cdots,z_M) = \frac{v_p^M b_p^{v_p M}}{\prod_{m \in \Omega_k}(z_m + b_p)^{v_p+1}} \tag{7.30}$$

Jeffreys 先验 $P(v_p,b_p)$ 通过计算 Fisher 信息矩阵行列式的平方根来确定。对于 Pareto Ⅱ 型分布模型，$P(v_p,b_p)$ 为

$$P(v_p,b_p) = \frac{1}{\sqrt{v_p(v_p+1)^2(v_p+2)}\,b_p} \approx \frac{1}{v_p b_p} \tag{7.31}$$

经过一些操作后，P_{fa} 可以写成

$$P_{fa}(\eta) = \frac{\displaystyle\int_0^{\infty} \frac{\phi_p^{M-1}}{\prod_{m\in\Omega_k}(\phi_p z_m + 1)}\left(\log(\eta\phi + 1) + \sum_{m\in\Omega_k}\log(\phi_p z_m + 1)\right)^{-M}\mathrm{d}\phi_p}{\displaystyle\int_0^{\infty} \frac{\phi_p^{M-1}}{\prod_{m\in\Omega_k}(\phi_p z_m + 1)}\left(\sum_{m\in\Omega_k}\log(\phi_p z_m + 1)\right)^{-M}\mathrm{d}\phi_p} \tag{7.32}$$

其中，$\phi_p = 1/b_p$。通常对于给定的 $P_{fa}(\eta)$，需要对式（7.32）求逆运算才能得到阈值乘子 η。然而，由于 P_{fa} 是 η 的递减函数，因此当 $z_k > \eta$ 时，如果 $P_{fa}(z_k) < P_{fa}(\eta)$，则可以拒绝假设 H_0（无目标）。因此，假设检验可以写成

$$-\int_0^\infty \frac{\phi_p^{M-1}}{\prod_{m\in\Omega_k}(\phi_p z_m+1)}\times$$

$$\left(\left(\lg(\eta\phi+1)+\sum_{m\in\Omega_k}\lg(\phi_p z_m+1)\right)^{-M}+P_{fa}(\eta)\left(\sum_{m\in\Omega_k}\lg(\phi_p z_m+1)\right)^{-M}\right)d\phi_p \underset{H_0}{\overset{H_1}{\gtrless}} 0 \qquad (7.33)$$

关于该检测器性能的研究可参见文献［32］，该文献发现相对于固定阈值检测器该检测器存在的 CFAR 损失。虽然研究表明，随着 CRP 长度的增加，CFAR 损失逐渐减小，但该检测器的性能始终低于如式（7.24）所示的变换检测器。

7.3.5 检测结果

本节使用 Ingara X 波段数据集中的两个数据集对多个 CFAR 检测器进行比较。数据的极化方式为水平极化，道格拉斯海况为 4～5 级，擦地角为 30.5°～35.5°，CNR 为 14dB，观测角度为逆风向，因为它包含最大浓度的海尖峰和最大的后向散射变化率。图 7.10 展示了在 128 个脉冲（0.22s）的处理间隔内，在距离—时间强度域中数据的变化。两个数据集取自擦地角单元 1～200 和 601～800，采用 Pareto Ⅱ型模型进行拟合，得到的 CCDF 如图 7.11 所示，而测量得到空间相关性如图 7.12 所示。第 1 个数据集与 Pareto 模型拟合较好，空间去相关长度较小，为 1.87m。然而，对于第 2 个数据集，Pareto 模型在 CCDF 的尾部区域过拟合了，并且空间去相关长度更大，为 3.13m。第 1 个数据集幅度分布的形状参数和尺度参数分别为 7.5 和 6.5，第 2 个数据集幅度分布的形状参数和尺度参数分别为 3.6 和 2.6。

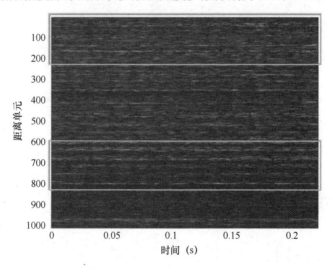

图 7.10 距离—时间强度图像，突出显示来自 Ingara X 波段数据集中的两个数据集[30]

为了确定检测性能，采用蒙特卡罗仿真，将 Swerling 1 型合成目标加入数据集的随机距离单元中。然后，改变信干比（SIR），通过数据超过阈值的次数确定检测概率 P_d。作为参考，对于期望的 P_{fa} 也可以确定固定阈值，因为这样能够测量 CFAR 损失。至于 CFAR 方案，期望的 P_{fa} 为 10^{-3}，CRP 长度 $M=32$，保护带数量 $G_c=2$ 个分布在 CUT 两侧。

如表 7.1 所示为在期望的 $\lg(P_{fa})=-3$ 的条件下测量得到的虚警概率。对于第 1 个数据集，实际虚警概率与期望虚警概率非常接近；而对于第 2 个数据集，实际虚警概率较小；GM 的

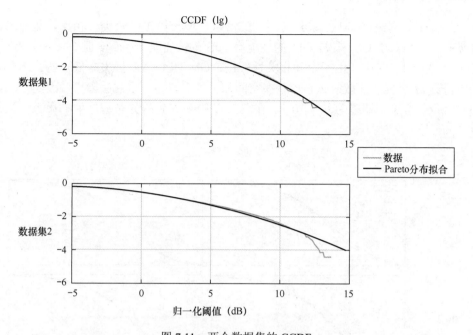

图 7.11 两个数据集的 CCDF

（第 1 个数据集与 Pareto 模型拟合非常接近，而第 2 个数据集在拖尾处失配[30]）

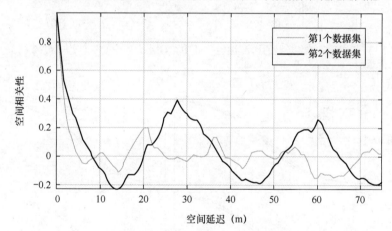

图 7.12 两个数据集的空间相关性[30]

虚警概率也比 OS 的略差。两个数据块的检测结果如图 7.13 和图 7.14 所示，当 P_d 为 0.5 时 CFAR 损失如表 7.2 所示。对于第 1 个数据集，顶部的两个子图展示的是 GM 的结果，其中，左边的是实际结果，右边的是理想结果；底部的两个子图展示了 OS（$J=M-2$）的结果；所有这些结果都是非常相近的，GM 的性能略优于 OS 的性能 1dB，GM 和 OS 的 CFAR 损失约为 1dB。

表 7.1 Pareto 检测方案测量的虚警概率(lg)，期望的 $\lg(P_{fa})=-3$

	第 1 个数据集	第 2 个数据集
GM Ⅰ型	−2.95	−3.48
GM Ⅰ型 SS	−2.77	−3.42
OS Ⅰ型	−2.97	−3.25
OS Ⅰ型 SS	−2.95	−3.29

对于第 2 个数据集，GM 结果具有相同的形状，但与第 1 个数据集相比，在检测性能上有 3dB 的损失。相对于 OS 来说，GM 的性能有 1dB 的改善是一致的，但 GM 和 OS 的 CFAR 损失为 1.4～3.6dB，其中，由于空间相关性较低，GM 的 CFAR 损失略低一些。本节提出的算法期望得到 M 个独立的散射体，当存在空间相关性时，这一点被去除了，因此 CFAR 方案不再那么有效。考虑到期望的 $P_{fa} = 10^{-3}$，在图 7.11 中观察到的分布拖尾处的微小失配不太可能是显著的。

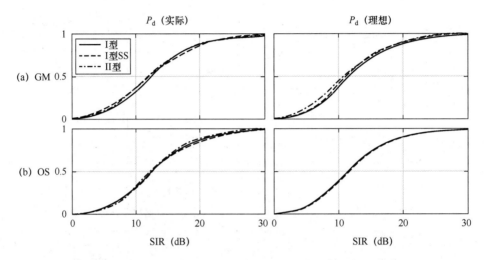

图 7.13　对第 1 个数据集的检测性能。其中，GM（上），OS（$J = M - 2$；下）

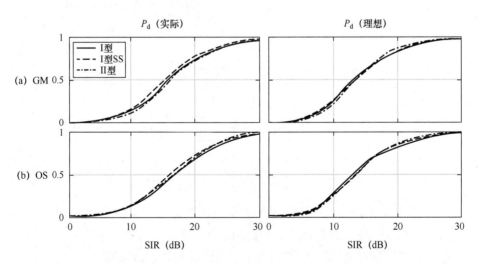

图 7.14　对第 2 个数据集的检测性能。其中，GM（上），OS（$J = M - 2$；下）

表 7.2　Pareto 检测方案的 CFAR 损失（dB），期望的 $P_{fa} = 10^{-3}$，$P_d = 0.5$

	第 1 个数据集	第 2 个数据集
GM Ⅰ型	0.7	2.5
GM Ⅰ型 SS	0.8	1.4
GM Ⅱ型	1.0	2.3

	第 1 个数据集	第 2 个数据集
OS Ⅰ型	0.9	3.6
OS Ⅰ型 SS	1.0	2.4
OS Ⅱ型	1.0	3.2

7.3.6　总结

本节研究了对于 Pareto Ⅰ型分布和 Pareto Ⅱ型分布的两种 CFAR 检测方案的性能，包括 GM 检测器和 OS 检测器的原始形式、假设具有完全充分统计量的改进 Ⅰ型检测器和贝叶斯Ⅱ型检测器。基于 Ingara X 波段数据集的检测性能分析表明，检测器对噪声具有良好的稳健性，但当 CRP 中存在空间相关性时，会出现失配现象。这种与模型失配的假设导致测量的虚警概率小于期望的虚警概率，因此检测性能是次最优的。然而，在存在离散海尖峰的情况下，在 GM 或 OS-CFAR 检测方案中使用 Pareto 分布决策规则能够显著提高 CFAR 性能。唯一额外的处理步骤是估计尺度参数，从而作为 Ⅰ型充分统计 CFAR 方案数据的平移量，或者作为Ⅱ型分布的检验统计量的输入。

7.4　相干检测

传统上，机载海上监视雷达在低空运作，并使用非相干处理来检测小目标。相干处理不能提供足够的性能增益来保证额外的信号处理复杂性和成本[33]。然而，近年来，人们对在更高海拔运作的机载海上监视雷达越来越感兴趣。当以更大的擦地角观测海杂波时，回波变得不那么尖锐，但反射系数增加，导致非相干检测方法性能下降[33]。虽然相干处理在检测慢速运动目标方面有一定的改进潜力，但对于径向速度达到能够将其多普勒偏移置于杂波多普勒谱之外的目标，这种改进才是相当可观的。

许多相干检测方法的概述可参见文献［34］，这些检测方法可以大致分为预多普勒法和后多普勒法，其中很多方法已经应用于海杂波领域[35,36]。众所周知的检测器有广义似然比检验（Generalised Likelihood Ratio Test，GLRT）[37]、自适应匹配滤波器（Adaptive Matched Filter，AMF）[38]和归一化自适应匹配滤波器（Normalised Adaptive Matched Filter，NAMF）[39]，它们在均匀高斯环境中均具有 CFAR 特性。然而，K 分布杂波的最优相干检测器[40]在实际应用中是不可能实现的，必须采用次最优算法。

在海杂波中使用相干检测方法的一个突出问题是在所有多普勒频率上保持 CFAR 特性的显著复杂性。文献［41,42］中的工作基于 Fraunhofer 高频物理和雷达技术研究所（FHR）的 PAMIR 雷达系统的实测数据，对一些预多普勒、后多普勒时空自适应处理（STAP）算法进行了评估。该研究瞄准了虚警概率的期望值和实际值在频域上的变化[42]，并发现当使用非常有限的局部多普勒通道来估计背景杂波功率时，NAMF 检测器的后多普勒版本具有更优越的 CFAR 特性。这是由于杂波的非均匀性限制了合适的训练数据的快拍数。

7.4.1　多通道雷达

机载多通道雷达系统已被证明能够成功提高陆地上场景的检测性能。偏置相位中心阵列（DPCA）是最早的运动目标显示技术之一[1]。它使用两根沿轨天线，其中，发射天线在脉冲

之间切换，使得在发射第二个脉冲时，第二根天线的位置与发射第一个脉冲时第一根天线的位置相同。这就要求两个空间信道之间的距离等于雷达平台速度乘以脉冲重复间隔，即 $d = v_p T_r$。从静止目标接收到的回波应该是相同的，如果将它们的信号相减，则差分信号就可以判断任何运动目标的存在性。然而，采用这种设计，信道失配的可能性会非常高，因此一种称为自适应 DPCA 算法[43]的变体算法被开发出来，以解决在非均匀杂波条件下的失配问题[44]。

文献 [45] 中总结了不同的慢时间 STAP 算法，其中描述了四类次最优算法。这包括预多普勒、后多普勒阵元空间算法及空间频域的形式（称为波束空间）。在大多数机载雷达中，脉冲数通常比空间信道数多，而后多普勒阵元空间算法是最常用的[46,47]。对于静止散射体，多普勒频率与角度的关系为

$$f = \frac{2v_p}{\lambda} \sin\theta_t \tag{7.34}$$

其中，λ 为雷达波长，θ_t 为空间导向角。图 7.15 是时空自适应处理原理示意，用于表示单个距离范围处接收信号的二维功率谱，包括杂波、直达干扰及慢速、快速运动的目标。杂波信号由式（7.34）确定，而其位置由杂波脊的斜率确定，即

$$\tilde{\beta} = \frac{2v_p T_r}{d} \tag{7.35}$$

杂波信号的形状也会受到双向天线波束方向图的调制，而且在海洋环境中，海杂波的运动会使多普勒谱展宽。在图 7.15 中，其他主要的信号分量是慢速运动和快速运动的目标（假定保持固定角度和多普勒频率），以及直达干扰信号（在固定角度覆盖全部多普勒频率）。为了仅通过时域处理来抑制杂波，可以采用沿频率轴的逆时间杂波滤波器。图 7.15 对该滤波器进行了描述，对应杂波的缺口是由地杂波信号的投影主瓣决定的。同样，如果只使用空域处理来消除杂波或直达干扰，则可以使用沿空间角度轴的逆空间杂波滤波器。如果使用这些逆

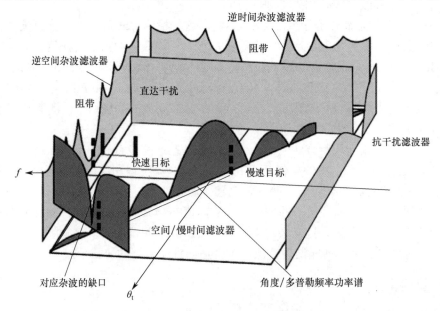

图 7.15　时空自适应处理原理示意

杂波滤波器中的任何一个，则它们将形成一个宽阻带，并使雷达在阻带内产生盲区。另一种选择是利用一个空间/慢时间滤波器，该滤波器作用于整个角度/多普勒频率平面上，在干扰的谱轨迹上形成一个狭窄的脊，这样即使慢速目标也会进入通带。杂波和直达干扰信号都可以用同一个滤波器消除，当然，它们也可以单独消除。所有这些方法都需要掌握杂波协方差矩阵的知识，而这在实际应用中是不可能的。相反，通常可以从一组训练数据中得到一个估计，这组训练数据由 CUT 周围的距离门的回波构成。这取决于杂波在空间统计意义上是均匀的假设，而这样的假设在许多现实场景中会产生失配。

7.4.2 相干检测策略

考虑一个机载雷达，其具有由 L 条天线组成的沿轨侧视线性阵列，在一个相干脉冲间隔（CPI）内发射 N 个脉冲。雷达采集 K 个快速时间样本，对应于 K 个距离门，得到 $L \times N \times K$ 的数据立方体[48]。然后，通过在角度和多普勒频率构成的网格中扫描每个距离门是否存在目标，将目标检测问题表示为一个假设检验。如果复信号回波由 h 给出，那么零假设 H_0 和备择假设 H_1 定义为

$$H_0: \quad h = c + \xi \tag{7.36}$$

$$H_1: \quad h = c + \xi + As \tag{7.37}$$

其中，c、ξ 和 s 分别为杂波、热噪声和信号向量，A 为目标的复幅度。海杂波可以建模为一个复合高斯过程，即 $c = \sqrt{\tau} x$，其中，τ 为缓慢变化的纹理强度，x 为起伏较快的散斑（建模为零均值的复高斯过程）。$L \times N$ 的空时导向矩阵为

$$s = s_\theta s_t^T \tag{7.38}$$

其中，空间导向向量 s_θ 和时间导向向量 s_t 的定义分别为

$$s_\theta = \frac{1}{\sqrt{L}} [1 \ \mathrm{e}^{\mathrm{j}2\pi f_s} \ \cdots \ \mathrm{e}^{\mathrm{j}2\pi(L-1)f_s}]^T$$

$$s_t = \frac{1}{\sqrt{N}} [1 \ \mathrm{e}^{\mathrm{j}2\pi f} \ \cdots \ \mathrm{e}^{\mathrm{j}2\pi(L-1)f}]^T \tag{7.39}$$

这里，目标的空间频率和多普勒频率分别为

$$f_s = \frac{d}{\lambda} \sin \theta_t$$

$$f = \frac{2v_0}{c_0} \tag{7.40}$$

其中，v_0 为径向速度，c_0 为光速。

7.4.3 预多普勒白化

在单个距离门 k 中，考虑一个包含海杂波和噪声的 CPI。假设纹理强度 τ 在 CPI 上是常数，且回波服从高斯分布，则可以认为使谱白化的检测器是最优的。这需要关于 CUT 的干扰协方差矩阵的知识，但其通常是未知的，必须进行估计（通常使用 CUT 周围距离单元的数据）。另外，需要利用 CUT 周围距离单元的 CA-CFAR 对 CUT 的平均水平进行估计。

相当多的文献描述了估计协方差矩阵的不同方法（见文献 [49]）。基于 CUT 周围距离单元辅助数据的方法，通常依赖特定的杂波模型。特别地，许多量都是基于杂波描述为球不

变随机过程进行预测的。这里假设复合高斯过程可以建模为两个相互独立的过程，包括局部纹理强度 τ 和散斑的归一化协方差矩阵 $\boldsymbol{R}$，使得

$$\langle \tilde{\boldsymbol{h}}\tilde{\boldsymbol{h}}^{\mathrm{H}}\rangle = \langle \tau \rangle \langle \tilde{\boldsymbol{x}}\tilde{\boldsymbol{x}}^{\mathrm{H}}\rangle + p_{\mathrm{n}}\boldsymbol{I} = \langle \tau \rangle \boldsymbol{R} + p_{\mathrm{n}}\boldsymbol{I} \tag{7.41}$$

其中，p_{n} 为噪声功率，$\boldsymbol{I}$ 为单位矩阵，$\tilde{\boldsymbol{h}}$ 为由 $\boldsymbol{h}$ 的列堆叠形成的向量。$LN \times 1$ 导向向量可以用 Kronecker 积的类似堆叠得到，即 $\tilde{\boldsymbol{s}} = \boldsymbol{s}_{\theta} \otimes \boldsymbol{s}_{\mathrm{t}}$。

假设 $\tau = 1$，这意味着杂波在统计上是均匀的，服从多元（复正态）分布，并且杂波包络服从瑞利分布。在此假设下，三种实际可实现的相干检测器包括 GLRT 检测器[37]、AMF 检测器[38]和 NAMF 检测器[39]。

GLRT 检测器由 Kelly 在均匀复高斯杂波假设下导出，有

$$\frac{\left|\tilde{\boldsymbol{s}}^{\mathrm{H}}\widehat{\boldsymbol{R}}^{-1}\tilde{\boldsymbol{h}}\right|^{2}}{(\tilde{\boldsymbol{s}}^{\mathrm{H}}\widehat{\boldsymbol{R}}^{-1}\tilde{\boldsymbol{s}})\left(1 + \dfrac{1}{K}\tilde{\boldsymbol{h}}^{\mathrm{H}}\widehat{\boldsymbol{R}}^{-1}\tilde{\boldsymbol{h}}\right)} \mathop{\gtrless}\limits_{H_0}^{H_1} \gamma \tag{7.42}$$

AMF 检测器是 GLRT 检测器的一种常用的次最优形式，其检测统计量为

$$\frac{\left|\tilde{\boldsymbol{s}}^{\mathrm{H}}\widehat{\boldsymbol{R}}^{-1}\tilde{\boldsymbol{h}}\right|^{2}}{\tilde{\boldsymbol{s}}^{\mathrm{H}}\widehat{\boldsymbol{R}}^{-1}\tilde{\boldsymbol{s}}} \mathop{\gtrless}\limits_{H_0}^{H_1} \gamma \tag{7.43}$$

在局部纹理和杂波协方差矩阵均未知的情况下，可利用 NAMF 检测器进行预多普勒白化，而 NAMF 检测器的检测统计量为

$$\frac{|\tilde{\boldsymbol{s}}^{\mathrm{H}}\widehat{\boldsymbol{R}}^{-1}\tilde{\boldsymbol{h}}|^{2}}{(\tilde{\boldsymbol{s}}^{\mathrm{H}}\widehat{\boldsymbol{R}}^{-1}\tilde{\boldsymbol{s}})(\tilde{\boldsymbol{h}}^{\mathrm{H}}\widehat{\boldsymbol{R}}^{-1}\tilde{\boldsymbol{h}})} \mathop{\gtrless}\limits_{H_0}^{H_1} \gamma \tag{7.44}$$

估计干扰协方差矩阵的方法有很多种，其中，样本协方差矩阵（SCM）对 CUT 周围的 K 个距离单元的协方差矩阵取平均（设置了保护带用于减小距离单元扩展目标导致的目标污染）。如果 CRP 定义为 $\boldsymbol{\Omega}_{k} = [k - M/2 - G_{c}, \cdots, k - G_{c} + 1, k + G_{c} + 1, \cdots, K + M/2 + G_{c}]$，那么 SCM 定义为

$$\widehat{\boldsymbol{R}}_{\mathrm{SCM}}(k) = \frac{1}{K}\sum_{n \in \boldsymbol{\Omega}_{k}} \tilde{\boldsymbol{h}}_{n}\tilde{\boldsymbol{h}}_{n}^{\mathrm{H}} \tag{7.45}$$

式（7.45）可以用杂波和噪声的贡献来表示，即

$$\widehat{\boldsymbol{R}}_{\mathrm{SCM}}(k) = \frac{1}{K}\sum_{n \in \boldsymbol{\Omega}_{k}} (\sqrt{\tau_{n}}\tilde{\boldsymbol{x}}_{n} + \tilde{\boldsymbol{\xi}}_{n})(\sqrt{\tau_{n}}\tilde{\boldsymbol{x}}_{n} + \tilde{\boldsymbol{\xi}}_{n})^{\mathrm{H}} \tag{7.46}$$

$$\approx \frac{1}{K}\sum_{n \in \boldsymbol{\Omega}_{k}} \tau_{n}\tilde{\boldsymbol{x}}_{n}\tilde{\boldsymbol{x}}_{n}^{\mathrm{H}} + \frac{1}{K}\sum_{n \in \boldsymbol{\Omega}_{k}} \tilde{\boldsymbol{\xi}}_{n}\tilde{\boldsymbol{\xi}}_{n}^{\mathrm{H}} \tag{7.47}$$

这表明，即使杂波协方差矩阵估计错误，热噪声水平也能用 $\widehat{p}_{\mathrm{n}}\boldsymbol{I} \approx (1/K)\sum_{n=1}^{K} \tilde{\boldsymbol{\xi}}_{n}\tilde{\boldsymbol{\xi}}_{n}^{\mathrm{H}}$ 准确估计得到。

但对于归一化样本协方差矩阵（NSCM）估计器，情况并非如此。NSCM 估计器通过使用数据向量的内积（用来估计局部纹理强度 τ_{k}）对协方差矩阵进行归一化，即

$$\widehat{\boldsymbol{R}}_{\mathrm{NSCM}}(k) = \frac{1}{K}\sum_{n \in \boldsymbol{\Omega}_{k}} \frac{\tilde{\boldsymbol{h}}_{n}\tilde{\boldsymbol{h}}_{n}^{\mathrm{H}}}{\tilde{\boldsymbol{h}}_{n}^{\mathrm{H}}\tilde{\boldsymbol{h}}_{n}} \tag{7.48}$$

$$\approx \frac{1}{K}\sum_{n\in\Omega_k}\frac{(\sqrt{\tau_n}\tilde{x}_n+\tilde{\xi}_n)(\sqrt{\tau_n}\tilde{x}_n+\tilde{\xi}_n)^{\mathrm{H}}}{(\sqrt{\tau_n}\tilde{x}_n+\tilde{\xi}_n)^{\mathrm{H}}(\sqrt{\tau_n}\tilde{x}_n+\tilde{\xi}_n)} \tag{7.49}$$

在尖峰较多的杂波中，当局部 CNR（τ_k/p_n）沿距离维快速变化时，NSCM 估计器对 CUT 中的噪声水平的估计性能可能较差。然而，如果杂波特性沿距离维是局部相关的，则在估计协方差矩阵时，K 取较小值会更可取，这样 CRP 才更能代表 CUT。如果 K 取值太小，则在求逆矩阵时可能会出现数值不稳定的问题。在这种情况下，可采用 η_{DL} 进行对角加载，以使

$$\widehat{R}'(k)=\widehat{R}(k)+\eta_{\mathrm{DL}}I \tag{7.50}$$

文献［34,50,51］讨论了对角加载所加的水平，其平均功率估计值约为 1%，这个典型值是可取的，即 $\eta_{DL}=0.01\mathrm{Tr}[\widehat{R}(k)]/(NL)$，其中，$\mathrm{Tr}[\cdot]$ 是矩阵的迹。

遗憾的是，如第 2 章所述，海杂波的多普勒谱宽在距离维和时间维随机起伏，并可能表现出与局部纹理强度 τ 相关的平均多普勒偏移。这意味着试图从周围距离单元估计 CUT 的协方差矩阵可能容易出错，且检测器不可能达到 CFAR 性能。根据可接受的性能变化，人们可能需要进一步将检测阈值作为多普勒频率的函数进行调整。例如，可能需要对每个多普勒通道中的平均 CNR 和干扰 PDF 进行独立估计。

7.4.4　后多普勒检测

最简单的多普勒处理形式包括对每个距离单元的回波进行滤波，以匹配单个多普勒谱和空间频率，这通常是通过二维离散傅里叶变换实现的。对于给定距离单元 k 的回波，有

$$h'_k(n,l)=\sum_{p=1}^{L}\sum_{q=1}^{N}h_k(m,l)w_{\mathrm{D}}(m,l)\exp\left(-\mathrm{j}2\pi(p-1)\frac{n}{N}\right)\exp\left(\mathrm{j}\frac{2\pi d}{\lambda}(q-1)\sin(l\Delta\theta)\right) \tag{7.51}$$

其中，有 N 个时域滤波器和 L 个空域滤波器。时域滤波器以 $f=nf_{\mathrm{r}}/N$ 为中心频率（$n=-N/2,\cdots,N/2-1$），而空域滤波器以 $\theta=l\Delta\theta$ 为中心频率（$l=-L/2,\cdots,L/2$，$\Delta\theta$ 为角度分辨率）。在每个距离单元中，多普勒谱为

$$H_k(n,l)=\left|h'_k(n,l)\right|^2 \tag{7.52}$$

而强度的阈值为

$$H_k(n,l)\underset{H_0}{\overset{H_1}{\gtrless}}\gamma'(n,l) \tag{7.53}$$

其中，$\gamma'(n,l)$ 为后多普勒阈值。设置正确的 $\gamma'(n,l)$ 需要估计每个频率和空间通道中的干扰统计特性。这与 7.2 节中讨论的非相干检测方法的问题相同，因此可以应用相同的方法。例如，每个频率和空间通道中的干扰可以通过在相邻的距离单元上执行 CA-CFAR 估计，而 CNR 和幅度统计特性可以基于周围单元的数据来估计。

7.4.5　后多普勒白化

预多普勒 NAMF 检测器需要对每个 CUT 重复估计和反演协方差矩阵，这是一个很大的处理负担。此外，如果使用较小的 K，有可能出现数值不稳定的问题。作为替代，有许多后多普勒频域白化方法可以考虑[52,53]，其中一种方法是从周围单元估计 CUT 的平均功率谱密度，并用于谱白化，即

$$\left(\frac{H_k(n,l)}{\hat{H}_k(n,l)}\right)\bigg/\left(\frac{1}{N}\sum_{p=1}^{N}\frac{H_k(n,l)}{\hat{H}_k(n,l)}\right)\underset{H_0}{\overset{H_1}{\gtrless}}\gamma'(n,l) \tag{7.54}$$

其中，$\hat{H}_k(n,l)$ 是估计的平均功率谱密度，使 CUT 的功率谱变得平坦；分母中包含一个归一化项，其估计了 CUT 中局部杂波强度。平均功率谱密度的估计可以从周围距离单元中得到，即

$$\hat{H}_k(n,l)=\frac{1}{K}\sum_{m\in\boldsymbol{\Omega}_k}H_m(n,l) \tag{7.55}$$

遗憾的是，由于杂波多普勒谱具有随距离变化的特性，因此对 CUT 的平均功率谱的任何估计都可能不准确。此外，目标的自重叠是该方法的一个潜在弱点。

7.4.6　基于模型的检测

由于多普勒谱具有随距离变化的特性，因此直接从周围距离单元估计功率谱或协方差矩阵可能会存在误差。与 7.2 节中的 CA-CFAR 一样，如果杂波的局部距离样本是高度相关的，那么在对 CUT 估计参数时，仅使用 K 个少量的距离单元可能会有一些优势。然而，样本容量小，可能也会导致在反演协方差矩阵时出现估计结果不佳和数值不稳定的问题。如果使用的 K 很小，或者只有少量样本是可用的，那么提高估计精度的方法之一是在估计器中引入先验知识。在这里给出的例子中，这种先验知识通常包括对杂波功率谱形状的假设。

Román 等人提出的方法假设杂波可以描述为一个自回归（AR）过程[54]，关于 AR 模型在海杂波背景下目标检测中的应用可参见文献 [36]。如果杂波可以用阶数为 P_{AR}（小于 CPI 长度 N）的 AR 过程来描述，那么仅用 P_{AR} 个样本就有可能获得良好的协方差矩阵估计。从数据中估计得到 AR 系数后，可以使用具有重叠部分的多组 P_{AR} 个样本更好地估计协方差矩阵。在相邻的距离单元上进一步取平均可能仍然是必要的，但所希望的始终还是可以通过较少的辅助距离单元数 K 实现足够的精度。然后，可以重复应用通过这种方法估计得到的低阶协方差矩阵，以得到更稳健的 NAMF 检测器[54]的检测统计量。另外，从数据导出的 AR 系数可以用来估计杂波谱密度，并用于后多普勒白化滤波器。

在第 2 章中描述的演化多普勒谱模型是基于高斯谱提出的，该高斯谱的特征可以通过平均功率 τ_k、平均多普勒偏移 $m_f(k)$ 和谱宽 $w(k)$ 来描述，即

$$G(f)=\frac{\tau_k}{\sqrt{2\pi}w(k)}\exp\left(-\frac{(f-m_f(k))^2}{2w(k)^2}\right) \tag{7.56}$$

除了直接从数据中估计协方差矩阵或功率谱密度，根据模型参数取值进行估计也是可行的[36]。例如，$m_f(k)$ 和 $w(k)$ 的估计可以用来确定局部功率谱密度或协方差矩阵，然后对周围距离单元取平均，可以预测 CUT 的值。另外，基本谱模型参数 τ_k、$m_f(k)$ 和 $w(k)$ 的估计可以在相邻距离单元上平均，用于确定局部功率谱密度或协方差矩阵。

检测器性能的第一个重要测度是控制虚警的能力。当周围距离单元的辅助数据不能充分代表 CUT 或只有少量距离单元可用时，控制虚警可能会更加困难。在对海杂波背景下基于模型的检测器进行分析发现，基于低阶 AR 模型的检测器产生的虚警概率 P_{fa} 随多普勒频率的变化最小[36]；使用高斯谱的后多普勒白化检测器和使用高斯谱的后多普勒检测器的性能也都很好。这些检测器能够控制虚警改进的主要原因是，其能够使用较小数量的距离样本作为训练

数据。在实际的雷达应用中，评估 P_{fa} 随多普勒频率的变化是必要的。在这里描述的许多检测器中，可能需要对不同的多普勒频率调整检测阈值，而不是像最优白化滤波器那样依赖理想的杂波消除。这种调整可以通过在每个多普勒通道中使用 7.2 节描述的各种技术，运行独立的 CFAR 检测系统实现。

雷达的主要目标是以最大灵敏度检测目标，同时保持可接受的虚警概率。文献［36］对多个不同相干检测器的检测性能进行了比较（在对各个多普勒频率的检测阈值进行校正，以保证 CFAR 检测系统的真实性能后）。在这些条件下，大多数检测器以类似的方式工作。在实际雷达应用中，检测器的选择可能更多地取决于处理内容的相对复杂性。例如，后多普勒白化和高斯谱模型可能优于需要重复矩阵反演的时域白化模型。

7.4.7　多普勒谱混叠

与非相干处理相比，多普勒处理可以为快速运动目标的检测提供显著的增益。对于慢速目标，这种增益取决于驻留时间、多普勒分辨率、杂波多普勒谱宽的相对大小。高多普勒分辨率可用于提高慢速目标的信杂比，但这需要较长的驻留时间，因此对于快速扫描雷达可能是不可用的。

在多普勒空间扩展杂波能量可以作为滤波或白化杂波谱的一种替代方法，这种方法可以通过对相干雷达回波进行欠采样或降低脉冲重复频率（PRF）实现，从而实现杂波多普勒谱混叠。假设目标具有相对窄的谱，那么目标的谱将不受较低 PRF 的影响。如果 PRF 降到足够低，杂波谱将近似均匀地分布在相对狭窄的不模糊多普勒空间。在对混叠的多普勒谱进行傅里叶分析后，每个多普勒通道的 CNR 都将与时域信号中的 CNR 相同。此外，滤波后的原始时域数据和每个多普勒通道的数据沿距离维的幅度统计特性也是相同的。假设目标的能量被限制在一个多普勒通道内，且其相对功率将随着 CPI 长度的增大而增大，那么，与相同脉冲数上进行非相干积累，或者与目标和大部分杂波谱落入单个多普勒通道时进行相干处理相比，这种方法具有改进性能的潜力。

混叠的杂波谱在多普勒域均匀分布的程度取决于采样频率和多普勒谱宽。图 7.16 展示了混叠的高斯杂波谱在不同的归一化谱标准差下的情况。可以定性地看出，如果 $w \geqslant 0.4 f_r$，那么得到的混叠高斯杂波谱的分布将近似均匀。对于 X 波段来说，当 w 的均值为典型值 30～70Hz 时，$w \geqslant 0.4 f_r$ 意味着可能需要将 PRF 设置为 75～150Hz 来实现混叠高斯杂波谱的均匀性。对于侧视天线，平台运动可能会导致谱展宽，而在这种情况下，适当的较高的 PRF 是可接受的。经过混叠后，可接受的幅度随多普勒频率的变化程度取决于所需的性能。如果在所有多普勒通道上使用单一固定阈值，那么幅度的波纹式变化将导致虚警概率随多普勒频率的变化。这种现象可以通过设置更高的阈值在一定程度上得到控制，以达到可接受的平均虚警概率，但会造成一定的检测性能损失。注意到，如果白化不完全，幅度统计特性也会随距离和多普勒通道发生变化，而这也将导致虚警概率的额外变化。

受扫描速率和驻留时间内所需脉冲数的限制，传统的扫描雷达很难实现约 100Hz 的 PRF。然而，利用电子扫描天线，实现 100Hz 的 PRF 并同时在方位上保持可接受的平均扫描速率是可能的。一种可能的方案就是使用电子扫描天线来实现[55-57]，该方案假设天线以固定速率在方位维进行机械扫描，而同时波束指向在脉冲间可以用电子设备控制。通过使用脉冲间的波束指向，可以利用较低的 PRF 采集给定方向的相干回波。

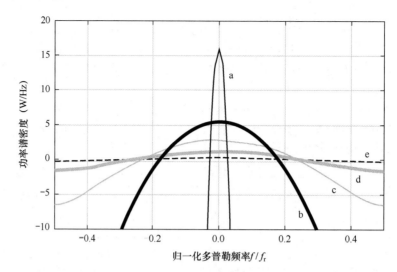

图 7.16　混叠高斯杂波谱在不同的归一化谱标准差（w/f_r）下的情况：a. $w/f_r = 0.01$；
b. $w/f_r = 0.1$；c. $w/f_r = 0.2$；d. $w/f_r = 0.3$；e. $w/f_r = 0.4$

7.5　非均匀环境下的检测

海杂波的动态特性会导致传统相干目标检测器（如 GLRT 检测器、AMF 检测器和 NAMF 检测器）的性能显著下降。这些检测器设计用于复合高斯分布杂波，并依赖均匀环境下训练数据的存在。然而，在海洋环境下，海杂波的统计特性随着时间和距离缓慢变化，并且这种变化可能是非高斯的，因此这种条件可能会被打破。

对于地杂波，学者们对非均匀性的问题进行了广泛的研究，并提出了许多方法来减小该问题的影响[58]。这些方法大部分着重预先筛选训练数据或利用地杂波环境的先验知识[59]。直接数据域（D³）STAP[60]及其稳健实现（RD³-STAP）[61]是仅使用一个距离单元来消除杂波而不依赖辅助训练数据的方法。这两种方法的工作原理是突出待检验距离门中的任何目标信号的贡献，同时减少场景中任何其他干扰源[60,61]。然而，这两种方法假设目标信号的波达方向和多普勒频率是已知的（在现实世界中其是不可能知道的），因此 RD³-STAP 的应用有限。

文献［62］提出了另一种消除对训练数据需求的方法，称为单一数据集（SDS）法，因为它只依赖从 CUT 中提取的数据以减弱统计易变性的影响。SDS 法可以被推广为固定尺度（FS）混合法[63,64]，该方法用 SCM 对 SDS 协方差的估计取平均，并利用检验数据集和训练数据集来提高检测性能。这两种方法分别应用于文献［65］中的仿真单通道海杂波和文献［66］中的实测多通道海杂波。结果显示，SDS 法和 FS 混合法的性能相对传统方法具有显著的改进。文献［63,64］还提出了另两种混合法的变体。第一种变体方法被称为可变尺度混合法，即利用广义内积（GIP）对训练数据进行预筛选，以更好地处理杂波的非均匀性。第二种变体方法使用整个测试数据集和训练数据集，纹理起伏的归一化使其在均匀环境下能够获得良好的性能，而在非均匀环境下能够获得更优的性能。本节对 SDS 法和相关混合法进行更详细的描述，并给出在仿真数据集和实测数据集的结果。

7.5.1　单一数据集检测器

传统的相干检测器在非均匀环境下性能不佳，并且限制了合适训练数据的可用性[36]。事实上，即使在高斯杂波中，当使用 SCM 估计时，相关研究也已经表明违背均匀性假设会导致性能显著下降，这促进了 SDS 法的发展。单一数据集检测器仅利用 CUT 数据，从而减少甚至消除了对训练数据的需要[62,63]。考虑一个 CPI 长度为 N 个脉冲且空间信道数为 L 的多通道雷达，假设在 CUT 的数据切片 $\boldsymbol{h}_k$ 上使用尺寸为 $P_\text{T} \times Q_\text{T}$ 的二维滑动窗口生成 K_T 次快拍。其中，$\boldsymbol{h}_k$ 为

$$\boldsymbol{h}_k = \begin{bmatrix} h(0,0) & h(0,1) & \cdots & h(0,Q_\text{T}-1) & \cdots & h(0,L-1) \\ h(1,0) & h(1,1) & \cdots & h(1,Q_\text{T}) & & h(1,L-1) \\ \vdots & \vdots & & \vdots & \ddots & \vdots \\ h(P_\text{T}-1,0) & h(P_\text{T}-1,1) & \cdots & h(P_\text{T}-1,Q_\text{T}-1) & \cdots & h(P_\text{T}-1,L-1) \\ \vdots & \vdots & & \vdots & \ddots & \vdots \\ h(N-1,0) & h(N-1,1) & \cdots & h(N-1,Q_\text{T}-1) & \cdots & h(N-1,L-1) \end{bmatrix} \tag{7.57}$$

每个窗口被矢量化，并排列成一个 $P_\text{T}Q_\text{T} \times K_\text{T}$ 的矩阵 $\bar{\boldsymbol{h}}_k$，其中，$K_\text{T} = K_{\text{T}_t} K_{\text{T}_s}$，$K_{\text{T}_t} = N - P_\text{T} + 1$ 为时间窗长，$K_{\text{T}_s} = L - Q_\text{T} + 1$ 为空间窗长。两个单一数据检测器的统计表达式既反映了 AMF 检测器的形式，即

$$\frac{\left| \tilde{\boldsymbol{s}}^\text{H} \hat{\boldsymbol{Q}}_\text{T}^{-1}(k) \tilde{\boldsymbol{g}}_k \right|^2}{\tilde{\boldsymbol{s}}^\text{H} \hat{\boldsymbol{Q}}_\text{T}^{-1}(k) \tilde{\boldsymbol{s}}} \underset{H_0}{\overset{H_1}{\gtrless}} \gamma \tag{7.58}$$

又反映了 GLRT 检测器的形式，即

$$\frac{\left| \tilde{\boldsymbol{s}}^\text{H} \hat{\boldsymbol{Q}}_\text{T}^{-1}(k) \tilde{\boldsymbol{g}}_k \right|^2}{(\tilde{\boldsymbol{s}}^\text{H} \hat{\boldsymbol{Q}}_\text{T}^{-1}(k) \tilde{\boldsymbol{s}}) \left(1 + \dfrac{1}{K_\text{T}-1} \tilde{\boldsymbol{g}}_k^\text{H} \hat{\boldsymbol{Q}}_\text{T}^{-1}(k) \tilde{\boldsymbol{g}}_k \right)} \underset{H_0}{\overset{H_1}{\gtrless}} \gamma \tag{7.59}$$

其中，大小为 $P_\text{T}Q_\text{T} \times 1$ 的数据"均值"向量为

$$\tilde{\boldsymbol{g}}_k = \frac{1}{\left| \tilde{\boldsymbol{s}}_{K_\text{T}} \right|} \bar{\boldsymbol{h}}_k \tilde{\boldsymbol{s}}_{K_\text{T}}^* \tag{7.60}$$

$\tilde{\boldsymbol{s}}_{K_\text{T}}$ 为与式（7.38）形式相同的 $K_\text{T} \times 1$ 目标导向向量。实际上，单一数据集检测器首先估计数据的均值向量 $\tilde{\boldsymbol{g}}_k$，然后从与 $\tilde{\boldsymbol{g}}_k$ 正交的子空间中获得一个尺寸为 $P_\text{T}Q_\text{T} \times P_\text{T}Q_\text{T}$ 的协方差矩阵的估计，即

$$\hat{\boldsymbol{Q}}_\text{T}(k) = \frac{1}{K_\text{T}-1} (\bar{\boldsymbol{h}}_k \bar{\boldsymbol{h}}_k^\text{H} - \tilde{\boldsymbol{g}}_k \tilde{\boldsymbol{g}}_k^\text{H}) \tag{7.61}$$

这样，可以把 SDS 法看作一个子空间检测器。协方差的逆运算也可以利用矩阵反演定理[63]，这就使 SDS 法可以与式（7.44）中 NAMF 检测器的检测统计量以相同的计算复杂度运行。

7.5.2　固定尺度混合

当环境中同时包含非均匀散射和均匀散射时，可以将测试数据集和训练数据集组合成一个扩展数据集，从而形成改进的混合检测方案[0,0]。协方差矩阵的组合估计被称为固定尺度（FS）混合估计，即

$$\hat{\boldsymbol{\Sigma}}_\text{FS}(k) = \frac{(K_\text{T}-1)\hat{\boldsymbol{Q}}(k) + K\hat{\boldsymbol{R}}_\text{SCM}(k)}{K_\text{T} + K - 1} \tag{7.62}$$

注意，以相同的方式对训练数据和测试数据进行划分，使 $\hat{\boldsymbol{R}}_\text{SCM}$ 的尺寸减小为 $P_\text{T}Q_\text{T} \times P_\text{T}Q_\text{T}$。

此外，可以修正式（7.43）和式（7.44）给出的 AMF 检测器的检测统计量和 NAMF 检测器的检测统计量，即通过数据向量 $\boldsymbol{g}_{\mathrm{T}}$ 得到尺寸减小的 SCM 估计。

7.5.3 可变尺度混合

虽然 FS 混合检测器在均匀环境下可以显著提高性能，但杂波在实际场景中通常会表现出一定程度的非均匀性。因此，文献［63］提出了一种基于 GIP[68-70] 的可变尺度混合法，对训练数据进行筛选，以确定均匀性水平。GIP 本质上是一个假设检验，检验训练距离门 $\tilde{\boldsymbol{h}}_k$ 是否服从与测试数据相同的多元正态分布。属于分布拖尾部分的观测值被认为是异常值，因此会被拒绝为非均匀值。当协方差矩阵的估计 $\hat{\boldsymbol{Q}}(k)$ 给定时，GIP 检验为

$$P_{\mathrm{GIP}}(k) = \tilde{\boldsymbol{h}}_k^{\mathrm{H}} \hat{\boldsymbol{Q}}^{-1}(k) \tilde{\boldsymbol{h}}_k \tag{7.63}$$

其中，样本经过滤波后可以用标准 F 分布来描述[63]。然后，对于置信度水平为 ϵ_{GIP} 的双边假设检验，如果 $\vartheta_{\mathrm{L}} \leqslant P_{\mathrm{GIP}}(k) \leqslant \vartheta_{\mathrm{U}}$，则接受零假设，即认为 $\tilde{\boldsymbol{h}}_k$ 服从与测试数据相同的复正态分布，其中，下限阈值和上限阈值为[63]

$$P(P_{\mathrm{GIP}}(k) \leqslant \vartheta_{\mathrm{L}}) = 1 - \beta_{\mathrm{inc}}\left(\frac{1}{\vartheta_{\mathrm{L}}+1}, P_{\mathrm{T}}Q_{\mathrm{T}}, K_{\mathrm{T}}-1\right)$$
$$P(P_{\mathrm{GIP}}(k) \geqslant \vartheta_{\mathrm{U}}) = \beta_{\mathrm{inc}}\left(\frac{1}{\vartheta_{\mathrm{U}}+1}, P_{\mathrm{T}}Q_{\mathrm{T}}, K_{\mathrm{T}}-1\right) \tag{7.64}$$

其中，$\beta_{\mathrm{inc}}(\cdot)$ 为不完全 β 函数。

最后，协方差矩阵估计 $\hat{\boldsymbol{\Sigma}}_{\mathrm{GIP}}$ 可以从假设检验接收的测试数据和训练快拍的组合中得到。

7.5.4 纹理估计和归一化混合

与拒绝部分数据的基于 GIP 的可变尺度混合法不同，纹理估计和归一化（TN）混合法利用了所有可用的训练数据来提高性能[64]。此外，基于 GIP 的可变尺度混合法在严重非均匀环境下可能会出现性能下降的现象。与之相比，本节描述的纹理估计和归一化混合法旨在通过归一化纹理起伏来恢复海洋场景中的均匀性。

假设距离单元 k 的杂波服从 K 分布，纹理强度 τ_k 服从复正态分布 $\mathcal{CN}(\boldsymbol{0}, \boldsymbol{\Sigma}_k)$，其中 $\boldsymbol{\Sigma}_k = \tau_k \boldsymbol{R}$。同样地，假设用于估计协方差的测试数据也服从复正态分布 $\mathcal{CN}(\boldsymbol{0}, \boldsymbol{R}_{\mathrm{av}})$，其中 $\boldsymbol{R}_{\mathrm{av}} = \tau_{\mathrm{av}} \boldsymbol{R}$。在这两种情况下，纹理强度 τ_{av}、τ_k 均服从 Gamma 分布，且 $\hat{\boldsymbol{Q}} = \tau_{\mathrm{av}} \hat{\boldsymbol{R}}_{\mathrm{av}}$，$\hat{\boldsymbol{\Sigma}}_k = \tau_k \hat{\boldsymbol{R}}_k$，则有

$$\mathrm{Tr}[\hat{\boldsymbol{Q}}^{-1}\hat{\boldsymbol{\Sigma}}_k] = \frac{\tau_k}{\tau_{\mathrm{av}}} \mathrm{Tr}[\hat{\boldsymbol{R}}_{\mathrm{av}}^{-1}\hat{\boldsymbol{R}}_k] = \frac{\tau_k}{\tau_{\mathrm{av}}} \mathrm{Tr}[\hat{\boldsymbol{R}}_{\mathrm{av}}^{-1}\hat{\boldsymbol{R}}_k] = P_{\mathrm{T}}Q_{\mathrm{T}}\frac{\tau_k}{\tau_{\mathrm{av}}} \tag{7.65}$$

定义 $\zeta_{\mathrm{TN}}(k) = 1/(P_{\mathrm{T}}Q_{\mathrm{T}})\mathrm{Tr}[\hat{\boldsymbol{Q}}^{-1}\hat{\boldsymbol{\Sigma}}_k]$，对第 k 个距离门的协方差矩阵估计重新进行缩放，得到

$$\tilde{\boldsymbol{\Sigma}}_k = \frac{1}{\zeta_{\mathrm{TN}}(k)} \hat{\boldsymbol{\Sigma}}_k = \tau_{\mathrm{av}} \hat{\boldsymbol{R}}_k \tag{7.66}$$

这样处理之后，训练距离单元的协方差矩阵与测试数据的协方差矩阵是均匀的。最后，将尺寸为 $P_{\mathrm{T}}Q_{\mathrm{T}} \times P_{\mathrm{T}}Q_{\mathrm{T}}$ 的协方差矩阵估计构造为

$$\tilde{\boldsymbol{\Sigma}}_{\mathrm{TN}} = \frac{1}{2K_{\mathrm{T}}-1}\left((K_{\mathrm{T}}-1)\hat{\boldsymbol{Q}} + \sum_{k=1}^{K_{\mathrm{T}}} \tilde{\boldsymbol{\Sigma}}_k\right) \tag{7.67}$$

7.5.5　检测结果

本节用两个数据集来评估相干检测方案的性能。

第一个数据集采集自侧视四通道线性阵列的 L 波段雷达模拟器，杂波用 K 分布幅度分布和均匀多普勒谱来建模。为了改变非均匀性，形状参数 ν 以较小的值变化，导致纹理发生较大的变化，从而使非均匀性水平提高。热噪声也被加入杂波的实现中，从而实现 20dB 的 CNR。对于这里的试验，关键参数包括 1.33GHz 的载频、140MHz 的带宽、1.07m 的距离分辨率、1500Hz 的 PRF、16° 的双向方位维 3dB 天线波束宽度。

第二个数据集是由澳大利亚国防科技集团开发的 Ingara L 波段机载雷达采集的。该雷达为侧视雷达，发射单一线性极化信号，并用两个四通道的线性天线阵列接收。这里使用的数据集是在澳大利亚昆士兰 Townsville 附近的海岸采集的，采用水平极化，海况等级为道格拉斯 3～4 级，采集擦地角为 30°，风向为侧风向。对幅度统计特性的分析发现，数据的 CNR 为 10.1dB，海杂波所服从 K 分布的形状参数为 22.1，海杂波较为均匀。如图 7.17 所示为使用 Ingara L 波段数据集得到的角度/多普勒频率杂波谱案例，突出了表示杂波的脊及在靠近杂波处添加的点目标的位置。注意，由于阵元间距 $d > \lambda/2$，因此杂波谱存在混叠现象。如表 7.3 所示为两个数据集的关键参数汇总。

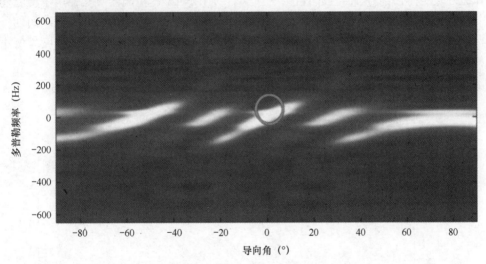

图 7.17　Ingara L 波段数据集的最优杂波谱，在 0° 方位角和 50Hz 多普勒频率位置所添加的目标[64]

表 7.3　两个数据集的关键参数汇总

参　数	仿　真	Ingara
中心频率（GHz）	1.33	1.33
带宽（MHz）	140	140
PRF（Hz）	1500	1500
空间通道数	四通道	四通道
阵元间距（m）	0.113（$\lambda/2$）	0.261（1.16λ）
飞机速度（m/s）	100	88
单向方位维 3dB 天线波束宽度	16°	13°
CNR（dB）	20	10.1

现在使用仿真数据和实测数据展示结果，以突出 SDS 检测器和混合检测器在缓解杂波非均匀性和充分利用训练数据方面的有效性。检测方案使用 135 个脉冲的 CPI 长度，检测器包括 AMF 检测器、NAMF 检测器、由式（7.58）给出的 SDS 检测器和三种混合法。三种混合法包括固定尺度混合（Hyb-FS）法、基于 GIP 的可变尺度混合（Hyb-VS）法及纹理估计和归一化混合（Hyb-TN）法。同时，为了更公平地进行比较，对分别由式（7.43）和式（7.44）给出的 AMF 检测器、NAMF 检测器的检测统计量进行修正，以使用由数据向量 $\tilde{g}_\mathrm{T}$ 得到的尺寸为 $P_\mathrm{T}Q_\mathrm{T} \times P_\mathrm{T}Q_\mathrm{T}$ 的 $\hat{R}_\mathrm{SCM}$。

对于 $P_\mathrm{fa}=10^{-3}$，可以得到将 Swerling 1 型点目标添加到不同距离单元后的检测概率 P_d。将目标的多普勒频率设置为 50Hz，并将方位角设置为 0°。对于所有检测器，使用 $P_\mathrm{T}=8$ 且 $Q_\mathrm{T}=4$ 所确定尺寸的滑窗，使 SDS 矩阵 $\tilde{h}_\mathrm{T}$ 具有 $K_\mathrm{T}=135-8+1=128$ 个快拍，并且有 $K=K_\mathrm{T}$。后续报道的所有结果都是通过运行 10000 次蒙特卡罗仿真试验得到的。

对于仿真数据，图 7.18 和图 7.19 给出的前两个结果分别展示了在均匀情况和非均匀情况下 P_d 随 SIR 的变化。前者的强度服从指数分布，而后者的强度服从 K 分布，形状参数 $\nu=1$。对于均匀情况，AMF 检测器和混合法的差异不大，而 NAMF 检测器和 SDS 检测器在 $P_\mathrm{d}=0.5$ 时的性能相对前面几种方法下降了约 4dB。对于 SDS 检测器来说，这是由于使用检验均值向量 $\tilde{g}_\mathrm{T}$ 和协方差矩阵估计 $\hat{Q}$ 而导致的自由度损失。对于 NAMF 检测器，其使用了检验均值向量，因此检验统计量变得更加敏感。对于如图 7.19 所示的非均匀情况，各方法之间的差异更加明显，其中，Hyb-TN 法的性能最好，而其他方法的性能较差，但相差的程度有所不同。AMF 检测器的性能尤其差，因为它不能解释纹理的变化。

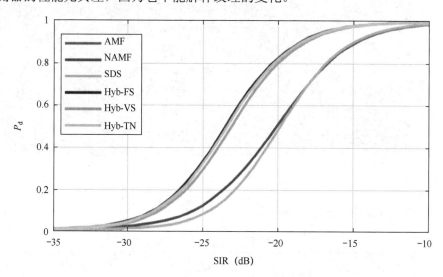

图 7.18　在均匀情况下，当 $P_\mathrm{fa}=10^{-3}$ 时得到的检测概率［目标的方位角和多普勒频率

分别设置为 0° 和 50Hz（表明目标速度较慢）］[64]

现在将 SIR 固定为−20dB，展示性能随目标多普勒频率的变化。如图 7.20 所示，在均匀情况下，在主杂波内性能最好的是 AMF 检测器和三种混合法。对于如图 7.21 所示的非均匀情况，在主杂波内 Hyb-TN 法的性能最好。在本案例中，受杂波的非均匀性影响，AMF 检测器和 Hyb-FS 法在主杂波外的性能无法匹配。但是，SDS 检测器完全不受杂波均匀性的影响，因为它不使用任何训练数据。

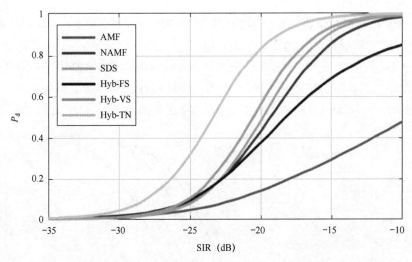

图 7.19　在非均匀情况且 $v=1$ 的条件下，当 $P_{\text{fa}}=10^{-3}$ 时得到的检测概率 [目标的
方位角和多普勒频率分别设置为 $0°$ 和 50Hz（表明目标速度较慢）] [64]

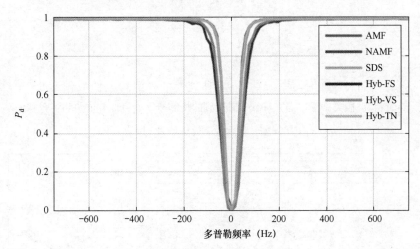

图 7.20　在均匀情况下，当 $P_{\text{fa}}=10^{-3}$ 时得到的检测概率（SIR 为 -20dB，目标方位角为 $0°$ ） [64]

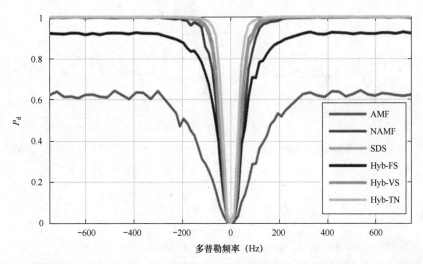

图 7.21　在非均匀情况且 $v=1$ 的条件下，当 $P_{\text{fa}}=10^{-3}$ 时得到的检测概率（SIR 为 -20dB，目标方位角为 $0°$ ） [64]

使用 Ingara L 波段数据集进行类似的分析，图 7.22 的结果显示了多普勒频率为 50Hz、方位角为 0° 时性能随目标 SIR 的变化。当 P_d=0.5 时，Hyb-TN 法的性能是最好的，优于其他混合法最大 3dB。SDS 检测器、AMF 检测器和 NAMF 检测器的性能介于如图 7.18、图 7.19 所示的两个极端之间。图 7.23 展示了当 SIR 为−20dB 时性能随多普勒频率的变化。相关结果与图 7.22 的结果类似，Hyb-TN 法的性能最好，AMF 检测器和 NAMF 检测器的性能最差。

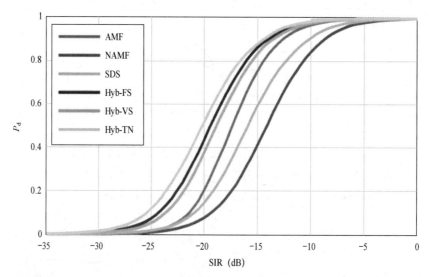

图 7.22　对于 Ingara L 波段数据集，当 $P_{fa}=10^{-3}$ 时得到的检测概率［目标方位角和多普勒频率分别为 0° 和 50Hz（表明是慢速目标场景）］[64]

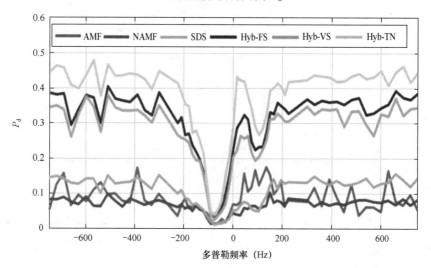

图 7.23　对于 Ingara L 波段数据集，当 $P_{fa}=10^{-3}$ 时得到的检测概率（SIR 为−20dB，方位角为 0°。相关结果与图 7.22 中的结果相匹配）[64]

参考文献

[1]　SKOLNIK M. Radar Handbook[M]. 3rd Edition. New York: McGraw-Hill, 2008.

[2]　OUSBORNE J, GRIFFITH D, YUAN R W. A periscope detection radar[J]. Johns Hopkins APL Technical

Digest, 1997, 18(1):125-133.

[3] WARD K, TOUGH R, WATTS S. Sea Clutter: Scattering, The *K* Distribution and Radar Performance[M]. 2nd Edition. London: The Institute of Engineering Techndogy, 2013.

[4] ROSENBERG L. Sea-Spike Detection in High Grazing Angle X-Band Sea-Clutter[J]. IEEE Transactions on Geoscience and Remote Sensing, 2013, 51(8): 4556-4562.

[5] BOCQUET S. Parameter estimation for Pareto and *K* distributed clutter with noise[J]. IET Radar Sonar & Navigation, 2015, 9(1): 104-113.

[6] BALLERI A, NEHORAI A, WANG J. Maximum likelihood estimation for compound-Gaussian clutter with inverse gamma texture[J]. IEEE Transactions on Aerospace and Electronic Systems, 2007, 43(2): 775-779.

[7] FARSHCHIAN M, POSNER F. The Pareto distribution for low grazing angle and high resolution X-band sea clutter[C]//IEEE Radar Conference, 2010.

[8] WEINBERG G. Assessing Pareto fit to high-resolution high-grazing-angle sea clutter[J]. IET Electronics Letters, 2011, 47(8): 516-517.

[9] WEINBERG G. Radar detection theory of sliding window processes[M]. London: CRC Press, 2017.

[10] FINN M, JOHNSON R. Adaptive detection mode with threshold control as a function of spatially sampled-clutter-level estimates[J]. RCS Review, 1968, 30: 414-465.

[11] Li V Y F, MILLER K. Target Detection in Radar: Current Status and Future Possibilities[J]. The Journal of Navigation,1997, 50(2): 303-313.

[12] WATTS, S. Radar detection prediction in sea clutter using the compound *K*-distribution model[J]. Communications, Radar and Signal Processing, IEE Proceedings F, 1985, 132(7): 613-620.

[13] MCDONALD M, LYCETT S. A Comparison of Fast Scan Versus Slow Scan Radars[C]//International Conference on Radar Systems, DRDC Ottawa, 2004.

[14] WATTS S, STOVE A. Non-Coherent Integration Strategies in Scanning Radar for the Detection of Targets in Sea Clutter and Noise[C]//International Conference on Radar Systems, 2004: 1-6.

[15] REUILLON P, PARENTY F, PERRET F. Scan-to-scan sea-spikes filtering for radar[C]//European Radar Conference, 2010: 272-275.

[16] GOLDSTEIN G. False-Alarm Regulation in Log-Normal and Weibull Clutter[J]. IEEE Transactions on Aerospace and Electronic Systems,1971, AES-7: 942-950.

[17] TOUGH R, WARD K, SHEPHERD P. The modelling and exploitation of spatial correlation in spiky sea clutter[C]//European Radar Conference, 2005, 5-8.

[18] WATTS S. The searchwater radar on Nimrod MR2[C]//International Conference on Radar Systems (Radar 2017), 2017: 1-6.

[19] WATTS S. Constant false alarm rate adaptive radar control[P]. UK Patent GB 2449884B, 2011.

[20] ROSENBERG L, CRISP D, STACY N. Analysis of the *KK*-distribution with medium grazing angle sea-clutter[J]. IET Proceedings of Radar Sonar and Navigation, 2010, 4(2): 209-222.

[21] ROSENBERG L, BOCQUET S. The Pareto distribution for high grazing angle sea-clutter[C]//IEEE Proceedings on Geoscience & Remote Sensing, 2013:4209-4212.

[22] MIDDLETON D. New physical-statistical methods and models for clutter and reverberation: The KA-distribution and related probability structures[J]. IEEE Journal of Oceanic Engineering, 1999, 24(3): 261-284.

[23] DONG Y. Distribution of X-Band High Resolution and High Grazing Angle Sea Clutter[R]. Defence Science Technology organisation, Research Report DSTO-RR-0316, 2006.

[24] WEINBERG G. Constant false alarm rate detectors for Pareto clutter models[J]. IET Radar Sonar and Navigation, 2013, 7(2): 153-163.

[25] WEINBERG G. Constant false alarm rate detection in Pareto distributed clutter: Further results and optimality issues[J]. Contemporary Engineering Sciences, 2014, 7(6): 231-261.

[26] WEINBERG G. Examination of classical detection schemes for targets in Pareto distributed clutter: Do

classical CFAR detectors exist, as in the Gaussian case?[J]. Multidimensional Systems and Signal Processing, 2015, 26(3): 599-617.

[27] WEINBERG G. The constant false alarm rate property in transformed noncoherent detection processes[J]. Digital Signal Processing, 2016, 51: 1-9.

[28] WEINBERG G. General transformation approach for constant false alarm rate detector development[J]. Digital Signal Processing, 2014, 30: 15-26.

[29] WEINBERG G, BATEMAN L, HAYDEN P. Constant false alarm rate detection in Pareto Type II clutter[J]. Digital Signal Processing, 2017, 68: 192-198.

[30] ROSENBERG L, WEINBERG G. Performance Analysis of Pareto CFAR Detectors[C]//International Conference on Radar Systems (Radar 2017), 2017: 1-6.

[31] WEINBERG G. On the Construction of CFAR Decision Rules via Transformations[J]. IEEE Transactions on Geoscience and Remote Sensing, 2017, 55(2): 1140-1146.

[32] WEINBERG G, HOWARD S, TRAN C. Bayesian framework for detector development in Pareto distributed clutter[J]. IET Radar Sonar and Navigation, 2019,13: 1548-1555.

[33] WATTS S, ROSENBERG L. A comparison of coherent and non-coherent radar detection performance in radar sea clutter[C]//International Conference on Radar Systems (Radar 2017), 2017: 1-6.

[34] MAIO A, GRECO M. Modern Radar Detection Theory[M]. London: SciTech, 2016.

[35] ROSENBERG L, WATTS S. Model based coherent detection in medium grazing angle sea-clutter[C]//IEEE Radar Conference, 2016: 1-6.

[36] ROSENBERG L,WATTS S. Coherent detection in medium grazing angle sea-clutter[J]. IET Radar Sonar and Navigation, 2017, 11(9): 1340-1348.

[37] KELLY E. An adaptive detection algorithm[J]. IEEE Transactions on Aerospace and Electronic Systems, 1986 AES-22(1): 115-127.

[38] CHEN W S, REED I. A new CFAR detection test for radar[J]. Digital Signal Processing, 1991, 1(4): 198-214.

[39] KRAUT S, SCHARF L. The CFAR adaptive subspace detector is a scale-invariant GLRT[J]. IEEE Transactions on Signal Processing, 1999, 47(9): 2538-2541.

[40] GINI F, GRECO M, et al. Optimum and mismatched detection against K-distributed plus Gaussian clutter[J]. IEEE Transactions on Aerospace and Electronic Systems,1998,34(3): 860-876.

[41] GRACHEVA V, ENDER J. Multichannel Analysis and Suppression of Sea Clutter for Airborne Microwave Radar Systems[J]. IEEE Transactions on Geoscience and Remote Sensing, 2016, 54(5): 2385-2399.

[42] MCDONALD M, CERUTTI-MAORI D. Coherent radar processing in sea clutter environments, part 2: Adaptive normalised matched filter versus adaptive matched filter performance[J]. IEEE Transactions on Aerospace and Electronic Systems, 2016, 52(4): 1818-1833.

[43] COE D, WHITE R. Experimental moving target detection results from a three-beam airborne SAR[C]. European SAR Conference, 1996: 419-422.

[44] ZHAO Z Q, HUANG S J. A Research of Moving Targets Detection and Imaging of SAR[C]//European SAR Conference, 1996: 427-430.

[45] WARD J. Space-time adaptive processing for airborne radar[R]. Lincoln Labs. MIT, Technical Report 1015, 1994.

[46] KLEMM R. Principles of Space-time Adaptive Processing[M]. 3rd Edition. London: The Institution of Engineering and Technology, 2006.

[47] GUERCI J. Space-time Adaptive Processing for Radar[M]. 2nd Edition. Norwood: Artech House, 2003.

[48] MELVIN W. A STAP Overview[J]. IEEE Aerospace and Electronic Systems Magazine, 2004, 19(1): 19-35.

[49] GRECO M, STINCO P, GINI F, et al. Impact of Sea Clutter Nonstationarity on Disturbance Covariance Matrix Estimation and CFAR Detector Performance[J]. IEEE Transactions on Aerospace and Electronic Systems, 2010, 46(3): 1502-1513.

[50] LI J, STOICA P, WANG Z. On robust Capon beamforming and diagonal loading[J]. IEEE Transactions on

Image Processing, 2003, 51(7): 1702-1715.

[51] MA N, GOH J. Efficient method to determine diagonal loading value[C]//IEEE International Conference on Acoustics, Speech, and Signal Processing, 2003(5):341-344.

[52] WATTS S, ROSENBERG L. Coherent radar performance in sea clutter[C]//IEEE Radar Conference, Johannesburg, 2015.

[53] CONTE E, LOPS M. Adaptive detection schemes in compound-Gaussian clutter[J]. IEEE Transactions on Aerospace and Electronic Systems, 1998, 34(4): 1058-1069.

[54] ROMAN J, RANGASWAMY M, et al. Parametric adaptive matched filter for airborne radar applications[J]. IEEE Transactions on Aerospace and Electronic Systems, 2000, 36(2): 677-692.

[55] F. Gordon and C. Mountford. A novel small target mode for the Leonardo Seaspray and Osprey E-scan radars[J] NATO SET-239, 2016, MP-SET-239-16: 1-6.

[56] WILCOX B, STEVENSON S, MOUNTFORD C.Coherent sea clutter modelling[C]//International Conference on Radar Systems (Radar 2017), 2017: 1-6.

[57] SINCLAIR R. Radar Surveillance System[P]. UK Patent GB2500931A, 2012.

[58] RANGASWAMY M. Statistical analysis of the nonhomogeneity detector for non-Gaussian interference backgrounds[J]. IEEE Transactions on Signal Processing, 2005, 53(6): 2101-2111.

[59] ANTONIK P, SCHUMAN H, MELVIN W, et al. Implementation of knowledge-based control for space-time adaptive processing[C]//IEEE Radar Conference, 1997: 478-482.

[60] SARKAR T, HONG W, PARK S, et al. A deterministic least-squares approach to space-time adaptive processing (STAP)[J]. IEEE Transactions on Antennas and Propagation, 2001, 49(1): 91-103.

[61] CRISTALLINI D, BURGER W. A Robust Direct Data Domain Approach for STAP[J]. IEEE Transactions on Signal Processing, 2012, 60(3): 1283-1294.

[62] ABOUTANIOS E, MULGREW B. A STAP algorithm for radar target detection in heterogeneous environments[C]//Proc. IEEE/SP 13th Workshop on Statistical Signal Processing, 2005: 966-971.

[63] ABOUTANIOS E, MULGREW B. Hybrid Detection Approach for STAP in Heterogeneous Clutter[J]. IEEE Transactions on Aerospace and Electronic Systems, 2010, 46(3): 1021-1033.

[64] ABOUTANIOS E, ROSENBERG L. Hybrid Detection Approaches using the Single Data Set Algorithm[C]//IEEE Radar Conference, 2020: 1-6.

[65] ABOUTANIOS E, ROSENBERG L. Single Snapshot Coherent Detection in Sea Clutter[C]//IEEE Radar Conference, 2019: 1-6.

[66] ABOUTANIOS E, ROSENBERG L. Multichannel Target Detection for Maritime Radar[C]//2019 53rd Asilomar Conference on Signals, Systems, and Computers, 2019: 113-117.

[67] ABOUTANIOS E, ABOUTANIOS E. A hybrid STAP approach for radar target detection in heterogeneous environments[C]. 14th European Signal Processing Conference, 2006: 1-5.

[68] MELVIN W, WICKS M. Improving practical space-time adaptive radar[C]//IEEE National Radar Conference, 1997: 48-53.

[69] CHEN P, MELVIN W, WICKS M. Screening among Multivariate Normal Data[J]. Journal of Multivariate Analysis, 1999, 69: 10-29.

[70] RANGASWAMY M, MICHAELS J, HIMED B. Statistical analysis of the non-homogeneity detector for STAP applications[J]. Digital Signal Processing: A Review Journal, 2004, 14(3): 253-267.

第 8 章

目标检测的新方法

在海洋环境下，可靠和稳健的雷达目标检测是一项具有挑战性的任务，对于在更高高度工作的飞机来说尤其如此。这是因为在高空中，雷达照射的擦地角更大，来自海上的后向散射会变得更强。强回波或海尖峰给目标检测增加了难度，因为它们与真正的目标有许多相似之处，很难区分。海杂波具有非均匀性，在海洋领域对其进行相干检测有一定的难度。但相干检测可以得到更大的增益，因此其越来越受到欢迎。多普勒滤波可以是非自适应的，在每个频率通道都运行一个恒虚警概率（CFAR）方案；多普勒处理也可以是自适应的，在检测前先将杂波白化。这种相干技术在第 7 章中已经进行了描述。

本章提出了一些新的目标检测方法。这些方法利用了信号处理领域的其他知识，并可能在海上目标检测方面提供一些显著的优势。8.1 节中探讨了通过小波来利用时域/频域信息的方法。该方法旨在通过小波分解仔细选择不同的信号分量（子带）来提升在距离/时域的目标检测性能。8.2 节描述了利用时域/频域稀疏性的一些不同的检测方案，这些检测方案依赖目标模型的知识，并定义了相应的"字典"，如调谐 Q 小波变换（Tuned Q-Wavelet Transforms，TQWTs）或短时傅里叶变换（Short-Time Fourier Transforms，STFTs）。一种相关的方法是从数据中学习字典，以便从海杂波背景中分辨出目标。8.3 节介绍了一种字典学习（Dictionary Learning，DL）检测方法，该方法能够学习海杂波的特征。8.4 节将检测前跟踪（Track Before Detect，TBD）作为目标检测的范式，这是一种利用场景中的移动目标而不依赖阈值以首先识别目标位置的有效方法。除此之外，学者们还提出了其他方法，但此处不进行介绍，其中包括背景相消法[1]（捕捉场景的动态以检测异常行为），以及使用机器学习方法来利用杂波和/或目标的知识[2,3]。

8.1 时间/频率目标分离

目前，已经有大量研究使用小波变换（Wavelet Transforms，WT）来检测高斯噪声中的目标。Ehara 等人[4]提出了两种在实施检测方案之前增强目标回波的方法。第一种方法的思想是，在给定最优尺度的情况下，小波函数可以近似目标响应，并显著提高信噪比（SNR）。第二种方法通过在最佳尺度附近集成小范围的小波系数来扩展这一思想，这提供了更强的稳健性，并已被证明可以进一步提高信噪比。Wang 等人[5]随后提出使用基于小波的函数来设计雷达系统中的发射波形。如果目标与小波函数相匹配，则目标在离散小波变换（Discrete Wavelet Transforms，DWT）域中表现得更强，噪声会较小并扩展。通过使用阈值抑制这些噪声（去噪），目标信噪比会大幅提高。然而，除非目标很大且具有足够的 RCS，否则小波波形匹配是很困难的。Zhang 等人[6]也将小波变换用于雷达目标检测，并发现去除一些高频"细节"的小波系数可以有效地减少雷达回波的噪声，从而提高检测性能。采用这种方法，DWT 子带的细节会变得模糊（分辨率降低），因此可以对小波系数的独立分量进行分析来提高检测性能。然而，由于文献 [6] 仅提供了单一的仿真和有限的试验细节，因此这种方法对更广范围的信号是否有效还不明确。Davidson 等人[7]提出了另一种基于小波的方法，即使用连续小波变换（Continuous Wawelet Transform，CWT）来识别海杂波中的主要散射体。然后，他们应用了一种"持久性"统计量来从周围的后向散射中检测慢速运动的目标。此外，小波在雷达图像处理中也有相关应用。Jangal 等人[8]利用 DWT 和后续选择性重构（忽略部分子带）对高频表面波雷达的距离/多普勒域图像进行处理，以及抑制图像中的杂波加噪声（干扰）。

另外，Torres[9]通过比较 Morlet、Mexican Hat 和 Daubechies-9 三种流行且广泛使用的小

波函数来研究雷达检测。将每种小波函数应用于寻找高斯白噪声下的特定仿真 Chrip 信号的问题，结果显示 Daubechies-9 小波函数提供了最好的检测性能。在小波变换中，选择合适的尺度对于更好地定位感兴趣的信号也很重要[4,10,11]。Ball 和 Tolley[11]提议用算法自动确定最优尺度参数，包括搜索 CWT 的系数来找到峰值，并在最优尺度参数附近进行去噪处理。与传统匹配滤波器相比，它们实现了平均高达 10dB 的 SNR 改善。

与这些现有的基于小波的方案相比，文献［12］探究了二维（2D）平稳小波变换（SWT）的应用。单级二维平稳小波变换被应用于距离/时间域，并对滤波后的输出单独重构，以产生四幅不同的距离/时间图像。对这些重构子带幅度分布进行分析，结果表明，一部分重构子带的尖峰比其他重构子带的尖峰少，并提供了改进检测性能的潜力。与未滤波的数据相比，这种方法对运动目标的检测性能有较好改善，而对静止目标的检测性能有轻微改善。这项工作的一个局限是当目标运动速度未知时，缺乏一种选择所使用子带的方法。这个局限在后续研究中得到了解决[13,14]，这些研究沿慢时间维应用一维平稳小波变换实现了近似或更好的检测性能。该项工作将在后面章节中进一步描述。

8.1.1　子带分解与重构

小波变换已被用于各种信号处理场景，以获得非平稳信号的紧凑表示。与短时间傅里叶变换等相比，小波变换能够用自适应时间窗在多个尺度（或者"分辨率"）上表示信号，从而提供了不同的时频平面划分[10,15-18]。多分辨率分析将输入数据分成不同的细节系数集和近似（缩放函数）系数集，称为"子带"。这些系数集中的每个系数都对应于时频平面的一个区域。可以合理地认为，干扰和目标回波会产生不同的系数分布，从而能够在系数域将两者分离。文献［13］之所以使用 SWT，在于其具有平移不变性[19-21]。SWT 是一种非抽样变换，已成功在可能对更流行的抽取版本的小波变换所产生的伪影敏感领域应用[19,22,23]。

SWT 信号分解可以通过级联双通道滤波器组实现，其中，每个滤波器组由一对互补的低通滤波器和高通滤波器组成。$q \geq 0$ 级的滤波器组接受 $q-1$ 级的近似子带作为输入，并分别在高通滤波器和低通滤波器的输出端产生细节（D_q）子带和近似（A_q）子带。数据输入通常作为 A_0 子带，而后续级又满足

$$A_q(n) = \sum_m h_a(n-m) A_{q-1}(m) \tag{8.1}$$

$$D_q(n) = \sum_m g_a(n-m) A_{q-1}(m) \tag{8.2}$$

其中，$h_a(\cdot)$ 和 $g_a(\cdot)$ 分别为低通滤波器和高通滤波器的分析脉冲响应。该过程可通过

$$A_q(n) = \sum_m h_s(n-m) A_{q+1}(m) + \sum_m g_s(n-m) D_{q+1}(m) \tag{8.3}$$

来反向执行重构，其中，$h_s(\cdot)$ 和 $g_s(\cdot)$ 分别为低通合成滤波器和高通合成滤波器的分析脉冲响应。

滤波器组 $\{h_a(\cdot), g_a(\cdot), h_s(\cdot), g_s(\cdot)\}$ 必须一起设计以实现完美的（无误差的）重构，文献中描述了大量小波滤波器的集合，其中每个集合都旨在满足不同的特性[9,10,24,25]。对于文献[13,14]中提出的工作，学者们基于之前的工作[5,8,9,26]选择了 Daubechies-4 小波函数，而这种小波函数在相应的双通道滤波器组中提供了长度较短的有限脉冲响应滤波器。

干扰和目标（如果存在）的分量通常在子带上具有不同的 SWT 系数分布，这表明至少有一个子带具有比原始数据更强的信干比（SIR）。据此，分离不同 SWT 子带用于目标检测的思想出现了。第一级分解中的"子带分离和重构"过程如图 8.1 所示，其中，所需的子带

被重构，而其余子带被设置为零。四个滤波器由它们的等效频率响应 $G_a(\cdot)$、$H_a(\cdot)$、$G_s(\cdot)$ 和 $H_s(\cdot)$ 表示。在频域，可以将这些滤波器解释为具有一个或多个通带的带通滤波器。用 Ingara X 波段数据集举个例子，绘制功率谱密度（PSD）图像，并沿慢时间维进行 SWT，结果如图 8.2 所示。一级近似重构子带 $\tilde{A}_1$ 只保留了功率谱的低频部分，而一级细节重构子带 $\tilde{D}_1$ 只保留了功率谱的高频部分。图 8.2 底部的结果展示了结合 D_2、D_3 子带分量的 $\tilde{D}_{23}$ 重构子带。

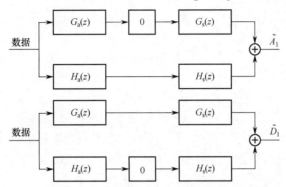

图 8.1　使用一维 SWT 进行子带分离和重构从而实现数据分解
（$\tilde{A}_1$ 和 $\tilde{D}_1$ 为原始数据的近似重构子带和细节重构子带）[13]

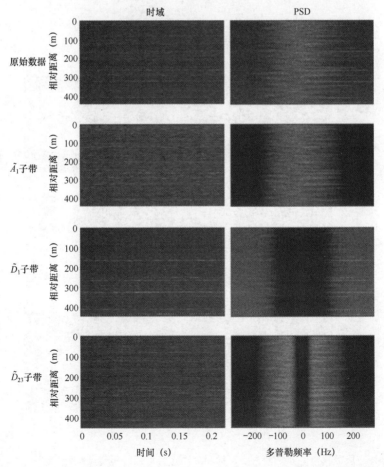

图 8.2　经子带分离和重构后，Ingara X 波段数据集的时域表示和功率谱密度表示[13]

在进行 SWT 时，总级数通常是由用户选择的参数，其受有限数量的脉冲限制在实际应用中上限为 q。对于 SWT，每级分解的滤波器脉冲响应被两倍上采样，这导致滤波器长度随级数增大而迅速增大，最终达到数据序列的长度，而进一步的分解将不再产生有意义的子带。更精确地说，如果相干处理间隔（CPI）包含 N 个脉冲，脉冲响应 $h_a(\cdot)$ 和 $g_a(\cdot)$ 的长度为 M_a，则最大级数 K_a 必须满足

$$K_a < \log_2\left(\frac{N}{M_a}\right) \tag{8.4}$$

例如，若 CPI 长度为 128 个脉冲，并且 Daubechies-4 小波函数滤波器长度为 8，那么 SWT 的级数将被限制为最多 4 级。

8.1.2 子带选取

现在对每个重构子带进行分析，以研究当目标存在时 SWT 的影响。在水平极化数据中添加合成的非起伏点目标，SIR 为 10dB。图 8.3 展示了在相对距离 190m 和 175m 处分别有

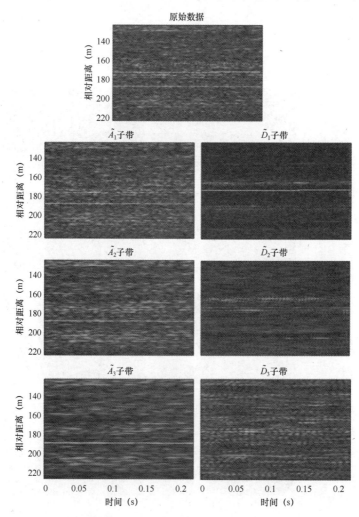

图 8.3　在 Ingara X 波段数据集中添加静止点目标和运动点目标后的距离/时间强度图。静止点目标在重构的 $\tilde{A}_q$ 子带中得以维持，而运动点目标在一级重构子带 $\tilde{D}_1$ 中得以维持

两个点目标（静止和运动）时对数据的三级分解情况。静止点目标总能在近似重构子带 $\tilde{A}_q$ 中得以维持，并在较低的分辨率下表现得更加明显。运动点目标具有更高的多普勒频率，并在细节重构子带 $\tilde{D}_1$ 中得以维持。在这种情况下，进一步分解 A_1 子带将不会带来任何改进，因此重构子带 $\tilde{D}_2$ 和 $\tilde{D}_3$ 所显示的关于两个点目标的信息较少。

经过 Duk 等人的大量试验[13]，选取一组重构子带进行进一步分析，并测试检测性能。内杂波区域外的运动点目标将始终存在于重构子带 $\tilde{D}_1$ 中，而静止点目标将始终位于重构子带 $\tilde{A}_1$ 中。检测慢速运动点目标更加困难，因为该点目标可能存在于重构子带 $\tilde{A}_2$ 或 $\tilde{D}_2$ 中，甚至具有位于这些子带的频率范围内的多普勒频率。如果这种情况发生，则检测性能可能会降低。因此，为了保证在所有情况下都有良好的检测性能，选择子带 D_1、D_2 和 D_3 的组合。最后一组重构子带的谱如图 8.4 所示，包括子带 $\tilde{D}_1$、$\tilde{D}_2$、$\tilde{D}_3$、$\tilde{D}_{12}$、$\tilde{D}_{23}$ 和 $\tilde{A}_3$。遗憾的是，点目标的运动速度无法提前知道，需要一种方法来选择使用哪个子带以确保良好的检测性能。

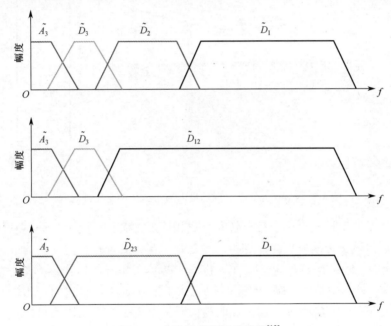

图 8.4　多分辨重构子带的谱[13]

熵是一种已广泛用于衡量统计分析中的系统无序性[27]，以及随机样本的全局或平均不确定性[28-30]的信息测度。文献［13］提出用熵来确定哪个重构子带包含的目标信息最多。随着时间的推移，目标是持续存在的，而干扰回波则更为随机，这就是使用熵的动机。为了确定第 k 个距离单元的熵 $H_e(\cdot)$，使用给定 CPI 长度中所有慢时间样本确定数据的概率密度函数（PDF）。然后，重构子带 X 的熵可以定义为零均值熵的绝对值，即

$$E(X_k) = \left| H_e(X_k) - \langle H_e \rangle \right| \tag{8.5}$$

其中，$\langle H_e \rangle$ 是所有距离单元的平均熵。

为了演示当目标存在时熵的变化，图 8.5 展示了多个重构子带的最大熵随 SIR 的变化情况，包括在三个不同的目标运动速度（0m/s、1.1m/s 和 2.6m/s）下的结果。首先确定仅包含干扰区域上的最大熵，然后用该值对测量的熵进行偏移，以此作为每个结果的基准。这确保了当不存在目标时，每个重构子带的熵是相等的。对于静止目标，重构子带 $\tilde{A}_3$ 的最大熵最大，

其次是重构子带 $\tilde{A}_2$、$\tilde{A}_1$。对于较快速运动的目标，重构子带 $\tilde{D}_1$ 的最大熵最大。另外，当目标以 1.1m/s 的速度运动时，重构子带 $\tilde{D}_{23}$ 是最好的。

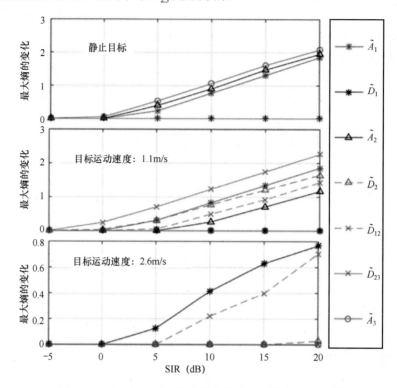

图 8.5 Swerling 0 型目标的最大熵随 SIR 的变化情况[13]

与将每个子带在所选集合中进行分解和分离相比，文献 [13] 提出了一种更有效的方法，即在每级分解后比较子带的熵变化，这种思想是基于图像处理在自然图像的最小分解级选择中的应用而产生的[31]。如图 8.6 所示为一个子带选择方案案例，其中，最大熵 $\gamma_X = \max[E(X_k)]$。要实现这一方案，第一步是在一级分解后计算重构子带 $\tilde{A}_1$、$\tilde{D}_1$ 的最大熵。如果重构子带 $\tilde{D}_1$ 的最大熵大于重构子带 $\tilde{A}_1$ 的最大熵，那么选取重构子带 $\tilde{D}_1$ 进行检测，因为目标不再在重构子带 $\tilde{A}_1$ 中得以维持。然而，如果重构子带 $\tilde{D}_1$ 的最大熵小于重构子带 $\tilde{A}_1$ 的最大熵，则计算下一级的 SWT，并与重构子带 $\tilde{D}_2$、$\tilde{A}_2$ 的最大熵进行比较。此时，如果重构子带 $\tilde{D}_2$ 的最大熵大于重构子带 $\tilde{A}_2$ 的最大熵，则选取重构子带 $\tilde{D}_2$、$\tilde{D}_{12}$ 和 $\tilde{D}_{23}$ 中最大熵最大的；如果重构子带 $\tilde{A}_2$ 具有较大的最大熵，则进一步执行对重构子带 $\tilde{A}_3$ 的分解。在大多数情况下，该方法避免了不必要的子带分解和重构，降低了计算成本。

8.1.3 检测性能

为了评估熵 SWT（eSWT）检测器的性能，使用 Ingara X 波段数据集进行蒙特卡罗仿真，其中，CPI 长度为 128 个脉冲，距离单元数为 200 个。SWT 是一种相干检测方案，旨在提高距离/时域的目标检测能力。如果将滤波后的输出变换到频域，并假设选择了正确的子带，则其检测性能与相干检测方案等同。为了比较性能，本节展示了正确的 SWT 重构子带，以及单元平均 CFAR（CA-CFAR）检测器，后者的杂波距离像包含 32 个距离单元，其中，2 个距

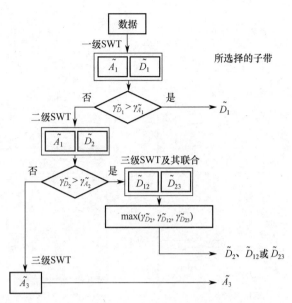

图 8.6　子带选择方案（其中，γ_X 是每个重构子带的最大熵，用于表示目标信息最多的子带[13]）

离单元为保护单元。如果选择了正确的子带，则 eSWT 检测器的性能将与正确的重构子带匹配。性能评估中使用了 Swerling 1 型起伏目标，且径向速度分别为 0m/s、1.1m/s 和 2.6m/s，分别对应于重构子带 $\tilde{A}_3$、$\tilde{D}_{23}$ 和 $\tilde{D}_1$。下文将在期望虚警概率 $P_{fa} = 10^{-3}$ 情况下，在检测概率 $P_d = 0.5$ 处对 SIR 进行比较。

图 8.7 展示了检测性能（第 1 列）和重构子带的选取（第 2 列）。其中，灰色线表示 CA-CFAR 的检测结果，黑色点线表示 eSWT 检测器的检测结果，黑色、灰色叉线和黑色断线分别表示对应三个不同目标速度的正确重构子带的检测结果。对于静止目标，在重构子带 $\tilde{A}_3$ 中具有最优的检测性能，并优于 CA-CFAR 的检测结果约 6dB；eSWT 检测器的检测性能并不如目标运动时那么好。尽管大多数指标的结果在 SIR 小于 5dB 时都是不正确的，但与 CA-CFAR 的结果相比具有 5dB 的改善。对于慢速运动的目标，$\tilde{D}_{23}$ 的检测性能较 CA-CFAR 高 3dB，而 eSWT 检测器只有 2.5dB 的改善，这是因为指标经常在重构子带 $\tilde{D}_2$、$\tilde{D}_{23}$ 之间混淆。然而，由于这两者都包含关于目标的信息，因此对最终检测结果的影响很小。对于运动速度较大的目标，指标以几乎 100%的比率指向重构子带 $\tilde{D}_1$，且其检测结果比 CA-CFAR 高 7dB。

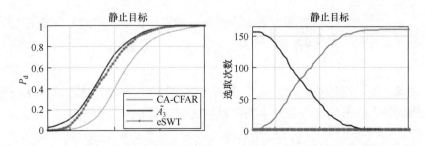

图 8.7　对 Swerling 1 型目标的检测概率（左列）和重构子带的选取次数（右列）[13]

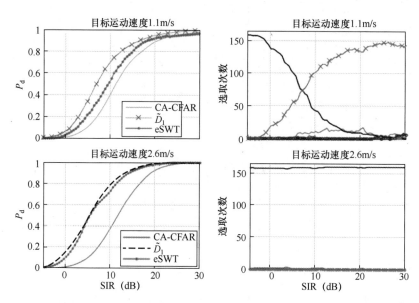

图 8.7　对 Swerling 1 型目标的检测概率（左列）和重构子带的选取次数（右列）[13]（续）

8.1.4　总结和展望

本节介绍了 SWT 在对海领域目标检测中的应用。该方法通过子带分离和重构，突出海杂波的不同特征，并更好地区分目标。本节提出了一种基于熵的正确子带的选取方案，并基于不同级的 SWT 分解的最大熵提出了一种计算高效的方案。使用该方案，可以在所要求的 SIR 下，相对于 CA-CFAR 有 3～7dB 的改善。未来的工作思路包括：了解不同母小波的影响，确定最优重构子带选取的替代指标方案。要将该方案应用于实际系统还需要进一步完善重构子带选取方案，以确保在不同环境下检测的稳健性。

8.2　稀疏信号分离

压缩感知是一种广泛用于挖掘稀疏信号的处理方法。对于成像雷达，压缩感知已应用于图像形成[32]、射频干扰抑制[33]和雷达图像中运动目标的分离[34]。在对海领域目标检测中，稀疏信号分离已用于改善目标信号与干扰的分离效果，以期在与检测方法结合使用时提高检测性能[35,36]。其基本假设是，变换后的信号可以用有限数量的基函数或"原子"表示，这些基函数或"原子"包含在一个更大的组中，这个组被称为"字典"。

考虑以下公式[35]，输入数据用 h 表示，目标分量用 s 表示。单分量算法着重于将目标信号从干扰（或残差 r_s）中分离出来：

$$h = s + r_s \tag{8.6}$$

为了实现这一点，通过基追踪去噪（BPD）优化对字典 $\boldsymbol{\Phi}_s$ 进行处理。该算法通过最小化受稀疏性约束的输入信号的平方误差来确定目标的权向量 $\boldsymbol{w}_s$[37]，即

$$\arg\min_{\boldsymbol{w}_s} \| \boldsymbol{h} - \boldsymbol{\Phi}_s \boldsymbol{w}_s \|_2^2 + \lambda_s \| \boldsymbol{w}_s \|_1 \tag{8.7}$$

其中，ℓ_2 范数 $\|\cdot\|_2$ 和 ℓ_1 范数 $\|\cdot\|_1$ 分别为保真度项和惩罚项，$\lambda_s \geq 0$ 为惩罚参数。之后，目标

分量和残差分别由 $s = \boldsymbol{\Phi}_s \boldsymbol{w}_s$ 和 $\boldsymbol{r}_s = \boldsymbol{h} - \boldsymbol{s}$ 给出。虽然该形式被写成矩阵相乘，但它通常基于快速傅里叶变换来实现，从而可以大大降低计算复杂度。另外，对于选取的某些字典（傅里叶变换或小波函数），在计算式（8.7）时不需要计算和存储大矩阵 $\boldsymbol{\Phi}_s$。

双分量算法通常被称为形态分量分析（MCA），它是一种保存能量的信号分离技术。双分量算法使用两个字典 $\boldsymbol{\Phi}_s$ 和 $\boldsymbol{\Phi}_q$，它们分别代表目标信号 $\boldsymbol{s}$ 和干扰信号 $\boldsymbol{q}_1$，且有

$$h = s + q_1 \tag{8.8}$$

然后，通过求解以下最小化问题

$$\underset{w_q, w_s}{\arg\min}\, \lambda_s \| \boldsymbol{w}_q \|_1 + (1 - \lambda_s) \| \boldsymbol{w}_s \|_1 \tag{8.9}$$

得到目标的权向量 $\boldsymbol{w}_s$ 和干扰的权向量 $\boldsymbol{w}_q$，使 $\boldsymbol{h} = \boldsymbol{\Phi}_s \boldsymbol{w}_s + \boldsymbol{\Phi}_q \boldsymbol{w}_q$。

第三种变体对目标和杂波使用不同的字典，并在残差分量中描述噪声，即

$$h = s + c + r_s \tag{8.10}$$

然后，将干扰的权重和字典替换为等效杂波信号的权重 $\boldsymbol{w}_c$ 和字典 $\boldsymbol{\Phi}_c$，得到

$$\underset{w_c, w_s}{\arg\min}\, \| \boldsymbol{h} - \boldsymbol{\Phi}_c \boldsymbol{w}_c - \boldsymbol{\Phi}_s \boldsymbol{w}_s \|_2^2 + \lambda_s \| \boldsymbol{w}_c \|_1 + (1 - \lambda_s) \| \boldsymbol{w}_s \|_1 \tag{8.11}$$

其中，各分量由 $\boldsymbol{s} = \boldsymbol{\Phi}_s \boldsymbol{w}_s$ 和 $\boldsymbol{c} = \boldsymbol{\Phi}_c \boldsymbol{w}_c$ 决定，残差 $\boldsymbol{r}_s = \boldsymbol{h} - \boldsymbol{c} - \boldsymbol{s}$。

许多潜在的方法，可以求解这些优化算法，包括迭代收缩阈值算法（ISTA）、快速 ISTA 和迭代分裂增强拉格朗日收缩算法（SALSA）[38]。在文献 [39] 的研究中，SALSA 被用作稳健且快速的求解办法[37,38,40-42]，它也是乘子优化的交替方向方法的一个例子[43]。

8.2.1　调谐 Q 小波变换

文献 [37] 首次使用了调谐 Q 小波变换（TQWT）基于谐振的信号分离进行 MCA。然后，文献 [44] 通过双 TQWT 将这种方法应用于雷达数据中，根据其振荡特性对不同的信号进行分类。TQWT 的特性可以通过下列三个参数进行描述[45]。

（1）Q_0 为中心频率除以带宽，即 $Q_0 = f_{RF}/B$，其决定了小波的振荡性质。Q_0 越大，说明信号的振荡性越强。当 $Q_0 \to \infty$ 时，会产生纯正弦波（带宽为零）。

（2）r_0 控制小波的冗余度。如果接收信号 $\boldsymbol{h}$ 中包含 N 个样本，则系数的数量为 $r_0 N$。对于时间支撑集有限的小波，r_0 必须大于 1。

（3）J_0 指定用于计算的连续两通道滤波器组的数量。

在文献 [46] 中，双 TQWT 应用于对海雷达，在目标提取方面具有良好的应用前景。为了进一步了解如何选取 TQWT 参数以更好地区分目标，Ng 等人[47]研究了不同的 Q 因子对目标分离的影响。这是通过使用单 TQWT 字典实现的，将数据分解为目标分量和残差。当应用于实际数据时，发现 Q 因子较小的变换可以更好地检测静止目标，而 Q 因子较大的变换可以更好地检测运动目标。图 8.8 展示了一个使用 NetRAD 数据集进行信号分离的案例，分别设置 $(Q_0, r_0, J_0) = (1,2,3)$、$(Q_0, r_0, J_0) = (8,8,30)$ 来提取目标。由于目标是运动的，因此，Q_0 越大，目标提取效果越好。

8.2.2　短时傅里叶变换

TQWT 应用的一个问题是它们被调谐到不同的谐振频率，这意味着适用于静止目标或慢速运动目标的低谐振字典的小波无法提取快速运动目标，因此需要寻找适用于快速运动目标

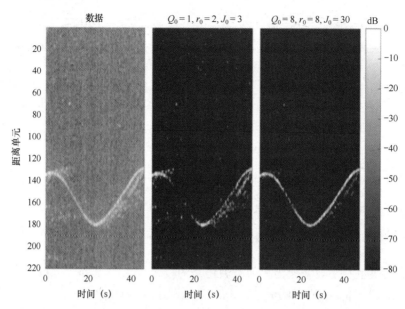

图 8.8　使用 NetRAD 数据集（存在一个真实目标）进行信号分离的案例

（左侧为原始数据，中间为 BPD 输出，右侧为不同 TQWT 参数设置的 BPD 输出）[47]

的高共振字典的小波。解决方法之一是使用可逆的短时傅里叶变换（STFT）作为字典。使用可逆的 STFT 的 MCA 最早应用于图像处理，将图像分解为多个分量，并且假设这些分量在不同的变换域中是稀疏的[48]。Farshchian[49]使用双分量算法将这种方法应用于提取海杂波中的目标。这种方法的优点是，它允许信号在时域和频域有重叠，并且能够根据它们的相对带宽分离不同的分量。这与目标检测尤其相关，因为来自海面的小目标的雷达回波具有相对较少长期存在的且以几乎恒定的速度移动的散射中心。

STFT 字典采用了半余弦窗来实现，以保证完美重构。它通过在数据上滑动分析窗口，将输入信号分解为傅里叶系数的集合。定义这两个字典需要四个参数，具体如下。

（1）N_s 和 N_q 为每个滤波器的长度。"目标"分量的窗口长度 N_s 应确定较长的时域分析窗口以得到频域的窄带滤波器，而"干扰"分量的窗口长度 N_q 应确定较短的时域分析窗口（$N_q < N_s$）以得到频域的宽带频率响应。

（2）L_s 和 L_q 分别为目标字典和干扰字典的重叠因子。其典型值为 2 或 4，分别对应 STFT 字典窗口 50% 和 75% 的重叠。干扰字典的重叠因子通常与目标字典的重叠因子相匹配，即 $L_q = L_s$。

注意，对于式（8.11）中具有残差的双字典，干扰字典被杂波字典替代。

为了确定 STFT 目标滤波器长度的最佳选择，考虑半余弦窗函数经傅里叶变换后的频率响应（幅度平方）的 3dB 宽度。图 8.9（a）表明，随着窗口长度变大，3dB 宽度变小[35]。假设目标信号跨越整个 CPI 长度 N（没有距离游走），那么其频域 3dB 宽度近似等于频率分辨率 $f_r/(N-1)$。正因为如此，最优窗口长度总是 CPI 长度，即 $N_s = N$，STFT 字典也退化为加窗离散傅里叶变换。对于双分量算法，对干扰/杂波分量的处理窗口长度应与杂波谱的 3dB 宽度完美匹配。图 8.9（b）展示了 Ingara X 波段数据集杂波谱 3dB 宽度的 PDF，其均值为 93.2Hz，与图 8.9（a）中 8 个脉冲的窗口长度相当接近。关于重叠因子，文献［35］的研究发现，不同重叠因子得到的结果几乎相同，因此不需要靠额外的处理工作来得到更大的重叠长度（会产生冗余）来提高性能。

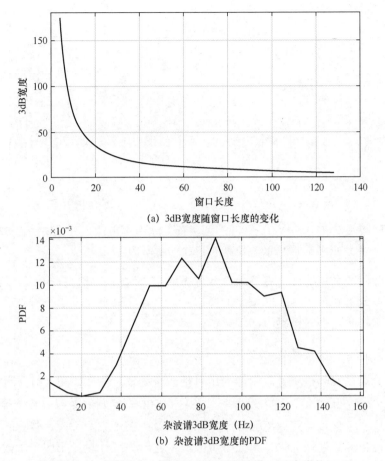

(a) 3dB 宽度随窗口长度的变化

(b) 杂波谱3dB宽度的PDF

图 8.9 3dB 宽度随窗口长度的变化及杂波谱 3dB 宽度的 PDF

使用 Ingara X 波段海杂波数据集给出双分量算法分解（包含残差）的一个案例，如图 8.10 所示。在第 100 个、200 个和 300 个距离单元处分别添加三个合成目标，且多普勒频率分别为 −100Hz、0Hz 和 100Hz，SIR 为 10dB。对于该案例，CPI 长度为 64 个脉冲，并且 $(N_s, N_q) = (64,8)$，$L_s = L_q = 2$，惩罚参数 $\lambda_s = 0.18$。目标被清晰地提取出来，杂波分量的清晰度很好，而噪声体现在残差中。同时，泄露到杂波分量中的微弱目标残差和残差分量中的轻微杂波残留还存在。

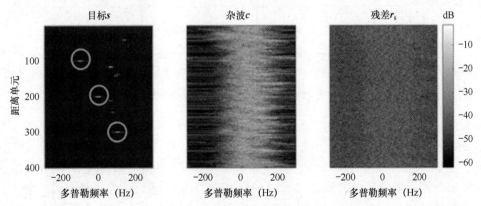

图 8.10 双分量算法分解（还包含了残差）的一个案例（目标分量、杂波和残差用 s、c 和 r_s 表示；展示了在第 200 个距离单元处静止目标的切片）[35]

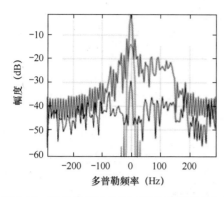
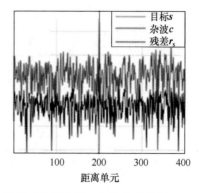

图 8.10　双分量算法分解（还包含了残差）的一个案例（目标分量、杂波和残差用 s、c 和 r_s 表示；展示了在第 200 个距离单元处静止目标的切片）[35]（续）

已经有部分研究利用 STFT 将稀疏信号分离应用于对海领域目标检测。文献［39］提出了一种基于目标分量和干扰分量能量比的算法，而文献［35］比较了三种稀疏信号分解的性能。本节接下来将介绍不同检测方法的详情。

8.2.3　检测方法

稀疏信号分离在实际检测方法中的应用包括四个处理阶段，如图 8.11 所示。其中，γ 为得到期望的 P_{fa} 所选择的阈值，ζ 为检验统计量，H_0 和 H_1 分别为零假设和备择假设。第一个阶段，利用一块不包含目标的训练数据确定惩罚参数；在第二个阶段，将惩罚参数用于优化算法，并使用 SALSA 进行优化；第三个阶段，构建检验统计量；第四个阶段，将其与合适的阈值进行比较处理。

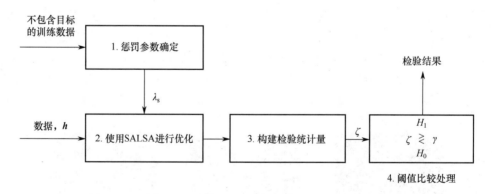

图 8.11　稀疏信号分离检测方法[39]

图 8.12 中的案例对惩罚参数进行了精心选择，并将目标从背景干扰中提取出来。因此，惩罚参数的正确选择是任何检测方法有效的关键。为了研究这个问题，Anitori 等人[50]提出了一种基于复数近似消息传递算法的自适应方案。该方案是为使用步进频率波形的雷达设计的，并将部分傅里叶矩阵作为稀疏字典来求解 BPD 问题。假设数据被加性高斯噪声污染，该方案通过估计噪声方差可以确定正确的惩罚参数。遗憾的是，该方案不适合处理非高斯海杂波[41]。

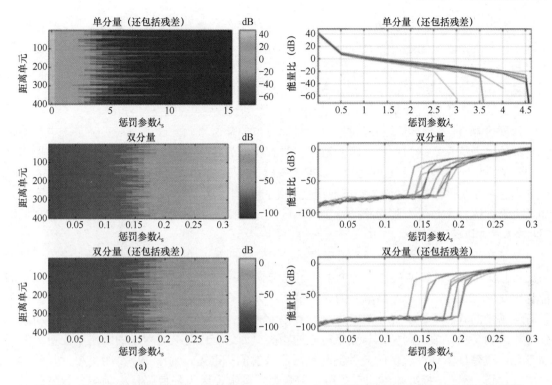

图 8.12 能量比随惩罚参数和距离的变化，以及前 10 个距离单元的能量比随惩罚参数的变化[39]

为了清楚惩罚参数的影响，用目标分量和干扰分量之间的能量比来确定分离效果，即

$$\alpha_s(\lambda_s) = \frac{\|s\|_2}{\|h-s\|_2} \tag{8.12}$$

其中，$\alpha_s(\cdot)$ 为每个距离单元确定的标量。考虑以 STFT 为字典，CPI 长度为 64 个脉冲，$(N_s, N_q) = (64, 8)$ 且 $L_s = L_q = 2$ 的三种分离情况。图 8.12（a）展示了 Ingara X 波段数据集的能量比随惩罚参数 λ_s 和距离的变化情况。对于较小的惩罚参数，单分量的结果具有较大的值，因为较小的惩罚参数使目标分量中包含了更多的干扰。双分量的结果正好相反，惩罚参数越大表明存在越多的干扰。图 8.12（b）展示了每种算法前 10 个距离单元的切片。从单分量的结果中可以更加清晰地看到能量比的衰减。但这个结果是意料之中的，因为当只有干扰存在时，在理想情况下目标分量才会被完全去除，增大惩罚参数只会导致更多能量转移到残差分量中去。对于双分量算法，每个距离单元都有一个清晰的形式，当惩罚参数为 0.1～0.2 时斜率有显著的变化。当惩罚参数较小时，分解结果与各自预期的分量（目标或干扰）不匹配，导致能量比较小。当惩罚参数增大时，目标分量与干扰分量的再平衡同时改善，导致能量比突然跃变。为了实现良好的分离，能量比应该较大，但不应太大，以免干扰泄露到目标信号中。

目标分量和干扰分量之间似乎在拐点处出现了最大的分离，而这个拐点可以通过查找能量比的一阶导数的最大值点来得到，即

$$\lambda_s = \arg\max_{\lambda_s} \alpha_s'(\lambda_s) \tag{8.13}$$

可以利用不包含目标的数据集中每个距离单元的一阶差分对其进行经验求解。在海洋环境下，许多不同的检测统计量已被发展出来。

（1）第一个检测统计量基于文献［36,39］中的工作，并利用能量比 $\alpha_s(\lambda_s)$。这要求 λ_s 和 γ 被一起选取，以达到期望的 P_{fa}。实现这一想法的一种方法是先选择 γ，然后确定实现期望 P_{fa}[39] 的 λ_s。

（2）第二个检测统计量是目标分量 s 的距离/时间元素的幅度平方。

（3）第三个检测统计量是目标分量 s 的距离/多普勒元素的幅度平方。

每种检测方法，都可以通过对不包含目标输出的分析来确定阈值。在实际系统中，不包含目标的"训练"数据与正在分析的数据应具有相似的统计特性。为了获取足够多的样本来确定阈值，可以利用相邻的 CPI。例如，长度 $N = 64$ 个脉冲的 15 个 CPI，在距离/时域有 7.7×10^6 个样本；在距离/频域（对每个频率通道使用不同的阈值），每个频率通道有 12000 个样本。如果由于训练样本数量有限而不能达到较小的 P_{fa}，则阈值可以通过对幅度分布模型进行插值（见第 7 章）再确定。

为了实现能量比检测统计量，可以直接确定实现期望 P_{fa} 的单个惩罚参数。对于单分量的情况，可以利用海杂波结构并为每个距离单元选择不同的 λ_s。图 8.13 上图展示了对于固定的能量比 $\alpha_s = -20\text{dB}$，不同距离单元的惩罚参数。如图 8.12（a）所示，Ingara X 波段数据集具有全场景的强波，由于优化是对每个距离单元独立执行的，因此可以选择与信号后向散射强度相关的惩罚参数。例如，与波峰对应的距离单元具有比与波谷对应的距离单元更大的惩罚参数。清楚展示这种起伏的一种测度是后向散射的标准差，对于第 k 个距离单元，将其定义为 $\sigma_s(k)$。然而，标准差不能直接用于衡量惩罚参数，因为任何强目标都会导致优化对惩罚项的权重过大。为了避免对目标的惩罚，将标准差沿感兴趣的距离单元两侧的 $K_s/2$ 个距离单元取平均。平均标准差 $\tilde{\sigma}_s(k, K_s)$ 如图 8.13 下图所示，其中，$K_s = 4$ 提供了合理的平滑量，同时又保持了沿距离维的起伏。

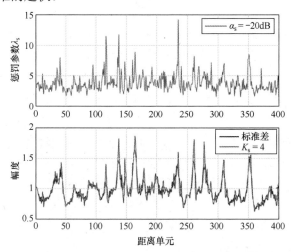

图 8.13　固定能量比 $\alpha_s = -20\text{dB}$（固定阈值）时的惩罚参数，以及不同距离单元的标偏差 $\sigma_s(k)$ 和平均标准差 $\tilde{\sigma}_s(k, K_s = 4)$ [39]

文献［36,39］提出了一种选择 λ_s 以达到固定能量比（和最终的 P_{fa}）的方法，其中，第 k 个距离单元的自适应惩罚参数为

$$\lambda_s(k) = \lambda_0 + \eta_s[\tilde{\sigma}_s(k, K_s) - \min[\tilde{\sigma}_s(k, K_s)]] \tag{8.14}$$

其中，min[·] 为取最小值，λ_0 为惩罚参数的常数偏移，η_s 为可用于选择所匹配的杂波背景（由

涌浪引发的幅度起伏）的一个乘子，对平均标准差 $\tilde{\sigma}_s(k,K_s)$ 偏移了其所有距离单元上的最小值。沿距离维改变 $\lambda_s(k)$ 的作用是描述能量比的差异。如文献［36,39］所讨论的那样，阈值的选择对检测结果影响不大，在估计实现期望的 P_{fa} 的参数 λ_0 和 η_s 之前，可以选择任意阈值。这在图 8.14 中得到了证实，其中，针对阈值 $\alpha_s = -20\text{dB}$ 所得的阈值，绘制惩罚参数 $\lambda_s(k)$ 随该距离单元数据的缩放，并且取了平均后的标准差 $\sigma_s(k) = \tilde{\sigma}_s(k,K_s) - \min[\tilde{\sigma}_s(k,K_s)]$ 变化的图像。本案例有 12000 个距离单元，而为了实现期望的 $P_{fa} = 10^{-3}$，必须拟合一条直线，并且使其上方仅有 12 个点。图 8.14 中灰色展示的是固定结果，有 $\lambda_0 = 13.48$；而黑色展示的是自适应拟合结果，得到 λ_0 和 η_s 的值分别为 11.11 和 4.32。

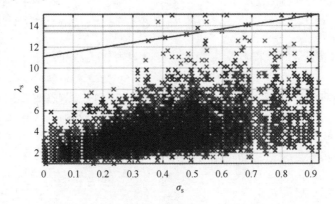

图 8.14　对于 -20dB 的能量比所确定的固定阈值，使用 STFT 字典的单分量算法的惩罚参数变化情况
（灰色和黑色分别展示了实现期望 P_{fa} 的固定结果和自适应拟合结果[39]）

对于时域和频域检测方法，通过蒙特卡罗仿真研究检测概率 P_d，可以确定合适的惩罚参数。这可以通过 Ingara X 波段数据集的 800 个距离单元，并向其中添加 Swerling 1 型起伏点目标实现。图 8.15 展示了时域、频域检测器的检测性能随惩罚参数 λ_s 的变化情况。在时域，对三个目标频率分别为 0Hz、115Hz 和 230Hz，且 SIR 固定为 5dB 的情况进行分析。在频域，检测性能得到了提高，目标的 SIR 降低到 0dB。对于单分量的时域检测结果，对三个目标频率的检测性能差异不大，并且检测性能随惩罚参数的增大而提高。然而，对于单分量的频域检测而言，情况正好相反，较大的惩罚参数会导致干扰大小减小和扩散，从而导致拖尾更重的分布。因此，为了选取合适的 P_{fa}，需要提高阈值，检测性能也就会下降。在惩罚参数较小的情况下，可以观测到最快速运动目标的检测性能相对较高，而其他两种情况的差异则

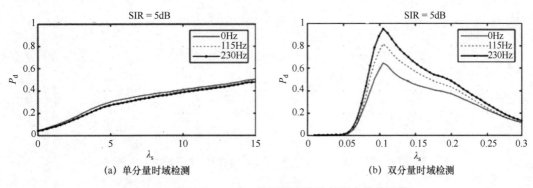

(a) 单分量时域检测　　　　　　　　　　(b) 双分量时域检测

图 8.15　对于 $P_{fa} = 10^{-3}$，检测概率作为惩罚参数的函数

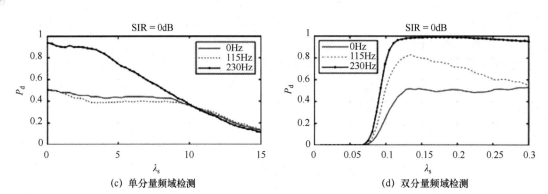

(c) 单分量频域检测　　　　　　　(d) 双分量频域检测

图 8.15　对于 $P_{fa}=10^{-3}$，检测概率作为惩罚参数的函数（续）

很小。显然，对于单分量时域检测，惩罚参数应选择得较大；而对于单分量频域检测，惩罚参数应选择得较小。对于双分量检测和包含了残差的双分量（未显示）检测，目标的 SIR 在时域检测和频域检测的情况下分别为 5dB 和 0dB。上述两种检测结果都出现了一个明显的峰值，且该峰值随目标频率的变化而变化。对于时域检测，一个很好的折中方案是使用能量比的 1%分位数（λ_s 为 0.11）；而对于频域检测，使用能量比的中位数（λ_s 为 0.16）为检测静止目标和运动目标提供了一个很好的折中方案。

8.2.4　检测性能

图 8.16 和图 8.17 给出了两组结果，展示了单分量算法和双分量算法的检测性能，静止目标的检测结果显示图 8.16（a）和图 8.17（a）中，运动目标（多普勒频率为 230Hz）的检测结果显示在图 8.16（b）和图 8.17（b）中。将 P_d 固定为 0.5，测量输入 SIR 的差值来比较相对检测性能。基准检测器的构成是，首先进行傅里叶变换，然后沿着每个频率通道运行一次 CA-CFAR（相干 CFAR）。对于本案例，在杂波距离像中，CFAR 方案在待测试单元（CUT）的每一侧使用 1 个保护单元和 16 个距离单元。

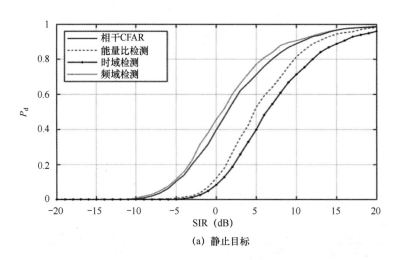

(a) 静止目标

图 8.16　当 $P_{fa}=10^{-3}$ 时，单分量算法检测概率随 SIR 的变化

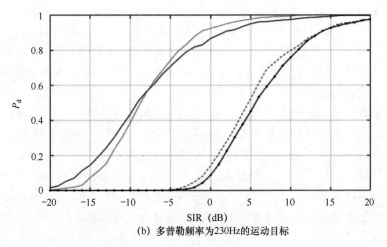

（b）多普勒频率为230Hz的运动目标

图 8.16　当 $P_{fa}=10^{-3}$ 时，单分量算法检测概率随 SIR 的变化（续）

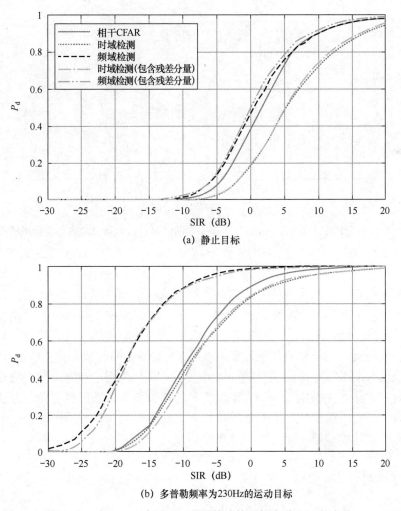

（a）静止目标

（b）多普勒频率为230Hz的运动目标

图 8.17　当 $P_{fa}=10^{-3}$ 时，双分量算法检测概率随 SIR 的变化

对于如图 8.16 所示的单分量检测结果，与相干 CFAR 相比，只有频域检测的检测性能有 0.5dB 的提高，而能量比检测和时域检测的检测性能分别相对低 4dB 和 6dB。对于运动目标，频域检测和相干 CFAR 的检测结果表现出了相近的性能，但时域检测的检测结果明显低约 14dB。对于如图 8.17 所示的双分量检测结果，两种频域检测（包含残差分量和不包含残差分量）对静止目标的检测性能都比相干 CFAR 提高了 1dB，而两种时域检测（包含残差分量和不包含残差分量）的检测性能与相干 CFAR 相比则下降了 3dB。这种趋势在运动目标上再次出现，双分量检测结果的性能比相干 CFAR 提高了 8dB。最后，如图 8.18 所示的结果展示了频域检测在所有目标频率上的检测性能。结果清楚地表明：两个双分量检测（包含残差分量和不包含残差分量）提供了最高且最持续的检测性能，而单分量检测和相干 CFAR 在正多普勒频率区域相对前两者表现出了性能上的损失。对于双分量检测来说，双分量再加上残差分量的检测方法产生增益的效果并不明显，也就是说双分量检测提供了最好的性能，特别是在杂波变化最大的频率区域。

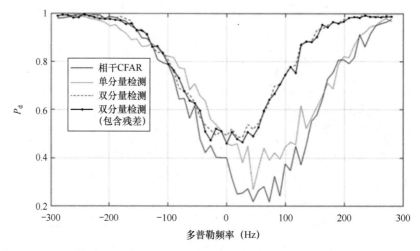

图 8.18 对于固定为 0dB 的 SIR 及 P_{fa} 为 10^{-3} 的情况，检测概率随多普勒频率的变化

8.2.5 总结和展望

与传统相干处理相比，稀疏信号分离具有显著改进检测性能的潜力，但惩罚参数和字典的选择在很大程度上决定了检测性能。文献［51］中进一步的工作提出了使用 STFT 作为字典的双分量检测的多通道版本，这项工作研究了一些具有前景的形式。然而，该项工作发表之后研究人员发现其与归一化自适应匹配滤波器（NAMF）的比较并不正确，而多通道 MCA 的结果实际上比 NAMF 检测器表现得更差。另一项研究[52]考虑了在海杂波尖峰非常多时确定惩罚参数的改进方法，并提出了一些利用第 7 章的单数据集算法的替代检测方法。对于许多惩罚参数的取值，在求解优化问题时计算量很大。然而，其可以使用图形处理单元（运行迅速，并且能够在雷达处理器中运行）加速算法实现。

8.3 字典学习

压缩感知的另一个应用就是所谓的字典学习（DL）。字典学习不使用目标或杂波的知识，而从广泛的训练数据中学习一个字典，然后使用它从数据中估计期望的分量。这种数据驱动方法的优势在于，它不依赖杂波的统计建模，而是依赖用于形成字典的训练数据的质量及 DL 的特性。

稀疏表示的目的是将输入的不包含目标的信号 c 表示为给定字典矩阵 $\boldsymbol{\Phi}_c$ 中几列的线性组合，其中，系数向量为 $\boldsymbol{w}_c$。这是通过求解增强信号 c 的稀疏性正则化问题来实现的，而这种欠定问题的求解已经被许多基于贪婪算法和凸优化的稀疏表示策略的技术所解决。流行的贪婪算法，如正交匹配追踪（OMP）、块 OMP（Block-OMP）、批 OMP（Batch-OMP）等[53-55]，使用迭代硬阈值策略，计算速度快，但不一定能得到全局最优解。基于凸优化的稀疏表示策略，如 BPD[56]、最小绝对收缩和选择算子（LASSO）[57]、最小角度回归（LARS）[58]等，使用了限制较小的约束（ℓ_1 和 ℓ_2 范数），但同时仍然实现 $\boldsymbol{w}_c$ 的稀疏解[59]。这些方法对计算量的要求较高，但对噪声稳健性的要求更高，并且可以更好地对 c 进行重构。

字典矩阵的选择对于获取信号的稀疏表示（其非零系数最少的表示）是至关重要的。根据应用的不同，可以使用任意基（如傅里叶变换、小波变换等）来构建字典[60]，或者从已定义的训练集中收集信号的经验或合成特征来构建字典[61]。经典的 DL 算法，如 K-Means 奇异值分解（KSVD）[62,63]，在每次迭代中分批处理整个训练集。尽管这些方法相当成功，但它们的计算量很大，且无法扩展到高维训练集。一种有效的替代方法是使用在线字典学习（Online Dictionary Learning，ODL）算法[64]。该算法收敛速度快，并可以从大型的或时变的训练集中对字典进行推断。关于 ODL 的一个例子是引入文献［65］的投放小批量在线字典学习（Drop Off Mini-Batch Online Dictionary Learning，DOMINODL）算法，该算法利用具有相关性的（具有类似稀疏表示的）训练数据来提高性能。在文献［66］中，这三种 DL 算法用于从大量 Ingara L 波段数据集中学习海杂波的"特征"，然后将该字典用于估计其他数据集中的杂波分量，从而显示潜在的目标。本节将对这项工作进行进一步总结。

8.3.1　字典学习技术

DL 算法的第 1 步是建立一个训练数据库 $\mathcal{T} = \{c(k)\}_{k=1}^{K_T}$，其中，$K_T$ 个向量中的每个都包含 N 个元素。假设每个向量 $c(k)$ 是由字典矩阵 $\boldsymbol{\Phi}_c \in \mathbb{R}^{N \times K_{\text{atom}}}$ 中的 K_{atom} 个原子的线性组合生成的，对应的稀疏系数向量为 $\boldsymbol{w}_c(k)$。DL 算法的关键问题是对于输入的训练数据库 $\mathcal{T}$，找到给出的最稀疏系数向量 $W_c = \{\boldsymbol{w}_c(k)\}_{k=1}^{K_T}$ 的字典 $\boldsymbol{\Phi}_c$，其可以通过求解如式（8.15）所示的优化来找到，即

$$\underset{\boldsymbol{\Phi}_c, \{\boldsymbol{w}_c(k)\}_{k=1}^{K_T}}{\arg\min} \sum_{k=1}^{K_T} \| \boldsymbol{w}_c(k) \|_0 \tag{8.15}$$

$$\text{subject to } \left\| c(k) - \boldsymbol{\Phi}_c(k)\boldsymbol{w}_c(k) \right\|_2 \leqslant \varepsilon_{\text{dev}}$$

其中，ε_{dev} 为残差误差或模型偏差，可以使用文献［65］中描述的熵阈值策略来选择。KSVD 等批处理的 DL 算法在每次迭代中处理整个训练集，它们保留对 $\boldsymbol{\Phi}_c$ 和 W_c 的估计，并使用基/匹配追踪的方法迭代更新 W_c，或者使用最小二乘法或奇异值分解来迭代更新 $\boldsymbol{\Phi}_c$[62]。ODL 算法每次处理一个信号，与经典的 DL 算法相比收敛速度更快。文献［64］中的 ODL 算法是最早的 ODL 算法之一，它利用 LARS-LASSO 算法基于 Cholesky 的实现完成了稀疏分解得到 W_c[67]，并使用块坐标下降策略依次更新 $\boldsymbol{\Phi}_c$ 的每一列。

DOMINODL 算法在文献［65］中被引入，它利用了一些训练数据可能是相关的且具有

相似的稀疏表示这个事实。在 DOMINODL 算法的每次迭代中，仅考虑与一小批新元素相关的一小批先前的元素，以节省计算资源。如果两个集合的稀疏分解中至少有一个共同的非零元素，则它们被定义为相关的。在每次迭代结束时，DOMINODL 算法还会抛弃之前那些在指定迭代次数之后没有被定义为相关的训练集元素。采用小批量抽取的方法，结合启用训练元素和基于熵准则的稀疏性控制，研究人员得到了一种运算更快的 ODL 算法，其更有利于雷达数据的实时处理。

DL 算法的第 2 步是根据接收到的数据估计杂波分量，然后将其减去以显示潜在的目标。如果接收到的数据 $h \in \mathbb{C}^{N \times K}$，其中，$K$ 为距离单元的数量，那么利用学习到的字典 $\boldsymbol{\Phi}_c$ 进行的稀疏重构可以通过如式（8.16）所示的优化应用到每个距离单元，即

$$w_c(k) = \underset{c(k)}{\arg\min} \| c(k) \|_1 \tag{8.16}$$

$$\text{满足} \quad \| h(k) - \boldsymbol{\Phi}_c w_c(k) \|_2 \leqslant \varepsilon_{\text{rec}}$$

其中，K 个距离单元的输出系数 $W_c = \{ w_c(k) \}_{k=1}^K$。阈值 ε_{rec} 是再次使用熵阈值策略进行选择的，h 中杂波的贡献由 $C = \boldsymbol{\Phi}_c^T W_c$ 得到，因为 $\boldsymbol{\Phi}_c$ 是从仅包含杂波的数据中学习得到的。另外，用 h 减去 C 得到杂波抑制信号。

8.3.2 性能评估

为了测试这些算法，使用 Ingara L 波段数据集进行不包含目标的仿真来创建一个字典。对每次仿真和每个空间信道，选取 3052 个距离单元和 $N = 64$ 个脉冲来构成距离/多普勒强度图。选取 $K_T = 5036$，从这些距离/多普勒强度图中提取不同数据集的多普勒剖面，并叠加在一起构成训练集 $\mathcal{T} \in \mathbb{R}^{N \times K_T}$。上述数量的训练集案例确保了杂波数据的特性能够得到充分的表征，同时维持合理的计算时间。另外，对训练集 $\mathcal{T}$ 进行随机排列，并用于通过求解式（8.15）中的优化问题来学习杂波的稀疏字典。

为了验证三种算法的相对性能，图 8.19（a）展示了一个来自 Ingara L 波段数据集的案例。该数据集的极化方式是水平极化，其中，有一艘船以 10 节的速度运动，该船位于 3.8km 距离处，多普勒频率为 170Hz，并被 $-200 \sim 200$Hz 多普勒频率的杂波内区域部分掩盖。其他图展示了式（8.16）中使用 KSVD 算法、ODL 算法和 DOMINODL 算法（$K_{\text{atom}} = 200$ 个原子）进行基于 DL 的杂波抑制处理后的结果。这些图像均表明，所提出的基于 DL 的算法可以极大抑制海杂波，同时维持目标回波。需要注意的是，每个输入的多普勒剖面都需要用其欧氏范数进行归一化，以使式（8.16）中的稀疏重构能够很好地进行，这一点很重要。然而，目标距离周围的每个多普勒剖面的欧氏范数相对于相邻不包含目标距离的多普勒剖面的欧氏范数有很大不同，这将导致沿距离维的调制，并给检测方法带来一些潜在的问题。为了避免这种情况，对每个多普勒剖面都用相邻的 400 个距离单元的平均欧氏范数进行归一化操作，以减弱前文提及的影响，同时确保算法能够正常运行。这种类型的归一化操作也被应用于距离/多普勒强度图（为 DL 算法生成训练集）。

为了度量相对性能，可以在原始数据和每个 DL 算法运行结果之间确定 SIR 增益。对于本案例，KSVD 算法、ODL 算法和 DOMINODL 算法的 SIR 增益分别为 15.14dB、14.65dB 和 10.53 dB。在计算负载方面，DOMINODL 算法是最快的，比 ODL 算法快 2.3 倍，比 KSVD 算法快 124 倍以上。

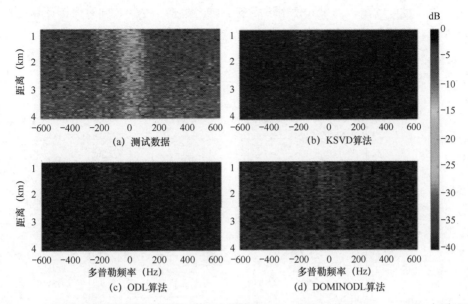

图 8.19　测试数据和使用 KSVD 算法、ODL 算法和 DOMINODL 算法（$K_{\mathrm{atom}} = 200$ 个原子）

进行基于 DL 算法的杂波抑制后的距离/多普勒强度图[66]

DL 算法的学习性能对迭代次数的选择和字典中的原子数 K_{atom} 很敏感[65]。为了确保 ODL 算法和 DOMINODL 算法都有足够数量的训练集元素，同时又不会使 KSVD 算法的运行变得非常慢，将迭代次数设置为 100 次。为了理解学习到的字典 $\boldsymbol{\Phi}_{\mathrm{c}}$ 中原子数的影响，可以定义一个 "相似性测度" 来量化原始训练集 $\mathcal{T}$ 与重构训练集 $\hat{\mathcal{T}}$ 的接近程度。考虑原始训练集的第 k 个向量 $\boldsymbol{c}(k)$ 和其重构向量 $\hat{\boldsymbol{c}}(k)$ 的互相关，即

$$\rho_{\boldsymbol{c}(k),\hat{\boldsymbol{c}}(k)}(l) = \sum_{n=-\infty}^{\infty} \boldsymbol{c}(k,n), \hat{\boldsymbol{c}}(k,n+l) \tag{8.17}$$

然后，将归一化互相关定义为

$$\overline{\rho}_{\boldsymbol{c}(k),\hat{\boldsymbol{c}}(k)}(l) = \frac{\rho_{\boldsymbol{c}(k),\hat{\boldsymbol{c}}(k)}(l)}{\sqrt{\rho_{\boldsymbol{c}(k),\boldsymbol{c}(k)}(0)\rho_{\hat{\boldsymbol{c}}(k),\hat{\boldsymbol{c}}(k)}(0)}} \tag{8.18}$$

另外，对于向量 $\boldsymbol{c}(k)$，相似性测度可以定义为

$$q_{\mathrm{sim}}(k) = \max\left[\left|\overline{\rho}_{\boldsymbol{c}(k),\hat{\boldsymbol{c}}(k)}(l)\right|\right] \tag{8.19}$$

其中，$q_{\mathrm{sim}}(k)$ 的值越接近 1，表明重构训练集和原始训练集的相似性越高。为了评估性能，改变原子数 K_{atom}，并对原始训练集 $\mathcal{T}$ 中的所有向量确定 $\{q_{\mathrm{sim}}(k)\}_{k=1}^{K_{\mathcal{T}}}$。图 8.20 展示了每种 DL 算法的相似性测度的均值 μ_{sim}。总体来说，它们都非常接近 1，这表明三种算法学习得到的字典 $\boldsymbol{\Phi}_{\mathrm{c}}$ 对原始训练集 $\mathcal{T}$ 的重构效果很好。其中，KSVD 算法是最准确的，而 DOMINODL 算法的 μ_{sim} 相对 KSVD 算法和 ODL 算法略低。这是因为 KSVD 算法使用了所有的训练集元素，而 ODL 算法在稀疏表示中使用了凸优化方法（LARS），从而在存在噪声的情况下改善了重构效果。DOMINODL 算法使用的训练集元素甚至比 ODL 算法更少（由于采用了小批量处理的方案），而且用贪婪批 OMP 算法进行的稀疏表示的准确性也不如用 LARS 的稀疏表示。

因此，为了保证良好的重构效果（使用过完备字典，即 $K_T > N$），同时保持计算的高效性，验证发现 $K_T \approx 200$ 足以表征 DL 算法中的海杂波。

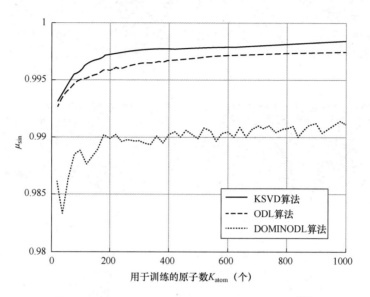

图 8.20　所提出的 DL 算法的相似性测度的均值[66]

8.3.3　检测性能

为了评估检测概率 P_d，将非起伏（Swerling 0）型点目标添加到 1000 个不同的距离单元中，并改变 SIR，进行蒙特卡罗仿真。对于每种算法，使用包含 $N = 64$ 个脉冲的 CPI，检测阈值由期望的虚警概率 $P_{fa} = 10^{-3}$ 确定。将两种标准检测算法与 DL 算法进行比较，包括第 7 章描述的相干 CFAR 和 NAMF 检测器。相干 CFAR 对数据进行傅里叶变换，然后在每个频率通道进行 CA-CFAR，为每个频率通道确定不同的阈值乘子，以实现期望的虚警概率。其中，CFAR 的窗口使用 32 个距离单元（CUT 两侧各 16 个距离单元）和 2 个防止目标自动置零的保护单元。

将算法应用于 Ingara L 波段数据集，其中，$K = 128$ 个距离单元被用来进行协方差估计，而 CUT 两侧各有 1 个保护单元。当进行检测性能比较时，在 $P_d = 0.5$ 处测量 SIR。图 8.21 展示了 P_d 随输入 SIR 的变化，其中，用 $K_{atom} = 1000$ 个原子表示字典。图 8.21（a）展示了目标位于主杂波内区域时（0Hz）的结果，而图 8.21（b）展示了目标位于主杂波外区域时（445Hz）的结果。在主杂波内区域，三种 DL 算法的结果非常相近，而相干 CFAR 和 NAMF 检测器的性能相对低 2 dB。在主杂波外区域，ODL 算法相对于相干 CFAR 和 NAMF 检测器具有 1dB 的改善，KSVD 算法和 DOMINODL 算法的性能还要低不到 1dB。图 8.22 展示了 SIR 固定为 0dB 时 P_d 随目标多普勒频率的变化。可以更清楚地看到，DOMINODL 算法在整个主杂波内区域性能最好，ODL 算法和 KSVD 算法也表现出了出色的性能。NAMF 检测器和相干 CFAR 的性能接近，但在 0Hz 处相对其他算法低 30%。另外，DL 算法在谱边缘的一个小区域表现较差。对于 SIR 为 0dB 的情况，在主杂波外区域，所有算法的性能都很好。

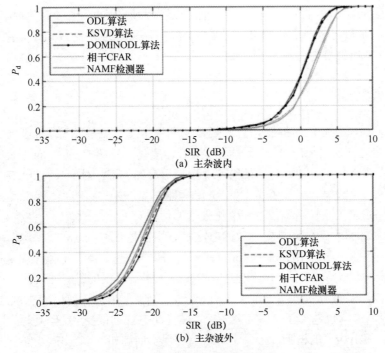

(a) 主杂波内

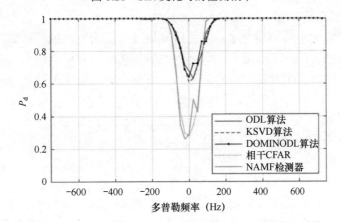

(b) 主杂波外

图 8.21 SIR 变化时的检测概率

图 8.22 对于 SIR=0dB,不同多普勒频率下的检测概率[66]

8.3.4 总结和展望

本节介绍了一种基于 DL 算法的海杂波抑制技术,并将其应用在 Ingara L 波段数据集中。对批处理技术和 ODL 算法进行统计评估发现,它们能够有效地学习字典,并对海杂波信号进行稀疏分解。学习到的字典可用来抑制距离/多普勒强度图中的杂波,从而增强场景中目标的回波。这里用到的所有 DL 算法都实现了对 SIR 约 10dB 的改善,其中,KSVD 算法的性能稍微更好一些,而 DOMINODL 算法是运算速度最快的。在检测分析中,将 DL 算法的性能与两种相干检测方法进行了比较。结果表明,DOMINODL 算法在主杂波内区域表现最好,而 ODL 算法在主杂波外区域表现稍好一些。

要将这种算法应用于实际系统中,需要开发一种不包含目标的字典的构建方案,且该方案应覆盖广泛的应用环境。未来的工作可以通过多种途径完成,包括研究使用不同的数据集训练字典，以及抑制杂波时算法的稳健性；也可以利用场景的角度/多普勒频率表示，将这项工作加以扩展从而利用多个空间信道。另外，DL 算法可以应用于学习场景中的目标特征，然后应用于 8.2 节所发展的信号分离方案。

8.4 检测前跟踪

对于海事领域，传统的目标跟踪方法是首先利用幅度信息检测目标，然后估计其位置和运动特性。检测通常使用 CFAR 来处理杂波均值的变化（见第 7 章），随后将得到的点量测输入传统目标跟踪系统，以初始化新的航迹并保持已有的航迹。对于具有低 SIR 的目标，一种常用的检测方法是将检测阈值设置得很低，并利用跟踪算法处理误检概率较高这个问题。然而，这会导致航迹与量测关联较困难，且阈值化处理的使用会导致处理链中一些信息的丢失。

跟踪低 SIR 目标的一种可能更有效的方法是使用雷达信号处理的原始输出作为量测。去除检测阈值，则检测前跟踪（Track Before Detect，TBD）意味着可以检测和跟踪具有较低 SIR 的目标[68]。该概念最初是针对基于凝视卫星的成像传感器提出的[69]，并首次应用于文献 [70] 所讨论的扫描脉冲多普勒机载雷达。文献 [69] 和文献 [70] 都使用动态规划来解决 TBD 问题，许多发表的文章也选择了这种方法[71-77]。尽管动态规划很受欢迎，但对于实时实现 TBD 来说，它是一个相当烦琐的框架，这主要是因为在现实问题中对状态空间的离散化并不现实，而其高维最大化这个要求难以满足。

两种常用的 TBD 方法包括：假设目标匀速的 Hough 变换[78,79]，直方图概率多假设跟踪器（H-PMHT）[80]。对于后一种方法，雷达信号处理的原始输出被解释为底层随机过程观测的直方图。通过一系列的假设和近似，该问题得到了简化，并可利用卡尔曼滤波高效计算求解。另外，原始的 H-PMHT 算法是一种航迹维持算法[81]，需要额外的处理来启动航迹和终止航迹[82]。

单目标 TBD 的首个递归贝叶斯估计器报道参见文献 [83]，并使用粒子滤波进行求解[84]。随后，在雷达处理[74]和图像处理[85]背景下，多目标 TBD 的粒子滤波器被提出。用于 TBD 的递归贝叶斯框架很快成为单目标跟踪的最优贝叶斯方法并流行起来，因为该方法可被解析表达[86,87]。关于多目标 TBD 的递归贝叶斯扩展很多，尤其是使用随机有限集框架[88-91]。

在瑞利分布杂波且目标幅度恒定的情况下，文献 [92] 对 H-PMHT 算法、动态规划和递归贝叶斯框架进行了比较。结果表明，H-PMHT 算法具有快速且可用于多目标的优点。但是，在机载海上监视环境下使用高分辨率雷达时，瑞利分布杂波且目标幅度恒定这个假设是不成立的。实际上，目标幅度是起伏的，通常用一种 Swerling 模型进行建模[93]。此外，受局部平均强度（杂波纹理）变化和海尖峰的影响，海杂波幅度的概率分布具有重拖尾的特性。这促使文献 [94] 开展了关于 K 分布杂波中起伏目标跟踪的研究，该研究发现基于 H-PMHT 算法的 TBD 难以校准，并且比伯努利型递归贝叶斯 TBD 的性能更差。文献 [95] 提出了一种用于对海雷达的伯努利 TBD 滤波器，本节将对其进行描述。它的假设包括 Swerling 1 型起伏目标、K 分布杂波、热噪声和空间变化的纹理。

8.4.1 数学模型

伯努利 TBD 滤波器建立在许多数学模型的基础之上。它采用离散时间运动模型，其中，采样周期 T_{sc} 由雷达扫描速率决定，并且是一个恒定值。虽然每次扫描的量测都在距离/方位域进行，但可以方便地认为每个单元的中心在远场中，并用笛卡儿坐标表示。因此，第 m 次扫描时，目标的状态可以用状态向量 $\boldsymbol{u}_m = [x_m \ \dot{x}_m \ y_m \ \dot{y}_m \ A_m^2]$ 来完全描述，其中，(x_m, y_m) 为目标的笛卡儿坐标，$(\dot{x}_m, \dot{y}_m)$ 为目标的速度，A_m^2 为目标信号的能量或平均功率（可能扩展到多个量测单元中）。

目标状态的演化满足近匀速运动模型[96]，其转移密度为

$$\vartheta_{m|m-1}(\boldsymbol{u}_m \mid \boldsymbol{u}_{m-1}) = \mathcal{N}(\boldsymbol{\Theta} \boldsymbol{u}_{m-1}, \boldsymbol{\Omega}) \tag{8.20}$$

其中，$\mathcal{N}(\boldsymbol{\Theta} \boldsymbol{u}_{m-1}, \boldsymbol{\Omega})$ 表示均值向量为 $\boldsymbol{\Theta} \boldsymbol{u}_{m-1}$、协方差矩阵为 $\boldsymbol{\Omega}$ 的高斯 PDF；矩阵 $\boldsymbol{\Theta}$、$\boldsymbol{\Omega}$ 分别表示转移矩阵、系统噪声协方差矩阵。文献［96］给出了它们的具体形式，即

$$\boldsymbol{\Theta} = \begin{bmatrix} \boldsymbol{\vartheta} & 0 & 0 \\ 0 & \boldsymbol{\vartheta} & 0 \\ 0 & 0 & \boldsymbol{I} \end{bmatrix}, \qquad \boldsymbol{\vartheta} = \begin{bmatrix} 1 & T_{\mathrm{sc}} \\ 0 & 1 \end{bmatrix} \tag{8.21}$$

$$\boldsymbol{\Omega} = \begin{bmatrix} \omega & 0 & 0 \\ 0 & \omega & 0 \\ 0 & 0 & \omega_1 T_{\mathrm{sc}} \end{bmatrix}, \qquad \boldsymbol{\omega} = \omega_{\mathrm{s}} \begin{bmatrix} T_{\mathrm{sc}}^3/3 & T_{\mathrm{sc}}^2/2 \\ T_{\mathrm{sc}}^2/2 & T_{\mathrm{sc}} \end{bmatrix} \tag{8.22}$$

其中，ω_{s} 和 ω_1 分别表示空间域和幅度域的系统噪声强度。这些标准表达式描述了由连续时间模型（速度和幅度为随机变量，位置为速度的积分）转换而来的离散时间动力学模型。

为了指示 TBD 中存在目标，可以引入一个二元随机变量 $\varepsilon_m \in \{0,1\}$，其中，$\varepsilon_m = 1$ 表示第 m 次扫描存在目标，$\varepsilon_m = 0$ 表示第 m 次扫描不存在目标。ε_m 的动态变化采用一阶二态马尔可夫链进行建模，其过渡概率矩阵为

$$\boldsymbol{\Pi} = \begin{bmatrix} 1 - P_{\mathrm{b}} & P_{\mathrm{b}} \\ 1 - P_{\mathrm{s}} & P_{\mathrm{s}} \end{bmatrix} \tag{8.23}$$

其中，$P_{\mathrm{b}} = P\{\varepsilon_{m+1} = 1 \mid \varepsilon_m = 0\}$ 和 $P_{\mathrm{s}} = P\{\varepsilon_{m+1} = 1 \mid \varepsilon_m = 1\}$ 分别被称为目标诞生概率和目标存活概率。如果目标出现在第 $m-1$ 次扫描，则其状态向量可被视为来自目标诞生 PDF 的随机样本，即 $\tilde{b}_{m-1|m-1}(\boldsymbol{u})$ 的随机样本。

如果接收数据的一个单元中没有目标，则量测的幅度是由背景杂波加热噪声引起的，可以用复合高斯模型[97]来表示这种干扰。该模型包含一个散斑分量，用于对较大波浪上的小纹波进行建模。另外，这些较大的波浪由缓慢变化的纹理来建模，可以假设纹理在一个典型的雷达驻留时间内是恒定的。干扰的 PDF 可以用 K 分布描述，其中，形状参数 ν 被有效形状参数 $\hat{\nu}$ 替代。如第 2 章所述，通过对有热噪声干扰和无热噪声干扰的 PDF 进行矩匹配，可以得到

$$\tilde{\nu} = \nu(1 + 1/\mathcal{C})^2 \tag{8.24}$$

其中，$\mathcal{C}$ 为杂噪比（CNR）。对于本节剩余的部分，$\tilde{\nu}$ 为无显式定义 CNR 的形状参数。复合 PDF 模型为

$$P_r(r) = \int_0^\infty P_{r|\tau}(r \mid \tau) P_\tau(\tau) \mathrm{d}\tau \tag{8.25}$$

其中，散斑幅度 r 服从瑞利分布，即

$$P_{r|\tau}(r \mid \tau) = \frac{2r}{\tau} \exp\left(-\frac{r^2}{\tau}\right) \tag{8.26}$$

且均值 $\langle r \rangle = \sqrt{\pi \tau}/2$。对于 K 分布，$\langle r^2 \rangle = \tau$ 被视为一个服从 Gamma 分布的随机变量，其 PDF 为

$$P_\tau(\tau) = \frac{\tau^{\tilde{v}-1}}{b^{\tilde{v}} \Gamma(\tilde{v})} \exp\left(-\frac{\tau}{b}\right) \tag{8.27}$$

其中，$\Gamma(\cdot)$ 表示 Gamma 函数，$\tilde{v} > 0$ 为形状参数，$b = \langle r \rangle / \tilde{v}$ 为尺度参数。K 分布幅度 PDF 的最终表达式为[98]

$$P_\tau(r \mid \tilde{v}, b) = \frac{4r^{\tilde{v}}}{\sqrt{b}^{\tilde{v}+1} \Gamma(\tilde{v})} \mathcal{K}_{\tilde{v}-1}\left(\frac{2r}{b}\right) \tag{8.28}$$

其中，$\mathcal{K}_n(\cdot)$ 为第二类修正 Bessel 函数。假设有一个功率为 A^2 的 Swerling 1 型目标。在许多场景中，目标的信号会扩展到多个距离单元或方位单元。如果存在 K 个距离单元和 N 个方位单元，那么每次扫描的数据可以用 (k,n) 进行索引，其中，$k = 1, \cdots, K$，而 $n = 1, \cdots, N$。对于索引为 (k,n) 的单元，目标信号可以通过（强度）点扩散函数 $S_\mathrm{I}(\cdot)$ 与目标平均功率 A_m^2 关联起来，即

$$S_\mathrm{I}^{(k,n)}(\boldsymbol{u}_m) = \frac{A_m^2}{2\pi w_x w_y} \exp\left(-\frac{(k-x_m)^2}{2w_x^2} - \frac{(n-y_m)^2}{2w_y^2}\right) \tag{8.29}$$

其中，w_x 和 w_y 分别确定距离和方位的扩展。此映射涉及的单元 (k,n) 中的散斑幅度服从瑞利分布，如式（8.26）所示。但是，对于参数 $\tau + S_\mathrm{I}$，情况变为

$$P_{r|\tau}(r \mid \tau + S_\mathrm{I}^{(k,n)}(\boldsymbol{u}_m)) = \frac{2r}{\tau + S_\mathrm{I}^{(k,n)}(\boldsymbol{u}_m)} \exp\left(-\frac{r^2}{\tau + S_\mathrm{I}^{(k,n)}(\boldsymbol{u}_m)}\right) \tag{8.30}$$

其中，τ 服从 Gamma 分布，如式（8.27）所示。在这种情况下，幅度 PDF 没有解析表达式，而必须用数值方法计算。文献［99］给出

$$\begin{aligned}
P_{r|A}(r \mid S_\mathrm{I}^{(k,n)}(\boldsymbol{u}_m), \tilde{v}, b) &= \int_0^\infty P_{r|\tau}\left(r \mid \tau + S_\mathrm{I}^{(k,n)}(\boldsymbol{u}_m)\right) P_\tau(\tau \mid \tilde{v}, b) \mathrm{d}\tau \\
&= \frac{2r}{b^{\tilde{v}} \Gamma(\tilde{v})} \int_0^\infty \frac{\tau^{\tilde{v}-1}}{\tau + S_\mathrm{I}^{(k,n)}(\boldsymbol{u}_m)} \exp\left(-\frac{r^2}{\tau + S_\mathrm{I}^{(k,n)}(\boldsymbol{u}_m)} - \frac{\tau}{b}\right) \mathrm{d}\tau
\end{aligned} \tag{8.31}$$

总体来说，如果在时间索引为 m 时，量测图的单元 (k,n) 中不存在目标，则幅度 PDF 为

$$P_0^{(k,n)}(r) = P_r(r \mid \tilde{v}, b) \tag{8.32}$$

而当状态为 $\boldsymbol{u}_m$ 的目标贡献功率为 $S_\mathrm{I}^{(k,n)}(\boldsymbol{u}_m)$ 时，幅度 PDF 为

$$P_1^{(k,n)}(r \mid \boldsymbol{u}_m) = P_{r|A}(r \mid S_\mathrm{I}^{(k,n)}(\boldsymbol{u}_m), \tilde{v}, b) \tag{8.33}$$

8.4.2　检测滤波前的伯努利跟踪

伯努利 TBD 滤波器是出现/消失目标的最优递归贝叶斯估计器[86]。它随时间传播两个量。第一个量是目标存在的后验概率 $\tilde{q}_{m|m} = P(\varepsilon_m = 1 \mid \boldsymbol{r}_{1:m})$，其中，$\boldsymbol{r}_{1:m} = \boldsymbol{r}_1, \cdots, \boldsymbol{r}_m$ 为前 m 次扫描的距离/方位幅度图序列。第二个量是在目标存在条件下的后验空间概率分布，即 $\tilde{s}_{m|m}(\boldsymbol{u}) = P(\boldsymbol{u}_m \mid \boldsymbol{r}_{1:m})$。如果在第 $m-1$ 次扫描时，$\tilde{q}_{m-1|m-1}$ 和 $\tilde{s}_{m-1|m-1}(\boldsymbol{u})$ 都已知，则 $\tilde{q}_{m|m}$ 和 $\tilde{s}_{m|m}(\boldsymbol{u})$ 的递归计算可以分两步进行，即预测和更新。伯努利 TBD 滤波器的预测方程为[86]

$$\tilde{q}_{m|m-1} = P_\mathrm{b}(1 - \tilde{q}_{m-1|m-1}) + P_\mathrm{s}\tilde{q}_{m-1|m-1} \tag{8.34}$$

$$\tilde{s}_{m|m-1}(\boldsymbol{u}) = \frac{P_{\mathrm{b}}(1-\tilde{q}_{m-1|m-1})\int \boldsymbol{\vartheta}_{m|m-1}(\boldsymbol{u}\,|\,\boldsymbol{u}')\tilde{b}_{m-1|m-1}(\boldsymbol{u}')\mathrm{d}\boldsymbol{u}'}{\tilde{q}_{m|m-1}} +$$

$$\frac{P_{\mathrm{s}}\tilde{q}_{m-1|m-1}\int \boldsymbol{\vartheta}_{m|m-1}(\boldsymbol{u}\,|\,\boldsymbol{u}')\tilde{s}_{m-1|m-1}(\boldsymbol{u}')\mathrm{d}\boldsymbol{u}'}{\tilde{q}_{m|m-1}} \tag{8.35}$$

其中，如果目标在时间索引 $m-1$ 处出现过，则目标诞生 PDF 对目标的状态进行建模。更新方程为

$$\tilde{q}_{m|m} = \frac{\tilde{q}_{m|m-1}\int \mathcal{L}(\boldsymbol{r}_m\,|\,\boldsymbol{u})\tilde{s}_{m|m-1}(\boldsymbol{u})\mathrm{d}\boldsymbol{u}}{1-\tilde{q}_{m|m-1}+\tilde{q}_{m|m-1}\int \mathcal{L}(\boldsymbol{r}_m\,|\,\boldsymbol{u})\tilde{s}_{m|m-1}(\boldsymbol{u})\mathrm{d}\boldsymbol{u}} \tag{8.36}$$

$$\tilde{s}_{m|m}(\boldsymbol{u}) = \frac{\mathcal{L}(\boldsymbol{r}_m\,|\,\boldsymbol{u})\tilde{s}_{m|m-1}(\boldsymbol{u})}{\int \mathcal{L}(\boldsymbol{r}_m\,|\,\boldsymbol{u})\tilde{s}_{m|m-1}(\boldsymbol{u})\mathrm{d}\boldsymbol{u}} \tag{8.37}$$

其中，$\mathcal{L}(\boldsymbol{r}_m\,|\,\boldsymbol{u})$ 为似然比，定义为

$$\mathcal{L}(\boldsymbol{r}_m\,|\,\boldsymbol{u}) = \frac{\prod_k \prod_n P_1^{(k,n)}(\boldsymbol{r}_m\,|\,\boldsymbol{u})}{\prod_k \prod_n P_0^{(k,n)}(\boldsymbol{r}_m)} \tag{8.38}$$

在理想情况下，这个比率将在 $\boldsymbol{r}_m$ 的每个值上确定，但这会导致计算成本过高。作为替代，在 $\boldsymbol{u}$ 所确定的目标距离/多普勒位置周围定义一个二维窗口，似然比的计算结果就是 $P_1^{(k,n)}(\cdot)$ 和 $P_0^{(k,n)}(\cdot)$ 的乘积之比。这个似然比在伯努利 TBD 滤波器中起着至关重要的作用。正如文献 [100] 中所讨论的，当杂波尖峰多且具有小的 $\tilde{\nu}$ 时，它是保守的，因为它对大幅度的"反应"不太显著。另外，参数 $\tilde{\nu}$、b 对于似然比的计算也是必要的，必须从数据中估计出来。伯努利 TBD 滤波器仅在 $\tilde{q}_{m|m} > \gamma_{\mathrm{t}}$ 时才报告航迹，其中，γ_{t} 是报告阈值的参数。

对目标存在概率 $\tilde{q}_{m|m}$ 的预测和更新是直接用式（8.34）和式（8.36）的解析表达式进行的。为了表示后验空间密度 $\tilde{s}_{m|m}(\boldsymbol{u})$，然后在新数据可用时进行预测和更新，可以将序贯蒙特卡罗法[84]和伯努利 TBD 滤波器（作为粒子滤波器实现[86]）一起使用。表示目标诞生 PDF 的粒子 $\tilde{b}_{m-1|m-1}(\boldsymbol{u})$ 是通过让 $\tilde{b}_{m-1|m-1}(\boldsymbol{u})$ 近似为 $N_{\mathrm{t}} \gg 1$ 个加权粒子 $\{\tilde{w}_{m-1}^{(i)}, \boldsymbol{u}_{m-1}^{(i)}\}_{i=1}^{N_{\mathrm{t}}}$ 创建的，其中，$\boldsymbol{u}_{m-1}^{(i)}$ 是来自 $\tilde{b}_{m-1|m-1}(\boldsymbol{u})$ 的第 i 个随机样本（粒子）的状态且权重 $\tilde{w}_{m-1}^{(i)} > 0$。

基于文献 [101]，研究人员还实现了一种自适应量测驱动的诞生 PDF。因此，在状态空间的 (x,y) 子空间中，$\tilde{b}_{m-1|m-1}(\boldsymbol{u})$ 旨在覆盖距离/多普勒强度图的单元 $\boldsymbol{r}_{m-1}$（其幅度高于某个阈值，并指示目标可能出现的区域）。因此，粒子 $\boldsymbol{u}_{m-1}^{(i)}$ 的位置是等概率在这个区域随机抽取的（$i=1,\cdots,N_{\mathrm{t}}$）。在 $(\dot{x},\dot{y})$ 子空间中，采用从 $-v_{\max}$ 到 $v_{\max}$ 的均匀分布，其中，$v_{\max}$ 为最大期望目标运动速度。在平均目标功率 A^2 的子空间中，诞生密度是参数为 $(v_{\mathrm{t}},b_{\mathrm{t}})$ 的 Gamma 分布，参数 $(v_{\mathrm{t}},b_{\mathrm{t}})$ 的选择需要让分布覆盖感兴趣的 SIR。诞生粒子的权重则是均匀分布的，即 $\tilde{w}_{m-1}^{(i)} = 1/N_{\mathrm{t}}$（$i=1,\cdots,N_{\mathrm{t}}$）。

8.4.3　仿真细节

考虑一个包含 $K=128$ 个距离单元和 $N=64$ 个方位单元的通用扫描雷达，海杂波采用 K 分布建模。由于涌浪的起伏，海杂波的平均水平在秒级时间尺度上存在空间和时间的起伏[97]。

图 8.23 展示了具有单位均值且形状参数 $\tilde{v}=3$ 的海杂波仿真距离/方位图。由于时间尺度较短，因此自相关函数仅在距离维用负指数函数 $\rho_{\text{spat}}(R)=\exp(-R/R_{\text{L}})$ 表示，其中，R 为距离单元，相关系数 $R_{\text{L}}=4$。

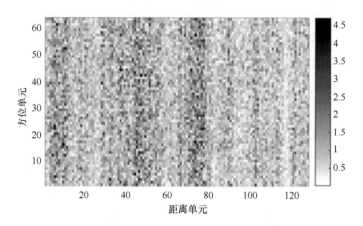

图 8.23　海杂波仿真距离/方位图（具有单位均值且形状参数 $\tilde{v}=3$）

仿真中使用了以下以任意单位表示的参数：采样间隔 $T_{\text{sc}}=1$，距离单元和方位单元大小为 1×1，系统噪声参数 $\omega_{\text{s}}=0.002$、$\omega_{\text{i}}=0$，相关系数 $R_{\text{L}}=4$，目标距离标准差 $w_x=1$，目标方位标准差 $w_y=1$。对于伯努利 TBD 滤波器，$P_{\text{b}}=0.01$，$P_{\text{s}}=0.98$，粒子数 $N_{\text{t}}=5000$。诞生密度参数选择需要覆盖目标幅度和速度的预期范围，其中，$v_{\text{t}}=4.5$，$b_{\text{t}}=1.7$，$v_{\max}=0.6$。K 分布的参数估计基于当前扫描和前一次扫描（$\boldsymbol{r}_m$ 和 $\boldsymbol{r}_{m-1}$），使用矩估计器（见第 2 章）进行估计。这使每次扫描有 2048 个不相关的样本，这些样本被故意设置得很小，以突出 TBD 算法中所有可能的性能下降。

8.4.4　检测和跟踪性能

首先，给出错误航迹声明概率随阈值 γ_{t} 的变化。这是在没有目标（仅有干扰）的情况下完成的，并且对一系列形状参数 $\tilde{v}$ 进行了测试。图 8.24 展示了在独立海杂波实现的 3000 次扫描中运行 TBD 算法数值求解得到的估计概率。从图 8.24 可以看出，形状参数 $\tilde{v}$ 越小，错误航迹声明概率就越高。这是合理的，因为越小的 $\tilde{v}$ 意味着海杂波的尖峰越多（K 分布的拖尾越重），出现类似于目标回波情况的频率越高。其次，$\tilde{v}=1$ 和 $\tilde{v}=1.5$ 的曲线发生急剧变化，这表明 TBD 算法无法在海尖峰极多的海杂波环境下有效工作。在理想情况下，所选择的报告阈值应使错误航迹声明概率低于用户指定的值，而这个报告阈值的选择实际上取决于形状参数 $\tilde{v}$ 的估计值。对于其余的仿真结果，将报告阈值 γ_{t} 设置为 0.7。

使用平均最优子模式分配（Mean Optimal Sub-Pattern Assignment，MOSPA）度量[102]对联合检测和跟踪的性能进行测量，该度量需要定义阶数和截止值。该度量会对基数（目标数量）估计误差和目标位置估计误差进行惩罚，但在性能评估中没有考虑目标运动速度和平均功率。在仿真中，阶数被设置为 2，因此该度量是一个 ℓ_2 范数测度；而截止值（根据单元数表示分配给基数估计误差的惩罚）被设置为 30。MOSPA 度量是通过超过 100 次蒙特卡罗仿真估计得到的，而每次仿真包含 40 个扫描序列。

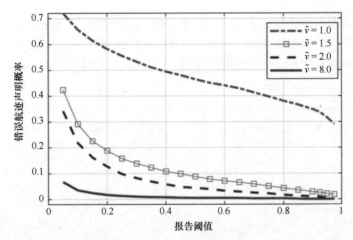

图 8.24　对于 $\tilde{v}$ 为 1.0、1.5、2.0、8.0，错误航迹声明概率随报告阈值 γ_t 的变化[95]

本节对两种版本的伯努利粒子滤波器（Bernoulli Particle Filter）进行比较。其中，"Bern-PF-1"精确知道 K 分布参数的真实值，而"Bern-PF-2"根据数据对参数进行估计。这两种伯努利粒子滤波器还要与使用估计点量测（检测）的传统跟踪算法进行比较。因此，将对于点量测的伯努利滤波器"Bern-conv"作为高斯混合滤波器[86]来实现，使用 CA-CFAR 从每次扫描中提取点量测。对每次扫描计算阈值乘数，使虚警概率为 10^{-3}，使检测概率 P_d 固定在 0.9。最后，P_b 和 P_s 两个参数与伯努利 TBD 滤波器中使用的相同。

图 8.25 展示了当 $\tilde{v}=2$ 和 $\tilde{v}=8$ 时在不存在目标情况下的错误航迹声明概率。每种算法的结果都较小，表明基数估计误差较小，因此错误航迹声明概率较小。此外，$\tilde{v}=8$ 的性能略好于 $\tilde{v}=2$，这与图 8.24 的结果一致。

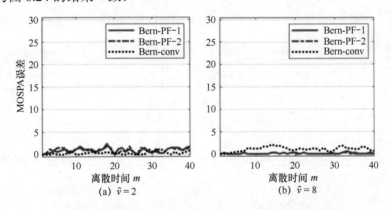

图 8.25　在没有目标（仅有干扰）时的 MOSPA 误差[95]

当考虑目标存在情况下 TBD 的性能时，初始状态向量是随机生成的（但需要确保目标保持在监视范围内），x 方向和 y 方向的初始速度分别设置为 0.45m/s 和 0.25m/s，并缩放平均功率以实现 SIR 为 3dB 和 8dB。当形状参数 $\tilde{v}=2$ 和 $\tilde{v}=8$ 时，产生的 MOSPA 结果分别显示在图 8.26 和图 8.27 中。

如图 8.26 所示为目标 SIR 较小（3dB）的结果，在较小的离散时间 m 处，由于存在基数估计误差，因此 MOSPA 误差较大，这反映了检测和后续目标跟踪的延时。经过约 20 次扫描，两个伯努利粒子滤波器都达到稳态，MOSPA 误差接近 4。这个误差水平的 MOSPA 是较大的，而这是由目标幅度的振荡引起的偶尔跟踪中断造成的。两个伯努利粒子滤波器具有相近的性能，这表明了一个重要的现象，即在不知道 K 分布参数的情况下，性能损失也可以忽略不计。另外，应注意到传统方法无法在如此低的 SIR 下实现目标的检测/跟踪，尽管 $\tilde{v}=8$ 的性能稍好于 $\tilde{v}=2$ 的性能。

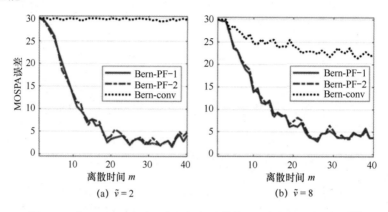

图 8.26　当 SIR = 3dB 时，在目标加干扰情况下的 MOSPA 误差[95]

如图 8.27 所示为较大目标 SIR（8dB）的结果，三种伯努利滤波器的检测和跟踪性能都（相对于 SIR 为 3dB）得到了改善。两种伯努利粒子滤波器只需要 3 次扫描就能以子单元分辨率的精度确定并跟踪目标。同样，两种伯努利粒子滤波器的性能之间没有显著差异，这是一个引人注目的结果。另外，当 SIR=8dB 时，即使传统的伯努利滤波器也能实现目标跟踪，尽管其性能在 $\tilde{v}=2$ 时仍然明显低于 TBD 算法。

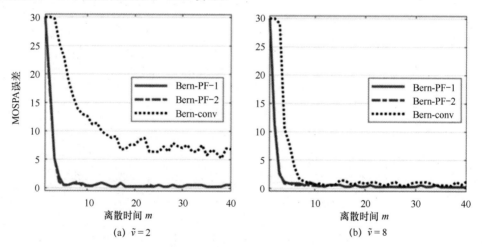

图 8.27　当 SIR = 8dB 时，在目标加干扰情况下的 MOSPA 误差[95]

8.4.5　总结和展望

本节介绍的工作已在许多后续出版物中得到了扩展。首先，考虑了多目标的情况[103]，发展出针对分布紧密或良好分离目标的多目标伯努利 TBD 算法。对于上述两种场景，扩展后的 TBD 滤波器表现出了良好的性能，其特点是伪航迹较少，以及可以成功检测和跟踪 SIR 为 5dB 以上的目标。

TBD 算法的计算量很大。对于伯努利 TBD 滤波器，其主要计算量来自序贯蒙特卡罗估计方法和如式（8.31）所示的数值积分，因此加快这两个方面的运算将是该算法成功实时实现的关键。文献［104］提出了一种旨在减小计算量的伯努利 TBD 滤波器的变体，这种变体利用了幅度信息的优势，但需要在传统点量测贝叶斯框架下运行。最终的滤波器使用 Rao-Blackwell 分解来估计目标幅度，而使用高斯混合滤波器估计目标的位置和速度。仿真结果表明，与伯努利 TBD 滤波器相比，高斯混合滤波器的统计、计算效率有所降低，但高于传统的点量测跟踪器。

另一个扩展涉及多普勒频率的利用[105,106]。为了能够利用多普勒频率，雷达必须以较慢的扫描速率运行，因此，在这种操作背景下，科研人员发展了两种新的伯努利粒子滤波器。第一种方法[105]提取多普勒信息作为点量测，并将 TBD 范式应用于距离/方位数据；而第二种方法[106]对全三维数据立方体（距离/方位/多普勒频率）进行处理。仿真结果表明，在考虑具有低 SIR 的长时间曝光的目标时，三维伯努利粒子滤波器的性能明显优于为快扫描模式开发的伯努利粒子滤波器。

参考文献

[1] W. L. van Rossum and M. Caro Cuenca. Behavior subtraction applied to radar[C]. International Radar Conference, 2014, 1-6.

[2] M. Pan, J. Chen, S. Wang, and Z. Dong. A novel approach for marine small target detection based on deep learning[C]. IEEE International Conference on Signal and Image Processing, 2019, 395-399.

[3] RICHARDS M. Fundamentals of Radar Signal Processing[M]. 2nd Edition. New York: McGraw-Hill, 2014.

[4] SKOLNIK M. Introduction to Radar System[M]. 3nd Edition. New York: McGraw-Hill, 2001.

[5] N. Wang, Y. Zhang, and S. Wu. Radar waveform design and target detection using wavelets[C]. IEEE International Conference on Radar, 2001, 506-509.

[6] S. Zhang, J. Fan, L. Shou, and J. Dong. A detection method of radar signal by wavelet transforms[C]. International Conference on Fuzzy Systems and Knowledge Discovery, 2007, 710-714.

[7] G. Davidson and H. D. Griffiths. Wavelet detection of low observable targets within sea clutter[C]. IEEE International Radar Conference, 2002, 238-242.

[8] F. Jangal. Wavelet contribution to remote sensing of the sea and target detection for a high-frequency surface wave radar[J]. IEEE Geoscience and Remote Sensing Letters, 2008, 5(3): 552-556.

[9] J. Torres, A. Vega-Corona, S. Torres, and D. Andina. Chirp detection through discrete wavelet transform[J]. Proceedings of the World Scientific and Engineering Academy, 2002, 1-5.

[10] S. Mallat. A wavelet tour of signal processing[M]. 2nd Edition. Cambridge: Cambridge Academic Press, 1999.

[11] J. E. Ball and A.Tolley. Low SNR radar signal detection using the continuous wavelet transform (CWT) and a Morlet wavelet[C]. IEEE Radar Conference, 2008, 1-6.

[12] V. Duk, B. Ng, and L. Rosenberg The potential of 2D wavelet transforms for target detection in sea clutter[C]. International Radar Conference, 2015, 901-906.

[13] V. Duk, L. Rosenberg, and B. Ng. Target detection in sea clutter using stationary wavelet transforms[J]. IEEE Transactions on Aerospace and Electronic Systems, 2017, 53(3): 1136-1146.

[14] V. Duk, L. Rosenberg, B. Ng, M. Ritchie, R. Palamà, and H. Griffiths. Target detection in bistatic radar sea clutter using stationary wavelet transforms[C]. International Radar Conference, 2017, 1-6.

[15] S. G. Mallat. A theory for multiresolution signal decomposition: The wavelet representation[J]. IEEE Transactions on Pattern Analysis and Machine Intelligence, 1989, 11(7): 674-693.

[16] I. Daubechies. Ten lectures on wavelets[R]. SIAM, Philadelphia, PA, 1992.

[17] M. Vetterli and C. Herley. Wavelets and filter banks: Theory and design[J]. IEEE Transactions on Signal Processing, 1992, 40(9): 2207-2232.

[18] J. C. Goswami and A. K. Chan. Fundamentals of Wavelets: Theory, Algorithms, and Applications[M]. Hoboken, NJ: Wiley, 2011.

[19] G. P. Nason and B.W. Silverman. The Stationary Wavelet Transform and Some Statistical Applications[M]. Berlin: Springer-Verlag, 1995, 281-300.

[20] J. C. Pesquet, H. Krim, H. Carfantan, and J. G. Proakis. Estimation of noisy signals using time-invariant wavelet packets[C]. The 27th Asilomar Conference on Signals, Systems and Computers, 1993, 31-34.

[21] J. L. Starck, J. Fadili, and F. Murtagh. The undecimated wavelet decomposition and its reconstruction[J]. IEEE Transactions on Image Processing, 2007, 16(2): 297-309.

[22] J. Pesquet, H. Krim, and H. Carfantan. Time-invariant orthonormal wavelet representations[J]. IEEE Transactions on Signal Processing, 1996, 44(8): 1964-1970.

[23] G. Calvagno, M. Ermani, R. Rinaldo, and F. Sartoretto. A multiresolution approach to spike detection in EEG[C]. IEEE International Conference on Acoustics, Speech, and Signal Processing, 2000, 3582-3585.

[24] N. Ahuja, S. Lertrattanapanich, and N. Bose. Properties determining choice of mother wavelet[J]. IEEE Proceedings on Vision, Image and Signal Processing, 2005, 152(5): 659-664.

[25] C. Torrence and G. P. Compo. A practical guide to wavelet analysis[J]. Bulletin of the American Meteorological Society, 1998, 79: 61-78.

[26] R. W. Lindsay, D. B. Percival, and D. A. Rothrock. The discrete wavelet transform and the scale analysis of the surface properties of sea ice[J]. IEEE Transactions on Geoscience and Remote Sensing, 1996, 34(3): 771-787.

[27] C. Shannon. A mathematical theory of communication[J]. Bell System Technical Journal, 1948, 27.

[28] K. F. Wallis. A note on the calculation of entropy from histograms[R]. Review Literature and Arts of the Americas, 2006.

[29] B. Harris. Entropy[J]. Encyclopedia of Statistical Sciences, 2006.

[30] T. M. Cover and J. A. Thomas. Elements of Information Theory[M]. Hoboken, NJ: Wiley Interscience, 2006.

[31] M. V. Wickerhauser. Adapted Wavelet Analysis from Theory to Software[M]. Natick, MA: CRC Press, 1994.

[32] S. J. Wei, X. L. Zhang, S. Jun, and G. Xiang. Sparse reconstruction for SAR imaging based on compressed sensing[J]. Progress in Electromagnetics Research, 2010, 109: 63-81.

[33] S. I. Kelly and M. E. Davies. RFI suppression and sparse image formation for UWB SAR[J]. International Radar Symposium, 2013, 2, 655-660.

[34] D. Wu, M. Yaghoobi, and M. Davies. A new approach to moving targets and background separation in multi-channel SAR[C]. IEEE Radar Conference, 2016, 1-4.

[35] L. Rosenberg, V. Duk, and B. Ng. Detection in sea clutter using sparse signal separation[J]. IEEE Transactions on Aerospace and Electronic Systems, 2020, 56(6): 4384-4394.

[36] V. Duk, B. Ng, and L. Rosenberg. Adaptive regularisation for radar sea clutter signal separation using a sparse-based method[C]. International Radar Conference, 2017, 1-6.

[37] I. W. Selesnick Resonance-based signal decomposition: A new sparsity-enabled signal analysis method[J]. Signal Processing, 2011, 91(12): 2793-2809.

[38] I. W. Selesnick. Sparse signal representations using the tunable Q-factor wavelet transform[C]. SPIE Conference on Wavelets and Sparsity XIV, 2011, 81381U.

[39] L. Rosenberg and B. Ng. Sparse signal separation methods for target detection in sea clutter[C]. IEEE Radar Conference, 2018, 110-115.

[40] M. A. T. Figueiredo, J. M. Bioucas-Dias, and M. V. Afonso. Fast frame based image deconvolution using variable splitting and constrained optimization[C]. IEEE Workshop on Statistical Signal Processing, 2009, 109-112.

[41] B. Ng, L. Rosenberg, and P. Berry. Comparison of sparse signal separation algorithms for maritime radar target detection[C]. International Radar Conference, 2018, 1-6.

[42] I. Selesnick. TQWT toolbox guide[R]. Polytechnic Institute of New York University, 2011.

[43] M.V. Afonso, J. M. Bioucas-Dias, and M. A.T. Figueiredo. Fast image recovery using variable splitting and

constrained optimization[J]. IEEE Transactions on Image Processing, 2010, 19(9): 2345-2356.

[44] M. Farshchian and I. Selesnick. Application of a sparse time-frequency technique for target with oscillatory fluctuations[C]. International Waveform and Diversity Conference, 2012, 191-196.

[45] I. Selesnick. Wavelet transform with tunable Q-factor[J]. IEEE Transactions on Signal Processing, 2011, 59(8): 3560-3575.

[46] S. T. N. Nguyen and W. A. Al-Ashwal. Sea clutter mitigation using resonance-based signal decomposition[J]. IEEE Geoscience and Remote Sensing Letters, 2015, 12(11): 2257-2261.

[47] B. Ng, L. Rosenberg, and S. T. N. Nguyen. Target detection in sea clutter using resonance based signal decomposition[C]. IEEE Radar Conference, 2016, 1-6.

[48] J. Starck, F. Murtagh, and J. M. Fadili. Sparse image and signal processing: Wavelets, curvelets, morphological diversity[M]. Cambridge: Cambridge University Press, 2010.

[49] M. Farshchian. Target extraction and imaging of maritime targets in the sea clutter spectrum using sparse separation[J]. IEEE Transactions on Geoscience and Remote Sensing, 2017, 14(2): 232-236.

[50] L. Anitori, M. Maleki, R. G. Baraniuk, and P. Hoogeboom. Design and analysis of compressed sensing radar detectors[J]. IEEE Transactions on Signal Processing, 2013, 61(4): 813-827.

[51] H. K. Wong, E. Aboutanios, and L. Rosenberg. Multi-channel maritime radar target detection using morphological component analysis[C]. International Radar Conference, 2020, 1-6.

[52] H. K. Wong, E. Aboutanios, and L. Rosenberg. Improved target detection in spiky sea clutter using sparse signal separation[C]. IEEE Radar Conference, 2021, 1-6.

[53] J. A. Tropp and A. C. Gilbert. Signal recovery from random measurements via orthogonal matching pursuit[J]. IEEE Transactions on Information Theory, 2007, 53(12): 4655-4666.

[54] Y. C. Eldar, P. Kuppinger, and H. Bolcskei. Block-sparse signals: Uncertainty relations and efficient recovery[J]. IEEE Transactions on Signal Processing, 2010, 58(6): 3042-3054.

[55] R. Rubinstein, M. Zibulevsky, and M. Elad. Efficient implementation of the K-SVD algorithm using batch orthogonal matching pursuit[J]. CS Technion, 2008, 40(8): 1-15.

[56] E. Van Den Berg and M. P. Friedlander. Probing the Pareto frontier for basis pursuit solutions[J]. SIAM Journal on Scientific Computing, 2008, 31(2): 890-912.

[57] R. Tibshirani. Regression shrinkage and selection via the LASSO[J]. Journal of the Royal Statistical Society, Series B (Methodological), 1996, 267-288.

[58] B. Efron, T. Hastie, I. Johnstone, et al. Least angle regression[J]. The Annals of statistics, 2004, 32(2): 407-499.

[59] E. J. Candes, J. K. Romberg, and T. Tao. Stable signal recovery from incomplete and inaccurate measurements[J]. Communications on Pure and Applied Mathematics, 2006, 59(8): 1207-1223.

[60] R. Rubinstein, A. M. Bruckstein, and M. Elad. Dictionaries for sparse representation modeling[J]. Proceedings of the IEEE, 2010, 98(6): 1045-1057.

[61] F. Giovanneschi and M. A. González-Huici. A preliminary analysis of a sparse reconstruction based classification method applied to GPR data[C]. International Workshop Advanced Ground Penetrating Radar, 2015, 1-4.

[62] M. Aharon, M. Elad, and A. Bruckstein. K-SVD: An algorithm for designing overcomplete dictionaries for sparse representation[J]. IEEE Transactions on Signal Processing, 2006, 54(11): 4311-22.

[63] M. Elad, B. Matalon, and M. Zibulevsky. Image denoising with shrinkage and redundant representations[C]. 2006 IEEE Computer Society Conference on Computer Vision and Pattern Recognition, 2006, 1924-1931.

[64] J. Mairal, F. Bach, J. Ponce, and G. Sapiro. Online dictionary learning for sparse coding[C]. International Conference on Machine Learning, 2009, 689-696.

[65] F. Giovanneschi, K. V. Mishra, M. A. Gonzalez-Huici, Y. C. Eldar, and J. H. Ender. Dictionary learning for adaptive GPR landmine classification[J]. IEEE Transactions on Geoscience and Remote Sensing, 2019, 57(12): 10036-10055.

[66] F. Giovanneschi, L. Rosenberg, and D. Cristallini. Online dictionary learning techniques for sea clutter suppression[C]. IEEE Radar Conference, 2020, 1-6.

[67] M. R. Osborne, B. Presnell, and B. A. Turlach. A new approach to variable selection in least squares problems[J]. IMA Journal of Numerical Analysis, 2000, 20(3): 389-403.

[68] S. Blackman and R. Popoli. Design and analysis of modern tracking systems[M]. Norwood, MA: Artech House, 1999.

[69] Y. Barniv. Dynamic programming solution for detecting dim moving targets[J]. IEEE Transactions on Aerospace and Electronic Systems, 1985, 21(1): 144-156.

[70] J. Kramer and W. Reid. Track-before-detect processing for an airborne type radar[C]. IEEE International Radar Conference, 1990, 422-427.

[71] J. Arnold, S. Shaw, and H. Pasternack. Efficient target tracking using dynamic programming[J]. IEEE Transactions on Aerospace and Electronic Systems, 1993, 29(1): 44-56.

[72] S. M. Tonissen and R. J. Evans. Performance of dynamic programming techniques for track-before-detect[J]. IEEE Transactions on Aerospace and Electronic Systems, 1996, 32(4): 1440-1451.

[73] L. A. Johnston and V. Krishnamurthy. Performance analysis of a dynamic programming track before detect algorithm[J]. IEEE Transactions on Aerospace and Electronic Systems, 2002, 38(1): 228-242.

[74] S. Buzzi, M. Lops, and L. Venturino. Track-before-detect procedures for early detection of moving target from airborne radars[J]. IEEE Transactions on Aerospace and Electronic Systems, 2005, 41(3): 937-954.

[75] D. Orlando, L. Venturino, M. Lops, and G. Ricci. Track-before-detect strategies for STAP radars[J]. IEEE Transactions on Signal Processing, 2010, 58(2): 933-938.

[76] W. Yi, H. Jiang, T. Kirubarajan, L. Kong, and X. Yang. Track-before-detect strategies for radar detection in G0-distributed clutter[J]. IEEE Transactions on Aerospace and Electronic Systems, 2017, 53(5): 2516-2533.

[77] J. Gao, J. Du, and W. Wang. Radar detection of fluctuating targets under heavy-tailed clutter using track-before-detect[J]. Sensors, 2018, 18(7): 2241.

[78] D. Orlando, G. Ricci, and Y. Bar-Sharlom. Track-before-detect algorithms for targets with kinematic constraints[J]. IEEE Transactions on Aerospace and Electronic Systems, 2011, 47(3): 1837-1849.

[79] F. Ehlers, D. Orlando, and G. Ricci. A batch tracking algorithm for multistatic sonars[J]. IET Radar, Sonar, Navigation, 2012, 6(8): 746-752.

[80] S. J. Davey and H. X. Gaetjens. Track-before-detect using expectation maximisation: The histogram probabilistic multi-hypothesis tracker: Theory and applications[M]. New York: Springer, 2018.

[81] R. L. Streit. Tracking on intensity-modulated data streams[R]. Naval Undersea Warfare Center Division, Rhode Island, Technical Report NUWC-NPT 11, 221, May 2000.

[82] R. L. Streit, M. L. Graham, and M. J. Walsh. Multitarget tracking of distributed targets using histogram-PMHT[J]. Digital Signal Processing, 2002, 12(2): 394 - 404.

[83] D. J. Salmond and H. Birch. A particle filter for track-before-detect[C]. American Control Conference, 2001, 3755-3760.

[84] B. Ristic, S. Arulampalam, and N. Gordon. Beyond the Kalman filter: Particle filters for tracking applications[M]. Norwood, MA: Artech House, 2004.

[85] M. G. S. Bruno. Bayesian methods for multi-aspect target tracking in image sequences[J]. IEEE Transactions on Signal Processing, 2004, 52(7): 1848-1861.

[86] B. Ristic, B. T. Vo, B. N. Vo, and A. Farina. A tutorial on Bernoulli filters: Theory, implementation and applications[J]. IEEE Transactions on Signal Processing, 2013, 61(13): 3406-3430.

[87] F. Papi, V. Kyovtorov, R. Giuliani, F. Oliveri, and D. Tarchi. Bernoulli filter for track-before-detect using MIMO radar[J]. IEEE Signal Processing Letters, 2014, 21(9): 1145-1149.

[88] B. N. Vo, B. T. Vo, N. T. Pham, and D. Suter. Joint detection and estimation of multiple objects from image observations[J]. IEEE Transactions on Signal Processing, 2010, 58(10): 5129-5141.

[89] F. Papi and D. Y. Kim. A particle multi-target tracker for superpositional measurements using labeled random

finite sets[J]. IEEE Transactions on Signal Processing, 2015, 63(16): 4348-4358.

[90] D. Y. Kim. Multi-target track before detect with labeled random finite set and adaptive correlation filtering[C]. IEEE International Conference on Control, Automation and Information Sciences, 2017, 44-49.

[91] A. F. Garcia-Fernandez. Track-before-detect labeled multi-Bernoulli particle filter with label switching[J]. IEEE Transactions on Aerospace and Electronic Systems, 2016, 52(5): 2123-2138.

[92] S. J. Davey, M. G. Rutten, and B. Cheung. A comparison of detection performance for several track-before-detect algorithms[J]. EURASIP Journal on Advances in Signal Processing, 2008, 41.

[93] M. I. Skolnik. Radar Hndbook[M]. 3rd Edition. New York: McGraw-Hill, 2008.

[94] D. Y. Kim, B. Ristic, X. Wang, L. Rosenberg, J. Williams, and S. Davey. A comparative study of track-before-detect algorithms in radar sea clutter[C]. International Radar Conference, Toulon, France, 2019, 1-6.

[95] B. Ristic, L. Rosenberg, D. Y. Kim, X. Wang, and J. Williams. Bernoulli track-before-detect filter for maritime radar[J]. IET Radar Sonar and Navigation, 2020, 14: 356-363.

[96] Y. Bar-Shalom, X. R. Li, and T. Kirubarajan. Estimation with applications to tracking and navigation[M]. Hoboken, NJ: John Wiley & Sons, 2001.

[97] K. D. Ward, R. J. A. Tough, and S. Watts. Sea clutter: Scattering, the K-distribution and radar performance[M]. 2nd Edition. London: The Institute of Engineering Technology, 2013.

[98] P. Z. Peebles. Radar Principles[M]. Hoboken: Wiley, NJ, 1998.

[99] E. Brekke, O. Hallingstad, and J. Glattetre. Tracking small targets in heavy-tailed clutter using amplitude information[J]. IEEE Journal of Oceanic Engineering, 2010, 35(2): 314-329.

[100] B. Ristic, L. Rosenberg, D. Y. Kim, X. Wang, and J. Williams. Bernoulli filter for track-before-detect: Swerling-1 target in K-distributed clutter[C]. International Radar Conference, Toulon, France, 2019, 1-5.

[101] B. Ristic, L. Rosenberg, D. Y. Kim, X. Wang, and J. Williams. Bernoulli filter for track-before-detect: Swerling-1 target in K-distributed clutter[C]. International Radar Conference, Toulon, France, 2019, 1-5.

[102] D. Schuhmacher, B. T. Vo, and B. N. Vo. A consistent metric for performance evaluation of multi-object filters[J]. IEEE Transactions on Signal Processing, 2008, 56(8): 3447-3457.

[103] D. Y. Kim, B. Ristic, R. Guan, and L. Rosenberg. A Bernoulli track-before-detect filter for interacting targets in maritime radar environment[J]. IEEE Transactions on Aerospace and Electronic Systems, 2021, 57: 1981-1991.

[104] B. Ristic, L. Rosenberg, D. Y. Kim, and R. Guan. Bernoulli filter for tracking maritime targets using point measurements with amplitude[J]. Signal Processing, 2021, 181: 107919.

[105] D. Y. Kim, B. Ristic, L. Rosenberg, R. Guan, and R. Evans. Exploiting Doppler in Bernoulli track-before-detect[C]. IEEE Radar Conference, 2021, 1-6.

[106] B. Ristic, D. Y. Kim, L. Rosenberg, and R. Guan. Exploiting Doppler in Bernoulli track-before-detect for a scanning maritime radar[J]. IEEE Transactions on Aerospace and Electronic Systems, 2021.

附录 A

拟合优度指标

评估概率密度函数（PDF）模型的准确性对于确定其是否适合描述海杂波的幅度起伏非常重要。在统计学文献中，有许多用于评估概率密度函数模型的检验和测度技术。这里总结了其中三种常见的技术，包括卡方（CS）检验、Kolmogorov-Smirnov（KS）检验和 Bhattacharyya 距离（BD）[1]。这些技术均通过考虑整个分布的拟合，然后测量模型直方图和数据之间的差异，进而评估模型的准确性。然而，对于许多应用来说，其目标是精确拟合分布的拖尾部分，故需要对这些检验技术进行一些改进。最终选用的拟合优度指标是阈值误差（TE），它是一种特别注重量化分布模型拖尾部分拟合准确性的指标。

A.1　卡方检验

Pearson 的卡方（CS）拟合优度检验[2]是衡量所提分布模型与数据匹配程度的测度，它通过将强度 z 的范围划分为 K_{int} 个等区间，使模型的 PDF $P_{mod}(\cdot)$ 包含 N_1 个样本，并使经验 PDF $P_{dat}(\cdot)$ 包含 N_2 个样本，从而实现拟合优度检验，即

$$D_{CS} = \sum_{k=1}^{K_{int}} \frac{(P_{dat}(z_k)N_2\Delta_z - P_{mod}(z_k)N_1\Delta_z)^2}{P_{mod}(z_k)N_1\Delta_z} \tag{A.1}$$

其中，z_k 为第 k 个样本，Δ_z 为强度的样本间距。D_{CS} 越小，数据与所考虑的模型之间的匹配度越高。另外，通常用一个概率值（p）来确定是否应接受零假设（如果 p 大于 0.05，则认为模型与数据匹配）。

为了更好地聚焦分布的拖尾，可以引入一种改进 CS 检验[3]，使只有满足互补累积分布函数（CCDF）小于 $\bar{F}_{\zeta_0}$ 这一条件的数据样本才会被考虑。这相当于将所考虑的强度限制为大于 ζ_0，于是求和的范围变为 $k = k_{\zeta_0}, \cdots, K_{int}$。其中，$k_{\zeta_0}$ 是满足 $z_k \geq \zeta_0$ 的第一个单元。

A.2　Kolmogorov–Smirnov（KS）检验

KS 检验[4]测量模型 CDF $F_{mod}(\cdot)$ 和数据 CDF $F_{dat}(\cdot)$ 之间的最大绝对误差，其计算公式为

$$D_{KS} = \max_z (|F_{mod}(z_k) - F_{dat}(z_k)|), \quad k = 1, \cdots, K_{int} \tag{A.2}$$

与 CS 检验类似，D_{KS} 越小，模型与数据之间的匹配度越高。同样，可以使用 p 来确定是否应接受零假设。为了更好地聚焦分布的拖尾，可以将强度范围缩小到 $k = k_{\zeta_0}, \cdots, K_{int}$，其中，$z_k \geq \zeta_0$[5]。

A.3　Bhattacharyya 距离

Bhattacharyya 距离（BD）是衡量两个分布之间相似性的测度，其计算公式为

$$D_{BD} = -\ln\left(\sum_{k=1}^{K_{int}} \sqrt{P_{mod}(z_k)P_{dat}(z_k)}\right) \tag{A.3}$$

D_{BD} 的范围为 $0 \sim \infty$，两个相等分布的 BD 测度为 0。D_{BD} 通常非常小，可以 dBs 为单位来表示。如果 D_{BD} 小于指定值，如 −20dB，则说明拟合良好[7]。

为了更好地聚焦分布的拖尾，可以缩小强度的范围。在这种情况下，需要用合适的归一化项来确保两个 PDF 的积分都为 1。修正 Bhattacharyya 距离（MBD）计算公式为

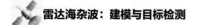

$$D_{\mathrm{MBD}} = -\ln\left(\sum_{k=k_{\zeta_0}}^{K_{\mathrm{int}}} \sqrt{\frac{P_{\mathrm{mod}}(z_k)}{\sum_{k_1=k_{\zeta_0}}^{K_{\mathrm{int}}} P_{\mathrm{mod}}(z_{k_1})} \frac{P_{\mathrm{dat}}(z_k)}{\sum_{k_2=k_{\zeta_0}}^{K_{\mathrm{int}}} P_{\mathrm{dat}}(z_{k_2})}}\right) \tag{A.4}$$

A.4　阈值误差

阈值误差（Threshold Error，TE）通过考虑两个 CCDF 之间的阈值差异来聚焦分布的拖尾。CCDF 在检测方案中也被称为虚警概率，且通常在对数域测量。TE 通过固定 CCDF 处测量模型和数据之间的阈值差异来确定。如果在期望的 CCDF 处，阈值分别为 z_1 和 z_2，则 TE 的计算公式为

$$D_{\mathrm{TE}} = |z_1 - z_2| \tag{A.5}$$

如果 D_{TE} 小于指定值，如 1dB，则说明拟合良好[7]。

参考文献

[1] D. H. Kil and F.B. Shin. Pattern recognition and prediction with applications to signal processing[M]. New York: Springer-Verlag, Inc., 1998.

[2] K. Pearson. On the criterion that a given system of deviations from the probable in the case ofa correlated system ofvariables is such that it can be reasonably sup posed to have arisen from random sampling[J]. Philosophical Magazine, 1990, 50(302): 157-175.

[3] H. C. Chan. Radar sea-clutter at low grazing angles[J]. IEE Proceedings, 1990, 137(2): 102-112.

[4] Encyclopedia of mathematics. Kolmogorov-Smirnov Test [Online].

[5] A. Farina, F. Gini, M. V. Greco, and L. Verrazzani. High resolution sea clutter data: Statistical analysis of recorded live data[J]. IEEE Proceedings on Radar Sonar and Navigation, 1997, 144(3): 121-130.

[6] Bhattacharyya. On a measure of divergence between two statistical populations defined by their probability distributions[J]. Bulletin of the Calcutta Mathematical Society, 1943, 35: 99-109.

[7] L. Rosenberg and V. Duk. Land clutter statistics from an airborne passive bistatic radar[J]. IEEE Transactions on Geoscience and Remote Sensing, 2021.

附录 B

演化多普勒谱的双峰参数

第 2 章提出了演化多普勒谱模型，该模型由两个高斯谱混合而成，旨在对 Bragg 散射分量和快散射分量进行建模。该模型的表达式为

$$G_{bi}(f) = \frac{\alpha\tau}{\sqrt{2\pi}w_1}\exp\left(-\frac{(f-m_{f_1}(\tau))^2}{2w_1^2}\right) + \frac{(1-\alpha)\tau}{\sqrt{2\pi}w_2}\exp\left(-\frac{(f-m_{f_2}(\tau))^2}{2w_2^2}\right) \tag{B.1}$$

其中，α 为加权因子；w_1 和 w_2 为谱宽，可建模为随机变量。平均多普勒偏移与归一化平均散斑功率 $\overline{\tau}=\tau/\langle\tau\rangle$ 有关，即

$$m_{f_1}(\tau) = \begin{cases} A_c + B_c\overline{\tau} + f_{bi}, & \overline{\tau} \leqslant \tau_{bi} \\ A_c + B_c\tau_{bi} + f_{bi}, & \overline{\tau} > \tau_{bi} \end{cases} \tag{B.2}$$

$$m_{f_2}(\tau) = A_c + B_c\overline{\tau} + f_{bi} \tag{B.3}$$

其中，f_{bi} 是均值为 0、标准差为 σ_{bi} 的高斯随机变量，描述了平均多普勒偏移和局部强度之间拟合的带噪特性。根据 α 的取值，该模型的效果是：降低平均多普勒偏移随强度增加的速率；当 $\overline{\tau}$ 超过阈值 τ_{bi} 时，谱展宽。

该模型的参数可以用第 4 章介绍的通用模型表示。图 B.1～图 B.5 给出了数据和模型拟合的案例，而文献［1］中的模型系数（注意：σ_{bi} 的值在文献［1］发表后被纠正过来了）如表 B.1～表 B.3 所示。这些结果呈现出与第 4 章所讨论的结果非常相近的趋势，其中，一些参数受风速驱动，而其他参数在逆涌浪方向上具有峰值。另外，对于如图 B.4 所示的加权因子 α，许多估计值具有极端值 1。因此，为了改善参数化建模，将拟合结果得到 α 不小于 0.8 的所有双峰模型的 α 设置为 1。另外，表 B.4 给出了文献［2］中对应扩展多普勒谱模型的系数。

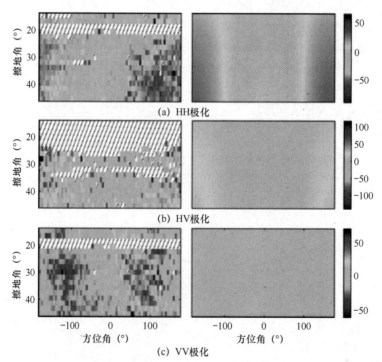

(a) HH极化

(b) HV极化

(c) VV极化

图 B.1 双峰参数 A_c 随方位角和擦地角的变化，左边是实测数据，右边是模型结果

（风速和浪高分别为 10.2m/s 和 1.21m）[1]

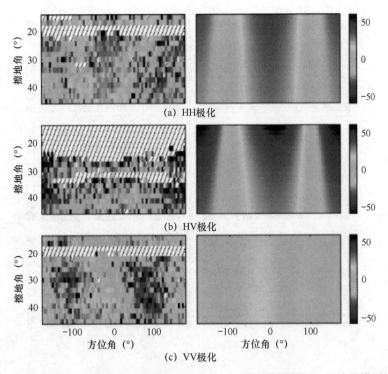

图 B.2 双峰参数 B_c 随方位角和擦地角的变化，左边是实测数据，右边是模型结果

（风速和浪高分别为 10.2m/s 和 1.21m）[1]

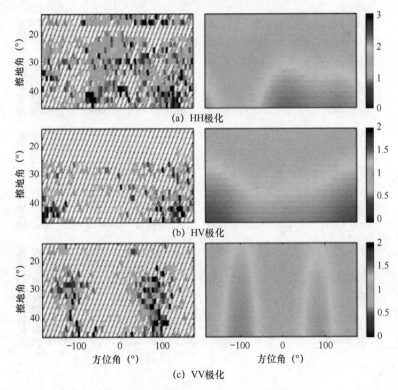

图 B.3 双峰参数 τ_{bi} 随方位角和擦地角的变化，左边是实测数据，右边是模型结果

（风速和浪高分别为 10.2m/s 和 1.21m）[1]

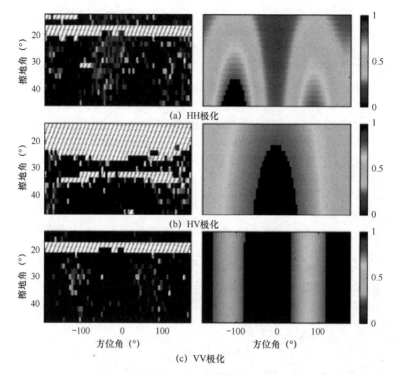

(a) HH极化

(b) HV极化

(c) VV极化

图 B.4　双峰参数 α 随方位角和擦地角的变化，左边是实测数据，右边是模型结果

（风速和浪高分别为 10.2m/s 和 1.21m）[1]

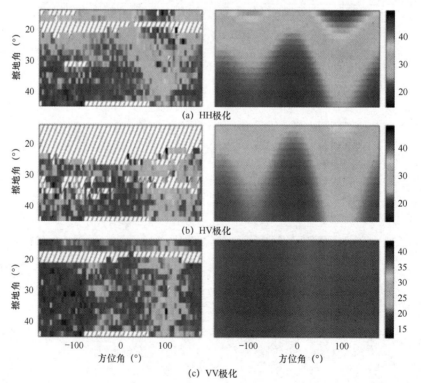

(a) HH极化

(b) HV极化

(c) VV极化

图 B.5　双峰参数 σ_{bi} 随方位角和擦地角的变化，左边是实测数据，右边是模型结果

（风速和浪高分别为 10.2m/s 和 1.21m）[1]

表 B.1 对于 A_c 和 B_c，演化多普勒谱模型的双峰系数

极化方式		A_c			B_c		
		f_{gen}	g_{gen}	h_{gen}	f_{gen}	g_{gen}	h_{gen}
HH 极化	γ_{gen}	−2.38	2.77	0.044	−1.88	1.44	0.059
	a_{gen}	127.9	−125.1	−0.46	−1.98	5.62	−0.018
	b_{gen}	−262.3	225.7	3.43	148.9	−103.6	−5.03
	c_{gen}	126.1	−123.6	−1.29	−85.09	81.82	0.58
	d_{gen}	6.81	−15.26	3.69	−28.09	38.42	−4.21
	e_{gen}	6.71	−4.54	−0.38	4.50	−4.30	−0.26
HV 极化	γ_{gen}	5.85	−3.73	−0.54	2.65	−2.95	−0.094
	a_{gen}	−18.1	19.57	−0.045	5.03	−2.05	−0.69
	b_{gen}	−40.31	24.39	−2.56	147.3	−101.3	−1.34
	c_{gen}	18.09	−16.47	−0.23	−47.33	45.75	−0.92
	d_{gen}	−37.14	35.17	−0.43	49.71	−42.13	−1.14
	e_{gen}	11.2	−10.07	−0.094	−21.95	21.32	−0.76
VV 极化	γ_{gen}	−3.01	3.86	−0.23	−2.79	3.22	−0.10
	a_{gen}	0.24	−0.14	0.028	7.45	−6.87	1.22
	b_{gen}	−8.63	−13.65	9.85	16.37	6.29	−9.86
	c_{gen}	−4.33	5.26	−2.18	1.29	−2.37	2.23
	d_{gen}	0.72	−2.75	3.85	−2.90	5.56	−3.97
	e_{gen}	−2.08	3.93	−1.43	0.13	−1.15	1.19

表 B.2 对于 τ_{bi} 和 α，演化多普勒谱模型的双峰系数

极化方式		τ_{bi}			α		
		f_{gen}	g_{gen}	h_{gen}	f_{gen}	g_{gen}	h_{gen}
HH 极化	γ_{gen}	5.27	−4.48	−0.11	7.41	−5.96	−0.28
	a_{gen}	−0.55	2.15	0.027	−0.21	0.65	0.0025
	b_{gen}	−0.24	0.40	0.035	0.15	−0.25	−0.0098
	c_{gen}	0.42	−0.45	0.045	0.25	−0.37	−0.024
	d_{gen}	−0.21	0.45	0	0.069	−0.12	−0.0028
	e_{gen}	−0.024	0.0016	0.024	−0.034	0.13	−0.066
HV 极化	γ_{gen}	0.41	0.25	−0.084	−1.96	2.03	−0.0048
	a_{gen}	0.59	0.56	0.030	0.62	0.11	−0.018
	b_{gen}	0.096	−0.22	0.020	0.019	0.15	−0.021
	c_{gen}	0.026	0.11	−0.045	0.48	−0.54	0.026
	d_{gen}	0.017	−0.031	0.012	0.76	−0.72	−0.026
	e_{gen}	−0.31	0.35	−0.019	0.095	−0.11	0.0021
VV 极化	γ_{gen}	0.031	0.22	−0.065	0.097	−0.080	−0.0039
	a_{gen}	1.00	0.11	0.031	0.89	0.18	−0.090
	b_{gen}	0.10	−0.11	−0.0095	0.021	−0.06	0.025
	c_{gen}	0.23	−0.31	−0.030	−0.043	0.016	0.059
	d_{gen}	0.25	−0.40	0.053	0.059	−0.089	−0.0090
	e_{gen}	0.13	−0.16	−0.0087	−0.038	−0.0058	0.061

表 B.3 对于 σ_{bi}，演化多普勒谱模型的双峰系数

极 化 方 式		σ_{bi}		
		f_{gen}	g_{gen}	h_{gen}
HH 极化	γ_{gen}	−1.051	0.25	0.12
	a_{gen}	27.37	−5.67	1.43
	b_{gen}	3.89	−3.84	0.67
	c_{gen}	1.84	−3.96	−0.19
	d_{gen}	−9.40	11.21	0.80
	e_{gen}	3.48	−3.75	−0.29
HV 极化	γ_{gen}	0.16	−0.56	0.062
	a_{gen}	24.72	−4.52	1.28
	b_{gen}	3.79	−4.98	0.85
	c_{gen}	−2.30	0.22	−0.24
	d_{gen}	−4.72	3.73	1.43
	e_{gen}	11.54	−11.49	−0.32
VV 极化	γ_{gen}	−0.21	0.22	0.0037
	a_{gen}	10.05	1.40	2.46
	b_{gen}	1.16	−0.77	0.63
	c_{gen}	−1.99	3.38	−0.20
	d_{gen}	−2.00	3.19	0.41
	e_{gen}	2.21	−4.03	0.65

表 B.4 扩展多普勒谱模型的双峰系数

极 化 方 式		A_{bi}	B_{bi}	α	τ_{bi}	σ_{bi}
HH 极化	a_{ext}	−15.62	101.60	−0.0003	−1.98	−23.19
	b_{ext}	18.01	−23.50	0.012	0.18	1.34
	c_{ext}	0.056	−0.053	−0.55	−0.51	−0.57
	d_{ext}	0	−92.02	−99.96	7.49	42.96
	e_{ext}	0	−0.049	−2.12	−0.40	−0.20
HV 极化	a_{ext}	−58.93	34.04	−0.21	−1.11	−9.53
	b_{ext}	−14.77	0	0.0062	0.086	0.52
	c_{ext}	−0.061	0	−1.020	−0.72	−0.77
	d_{ext}	100	−100	1.42	9.028	25.35
	e_{ext}	−0.074	−0.21	−0.53	−0.61	−0.30
VV 极化	a_{ext}	−69.38	100.51	0	−8.28	−35.46
	b_{ext}	58.57	−76.02	0	3.17	1.60
	c_{ext}	−0.010	−0.034	0	−0.091	−0.58
	d_{ext}	11.13	−27.24	0	5.48	37.93
	e_{ext}	−0.031	−0.074	0	−0.043	−0.047

参考文献

[1]　S. Watts, L. Rosenberg. S. Bocquet, and M. Ritchie. The Doppler spectra of medium grazing angle sea clutter, part 2: Exploiting the models[J]. IET Radar Sonar and Navigation, 2016, 10(1): 32-42.

[2]　L. Rosenberg. Parametric modelling of sea clutter Doppler spectra[J]. IEEE Transactions on Geoscience and Remote Sensing, 2021.

附录 C

大气和降水损耗

雷达信号在大气中传播时，会因为氧气和水蒸气的分子吸收而衰减，也可能因为降水或雾的影响而衰减。将每千米由晴空、降雨、降雪和雾导致的单向衰减分别记为 $l_{c,dB}$、$l_{r,dB}$、$l_{s,dB}$ 和 $l_{f,dB}$，将它们的 2 倍相加就可以得到每千米的双向衰减[1]。这样就可以按以千米为单位的距离 R_{km} 确定双向大气损耗 L_a，即

$$L_a = 2R_{km}(l_{c,dB} + l_{r,dB} + l_{s,dB} + l_{f,dB}) \tag{C.1}$$

纯空气中每千米的单向衰减为

$$l_{c,dB} = \alpha_O + \frac{\alpha_v \alpha_w \alpha_h}{100} \tag{C.2}$$

其中，α_O 为氧气吸收系数，α_v 为水汽吸收系数，α_w 为含水量，α_h 为相对湿度。氧气吸收系数和水汽吸收系数由表 C.1 给出。对于给定的以℃为单位的温度 $T_{a,C}$，以 g/m^3 为单位的含水量可近似表示为

$$\alpha_w \approx 5.25 + 0.13T_{a,C} + 0.023T_{a,C}^2 \tag{C.3}$$

例如，考虑 X 波段雷达工作在海平面温度为 18℃且相对湿度为 70%的情况下，那么在晴空中，单向衰减为 0.0106dB/km。

表 C.1 海平面的单向分子吸收（dB/km）

频率（GHz）	3	9	15
氧气吸收系数 α_O	0.0066	0.007	0.008
水汽吸收系数 α_v（g/m^3）	0.000025	0.00034	0.0016

由降雨造成的衰减取决于降雨量 ρ_r，单位为 mm/h，其典型值为 0.5mm/h（毛毛雨）、11mm/h（小雨）、4mm/h（中雨）和 16mm/h（大雨）。在文献 [1] 中，Briggs 根据 Kingsley 和 Quegan[2]测量的降雨数据建立了每千米由降雨造成的单向衰减的简单模型，即

$$l_{r,dB} = 10^{a_r + b_r \log(\rho_r + 0.00001)} \tag{C.4}$$

其中，当温度为 18℃时，系数 a_r 和 b_r 的值由表 C.2 给出，此时在大雨中的 X 波段雷达信号的单向衰减为 0.28dB/km。当温度为 0℃和 40℃时，单向衰减约降低 15%，且单向衰减在水平极化下通常比在垂直极化下高 10%。

表 C.2 当温度为 18℃时，如式（C.4）所示 Briggs 模型的系数

频率（GHz）	3	9	15
a_r	−3.523	−2.062	−1.403
b_r	0.884	1.247	1.182

一般来说，暴风雪的降雨量 ρ_r 小于暴雨的降雨量。Blake[3]提出了每千米由降雪导致的单向衰减的模型，即

$$l_{s,dB} = 34.9 + 10^{-12} \frac{\rho_r^{1.6}}{\lambda^4} + 22 \times 10^{-6} \frac{\rho_r}{\lambda} \tag{C.5}$$

其中，λ 为雷达波长。

有两种雾会影响无线电传播。第一种雾是辐射雾，其发生在夜间晴朗的天空和微风下。当热量从陆地辐射出来时，它会冷却地表及其上方的气团，将湿气凝结成雾，然后雾可能会涌到海上。第二种雾是平流雾，平流雾是更常见的海雾，其在相对温暖潮湿的空气遇到寒冷

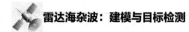

的表面（如海表面）时会发生。浓雾可以导致与中雨相近的衰减。Barton 和 Leonov[4]针对平流雾提出了基于能见度 V_f 确定等效降雨量的模型，即

$$\rho_\mathrm{r} = 0.00269/V_\mathrm{f}^{1.48} \tag{C.6}$$

对于辐射雾，模型的表达式为

$$\rho_\mathrm{r} = 0.00339/V_\mathrm{f}^{1.65} \tag{C.7}$$

然后，可以利用式（C.4）确定每千米由雾导致的单向衰减 $l_\mathrm{f,dB}$。在很厚的平流雾中，能见度可低至 0.2km，等效降雨量为 0.2913mm/h。在这种情况下，X 波段雷达信号的单向衰减为 0.00186dB/km。

参考文献

[1] J. N. Briggs. Target Detection by Marine Radar[M]. London: The Institution of Electrical Engineers, 2004.

[2] S. P. Kingsley and S. Quegan. Understanding Radar Systems[M]. New York: McGraw-Hill, 1992.

[3] L. VBlake. A guide to pulse radar maximum range calculations[R]. US Naval Research Laboratory, Tech. Rep., 1969.

[4] D. K. Barton and S. A. Leonov. Radio Technology Encyclopedia[M]. Norwood, MA: Artech House, 1996.

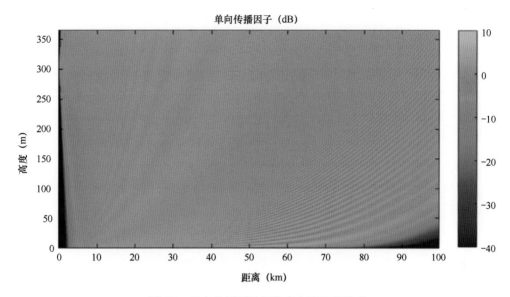

图 2.5　单向传播因子与高度和距离的关系

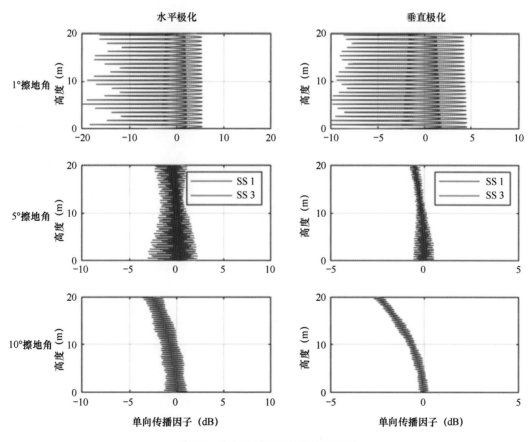

图 2.7　单向传播因子与高度的关系

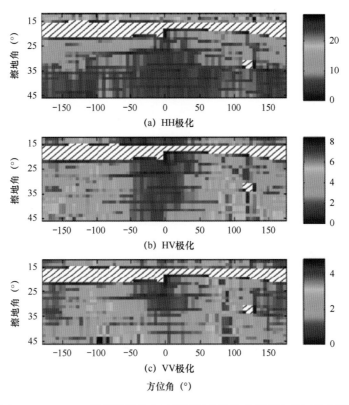

图 2.17　Ingara X 波段数据集中检测到的离散海尖峰所占的百分比[70]

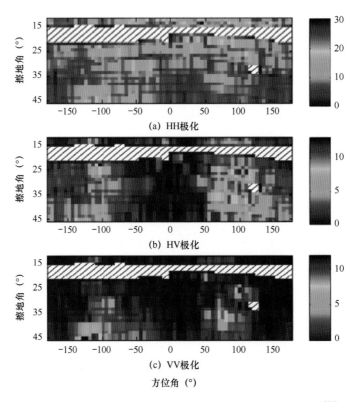

图 2.18　Ingara X 波段数据集中检测到的白冠所占的百分比[70]

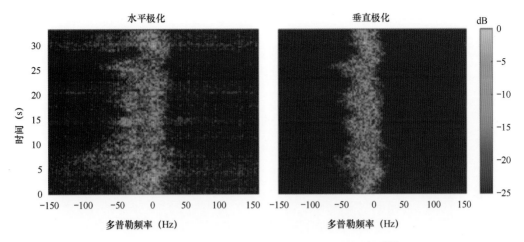

图 3.22　Sirius-XM 卫星数据在东北方向的时频图[35]

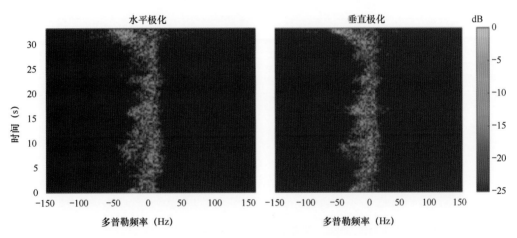

图 3.23　Sirius-XM 卫星数据在东南方向的时频图[35]

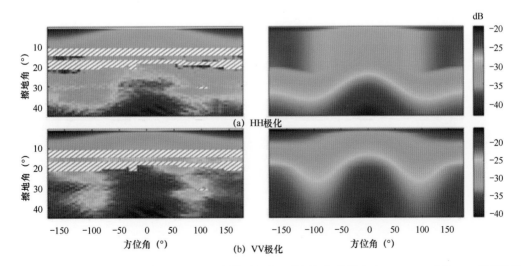

图 4.4　平均后向散射（左侧为数据，右侧为模型拟合；数据包括擦地角为 0.1°～10° 时的 GIT 模型数据和擦地角为 15°～45° 时的 Ingara X 波段数据；风速和浪高分别为 10.2m/s 和 1.21m[13]）

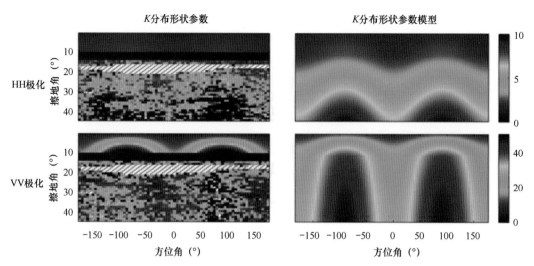

图 4.10　DSTG 连续形状参数模型得到的 K 分布形状参数，与 $A_{cl}=756m^2$ 及在 HH 极化和 VV 极化下

实测 K 分布形状参数的比较（风速和浪高分别为 10.2m/s 和 1.21m）[13]

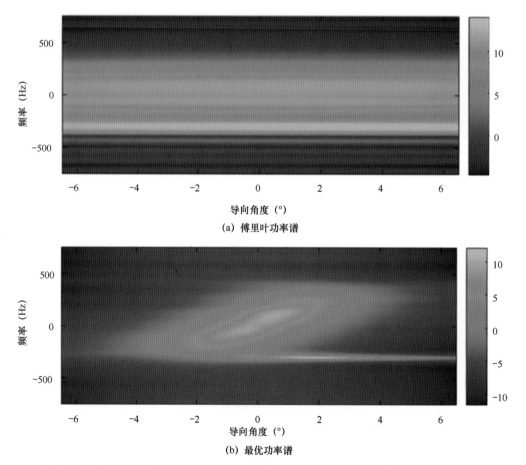

图 5.8　海杂波加上在多普勒频率 $f_0=-300Hz$、相对方位角 $\theta_{0,deg}=2°$ 处目标的傅里叶功率谱和最佳功率谱[19]

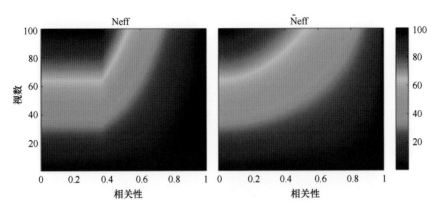

图 6.5　有效视数的对比

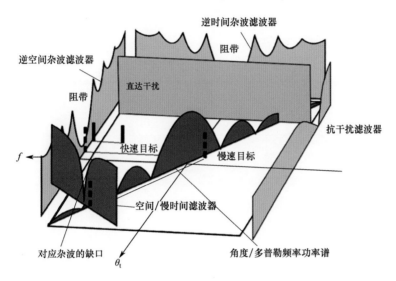

图 7.15　时空自适应处理原理示意

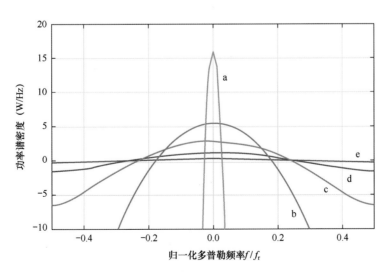

图 7.16　混叠高斯杂波谱在不同的归一化谱标准差（w/f_r）下的情况：a.　$w/f_r = 0.01$；
b.　$w/f_r = 0.1$；c.　$w/f_r = 0.2$；d.　$w/f_r = 0.3$；e.　$w/f_r = 0.4$

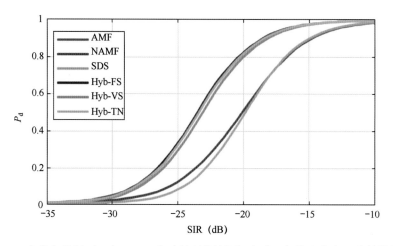

图 7.18　在均匀情况下，当 $P_{fa} = 10^{-3}$ 时得到的检测概率［目标的方位角和多普勒频率分别设置为 0° 和 50Hz（表明目标速度较慢）］[64]

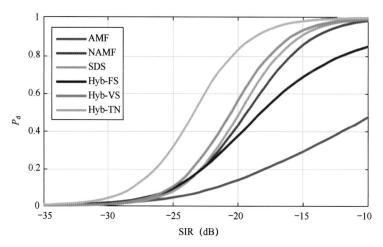

图 7.19　在非均匀情况且 $v=1$ 的条件下，当 $P_{fa} = 10^{-3}$ 时得到的检测概率［目标的方位角和多普勒频率分别设置为 0° 和 50Hz（表明目标速度较慢）］[64]

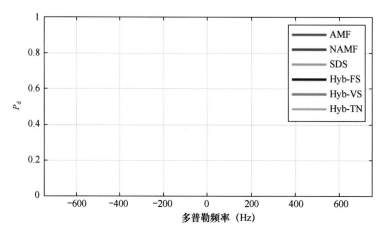

图 7.20　在均匀情况下，当 $P_{fa} = 10^{-3}$ 时得到的检测概率（SIR 为 −20dB，目标方位角为 0°）[64]

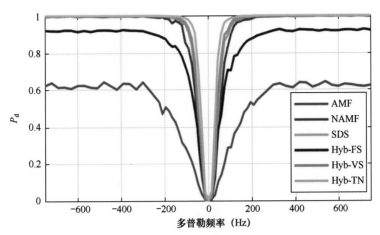

图 7.21 在非均匀情况且 $v = 1$ 的条件下，当 $P_{fa} = 10^{-3}$ 时得到的检测概率（SIR 为-20dB，目标方位角为 0°）[64]

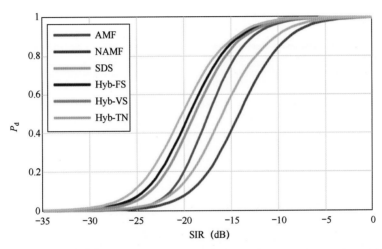

图 7.22 对于 Ingara L 波段数据集，当 $P_{fa} = 10^{-3}$ 时得到的检测概率［目标方位角和多普勒频率分别为 0° 和 50Hz（表明是慢速目标场景）][64]

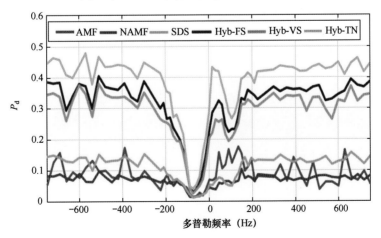

图 7.23 对于 Ingara L 波段数据集，当 $P_{fa} = 10^{-3}$ 时得到的检测概率（SIR 为-20dB，方位角为 0°。相关结果与图 7.22 中的结果相匹配）[64]

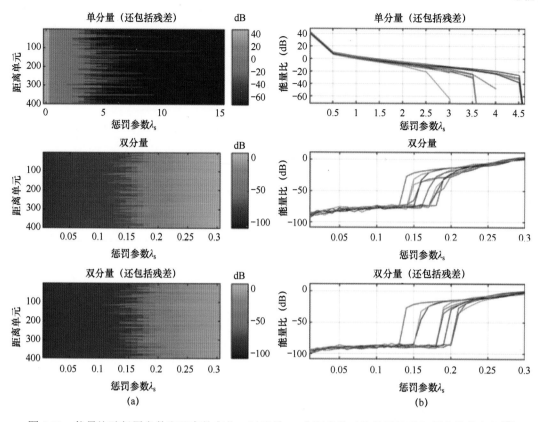

图 8.12　能量比随惩罚参数和距离的变化，以及前 10 个距离单元的能量比随惩罚参数的变化[39]

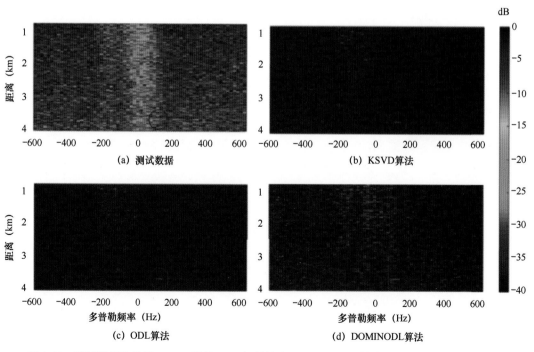

图 8.19　测试数据和使用 KSVD 算法、ODL 算法和 DOMINODL 算法（$K_{atom} = 200$ 个原子）

进行基于 DL 算法的杂波抑制后的距离/多普勒强度图[66]